FUNDAMENTOS DE CIENCIA DE LA CARNE

FUNDAMENTOS DE CIENCIA DE LA CARNE

John C. Forrest
PURDUE UNIVERSITY

Elton D. Aberle
PURDUE UNIVERSITY

Harold B. Hedrick
UNIVERSITY OF MISSOURI

Max D. Judge
PURDUE UNIVERSITY

Robert A. Merkel
MICHIGAN STATE UNIVERSITY

Traducido por el profesor
Dr. BERNABÉ SANZ PÉREZ
Director del Departamento de Higiene
y Microbiología de los Alimentos
de la Facultad de Veterinaria
de la Universidad Complutense de Madrid

EDITORIAL ACRIBIA
ZARAGOZA (España)

Título original:
Principles of Meat Science

Autores:
John C. Forrest, Elton D. Aberle, Harold B. Hedrick, Max D. Judge, Robert A. Merkel

First published in the United States by W. H. Freeman and Company, San Francisco and London.

Publicado por vez primera en los EE.UU., por W. H. Freeman and Company, San Francisco y Londres.

I.S.B.N.: 84-200-0423-5

IMPRESO EN ESPAÑA PRINTED IN SPAIN

Depósito legal: Z. - 16-79 Editorial ACRIBIA. - Royo, 23 - Zaragoza

Imp. Tipo-Línea, S. A. - Mallorca, s/n. - Zaragoza, 1979

Prólogo

Los cursos sobre Ciencia de la Carne de muchas universidades se dirigen a escolares con una gran variedad de intereses y preparación. Al escribir este libro intentamos proporcionar a los estudiantes universitarios un texto que cubriese el programa de un curso de introducción a la Ciencia de la Carne. Aunque se dispone de excelentes libros de consulta, sin embargo, ninguno de ellos cubre todos los aspectos, puestos al día, que se dictan en un curso de introducción a la Ciencia de la Carne. El libro que hoy presentamos se escribió teniendo en cuenta tal necesidad.

«Ciencia de la Carne y de los Productos Cárnicos»(*), ha servido como excelente texto de consulta a los estudiantes del doctorado. En ningún momento pretendimos duplicar con nuestro libro el contenido de *Ciencia de la Carne y de los Productos Cárnicos, sino simplemente suplementarlo con un texto a nivel de introducción.*

Este libro ha tardado cinco años en ver la luz y la mayoría de sus capítulos derivan de las lecciones dictadas por sus autores en cursos semestrales. Con el fin de complementarlo al máximo, se incluyen datos sobre la carne producida por el ganado vacuno, de cerda, lanares, aves, pescado e incluso de otras especies. Puesto que muchos de los fundamentos de la Ciencia de la Carne son comunes a todas las especies animales productoras de este alimento, a menudo se ha prescindido de un exceso de referencias específicas de un tipo de ganado. Sólo se han incorporado aquellas propiedades particulares de la carne que son típicas de una especie animal, ya que es prácticamente imposible cubrirlas en toda su extensión en todas y cada una de las especies animales productoras. Además este libro se escribió pensando en la industria cárnica estadounidense; por ello hay que recordar que algunos datos concretos de los incluidos en el texto varían bastante con respecto a la industria cárnica de otras áreas del globo. Esto es especialmente cierto en lo concerniente a normas de inspección cárnica, clasificación y normalización de las carnes, y nombres que reciben los distintos cortes.

Dado que se trata de un libro en el que han colaborado diversos autores se apreciarán ciertas variaciones de estilo de unos capítulos a otros. Para reducirlas al mínimo cada capítulo, que fué escrito inicialmente por un autor, ha sido leído

(*) Este libro, editado en EE.UU. por los doctores Price y Schweigert, ha sido publicado en español por Editorial ACRIBIA.

sin embargo por todos ellos. No se señala el autor de cada capítulo, debido a que como consecuencia de la técnica seguida todos ellos han recibido la impronta de los cinco autores.

Hacemos constar nuestro agradecimiento, por la ayuda recibida de muchos colegas de todo el país que, además, han revisado gustosamente diversas partes del libro. Deseamos mostrar nuestro agradecimiento especial a los doctores C. Eugene Allen, B. S. Schweigert y D. G. Topel, quienes leyeren independientemente el texto original y ofrecieron valiosísimas sugerencias.

JOHN FORREST
ELTON D. ABERLE
HAROLD B. HEDRICK
MAX D. JUDGE
ROBERT A. MERKEL

Indice

PARTE I

INTRODUCCIÓN

CAPÍTULO 1

La carne, como alimento

Comer constituye un proceso esencial para la conservación de la vida misma y pocos alimentos calman las molestias del hambre y satisfacen el apetito tan rápidamente como la carne. En el mundo occidental alimentos con el mismo valor nutritivo difícilmente pueden competir con el gran placer derivado del consumo de filetes jugosos, asados suculentos, embutidos adobados, pollo frito crujiente, colas de langosta, o cualquier otro de los cientos de preparados culinarios cárnicos que constituyen la atracción fundamental de un menú. Se ha desarrollado una potente industria para proporcionar el aporte nutritivo cárnico de gran calidad buscado por la mayoría de la población mundial. Usted está comenzando a estudiar esa industria y los singulares productos alimenticios que elabora para las masas hambrientas.

¿Qué es la carne?

Posiblemente se ha sorprendido de que se incluyan junto con los filetes y asados las colas de langosta y el pollo frito. Si ha sido así, ha llegado el momento de ampliar sus conocimientos antes de estudiar la Ciencia de la Carne. La *carne* se define como aquellos tejidos animales que pueden emplearse como alimento. Todos los productos procesados o manufacturados que se preparan a partir de tales tejidos se incluyen en esta definición. Si bien casi todas las especies animales pueden utilizarse como carne, la mayoría de la consumida por el hombre procede de los animales domésticos y de los animales acuáticos.

La carne, como tal, puede subdividirse en diversas categorías generales. La mayor, en términos de consumo, es la «roja». Las carnes «rojas» más corrientes son las de vacuno, cerdo y lanar. Sin embargo en muchos países se consumen también las procedentes de équidos, cabras, antílopes, llamas, camellos, búfalos y conejos. La carne de aves es la procedente de la musculatura de las aves domésticas que comprenden gallinas, pavos, gansos y pintadas o gallinas de Guinea. Los alimentos marinos proceden de la carne de animales acuáticos, siendo los peces los que constituyen la mayor parte. No obstante la carne de mejillones, almejas, langostas, ostras, cangrejos y muchas otras especies también se incluyen en esta categoría. La cuarta categoría la forma la carne de caza que es la procedente de los animales silvestres o no domesticados.

El músculo como carne

Debe hacerse hincapié inmediatamente en que todo estudio de la carne exige como condición previa el conocimiento del músculo. Aunque la carne se compone de muchos tipos de tejido, como los encontrados en nervios, grasa y vasos sanguíneos, su componente más abundante es el músculo. Las propiedades físicas del tejido muscular y de los tejidos conectivos anejos son de extraordinaria importancia para establecer la utilidad de la carne como alimento.

Puesto que los músculos son órganos cuya particular estructura y función sirve fundamentalmente para la locomoción, poseen una serie de características asociadas a esta función que tienen que modificarse cuando se utilizan como alimento. Por ejemplo, debido a la función especial que realizan en el organismo, algunos músculos contienen grandes cantidades de tejido conectivo. La dureza depende del tejido conectivo. Sin embargo estos músculos pueden ser tan gustosos como otros, con tal de que se empleen métodos culinarios que degraden los tejidos conectivos. Si la musculatura se hubiere ideado y elaborado para actuar fundamentalmente como alimento, indudablemente sería diferente en algunas de sus características. Con la llegada de la era espacial se han ideado muchos alimentos para fines específicos y se han realizado intentos de sustituir las proteínas musculares de la carne por otras de fuentes distintas. No obstante, es extraordinariamente difícil imitar la textura y aroma impartidos a la carne por el músculo y otros tejidos animales. Los intentos realizados para preparar análogos de carne, sin utilizar tejido animal alguno, han tenido un éxito muy limitado. Sin embargo en diversos productos cárnicos la substitución parcial del músculo por proteínas de otras fuentes constituye una posibilidad importante de proporcionar aporte cárnico a los países pobres.

¿Qué es la ciencia de la carne?

La Ciencia de la Carne constituye un campo de estudio amplio, parte importante del cual es el conocimiento básico de las características singulares del músculo y de otros tejidos animales que se emplean como carne. La completa comprensión de las propiedades fundamentales de los tejidos que forman parte de la carne llevará a una mejor utilización y a mejores productos cárnicos.

La Ciencia de la Carne no se limita al estudio de los tejidos. Analiza también todos factores de la industria, comenzando con la producción animal y terminando con la preparación de la carne para el consumo. La reproducción, alimentación y manejo animal son partes extraordinariamente importantes de la cadena alimenticia, dado que el control de calidad se inicia realmente en la granja, rancho o establo de engorde.

El sistema de comercialización mediante el cual el ganado pasa de la granja a mataderos y plantas de elaboración cárnica, tiene una gran influencia en la industria. La comercialización es la única comunicación existente entre el consumidor y el productor. Su lenguaje es el dinero, y los productores ajustan su producción a cubrir las demandas del mercado, que (idealmente) debe reflejar los deseos del consumidor. El que la comercialización transfiera debidamente o no a los productores los deseos de los consumidores determinará el tipo de ganado que vaya a producirse.

Los mataderos, salas de despiece, fábricas de productos cárnicos y almacenes de distribución forman aquel segmento de la industria que convierte los animales vivos en productos alimenticios y los distribuye por los establecimientos de venta al detal, hoteles, restaurantes e instituciones. Es precisamente dentro de este sector de la industria en el que se aplican muchos de los aspectos de la tecnología de la carne, tanto para consevar la calidad e integridad del producto, como para desarrollar productos cárnicos nuevos y diferentes.

Los establecimientos de venta al detall, los hoteles, restaurantes e instituciones (HRI) forman un grupo que también constituye parte del sistema de comercialización. Los detallistas son los representantes de la industria cárnica frente a los consumidores. Preparan muchos de los cortes y productos frescos de carne para el consumidor. Si mantienen su calidad e integridad y presentan o exhiben todos los productos cárnicos de una manera atractiva la industria en su totalidad se beneficia. El grupo HRI realiza el procesado de la carne hasta sus últimas consecuencias y coloca el alimento en el plato del consumidor. La preparación y cocinado final de la carne es tan importante como cualquier otro sector de esa compleja industria que lleva la carne desde los prados y establos de engorde hasta el consumidor. La razón de la complejidad creciente del negocio ganadero y cárnico se debe, en parte, a que continuamente se están desarrollando nuevos productos alimenticios competitivos. Estos nuevos competidores tratan de atraer al consumidor presentándole novedades en cuanto a preparación, precio, calidad, uniformidad, valor nutritivo o incluso diseño. Si la industria cárnica pretende conservar en la cadena de producción de alimentos su importante posición actual y mantener un mercado dinámico y creciente debe buscar el elaborar productos de la mayor calidad, con la mayor eficacia posible, así como desarrollar nuevos productos mejorados y emplear programas de promoción y propaganda todavía más sofisticados.

Los estudiantes que piensen dedicarse a la industria ganadera o cárnica, en cualquiera de sus aspectos, no deben conformarse con aprender la situación actual de esta industria, puesto que estos conocimientos desgraciadamente pronto se habrán anticuado. En vez de ello han de buscar el aprender los conocimientos fundamentales y estar preparados para aplicarlos a situaciones distintas; de hecho deben ser ellos quienes inicien tales cambios de situación.

Este libro no pretende describir todas las intricadas fases de la compleja industria cárnica; ello proporcionaría únicamente una base histórica y no prepararía a los estudiantes para su inserción en una industria dinámica. En este texto se hace especial hincapié en los fundamentos y caracteres básicos que gobiernan las operaciones de la industria cárnica.

Se estudian las características de los animales que producen carne, insistiendo en los mecanismos responsables de su crecimiento y desarrollo. Se examinan con detalle la estructura, composición y función de los componentes musculares tisulares y la contribución de cada uno de ellos a las características del producto final.

La conservación y preparación de la carne se estudian atendiendo a los fundamentos en que se basan los procesos empleados para elaborar y conservar cientos de productos cárnicos distintos. Si se necesitasen como referencia, existen publicaciones en las que se detallan fórmulas e instrucciones para la elaboración de productos específicos. Muchos otros aspectos, tales como inspección, clasificación y normalización y subproductos se tratan con la suficiente profundidad exigida para cubrir los aspectos clave de la actividad industrial cárnica en su totalidad.

La carne y la economía de una nación

A través de la historia se ha comprobado que el consumo de carne supone una buena posición social y un prestigio económico. Es digno de señalarse que el consumo de carne indica a menudo el estado económico de un país o individuo. A medida que una nación se industrializa y mejora su situación económica, aumenta su consumo de carne. De otro lado, a medida que las personas mejoran su estado social o económico suelen demandar más productos cárnicos de calidad superior.

La carne es uno de los alimentos más nutritivos de los consumidos por el hombre y los animales; es una excelente fuente de proteína de gran calidad, y también contiene grandes cantidades de minerales esenciales y vitaminas del grupo B. A este respecto digamos que es una de las pocas buenas fuentes de vitamina B_{12}. Es indispensable una adecuada nutrición protéica. Por nutrición protéica adecuada entendemos una cantidad de *proteína de alta calidad* suficiente; es decir, proteínas con todos los aminoácidos indispensables o esenciales necesarios para el bienestar físico y para el adecuado desarrollo mental e intelectual. Se ha señalado que si la población de las naciones subdesarrolladas del mundo recibiesen un aporte adecuado de carne u otros alimentos protéicos de gran calidad, su capacidad de un rápido desarrollo industrial, social, político e intelectual se multiplicaría varias veces.

La reproducción y explotación de mamíferos y aves para la producción cárnica constituye una parte importantísima de nuestra producción agrícola total. Si consideramos además la producción de forrajes y semillas empleados como pienso para el ganado y las aves, la proporción de nuestras fuentes agrícolas totales dedicadas a la producción de carne supera el 60 %. En los Estados Unidos más de la mitad de los ingresos totales de la agricultura provienen de la venta del ganado y sus productos y aproximadamente el 40 % de los ingresos totales deriva del ganado dedicado a la producción cárnica. En términos de reservas totales, número de empleados y facturaciones la industria alimentaria en los Estados Unidos de Norteamérica es la mayor del sector privado. Si la industria cárnica se compara con otros sectores de la industria alimentaria, se aprecia que ocupa el primero o segundo lugar en términos de reservas totales, valor añadido y total de personas empleadas. Más llamativo todavía es que la industria cárnica ocupa el primer lugar en facturaciones totales, con un 30 % de las ganancias totales de las industrias alimentarias. Le sigue en importancia la industria lactológica, con un 15 %. Estas cifras reflejan la proporción de dólares que el consumidor dedica a la carne y productos cárnicos, y resalta la importancia de la carne en nuestra economía alimenticia.

La industria cárnica en los Estados Unidos

La industria cárnica tiene una larga y brillante historia que comprende una era de desarrollo nostálgico a la que suele referirse como la de «los viejos buenos tiempos», así como épocas más difíciles marcadas por escándalos y problemas laborales similares a los experimentados por otras industrias. Las prácticas antihigiénicas de unas pocas compañías poco escrupulosas afectaron a toda la industria cárnica al darles publicidad a finales del siglo pasado. Sin embargo, a partir de estos principios ha surgido una industria muy sofisticada, que utiliza prácticas financieras propias de la época de las computadoras y que aplica el conocimiento científico a la elaboración de sus productos, lo que permite a este país (Estados Unidos) disponer de uno de los aportes cárnicos mundiales más sanos y de la más alta calidad.

La industria cárnica norteamericana se inicia cuando los carniceros coloniales, la mayoría de los cuales habían aprendido su comercio en Europa, comienzan a carnizar animales para ser aprovechados por otras personas, además de por sus familiares. Las carnicerías coloniales fueron los primeros mercados de carne al detal. El término de «planta cárnica» *(«meat packing»)* surgió por vez primera cuando en este país se hicieron ensayos para consevar la carne: la salmuerización y empaquetado de la carne de cerdo en barriles de madera para su almacenamiento o para su envío a Europa.

A medida que crecieron las ciudades fueron estableciéndose pequeñas plantas elaboradoras, que fueron creciendo al hacerlo las ciudades en que estaban ubicadas. Las compañías más importantes se originaron en grandes ciudades a causa de la disponibilidad de mano de obra necesaria para su funcionamiento. Los animales llegaban frecuentemente por su pie de las zonas de producción a los muelles de embarque ferroviarios, desde donde se enviaban por tren a los mercados ganaderos terminales, que se habían desarrollado conjuntamente con el crecimiento de la industria elaboradora cárnica.

La refrigeración y el transporte han jugado un papel importante en el desarrollo de la industria cárnica. Al principio los mataderos se situaban en las grandes ciudades para que sus productos (carne), rápidamente alterables, llegasen pronto al consumidor. Dada la lentitud del transporte y la falta de refrigeración, como mejor se transportaba la carne desde los prados o establos de engorde era sobre los propios pies de los animales. Antes de disponer de refrigeración mecánica el sacrificio y procesado se limitaba a las estaciones frías, salvo en aquellas zonas en las que podía conseguirse hielo de ríos y lagos que se almacenaba para su utilización en los meses veraniegos.

En todas las ciudades más importantes de Estados Unidos se establecieron grandes fábricas elaboradoras capaces de producir toda serie de productos cárnicos frescos y procesados. Chicago, con su ubicación en el centro del «cinturón del maíz», quedó inmortalizada como el «matadero de cerdos del mundo» por el poeta Carl Sandburg. Muchos factores influyeron en el crecimiento de la industria cárnica de Chicago, como la disponibilidad de todas las condiciones necesarias: materia prima (ganado), fuerza laboral, transporte (tanto acuático como ferroviario) y un buen mercado para los productos. La industria cárnica de Chicago y de otras importantes ciudades alcanza su punto álgido en los primeros años cincuenta. Las grandes compañías que se habían iniciado en 1890 o antes y que poco a poco se habían convertido en enormes plantas, se convirtieron en anticuadas. El automatismo redujo la necesidad de un exceso de mano de obra y el desarrollo de las autopistas estatales, combinado con la perfección del transporte refrigerado por camión y ferrocarril, hizo posible el traslado de alimentos perecederos a grandes distancias. Hacia 1960 la irrigación cambió la industria ganadera en el suroeste y se establecieron grandes establos de engorde de vacuno en zonas inicialmente consideradas como sólo aprovecables para pastizales. En consecuencia el engorde del ganado para el matadero ya no se concentra en el Cinturón del maíz, sino que se ha extendido por una área mucho más amplia por el medio oeste y suroeste.

Cuando se construyeron nuevas plantas elaboradoras para substituir a las anticuadas, no se edificaron en las grandes ciudades, sino que se ubicaron en las zonas de producción ganadera. De esta forma fue más factible y económico el transporte de la carne y de las canales que el de los animales vivos. Estas nuevas fábricas tienen un carácter muy distinto del de las antiguas. Normalmente tienen una apariencia agradable y a menudo se sitúan en campo abierto en vez de en las zonas industriales superpobladas. En su interior se presentan brillantes, bien iluminadas y fáciles de limpiar; se ha tenido muy en cuenta el confort y seguridad de sus empleados. Las plantas cárnica modernas están frecuentemente muy especializadas, produciendo en ocasiones sólo canales de una determinada especie de abasto o sacrificando sólo animales de la misma especie, a partir de los cuales se elabora un número limitado de productos. En otros casos solamente producen trasformados cárnicos a partir de canales enteras, grandes piezas o incluso carne deshuesada procedente de otros mataderos.

También han cambiado las prácticas de distribución. Muchas cadenas distribuidoras han establecido almacenes centrales con grandes facilidades, en los que se despiezan las canales que dan lugar a diversos cortes, que se distribuyen por los supermercados de la zona diariamente. Este sistema de troceado centralizado reduce la mano de obra necesaria para el funcionamiento de carnicerías en los supermercados.

Cuanto antecede no es sino un breve resumen de la reciente historia de una industria dinámica. Los avances tecnológicos en el procesado, envasado, conservación y transporte de las carnes no han dado lugar a los recientes cambios de la industria cárnica, sino que los han hecho posibles. La industria cárnica todavía está en un estado evolutivo y son de prever más cambios. La carne congelada se emplea mucho en la alimentación de residentes de ciertas instituciones, y se está intentando y será posible tecnológicamente obtener una carne congelada con el mismo aspecto que la fresca y con todas las partes del corte perfectamente visibles. ¿Será éste el próximo cambio? La respuesta debe esperar muy pocos años.

Ciencia y carne

Antes la elaboración de productos cárnicos era exactamente un arte que se transmitía de generación en generación. Hoy, el desarrollo de nuevos productos y el mejorar los antiguos constituye una ciencia. Muchas importantes compañías elaboradoras de carne poseen amplios sectores de investigación, en los que se emplean a científicos y tecnólogos de los alimentos, muy especializados para la resolución de sus problemas y para producir nuevos productos. En las universidades, institutos de investigación y en los centros de investigación estatales, tanto en este país, como en el extranjero, se llevan a cabo importantes programas de Ciencia de la Carne. A consecuencia de este esfuerzo investigador en la pasada década se ha dado un enorme avance en la ciencia fundamental de la carne considerada como alimento. Puesto que muchas preguntas básicas todavía no han obtenido respuesta y frecuentemente surgen nuevos problemas técnicos, queda todavía mucha tierra fértil para ser cultivada por científicos imaginativos.

BIBLIOGRAFÍA

Boorstin, Daniel J., *The Americans: The Democratic Experience* (Random House, New York), 1973.

Mayer, O., *America's Meat Packing Industry* (Princeton University Press, Princeton, New Jersey), 1939.

Sandburg, Carl, *Chicago Poems* (Henry Holt & Co., New York), 1916.

Sinclair, Upton, *The Jungle* (The New American Library Inc., New York), 1905.

CAPÍTULO 2

Fines que persigue la producción animal

La explotación ganadera comprende la producción de muchas especies distintas de animales domésticos, tales como ganado vacuno, lanar, cerdos, aves, conejos, équidos, cabras, visones y muchos otros. A lo largo de su prolongada y colorida historia, la utilización económica de los animales determinó el carácter de la explotación ganadera en cada estadio de su desarrollo. Hubo una época en Estados Unidos en que la producción de fuerza para la agricultura y el transporte constituyó el fin principal de la producción ganadera como todavía ocurre en bastantes zonas del mundo. A medida que se descubrieron y utilizaron otras fuentes energéticas, como el petróleo, la producción animal se orientó fundamentalmente a la producción de alimentos. Así un cambio llamativo ha sido el sustituir la producción de caballos por la de otros animales domésticos sarcopoyéticos, lo que ha determinado un continuo aumento del consumo de carne *per cápita*. A medida que nos aproximamos al siglo XXI observamos que la explotación animal adquiere una nueva dimensión: contribuir a gozar del tiempo libre mediante una creciente producción de animales de compañía, de zoos y de caballos deportivos. Aunque aquella parte de la industria animal dedicada a la obtención de animales que contribuyen a facilitar el gozo del tiempo libre aumentará en importancia social y económica y utilizará una cantidad cada vez mayor de nuestras fuentes productoras, la obtención de alimentos y fibras mantendrá su prioridad durante varias décadas.

Entre los alimentos originados por la ganadería deben citarse la carne, la leche, los huevos y los productos que de ellos obtiene la industria. (Reconocemos la importancia de la leche y de los huevos, como productos ganaderos, si bien en lo que queda de este capítulo limitaremos nuestro estudio a la carne procedente de diversas especies económicamente importantes).

Estableciendo metas

La meta perseguida a corto plazo por la mayoría de las personas dedicadas a las explotaciones ganaderas es el alcanzar unas razonables ganancias por su trabajo y habilidad en el manejo animal. Sin embargo, en este capítulo vamos a referirnos a los fines perseguidos a largo plazo por el conjunto de la industria ganadera para poder mantener su posición competitiva con otros sistemas de producción de alimentos y asegurar un aporte adecuado de carne para aquella población del mundo deseosa de consumirla.

Las presiones ejercidas por el aumento de la población mundial, junto con sus problemas ecológicos anejos, exigen que se dé prioridad a una mayor eficacia en la producción alimenticia. La industria animal más que ningún otro sistema de producción de alimentos necesita mejorar su eficacia productiva, dado que muchos de los materiales empleados en la producción de alimentos animales pueden potencialmente procesarse y emplearse directamente como alimentos humanos con más eficacia que si tuvieran que utilizarse indirectamente una vez convertidos en alimentos por los animales. Un acre (0,405 Ha.) de tierra puede producir 10 veces más proteína vegetal que proteína animal. Sin embargo, cuando los consumidores pueden permitirse este lujo, la mayoría prefieren los productos animales, más suculentos y frecuentemente más nutritivos, que los alimentos de origen vegetal. Esta es una de las causas por las que se ha intentado, con enorme interés, el transformar los alimentos vegetales de manera tal que se asemejen a los productos de origen animal más populares, en lugar de buscar la obtención de productos nuevos y diferentes.

Si no se mejora la eficacia ganadera, las presiones económicas y el aumento de la población pueden llevar al abandono de la mayor parte de la ganadería industrial hoy practicada en los Estados Unidos: en especial, el suministrar granos de cereales como pienso. Ello podría limitar la producción de carne a aquellas zonas de pastizales que no permiten otro tipo de agricultura. Incluso sin tal desarrollo no hay duda de que la utilización de los pastizales para la producción cárnica podría mejorarse mucho. Teóricamente es posible mejorar la eficacia productora cárnica de cereales y también de pastizales. Conseguir tal potenciación es una de las metas fundamentales de la ganadería industrial.

No sólo debe buscarse el mejorar la eficacia productiva de alimentos, sino que si se pretende que los consuma el hombre debe conservarse su calidad. Recientemente se ha comprobado que no basta sólo una buena nutrición. A menudo, poblaciones que padecen malnutrición rehúsan consumir alimentos que no les resultan agradables al paladar y que, sin embargo, les son nutritivamente necesarios.

En consecuencia, la meta perseguida es triple: la producción *eficaz* de alimentos de gran *calidad* que sean además *aceptados* por la población a que van destinados. Las técnicas y utillaje necesarios disponibles para conseguir tal meta tienen un significado singular para la moderna ganadería. Eficacia y mejoría de la calidad no siempre son fines compatibles. Productores que han conseguido una importante mejora en la eficacia productiva comprueban a menudo que sus productos han perdido calidad. Tres ejemplos ilustrarán este aspecto: 1) Recientemente con cerdos se han conseguido cruces muy mejorados en cuanto a su musculatura y relación magra/grasa; pero durante los procesos de selección de cruces mejorados, algunos de los animales obtenidos resultan especialmente sensibles al *stress,* y su carne es frecuentemente pálida, blanda y exudativa. Ello determina una menor aceptabilidad por parte del consumidor y, en casos extremos, durante las fases de crecimiento y comercialización animal las pérdidas animales han sido grandes. 2) Muy a menudo el ganado vacuno de carne que en su madurez posee un gran tamaño, combinado con excepcionales índices de crecimiento y altas proporciones de magra/grasa, es incapaz de cumplir las exigencias de clasificación normalizada del mercado cárnico de hoy día. 3) Ciertas razas de pavos han alcanzado tal grado de selección que su extraordinaria musculosidad se opone a su fácil movilidad. Ejemplos similares podrían darse para otras especies de animales sarcopoyésicos.

Eficacia en la producción cárnica

Todos y cada uno de los aspectos de la producción cárnica, desde la concepción animal hasta el consumo de su carne, deben evaluarse convenientemente para tratar de encontrar formas de mejorar la eficacia productiva. El estudio siguiente únicamente pretende sugerir soluciones y medios de mejorar la producción animal, la conversión de los animales en alimentos, su comercialización y distribución y su utilización en el punto de destino. Los desarrollos tecnológicos futuros permitirán, sin duda alguna, aumentar las posibilidades de mejora en más aspectos de los mencionados. Todos los sectores de la industria deben actuar conjuntamente para lograr eficacia. Ya no debe considerarse a los productores, fabricantes, almacenistas y distribuidores como industriales separados que han de competir unos con otros; deben actuar como partes de un sólo sistema que mueve con eficacia la carne desde los establos de engorde hasta la mesa del consumidor.

Producción animal

Si la industria animal ha de hacer frente a los problemas y retos que se le presentan, debe prestar una continua atención, tanto a la eficacia como a la calidad. Uno de los primeros requisitos para mejorar los animales y sus productos es disponer de información suficiente. Con el fin de tomar decisiones inteligentes al seleccionar animales para la reproducción, debemos conocer y disponer de registros en donde se recojan los índices de conversión y rendimiento de los progenitores. Hoy se dispone de técnicas que proporcinan gran parte de la información requerida, tales técnicas son los instrumentos que deben emplearse para alcazar los fines de una mejor eficacia y calidad.

EFICACIA REPRODUCTIVA. Al mejorar la eficacia reproductiva se reduce el número de animales del rebaño reproductor que solamente se mantienen con el fin de proporcionar animales para la obtención de carne. Las muertes de embriones, fetos y recién nacidos son los principales responsables de la escasa eficacia reproductiva actual. Para mejorarla será necesario un esfuerzo investigador concertado; no obstante, mediante selección y cruzamientos se podrán conseguir algunos progresos. Al seleccionar los animales reproductores tambén habrá de tenerse presente la longevidad.

EFICACIA DE LA CONVERSIÓN ALIMENTICIA. En la mayoría de los animales de las especies de abasto todavía se puede mejorar la conversión de los cereales en carne. Tal mejoría debe alcanzarse si los cereales van a seguir siendo una fuente nutritiva importante para la producción de carne. Estas mejoras en los índices de conversión alimenticia no deben conseguirse a costa de la calidad del producto final.

Los forrajes y pastos difíciles de recolectar y de aprovechar con fines alimenticios humanos, ofrecen una gran oportunidad de utilización en la producción de carne, sin que los animales hayan de competir con las personas por los nutrientes de aquéllos. Desarrollar y mejorar muchas de las tierras salvajes del globo contribuirá mucho a asegurar un aporte adecuado de carne para las generaciones futuras.

Los animales ofrecen una solución a un problema potencial muy serio, dado que muchos materiales de desecho que contaminan el medio en este país y en el mundo pueden emplearse como alimentos para el ganado. El reciclaje de estos materiales a través de los animales ofrece la oportunidad de convertirlos en alimentos agradables. Muchos subproductos de la industria alimentaria, sometidos a un tratamiento industrial muy simple, son aptos para utilizarlos como piensos animales. Otros subproductos y materiales de deshecho necesitan un tratamiento considerable antes de que puedan servir de piensos animales. El desarrollo y utilización de fuentes nutritivas nuevas y diferentes de esta naturaleza ofrece tremendas posibilidades a la industria animal.

CRECIMIENTO. Mejorando la velocidad de crecimiento se puede alcanzar cierta eficacia en producción animal. Ello puede aumentar la producción de carne por unidad de trabajo y capital invertido, si se combina con un manejo adecuado. El aumento de peso del animal vivo es una medida del crecimiento. La forma más corriente de expresar el crecimiento, en términos de peso, es mediante la ganancia absoluta en peso por unidad de tiempo, que puede expresarse como ganancia media diaria, velocidad media de crecimiento o índice ponderal.

La velocidad media de crecimiento, aunque se emplea a menudo en los programas de valoración cárnica de los animales, no constituye una indicación segura de los cambios que acaecen en la composición del cuerpo o de la canal. Simplemente mide los cambios que experimenta el peso de todo el organismo. La velocidad de crecimiento constituye una valiosa medida de la eficacia, cuando se utiliza junto con las determinaciones de la canal realizadas en el matadero que se señalan en la sección siguiente.

COMPOSICIÓN DE LA CANAL. Diversas medidas lineales sirven de indicadores de la composición de la canal. La estimación del grosor o espesor de la capa grasa subcutánea de la canal, se ha demostrado que constituye una indicación sencilla, pero real del grado de engrasamiento. A medida que aumenta el espesor de la grasa subcutánea el rendimiento en músculo o magro disminuye. Las estimaciones de la grasa están directamente relacionadas con el engrasamiento total de la canal e indirectamente con la cantidad total de músculo. Determinar las medidas de la capa grasa de la canal es un procedimiento muy sencillo, que sólo necesita de una regla pequeña. En los cerdos puede determinarse en vivo el espesor del tocino utilizando simplemente una regla punzante de acero. Para estimar en los animales vivos el grosor del tocino también se han empleado con éxito algunas técnicas de ultrasonidos, más caras que las anteriores.

La medida del área de los cortes transversales de los músculos, especialmente del *Longissimus dorsi,* situado en la región dorso-lumbar, se ha visto que está directamente relacionada con la cantidad total de músculo de la canal. En la mayoría de los procedimientos de selección y evaluación de canales se incluyen determinaciones del área de la superficie del corte transversal de *Longissimis dorsi.* Generalmente se llevan a cabo reproduciendo en un papel especial el contorno de la superficie de corte, cuya área se determina mediante un planímetro, o bien utilizando una lámina de plástico transparente, que se coloca sobre el corte muscular, lo que permite determinar directamente su superficie. A veces en los animales vivos se determina el área mediante técnicas ultrasónicas, sin embargo, la exactitud de tales determinaciones depende grandemente de la habilidad de quien opera el equipo ultrasónico.

La determinación de la longitud de la canal se emplea corrientemente en la mayoría de los sistemas de evaluación de canales porcinas. Aunque utilizada frecuentemente, tal medida no guarda apenas relación con el grado de musculosidad. La relación entre longitud de la canal y cantidad total de músculo de la canal depende del desarrollo muscular del animal. Por ejemplo, los animales relativamente cortos pueden tener músculos gruesos y, a la inversa, los largos poseerlos estrechos. En consecuencia en ambos casos la cantidad total de músculos será muy parecida. La importancia de cualquier aumento conseguido en la longitud de la canal depende enteramente del grado de musculosidad «estandard».

En general, para predecir la composición de la canal las determinaciones de la grasa son más útiles que las estimaciones musculares. Sin duda alguna, ello de debe a que por unidad de peso corporal o de canal hay una más amplia variación en la cantidad de grasa que de músculo. Puesto que el exceso de grasa de la canal es uno de los mayores problemas con que se enfrenta la industria de la carne, sólo con reducir la grasa se habría resuelto uno de los más graves problemas de esta industria.

Para estimar la calidad de la canal se utilizan mucho los tests o pruebas de despiece. Mediante estas técnicas se mejora la exactitud en la evaluación de la composición de las canales; requieren más utillaje, más habilidad y más entrenamiento que las determinaciones estudiadas. Estos tests se realizan en el cerdo con los cuatro clásicos cortes magros, y en el vacuno y lanar, con cortes específicos deshuesados preparados para la venta. Si bien estas pruebas dan medidas seguras y prácticas de la cantidad de carne de la canal, vendible o aprovechable, de acuerdo con las prácticas comerciales actuales, sin embargo, no proporcionan información exacta de la composición química de la canal.

Los métodos de disección consisten en la separación física de los distintos componentes de la canal o de piezas enteras seleccionadas: músculos, grasa y hueso. Tal método es tedioso, necesita tiempo y en la separación de las distintas partes influye la subjetividad. A pesar de que presenta estos inconvenientes, es uno de los más precisos de que se dispone para valorar las canales. El análisis químico detallado del animal o de la canal completa es el método más exacto y reproducible para establecer la composición corporal, siempre que se verifique con procedimientos de muestreo adecuados. El análisis químico se practica, generalmente, determinando la humedad, grasa y proteínas, lo que acarrea la destrucción de la canal por lo que consecuentemente es muy caro. Por esta causa, para estimar la composición corporal o de la canal, se utilizan corrientemente otros métodos.

Cuando se combina la composición corporal o de la canal con la velocidad de crecimiento, eficacia de conversión y otros factores de la producción animal, se puede establecer la eficacia con que los animales de una determinada estirpe genética convierten la materia cruda en tejidos comestibles. La demanda actual de los consumidores indica que debe hacerse hincapié en la producción de carne comestible con un mínimo de grasa.

Evaluación cualitativa. — La calidad de la canal debe estudiarse paralelamente con los métodos de evaluación cuantitativa a que acabamos de referirnos. A los fines del presente estudio, la evaluación de la *calidad* constituye un intento de predicción de las características de palatabilidad, de procesado y de cocinado de la carne. Ello no es una tarea fácil. A medida que progresemos en el estudio de la Ciencia de la Carne veremos que el productor ejerce escaso o ningún control sobre muchos de los factores que afectan a la palatabilidad de la carne. La meta del productor debería ser el proporcionar animales dotados potencialmente de las características necesarias para convertirse en productos cárnicos muy gustosos. Ello puede alcanzarse mediante una reproducción, alimentación y manejo adecuados. Se sabe que los siguientes ejemplos de factores que influencian la calidad de la carne dependen, hasta cierto grado, de las prácticas seguidas en la explotación animal.

La ternura de la carne es uno de los factores que más influencian su palatibilidad y debe mantenerse o mejorarse en la mayoría de las especies sarcopoyésicas. La ternura depende mucho de la edad del animal; la carne de canales de animales relativamente jóvenes es más tierna que la de animales viejos debido fundamentalmente a que los tejidos conectivos de aquéllos se descomponen más fácilmente durante el proceso culinario que los de los animales adultos. (En los capítulos 4 y 14 se dan además otras razones). Los ganaderos pueden influenciar la ternura seleccionando para el rebaño reproductor aquellos animales capaces de alcanzar el peso deseado para el mercado a una edad joven, procurando alimentarlos de manera tal que se tenga la seguridad de que los animales desarrollarán tal precocidad con la máxima eficacia. También deben tener presente que deben venderse con la edad y peso apropiados.

La madurez fisiológica de un animal se evalúa observando la canal y se utiliza como indicador de la ternura potencial. Para ello se emplean las características esqueléticas y el color muscular. En el capítulo 14 se estudia con más detalle la evaluación de la madurez.

El jaspeado, veteado o marmorización[1], es decir, la presencia de grasa entre la porción magra del músculo, se estudia en muchos casos entre los factores asociados a la ternura en ciertas especies de abasto. Sin embargo, investigaciones realizadas durante años han sido incapaces de demostrar que la marmorización ejerza efecto consistente alguno en la ternura. La marmorización contribuye más a la jugosidad y al aroma de la carne fresca; desde hace tiempo se ha empleado como índice de calidad en la evaluación de las canales y tiene una importancia económica considerable debido a su empleo para establecer las categorías o grados cárnicos estadounidenses.

El color de la carne fresca ejerce una gran influencia en el consumidor al comprarla en carnicerías al detall. La mayoría de los consumidores tienen una idea propia del aspecto de la carne de una especie de abasto dada y cualquier desviación de tal color determinará el rechazo o discriminación de la carne en cuestión. Podrá asociar un color más oscuro de lo normal con sequedad de la carne, con la dureza o incluso con la presencia de aromas extraños. Por esta y otras razones, que se estudiarán más adelante, el color es un importante factor de calidad que también puede evaluarse en la canal.

También pueden llevarse a cabo evaluaciones cualitativas utilizando instrumentos de penetración o cortado que estiman la dureza; estableciendo, mediante análisis químico, la cantidad de grasa en el músculo para cuantificar el grado de marmorización, o empleando espectrofotómetros o colorímetros para valorar el color. La evaluación final de la calidad se lleva a cabo con paneles de degustadores entrenados o con paneles de consumidores, pero ni siquiera este método está libre de errores sustanciales. Por supuesto que siempre existirá cierta variación al establecer la calidad, que dependerá de las preferencias de los distintos miembros del panel.

Animales de doble aptitud. — Una pequeña, pero significativa porción del aporte cárnico, procede de animales que se explotaron inicialmente con miras distintas de la

1 Anglicismo derivado de «marbling» que se utiliza corrientemente en Ciencia y Tecnología de la carne. N. del T.

producción cárnica, pero que se convierten en carne cuando cesa la capacidad productiva para la que se explotaron. Las vacas de leche especialmente son animales de doble aptitud, a pesar incluso de que sólo muy pocas razas se clasifican como tales. Cada año casi la totalidad de los terneros machos se sacrifican, bien como novillos, bien como vacuno mayor. También cuando debe reemplazarse una vaca de una explotación lechera termina convertida en carne. Pero se ha comprobado que en las razas vacunas lecheras a medida que mejora su musculosidad disminuye, generalmente, la producción láctea. Puesto que cada vaca lechera es un contribuyente al aporte cárnico, quizá sería conveniente prestar más atención a sus características sarcopoyésicas. En algunos países europeos han observado que las condiciones económicas son tales que pueden sacrificar un poco la producción lechera para conseguir más carne de su ganado lechero. Posiblemente se pueda alcanzar cierta mejoría cualitativa sin sacrificar la producción lechera.

Las gallinas ponedoras son también animales de doble aptitud. En las grandes granjas las gallinas se mantienen en producción huevera no más de 1-1,5 años, antes de enviarlas al matadero. Estas aves se utilizan principalmente para elaborar sopa de pollo o embutidos de aves. También debería explorarse la posibilidad de mejorar las características sarcopoyéticas de estos animales.

Existen ciertamente otros animales que podrían incluirse entre los de doble aptitud. En algunos países los équidos contribuyen significativamente al aporte cárnico; en los Estados Unidos sólo se sacrifica un pequeño número de caballos para consumo humano, pero como los precios de las otras carnes aumentan rápidamente, el interés del consumidor por esta carne aumenta por razones económicas y cada vez es mayor el público que considera que el consumo de esta carne no es objecionable.

Manejo. — El que se realice algún progreso en el logro de una eficiente producción cárnica dependerá de un adecuado manejo de la empresa ganadera. Los administradores de estas empresas deben poner en acción sistemas de producción que utilicen eficazmente los alimentos disponibles para la producción cárnica; entre ellos deben citarse la utilización y aplicación de nuevas ideas y técnicas que den lugar a una mejoría de la canal, tanto cualitativa como cuantitativamente, así como de la eficacia reproductora, velocidad de crecimiento y eficacia de conversión alimenticia. Actualmente ya se dispone de gran parte de la tecnología necesaria para alcanzar estas metas de mejorar la producción cárnica pero todavía debe aplicarse a gran escala.

Existen muchos otros procedimientos mediante los que las prácticas mejoradas de manejo pueden contribuir a una mayor eficacia, tales como inculcando entre los ganaderos la idea de que realmente están manipulando productos alimenticios y que, por lo tanto, la higiene, el control de las enfermedades y el manejo adecuado de los animales son tan importantes en la granja y en los establos de engorde, como en el matadero. Si tales ideas calaran entre los ganaderos y demás personal que maneja los animales se reducirían mucho las pérdidas por decomiso.

Comercialización

Los sistemas de comercialización del ganado deben continuar prestando en el futuro gran atención a las necesidades y deseos de los consumidores. Algunos sistemas de comercialización en vivo actualmente en uso, aislan totalmente al ganadero del consumidor. Ello se debe a que los compradores de ganado deben calcular el valor del animal basados en precios medios o sin la adecuada información, por lo que hay una tendencia a comprar los mejores animales a un precio por debajo del valor verdadero, mientras que los animales peores se compran a un precio superior a su verdadero valor. Este sistema tiende a establecer precios medios, por lo que si bien el total del ganado comprado refleja el valor verdadero total, el valor medio que de él deriva no debería aplicarse a un animal (o grupo pequeño). Para estimular una rápida mejoría o cambio, cuando lo exija la demanda del consumidor, el sistema debería reflejar el valor verdadero de cada animal en lo que se refiere a su utilización potencial por el consumidor.

Los sistemas de comercialización del ganado están siendo modernizados para eliminar de la compra-venta de los animales de abasto toda posible «suposición». Los animales vivos son una materia prima alimenticia singular y actualmente se estan desarrollando sistemas de comercialización específicamente designados para señalar las características de los animales. Hoy se dispone de una tecnología que permite idear un sistema moderno y responsable para comercializar los animales de abasto; y ello debería constituir una meta de gran prioridad, tanto para la industria ganadera como para la productora de carne, para así acelerar su demanda de eficacia.

Conversión de los animales en carne

A la industria frigorífica y elaboradora de carne se le ha reputado el aprovechar «todo, salvo el último grito de los animales», e incluso que hasta esto se había logrado. Tal reputación está justificada por que ha realizado un buen trabajo al convertir aquellos tejidos que no son utilizados como alimento, en valiosos subproductos. Las presiones económicas han obligado a emplear con gran eficacia los subproductos. Sin embargo, las presiones ecológicas y la necesidad cada vez mayor de proteína animal exigirá en el futuro aún mayor eficacia. Potencialmente se pueden convertir algunos de los tejidos animales, que actualmente se transforman en subproductos no comestibles, en alimentos ricos en proteína, aptos para el consumo humano. Así la sangre es una buena fuente de proteína alimenticia, pero a consecuencia de cierta aversión por parte de los norteamericanos es muy poca la que aprovechan para el consumo humano en Estados Unidos. Sin embargo, en otras partes del mundo y dentro de los Estados Unidos, en ciertos grupos étnicos, algunos productos cárnicos compuestos de sangre se consideran como auténticas especialidades deliciosas y ciertas tribus africanas emplean como principal fuente protéica la sangre obtenida de su ganado vacuno.

De otra parte, tendrá que adoptarse en el futuro el concepto de «sin desperdicios» y se aprovecharán económicamente aquellas pequeñas porciones de desperdicios actualmente originados por la industria cárnica.

Es esencial la aplicación continuada de la ciencia y la tecnología al sacrificio animal y al aprovechamiento de la carne. Los mataderos y fábricas modernos han conseguido ya reducir considerablemente la mano de obra requerida. De todos modos existe aún la posibilidad de una mayor automatización; probablemente la industria seguirá su camino hacia un total automatismo. Esto determinará no sólo un mayor ritmo de trabajo y una mayor eficacia, sino que permitirá el desplazamiento de personal hacia el control de calidad y hacia la investigación y planificación.

La tendencia a centralizar la preparación de productos cárnicos para venta al detall exige mejorar la técnica de distribución de la carne. Hay dos aspectos de la distribución cárnica que deben mejorarse; en primer lugar se necesitan equipo y tecnología que permitan mantener la frescura de la carne y prolongar su vida de almacén. De esta forma se reducirá su alteración, otra de las causas fundamentales de pérdidas en la industria cárnica. Segundo, con cada sistema de distribución se establecerá un circuito comercial que asegure que cada uno de los productos cárnicos llegue a aquel mercado en el que la demanda por tal producto sea máxima. Ello producirá mayor satisfacción al consumidor y, a la vez, mayores beneficios para la totalidad de la industria.

Venta al por menor

La venta de la carne al detall sufrirá cambios considerables a medida que la preparación de cortes para la venta se centralice, bien a cargo de las plantas elaboradoras de productos cárnicos, bien en salas de despiece establecidas por las propias cadenas de distribución de productos alimentarios. La manipulación de la carne, a nivel de venta al consumidor, debe mejorarse para evitar que tenga lugar su contaminación o que disminuya su capacidad de conservación en las vitrinas-mostradores. Los mercados cárnicos del futuro habrán de manejar mayores volúmenes de carne con menos personal que, sin embargo, será experto en gerencia inventarial y en mantener convenientemente el utillaje de trabajo y exposición.

Preparación final

La última fase de preparación de la carne, antes de su consumo, es tan importante como cualquier otra de la cadena. Tanto si se prepara en casa, como por un «chef» francés, conjuntamente por quienes intervienen en una *barbacoa* en el jardín, o se cocina o precocina por el personal de la industria, si durante su procesado no se trata adecuadamente, se perderá todo el esfuerzo previo para lograr un producto de gran calidad e integridad. La utilización adecuada en el lugar de consumo es enormemente importante y cualquier mejoría que se consiga a este respecto exige la educación del personal responsable de la preparación final. Educar un grupo de personas tan heterogéneo es una tarea difícil; se necesitan técnicas educativas de masas. Los agricultores llevan a cabo su labor de acuerdo con instituciones regionales y estatales y con asociaciones de ganaderos de ciertas especies. Los programas auspiciados por estas instituciones educan y promocionan a los agricultores, funciones ambas importantes para el futuro de la ganadería y de la industria cárnica. Los estudiantes de Ciencia de la Carne que se orienten hacia cualquier aspecto de la ganadería o de la industria cárnica, deben compreder que una de sus misiones es colaborar a la educación de los consumidores, bien personalmente o a través del vigoroso apoyo de las organizaciones de investigación y educativas que tienen establecidos programas de educación de masas.

PRODUCCIÓN EFICAZ DE ALIMENTOS DE GRAN CALIDAD

La industria que pone la carne en las mesas de todo el mundo es una cadena de producción verdaderamente compleja, cada uno de cuyos eslabones debe funcionar concordante con los demás. Como principio fundamental, en el que deben basarse los fines y decisiones, todos los sectores de la industria cárnica y ganadera deben establecer la *producción eficaz de alimentos de gran calidad.* Cuando pretenda establecer metas y directrices, cada sector deberá tener en cuenta a la industria en su totalidad, sin olvidar el efecto de conjunto de sus propias decisiones. En este capítulo se han presentado algunos ejemplos que sugieren las maneras posibles con que las distintas fases de la industria pueden contribuir a este principio o meta básico. Tales ejemplos no pretenden ser exclusivos y por ello a medida que el estudiante profundice en la Ciencia de la Carne, teniendo siempre presente este principio básico, deberá desarrollar sus propias ideas acerca de cómo conseguirlo con más perfección. Creemos que esta es la mejor forma de prepararse bien, tanto para una carrera en la industria de producción cárnica, como para ser un consumidor de productos cárnicos informado.

BIBLIOGRAFIA

American Society of Animal Science, Symposium—Prenatal and Perinatal Development of Swine, Journal of Animal Science, 38, 977 (1974).

American Society of Animal Science, Symposium—Protein Synthesis and Muscle Growth, Journal of Animal Science, 38, 1050 (1974).

Dovring, F., "Soybeans," Scientific American 230, 14 (1974).

Hodgson, R. E., "Place of Animals in World Agriculture," Journal of Dairy Science, 54, 442 (1972).

Van Horn, H. H., T. J. Cunha and R. H. Harms, "The Role of Livestock in Meeting Human Food Needs," Bio Science, 22, 710 (1972).

PARTE **II**

TEJIDO MUSCULAR Y ANEJOS

CAPITULO 3

Estructura y composición del músculo y tejidos anejos

La carne se compone fundamentalmente de músculo y de cantidades variables de tejido conectivo de todos los tipos, así como de una pequeña porción de tejido epitelial y nervioso. El músculo esquelético es la fuente principal del tejido muscular de la carne. Sin embargo, ésta también contiene una pequeña porción de músculo liso. Aunque en la carne se encuentran todos los tipos de tejidos conectivos, predominan el adiposo (grasa), hueso, cartílago y conectivo propiamente dicho. El músculo y los tejidos conectivos son los componentes mayores de la carne (músculo, grasa y huesos) de la canal animal y son los responsables, casi exclusivamente, de las características cualitativas y cuantitativas de la carne. Como puede deducirse, carne no es sinónimo de musculatura, aunque en su mayor parte esté formada por ésta. Debido a la importancia del músculo y tejidos conectivos de la carne, se estudiará con bastante detalle su estructura y composición. También pasaremos revista a los tejidos epitelial y nervioso.

TEJIDO MUSCULAR

Con excepción de los animales excesivamente cebados, los músculos esqueléticos constituyen la mayor parte (35-65 %) del peso de la carne de las canales animales. Para comprender los cambios post-mortales asociados a la conversión del músculo en carne y sus propiedades y utilidad, debe estudiarse la estructura, composición y funciones de la musculatura en el animal vivo.

Además de músculo esquelético, la carne contiene una pequeña proporción de musculatura *lisa* formando parte fundamentalmente de los vasos sanguíneos. Otra forma especializada de tejido muscular, el llamado músculo *cardíaco*, se limita sólo al corazón. Los músculos esqueléticos y cardíaco se denominan también *estriados* debido a que al observarlos al microscopio presentan bandas transversales, como se muestra en la figura 3-1. El músculo esquelético se denomina *voluntario*, mientras que al liso y cardíaco se les da el nombre de *involuntario*.

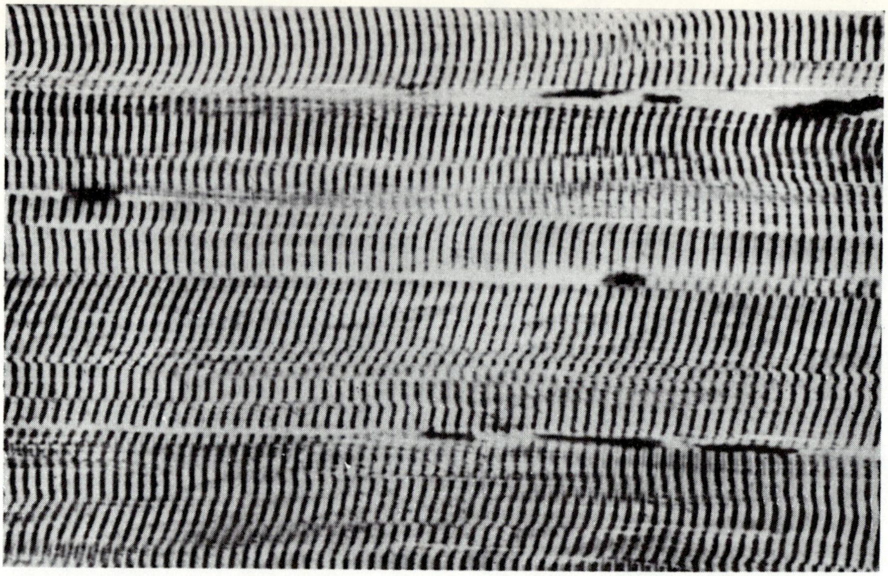

Figura 3-1. Microfotografía de fibras musculares esqueléticas (× 630).

Músculo esquelético

La mayoría de los músculos esqueléticos se unen directamente a los huesos, pero algunos lo hacen a ligamentos, fascias, cartílagos y piel y, por lo tanto, sólo indirectamente a los huesos. Existen más de 600 músculos en el organismo animal que varían ampliamente en forma, tamaño y actividad. Las características específicas de un músculo dado dependen de su función. Cada músculo está cubierto por una fina funda de tejido conectivo que se continúa con los componentes tisulares conectivos del interior del músculo. En el músculo entran y salen fibras nerviosas y vasos sanguíneos acompañando a la red de tejido conectivo proporcionandole de esta forma un sistema de inervación y un lecho vascular para el aporte de nutrientes y eliminación de desechos. En las figuras 3-2 y 3-3 se muestran muchas de las características descritas. La unidad estructural del músculo esquelético es una célula muy especializada a la que se denomina corrientemente *fibra muscular.* Las fibras musculares constituyen del 75 al 92 por ciento del volumen muscular total. Los tejidos conectivos, vasos sanguíneos, fibras nerviosas y líquido extracelular constituyen el volumen restante, del que la mayor parte lo forma el líquido extracelular. A continuación estudiaremos la ultraestructura de las fibras musculares y la forma de asociarse a los tejidos conectivos para formar los músculos.

Fibra muscular esquelética

Las fibras musculares esqueléticas de mamíferos y aves son células filamentosas largas, sin ramificar, que disminuyen de diámetro por ambos extremos, según nos muestra la figura 3-4. Aunque las fibras pueden alcanzar una longitud de varios cen-

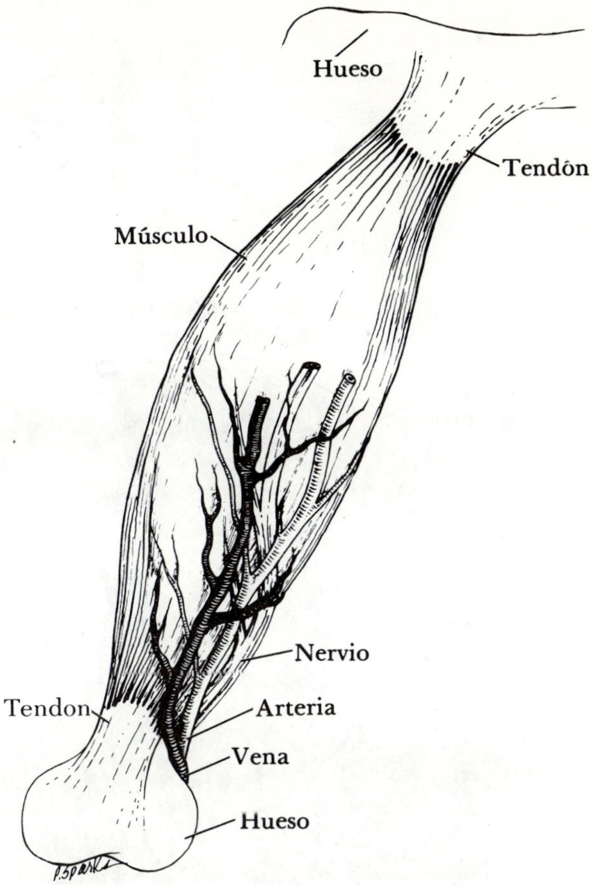

Figura 3-2. Dibujo de un músculo esquelético en el que se muestran las relaciones estructurales entre tendones, vasos sanguíneos y nervios.

tímetros, generalmente no son tan largas como el músculo completo. Su diámetro varía considerablemente, oscilando en una misma especie y en ocasiones en un mismo músculo entre 10 y más de 100μm (1 μm —micrómetro— es igual a una millonésima de metro).

Sarcolema. — La membrana que rodea a la fibra muscular recibe el nombre de *sarcolema.* Esquemáticamente se muestra en la figura 3-4. La palabra *sarco* deriva del griego *sarx* o *sarkos,* que significa carne, y el sufijo *lema* en griego significa vaina. Se compone de proteínas y lípidos. Es relativamente elástica, lo que es fácilmente comprensible si se piensa en las tremendas distorsiones que sufre durante las fases de contracción, relajación y estiramiento. Se cree que la estructura, composición y propiedades del sarcolema son idénticas a la de los *plasmalemas* (membranas celulares) de las restantes células del organismo. Periódicamente, a lo largo de la fibra y de toda su circunferencia, se forman unas invaginaciones del sarcolema que forman una red de túbulos, denominados *túbulos transversales* (figura 3-5); generalmente se les denomina *sistema T* o *túbulos T.*

Las terminaciones de las fibras nerviosas motoras se localizan en el sarcolema en la *unión mioneural,* como se muestra en la figura 3-17. El prefijo *mio* deriva del

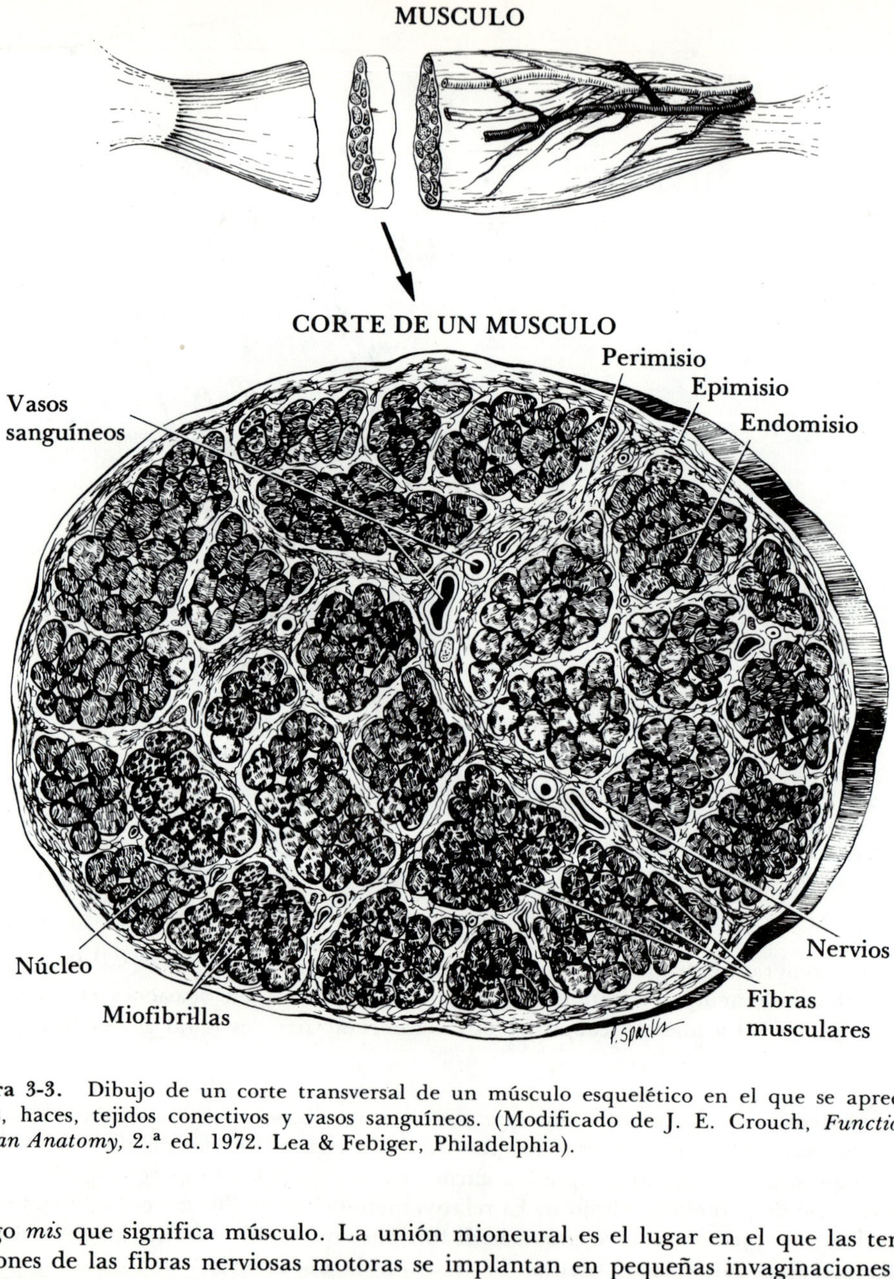

Figura 3-3. Dibujo de un corte transversal de un músculo esquelético en el que se aprecian fibras, haces, tejidos conectivos y vasos sanguíneos. (Modificado de J. E. Crouch, *Functional Human Anatomy,* 2.ª ed. 1972. Lea & Febiger, Philadelphia).

griego *mis* que significa músculo. La unión mioneural es el lugar en el que las terminaciones de las fibras nerviosas motoras se implantan en pequeñas invaginaciones del sarcolema, como se aprecia en la figura 5-4. Las estructuras existentes en la unión mioneural forman una pequeña elevación en la superficie de la fibra muscular. En su conjunto este complejo se denomina *placa motora terminal.* En el capítulo 5 se estudia con más detalle la estructura de la unión mioneural.

Sarcoplasma. — El citoplasma de las fibras musculares se denomina *sarcoplasma.* Se trata de la sustancia coloidal intracelular en la que están suspendidos todos los

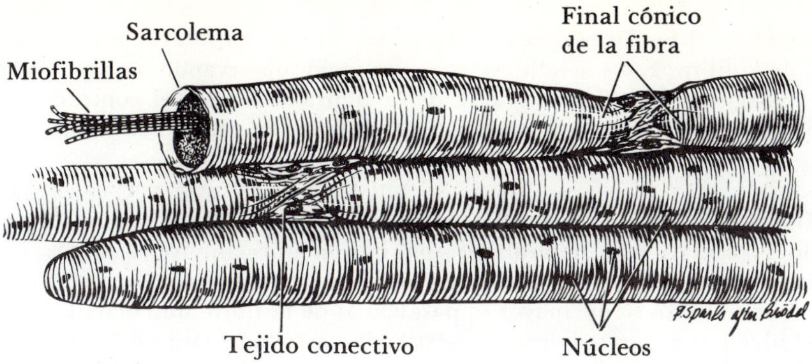

Figura 3-4. Dibujo de fibras musculares esqueléticas en el que se aprecian sus caracteres estructurales y su orientación longitudinal. (De M. Brödel, Johns Hopkins Hosp. Bull. 61:295, 1937; The Johns Hopkins University Press.).

organículos. Se compone de un 75-85 % de agua, poseyendo además gotitas de lípidos, cantidades variables de gránulos de glucógeno, ribosomas, numerosas proteínas, compuestos nitrogenados no protéicos y diversos componentes inorgánicos.

Núcleos. — Las fibras musculares esqueléticas son multinucleadas, pero debido a su gran variación en longitud el número de núcleos por célula no es constante. Una que tenga varios centímetros de longitud presentará algunos centenares de núcleos distribuidos regularmente en sentido longitudinal cada 5 μm aproximadamente, salvo en las proximidades de unión a los tendones en donde su número aumenta y se distribuyen más irregularmente. El número de núcleos aumenta también en la proximidad de la unión mioneural. En los músculos de los mamíferos los núcleos se localizan en la periferia de las fibras, inmediatamente debajo del sarcolema, como se apre-

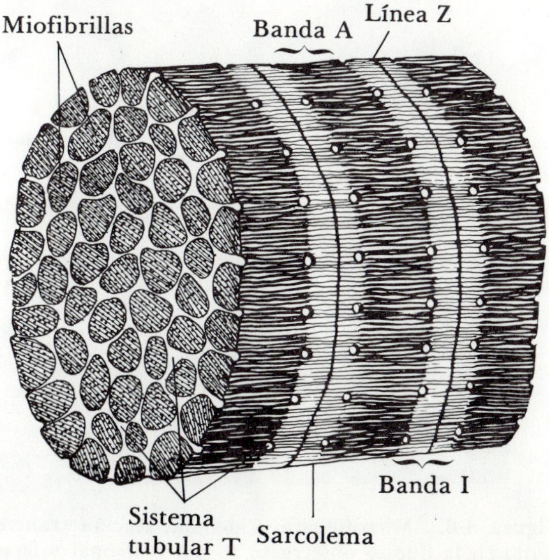

Figura 3-5. Dibujo de una sección transversal de una fibra muscular en la unión de la banda A-banda I, en el que se aprecia el sistema tubular transversal de los músculos esqueléticos de los mamíferos. Se aprecian invaginaciones del sarcolema a lo largo de la fibra y en toda su circunferencia. (Modificado de L. D. Peachey en Briskey, Cassens, Marsh eds. The Physiology and Biochemistry of Muscle as Food. (The University of Wisconsin Press, Madison; 1970 por los Regents of the University os Wisconsin), p. 307, 1970).

cia en la figura 3-6. Tienen forma elipsoidal con su eje mayor orientado paralelamente al de la fibra. Estos detalles se aprecian mejor observando las ilustraciones transversales y longitudinales del diagrama de la figura 3-3. (Por el contrario los núcleos de las fibras esqueléticas de los peces generalmente se sitúan centralmente en el interior).

Miofibrillas. — Como se deduce de su prefijo, la *miofibrilla* es un órgano propio del tejido muscular. Las miofibrillas son bastoncitos cilíndricos largos y finos de, aproximadamente, 1-2 μm de diámetro. En la mayoría de los músculos y en todas las especies de mamíferos su eje mayor es paralelo al de la fibra muscular. Las miofibrillas están bañadas por el sarcoplasma y se extienden a todo lo largo de la fibra muscular. En la figura 3-7(D) se muestra el diagrama de una miofibrilla y en la 3-8 una microfotografía electrónica. Las fibras musculares de los animales sarcopoyésicos de un diámetro de unas 50 μm suelen tener, al menos, 1000 miofibrillas y en ocasiones llegan a 2.000 y aún más.

Los cortes transversales de las miofibrillas presentan una serie de puntos perfectamente ordenados de dos tamaños distintos (fig. 3-9); tales puntos corresponden a los *filamentos* (del interior de las miofibrillas) que se muestran en cortes longitudinales en las figuras 3-7D y E y en la 3-8. Generalmente se distinguen *filamentos gruesos* y *delgados* o *finos*. En cortes longitudinales los filamentos gruesos se disponen paralelamente entre sí, disposición que se mantiene a lo largo de toda la miofibrilla. También los filamentos finos o delgados se disponen paralelamente entre sí y respecto de los gruesos. Esta disposición de los filamentos y el hecho de que los gruesos y finos se solapen en ciertas regiones a lo largo de sus ejes longitudinales, explica las características bandas o estrías de la miofibrilla (fig. 3-8). A su vez las bandas de cada mio-

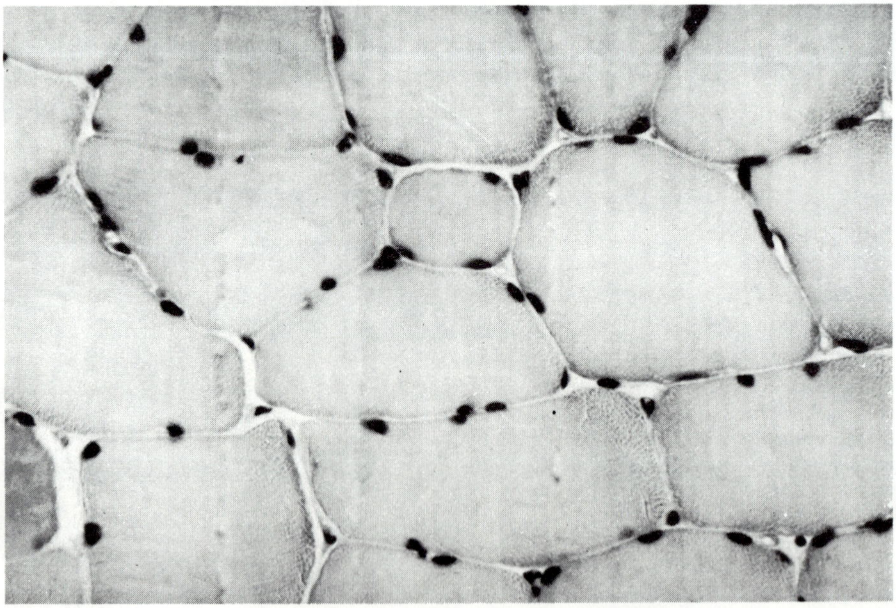

Figura 3-6. Microfotografía de una sección transversal de fibras musculares esqueléticas de cerdo en la que se observa su forma poligonal y la posición periférica de los núcleos (× 630).

fibrilla se alinean paralelamente a lo largo de la fibra muscular dándole aspecto estriado (fig. 3-1). Esta presencia de bandas que se presenta como zonas alternas claras y oscuras, explica el empleo del término *músculo estriado* con que también se conoce al músculo esquelético.

Dentro de las bandas claras y oscuras de las miofibrillas se observan áreas de distinta densidad. Dado que la banda clara es monorefringente, cuando se observa con luz polarizada, se describe como isotrópica y se le llama *banda I*; por el contrario, la amplia banda oscura presenta doble refringencia a la luz polarizada, es por lo tanto, anisotrópica y se designa como *banda A*. Tanto la banda A, como la I están divididas por líneas relativamente estrechas. La I por una banda oscura estrecha llamada *línea Z*. La porción de miofibrilla comprendida entre dos líneas Z adyacentes se llama *sarcómero*. El sarcómero comprende una banda A y dos medias bandas I que se localizan a cada lado de la banda A. El sarcómero es la unidad estructural repetitiva de la miofibrilla, así como la unidad básica en la que tiene lugar el ciclo de contracción-relajación muscular. La longitud del sarcómero no es constante y sus dimensiones, lo mismo que las de la banda I, dependen del estado de contracción en el momento que se examina el músculo. En los músculos en reposo de mamífero se puede admitir como típica una longitud de 2,5 μm. En la región central de la banda A existe un área que es algo menos densa que el resto; recibe el nombre de *zona H*. Además, una banda densa y estrecha, llamada *línea M*, divide el centro de la banda A. A cada lado de tal línea M, en la zona H, hay una región estrecha, relativamente poco densa, que se le denomina *zona pseudo H*. Todos estos detalles de las miofibrillas se aprecian en las figuras 3-7 D y E y 3-8. La importancia física de estas bandas se pondrá de manifiesto en las secciones que siguen.

Miofilamentos. — Los filamentos gruesos y delgados de las miofibrillas no sólo difieren en dimensiones, sino también en composición química, propiedades y situación en el sarcómero. Los filamentos gruesos de los músculos de los vertebrados tienen un diámetro de, aproximadamente, 14-16 nm (nanómetros) (1 nm es igual a una milmillonésima de metro) y 1,5 μm de longitud. Los filamentos gruesos constituyen la banda A del sarcómero, como se aprecia en las figuras 3-7 E y 3-8. Puesto que los filamentos gruesos se componen casi exclusivamente de *miosina* se les denomina *filamentos de miosina*. Los filamentos de miosina se cree que mantienen su ordenamiento transversal y longitudinal mediante gruesas bandas cruzadas localizadas periódicamente a lo largo de su longitud y por conexiones cruzadas que se alinean en el centro de la banda A. La alineación de estas conexiones cruzadas en el centro de la banda A corresponden las características densidades transversales de la línea M.

Los filamentos delgados tiene unos 6-8 nm de diámetro y se extienden 1,0 μm aproximadamente a cada lado de la línea Z. Estos filamentos constituyen la banda I del sarcómero, aunque se extiendan por delante de la banda I y lleguen entre los filamentos gruesos de miosina, a la A, como aparece en la figura 3-7 E. Se componen fundamentalmente de una proteína, la *actina*, por lo que se les llama *filamentos de actina*.

La zona H es menos densa que el resto de la banda A porque constituye la región central entre las terminaciones de los filamentos opuestos de actina (de cada mitad del sarcómero). Por lo tanto, sólo contiene filamentos de miosina, como puede apreciarse en cortes transversales en las figuras 3-7 H y 3-8. La anchura de la zona H varía con el estado de contracción muscular. El área más densa de la banda A está a cada lado de la zona H, en donde existen filamentos de actina y de miosina. Puesto

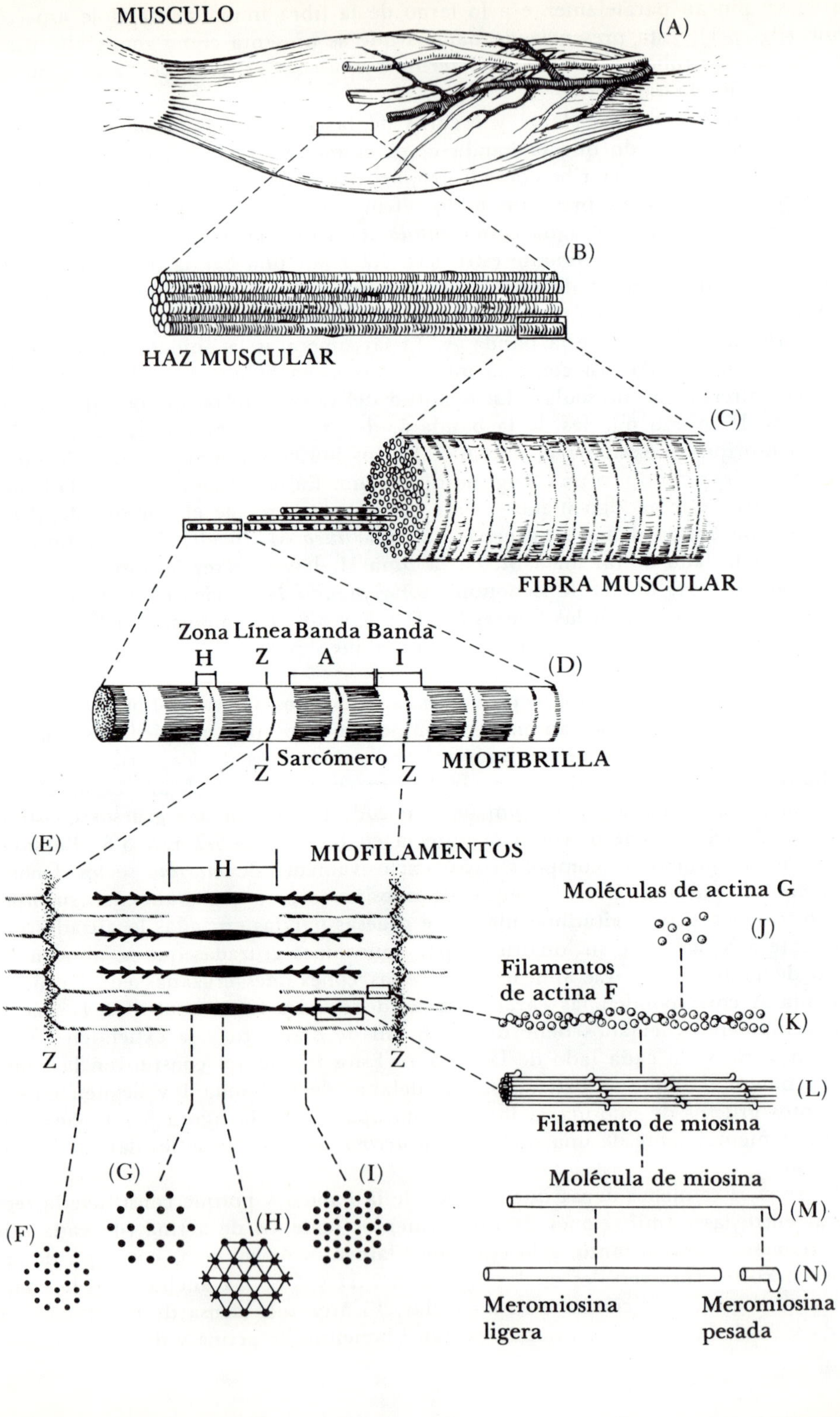
MUSCULO
(A)
(B)
HAZ MUSCULAR
(C)
FIBRA MUSCULAR
Zona
H
Línea
Z
Banda
A
Banda
I
(D)
Z
Sarcómero
Z
MIOFIBRILLA
(E)
H
MIOFILAMENTOS
Moléculas de actina G
(J)
Filamentos
de actina F
(K)
Z
Z
(L)
Filamento de miosina
Molécula de miosina
(M)
(G)
(I)
(H)
(F)
(N)
Meromiosina
ligera
Meromiosina
pesada

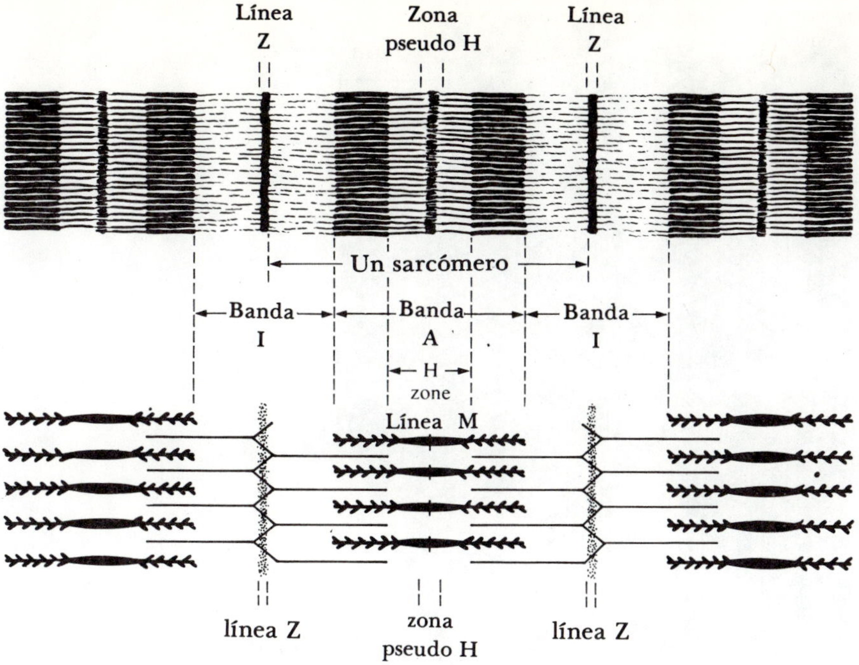

Figura 3-8. Dibujo elaborado a partir de una microfotografía electrónica en el que se aprecian porciones de dos miofibrillas y un sarcómero (×15.333); debajo un diagrama correspondiente a un sarcómero en el que se muestran las distintas bandas, zonas y líneas. (Modificado de H. E. Huxley, «The Mechanism of Muscle Contraction». 1965 por Scientific American, Inc. All rights reserved).

que la banda I solamente contiene filamentos gruesos de actina, es la menos densa de toda la miofibrilla. Estos detalles se aprecian en cortes transversales del sarcómero realizados en la zona H, banda I y aquella porción de banda A en donde los filamentos de actina y miosina se solapan, como se indica en la figura 3-7 F, G, H e I.

La distribución de los miofilamentos en un corte transversal (figs. 3-7 y 3-9) muestra una disposición ordenada de filamentos gruesos (miosina) y delgados (actina). Los filamentos de miosina de la región de la zona H del sarcómero se orientan de una forma hexagonal característica (fig. 3-7 G y H). En un corte transversal en la banda A, donde se solapan los filamentos de actina y miosina (fig. 3-7 I), se observa que cada filamento grueso está rodeado de seis filamentos delgados.

Figura 3-7. Diagrama de la organización de un músculo esquelético, desde estructura macroscópica a nivel molecular. (A) músculo esquelético, (B) un haz de fibras musculares, (C) una fibra muscular en la que se observan las miofibrillas, (D) una miofibrilla que muestra el sarcómero y sus distintas bandas y líneas, (E) un sarcómero en el que se ve la posición de los miofilamentos en la miofibrilla, (F-I) secciones transversales que muestran la disposición de los miofilamentos en diversas partes del sarcómero, (J) moléculas de actina G, (K) un filamento de actina formado por dos cadenas de actina F enrolladas entre sí, (L) un filamento de miosina mostrando las relaciones de las cabezas con el filamento, (M) un filamento de miosina en el que se aprecian las regiones de cabeza y cola, y (N) meromiosina ligera (LNM) y meromiosina pesada (HMM) de la molécula de miosina. (Modificado de Bloom y Fawcett, *A textbook of Histology*, 9.ª ed., W. B. Saunders Company, Philadelphia, p. 273, 1968).

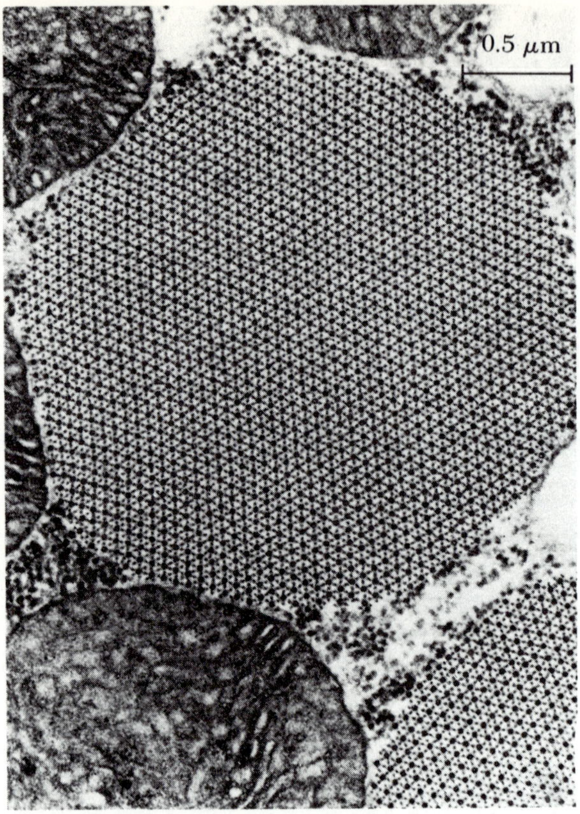

Figura 3-9. Microfotografía electrónica de un corte transversal de una miofibrilla en la que se observan los filamentos delgados y gruesos y su disposición hexagonal. (Adaptado de D. S. Smith, *Muscle,* Academic Press, Inc., New York, p. 14, 1972).

Ultraestructura de la línea Z. — En un corte longitudinal se aprecia que cada filamento de actina de uno de los lados de la línea Z se sitúa entre dos filamentos de actina del lado opuesto de la línea Z (figs. 3-7 E y 3-8). Esta disposición indica que los filamentos de actina *per se* no atraviesan la línea Z. Los filamentos de actina se cree que terminan en la línea Z. Filamentos ultradelgados, denominados *filamentos Z* constituyen el material de la línea Z y conectan con los filamentos de actina a cada lado de esta línea. Cerca de la línea Z cada filamento de actina conecta con cuatro filamentos Z que pasan oblicuamente a través de la línea Z. Cada cuatro filamentos Z conectan entonces con un filamento de actina del sarcómero adyacente, según se muestra en la figura 3-10. Esta disposición estructural de la línea Z presenta cada filamento de actina de un sarcómero orientado en el centro de cuatro filamentos de actina del sarcómero siguiente. En secciones longitudinales esta disposición oblicua de los filamentos Z origina en la línea Z un característico zig-zag, como puede observarse en las figuras 3-7 E y 3-10 y también explica porqué un filamento de actina de una lado de la línea Z parece que se sitúa entre dos filamentos de actina del otro lado.

Proteínas de los miofilamentos. — Las proteínas miosina y actina constituyen el 75-80 % aproximadamente de las proteínas de las miofibrillas, consistiendo la fracción restante de *proteínas reguladoras.* Las últimas reciben este nombre por sus funciones de control directo o indirecto, del complejo adenosintrifosfato-actina-miosina. Entre ellas se encuentran tropomiosina, troponina, dos proteínas M, actinina-α, proteína C y actinina-β (citadas en orden decreciente de concentración en la miofibrilla). Las proteínas de los filamentos gruesos y delgados, lo mismo que las reguladoras, se incluyen bajo el término de *proteínas miofibrilares.* Hallazgos recientes sugieren que las proteínas reguladoras se asocian a diversos elementos de la miofibrilla. A los filamentos de actina se asocian la tropomiosina, troponina, y actinina β; la proteína C aparece en los filamentos de miosina; la actinina α es un componente de la línea Z y las proteínas M se cree que son sustancias que forman parte de la línea M.

La actina constituye sobre el 20-25 % de las proteínas miofibrilares. Es rica en el aminoácido prolina que, gracias a su grupo imino (=N—H), contribuye al plegamiento de las cadenas polipéptidicas, dando lugar a la formación de una molécula de forma globular (esférica) de un diámetro aproximado de 5,5 nm. Esta molécula globular se denomina *actina G* (actina globular) y como tal constituye la forma monomé-

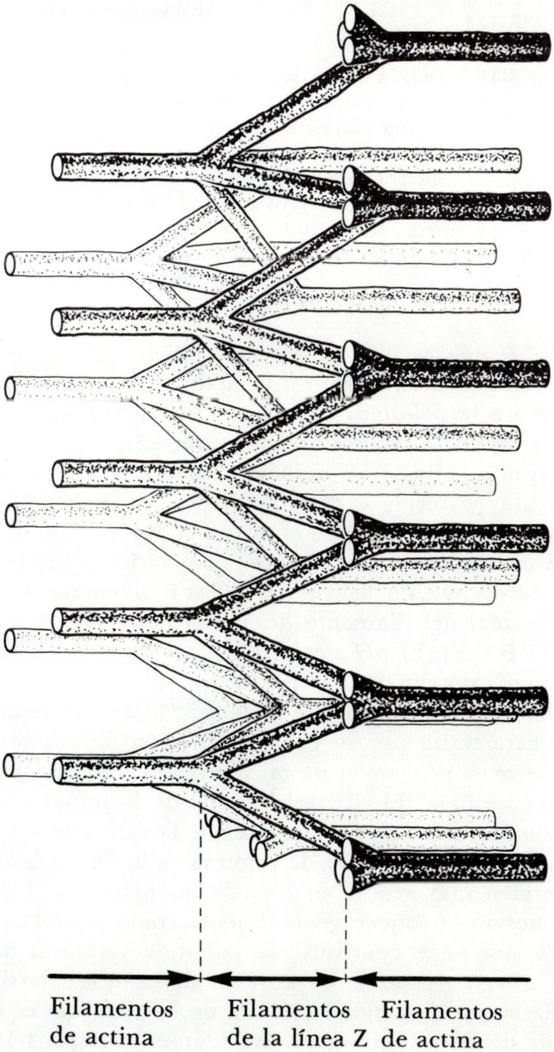

Figura 3-10. Representación esquemática de los filamentos Z y de su unión con los filamentos de actina. (De Knappeis y Carlsen, *J. Cell. Biol., 13:332, 1962).*

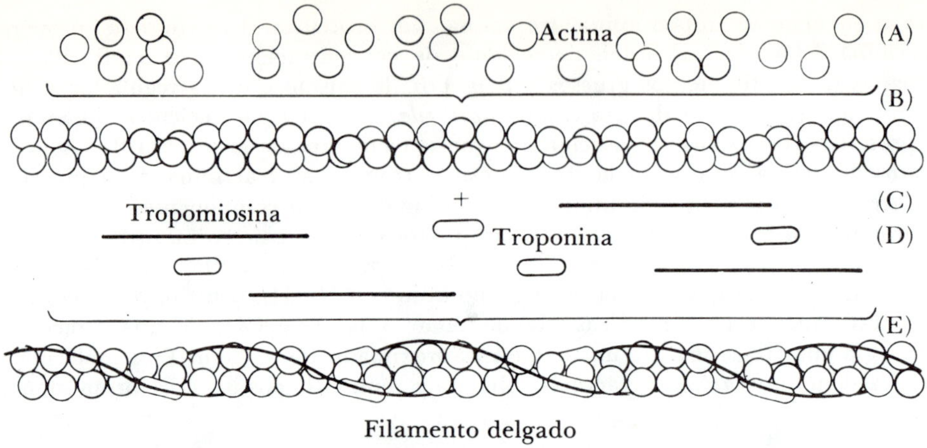

Figura 3-11. Diagrama de la construcción y estructura tina de un filamento de actina en el que se aprecia la relación de la tropimiosina y troponina con sus moléculas de actina G (A), dos cadenas de actina polimerizada (actina F) (B) enrolladas entre sí, moléculas largas y delgadas de tropomiosina (C), moléculas de troponina en forma de «pelets» (D) y un filamento de actina en el que se muestra cómo dos cadenas de actina F enrolladas y moléculas de tropomiosina polimerizadas forman dos largos cabos de tropomiosina, cada cabo se asocia a cada cadena de actina F. Se aprecia la localización periódica de la troponina a lo largo del filamento de actina cada siete moléculas de actina G y su asociación con el cabo de tropomiosina. Modificado de J. M. Murray y A. Weber. «The Cooperative action of Muscle Proteins». © 1974 por Sciemtific Americam. Inc. Allrights reserved).

rica (unidad molecular) de la actina. La naturaleza fibrilar del filamento de actina se debe a la polimerización (unión) longitudinal de los monómeros de actina G para formar *actina F* (actina fibrilar o fibrosa), según se muestra en la figura 3-11 B y 3-7 J y K. En la actina F los monómetros de actina G se unen entre sí en ristras de una manera muy parecida a como lo hacen las perlas de un collar. Dos ristras de actina F se enrollan en espiral una en torno de otra, como se indica en la figura 3-11 B y 3-7 K, para formar una «super hélice» característica del filamento de actina. A consecuencia de esta disposición helicoidal de los monómeros de actina G, puede calcularse el diámetro total del filamento de actina que es de aproximadamente 6-8 nm (figs. 3-7 K y 3-11 B y E). El *pH isoeléctrico* (pH de carga eléctrica y solubilidad mínimas) de la actina es aproximadamente 4,7.

La miosina constituye el 50-55 % aproximadamente de la proteína miofibrilar y se caracteriza por su gran proporción de aminoácidos, ácidos y básicos, lo que la convierte en una molécula muy cargada. Por otra parte la actina posee una carga relativamente baja. El pH isoleléctrico de la miosina es aproximadamente 5,4. Como la miosina contiene menos prolina que la actina posee una naturaleza más fibrilar. La estructura de la molécula de miosina es la de un bastón alargado con un abultamiento o porción más gruesa en uno de los extremos. La porción abultada de la molécula de miosina se conoce generalmente como *región cefálica o cabeza* y la porción larga del bastón, que constituye la columna vertebral de los filamentos gruesos, se llama *cola o región caudal.* La porción de la molécula situada entre la cabeza y la cola se llama *cuello.* La región cefálica de la molécula es doble y se proyecta lateralmente a partir del eje longitudinal del filamento (figs. 3-12 B y 3-7 M). Cuando la miosina se somete a la acción proteolítica (que rompe o degrada la proteína) del enzima tripsina, se escinde cerca del cuello en dos fracciones que difieren en el peso molecular: *meromiosina ligera* y *meromiosina pesada* (figs. 3-12 A y 3-7 N).

En el centro de la banda A, a cada lado de la línea M, el filamento de miosina contiene la cola de las moléculas de miosina sin ninguna de las cabezas. Esta región, dentro de la zona H, a cada lado de la línea M, se denomina *zona pseudo Z*. La polaridad de los filamentos de miosina es tal que las cabezas en cada lado de la región desnuda central de la banda A se orientan en ángulo oblicuo separándose de la línea M (figs. 3-7 y 3-8). Tales cabezas salientes son los sitios funcionalmente activos de los filamentos gruesos durante la contracción muscular dado que las cabezas de miosina forman puentes cruzados con los filamentos de actina. Durante la contracción muscular cada cabeza de miosina se une a una molécula de actina G del filamento de actina. La formación de puentes, mediante esta interacción, entre la actina y la miosina origina el complejo químico conocido como *actomiosina*. La formación de actomiosina da lugar a un estado de rigidez y de relativa inestensibilidad muscular. La actomiosina constituye la mayor parte de las proteínas fibrilares encontradas en el músculo *post-mortem* y la rigidez que se origina tras la muerte animal *(rigor mortis)* se debe en gran parte a este complejo. En el animal vivo es un compuesto transitorio dado que los puentes que se forman entre los filamentos de actina y de miosina se rompen durante la fase de relajación del ciclo de contracción. Cuando el músculo está en reposo prácticamente no existen puentes.

En los filamentos de miosina se encuentra otra proteína, la proteína C, que supone del 2 al 2,5 % de las proteínas fibrilares. Una banda estrecha de proteína C rodea al filamento de miosina manteniendo juntas las moléculas de miosina dentro del haz que forma un filamento grueso. Dieciocho bandas de proteína C, distantes 43,2 nm, rodean cada filamento de miosina; a cada lado de la zona H hay nueve bandas. En la

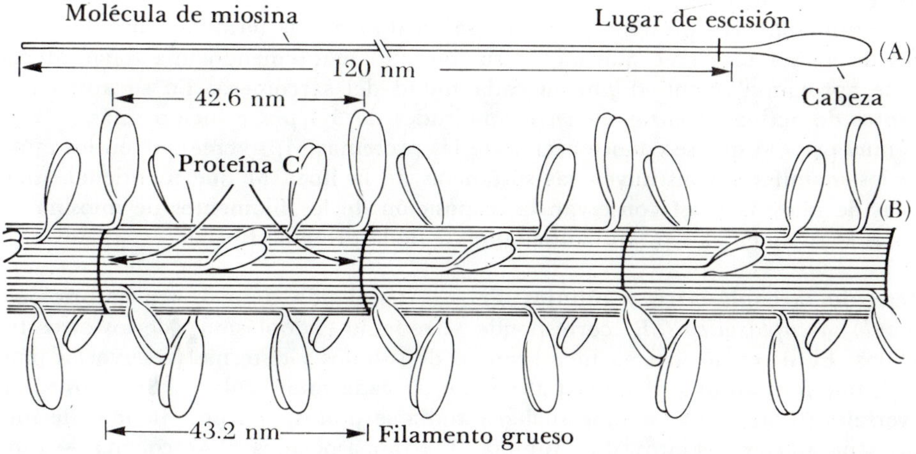

Figura 3-12. Diagrama de la construcción y estructura fina de un filamento de miosina. (A) molécula de miosina en la que se aprecian la cabeza, la cola y el lugar de escisión, y (B) filamenmento de miosina en el que se aprecian dobles cabezas que sobresalen y periódicamente (cada 43,2 nm) la banda de proteína C que lo envuelve. (Modificado de J. M. Murray y A. Weber, «The cooperative Action of Muscle Proteins». Copyright © 1974 por Scientific Americam, Inc. Reservados todos los derechos).

figura 3-12 B aparecen unas pocas bandas de proteína C que rodean un filamento de miosina.

La tropomiosina supone del 8-10 % de la proteína miofibrilar y, como la miosina, posee una molécula muy cargada rica en aminoácidos acídicos y básicos. El punto isoeléctrico de la tropomiosina corresponde a un pH de 5,1 aproximadamente. Su escaso contenido en prolina contribuye también a su estructura fibrilar. Las moléculas de tropomiosina están formadas por dos cadenas peptídicas enrolladas, unidas entre sí por los extremos, formando de esta manera largos y gruesos cabos filamentosos. En los filamentos de actina uno de tales cabos descansa en la superficie de cada una de las dos cadenas enrolladas de actina F. Los cabos de tropomiosina descansan a lo largo de cada surco de la superhélice de actina. En el filamento de actina una sola molécula de tropomiosina se extiende a lo largo de 7 moléculas de actina G. En la figura 3-11 D se muestran las relaciones de la tropomiosina con el filamento de actina.

La troponina, una proteína globular con un contenido en prolina relativamente alto, supone el 8-10 por ciento de la proteína miofibrilar. Como la tropomiosina, la troponina se asienta en los surcos de los filamentos de actina, a los lados de los cabos de tropomiosina. Posiblemente se encuentra también presente cerca del final de las moléculas de tropomiosina. Como se muestra en la figura 3-11 E, las unidades de troponina se repiten con cierta periodicidad a lo largo del filamento de actina; por cada 7 u 8 moléculas de actina G hay una molécula de troponina. En la figura citada se presentan diagramáticamente las relaciones estructurales de la actina F, tropomiosina y troponina. La troponina es una proteína receptora de iones calcio (Ca^{2+}) y la sensibilidad frente a los mismos constituye su función principal en el complejo actomiosina-tropomiosina.

El contenido en prolina de la actinina-α, que también es una proteína globular, es comparable al de la actina; se encuentra en la línea Z y supone del 2 al 2,5 % de la proteína miofibrilar. Se ha sugerido que la actinina-α actúa como material de argamasa en los filamentos Z.

La actinina-β, otra proteína globular, se localiza en las terminaciones de los filamentos de actina y se cree que regula su longitud manteniendo una longitud constante de aproximadamente 1 μm en cada mitad del sarcómero. En su ausencia los filamentos de actina alcanzan *in vitro* longitudes de 3-4 μm e incluso más.

Es muy poco lo que se conoce acerca de las proteínas M; se cree que en los músculos de los mamíferos constituyen las sustancias de la línea M que mantienen unidas las colas de miosina y así conservan la disposición de los filamentos de miosina. Las proteínas M suponen el 4 % aproximadamente de la proteína fibrilar.

Retículo sarcoplásmico y túbulos T. — Atendiendo a su origen embriológico, el *retículo sarcoplásmico (SR)* corresponde al retículo endoplásmico de los otros tipos de células. El SR es un sistema membranoso de túbulos y cisternas (reservorios planos de Ca^{2+}) que forman una densa red alrededor de cada miofibrilla. El SR y los túbulos transversales (túbulos T), aunque suelen estudiarse juntos, son dos sistemas de membranas separados y distintos. Los túbulos T están asociados al sarcolema, según se ha señalado al estudiar el último; por otra parte el SR es de naturaleza intracelular. Las membranas reticulares del SR son los lugares de almacenamiento de los Ca^{2+} de las fibras musculares en reposo.

El SR se compone de diversos elementos cuya estructura estudiaremos con referencia a un sarcómero. Los *túbulos longitudinales* del retículo son unos túbulos relativamente delgados orientados en la dirección del eje de las miofibrillas. En la región

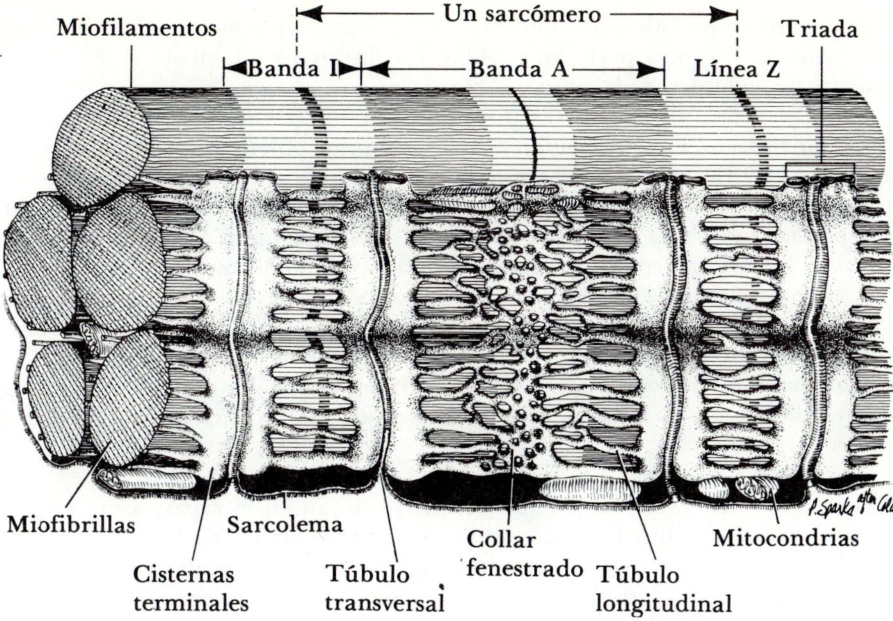

Figura 3-13. Representación diagramática del retículo sarcoplásmico y de los túbulos T y sus relaciones con las miofibrillas del músculo esquelético de los mamíferos. (Modificado de L. D. Peachey, *J. Cell. Biol.*, 25:209, 1965, de Bloom y Fawcett, *A Textbook of Histology*, 9.ª ed. W. B. Saunders Co., Philadelphia, p. 281, 1968).

de la zona H del sarcómero convergen estos túbulos formando una lámina perforada llamada *collar fenestrado* (semejante a una ventana). En la figura 3-13 pueden observarse estas estructuras. En la unión de las bandas A e I convergen los túbulos longitudinales y se unen a otro par de elementos tubulares mayores, orientados transversalmente denominados *cisternas terminales.* Los túbulos longitudinales se extienden en ambas direcciones desde el collar fenestrado a las cisternas terminales. Los dos elementos tubulares que comprenden las cisternas terminales son paralelos, uno a uno de los túbulos del par que atraviesa la banda A y otro a uno de los que atraviesa la banda I adyacente del sarcómero. Los dos elementos tubulares que comprenden las cisternas terminales son paralelos entre sí, atravesando uno de ellos la banda A y el otro la banda I del sarcómero. Otro túbulo T recorre también transversalmente el sarcómero a nivel de la unión de las bandas A-I y se sitúa entre los dos elementos tubulares del par de cisternas terminales. El túbulo T central y los dos elementos tubulares de las cisternas terminales constituyen conjuntamente una estructura conocida como *triada.* En la figura 3-13 se muestra un diagrama de la estructura y orientación del SR, túbulos T y triadas en relación con el sarcómero. Cada sarcómero posee dos triadas, una en cada mitad del sarcómero, en la unión de las bandas A e I. Las triadas envuelven cada miofibrilla en la unión de las bandas A-I, tanto en mamíferos como en aves y en algunos peces. En ciertas especies las triadas se sitúan en las líneas Z.

La gran extensión del SR puede deducirse, si se considera que estas estructuras acompañan a cada sarcómero a lo largo de toda la miofibrilla y que la fibra muscular contiene al menos 1.000 miofibrillas. El volumen del SR varía de una fibra muscular a otra, pero se ha calculado que supone aproximadamente el 13 % del volumen total de la fibra. Por otra parte los túbulos T constituyen solamente el 0,3 % aproximadamente del volumen de la fibra.

Mitocondrias. — Las *mitocondrias* son orgánulos oblongos localizados en el sarcoplasma (fig. 3-13). Se les ha denominado a menudo la «turbina de la célula» porque «capturan» la energía procedente del metabolismo de carbohidratos, lípidos y proteínas, proporcionando a la célula una fuente de energía química. Contienen enzimas que utilizan las células en los procesos oxidativos metabólicos. Hay una gran variación en cuanto número y tamaño de las mitocondrias de las fibras musculares. Las mitocondrias del músculo esquelético son relativamente abundantes en la periferia de la fibra, en las proximidades de los polos de los núcleos, y muy abundantes en las uniones mioneurales. Además entre las miofibrillas, se localizan algunas mitocondrias adyacentes bien a las líneas Z o bandas I, bien en las uniones de las bandas A e I (fig. 3-13).

Lisosomas. — Son vesículas pequeñas que se sitúan en el sarcoplasma y que contienen diversos enzimas que en su conjunto son capaces de digerir las células y sus contenidos. Entre los enzimas de las lisosomas debe citarse un grupo de enzimas proteolíticos conocidos como *catepsinas.* Varias catepsinas ejercen acciones proteolíticas sobre algunas proteínas musculares, contribuyendo así al ablandamiento de la carne durante la maduración post-mortal.

Aparato de Golgi. — En el sarcoplasma, cerca de los núcleos, se localizan estructuras conocidas como aparato de Golgi. Se trata de vesículas planas que funcionan aparentemente «concentrando y empaquetando» los productos de la «línea de producción» metabólica de la célula. Al ser polinucleada la fibra muscular tiene numerosos aparatos de Golgi. Las vesículas del aparato de Golgi se parecen a las membranas del retículo sarcoplásmico.

Músculo liso

Aunque la musculatura lisa constituye una pequeña porción de la carne, daremos una breve descripción de su ultraestructura y estudiaremos sus principales diferencias con el músculo esquelético. Donde más abunda este tejido es en las paredes de las arteriolas, vasos linfáticos y en el tracto gastrointestinal y reproductor.

Las fibras musculares lisas varían en tamaño y en forma, dependiendo de su localización. No siempre tienen forma de huso, como normalmente ocurre, sino que pueden ser de contornos muy irregulares. En cortes transversales las fibras musculares lisas varían, desde elipsoideas muy aplanadas, hasta triangulares y aun poliédricas. En la figura 3-14 se muestran microfotografías de fibras musculares lisas.

El sarcolema de la fibra muscular lisa presenta puentes entre fibras vecinas. La fibra muscular lisa es mononucleada situándose el núcleo generalmente en el centro de la célula, si bien en las muy largas puede ser ligeramente excéntrico. El retículo sarcoplásmico (SR) está menos desarrollado que en el músculo esquelético. Los miofilamentos del músculo liso no presentan tampoco una ordenación tan completa como los del estriado; no parece que se unan para formar miofibrillas. Sin embargo, forman pares que se disponen paralelamente al eje longitudinal de la fibra. En contraste con

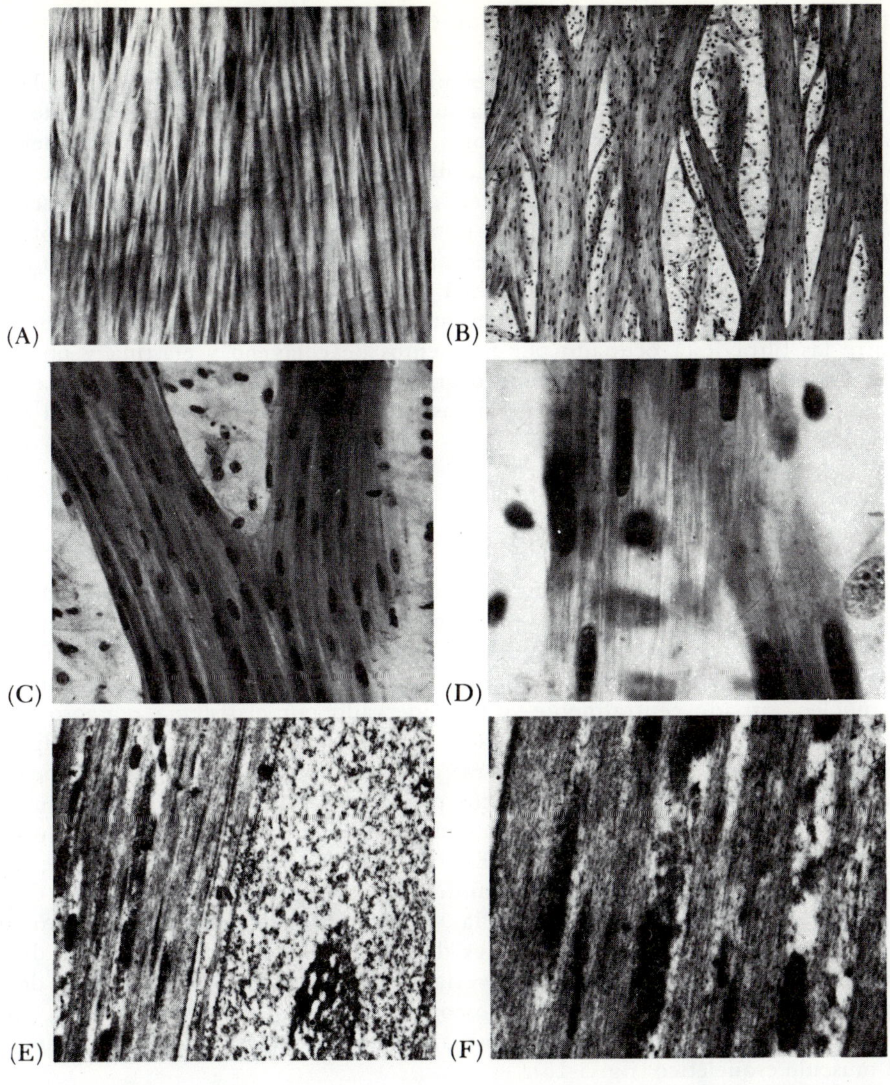

Figura 3-14. Microfotografía de fibras de musculatura lisa de la capa muscular longitudinal del útero de coneja gestante a término. Microfotografías (A-D) microscópica óptica (×12, ×75, ×300 y ×1.000 respectivamente) y (E-F) microscopia electrónica (×10.000 y ×20.000 respectivamente). (De *The structure and Function of Muscle,* Vol. I, 1.ª ed., G. H. Bourne, ed. Academic Press Inc., New York, p. 233, 1960; Cortesía del Dr. Arpad I. Csapo).

el músculo esquelético las terminaciones fibrilares son las que presentan la mayor densidad de filamentos. Entre dichos filamentos se encuentran los de actina, que recuerdan a la actina F del músculo esquelético; los filamentos de actina también contienen tropomiosina, troponina y actinina-α. De otro lado no se observan filamentos de miosina, a pesar que del músculo liso se extrae miosina. La actina y la miosina se encuentran en las mismas proporciones que en el músculo esquelético, sin embargo no hay estriaciones.

Los miofilamentos del músculo liso se unen a las *zonas oscuras* del sarcolema. Dichas zonas son evidentes a lo largo de la superficie del sarcolema, pero donde más abundan es en las terminaciones de las fibras, en donde son también más numerosos los miofilamentos. Estas zonas oscuras se ha dicho que son análogas a las líneas Z del músculo esquelético, puesto que se mueven durante la contracción. Pueden ser las responsables de la transmisión de la fuerza de contracción miofilamental al sarcolema.

Las fibras de los músculos lisos se presentan aisladas o formando haces, pero cualquiera que sea su disposición, cada una está rodeada de una delicada red de fibras reticulares que le sirve de soporte y las mantienen unidas. El estrecho espacio existente entre las fibras está ocupado por filamentos de colágeno y elastina y por una sustancia asociada que forma el cemento o argamasa. A los tejidos conectivos se asocian los vasos sanguíneos y las fibras nerviosas: sin embargo, comparado con el músculo esquelético el liso está peor irrigado.

Músculo cardíaco

El músculo cardíaco presenta la singular propiedad de una contractibilidad rítmica que continúa incesantemente desde la vida embrionaria hasta la muerte. El músculo cardíaco posee propiedades que recuerdan las características tanto de la musculatura lisa como de la esquelética. Como los músculos lisos, sus células poseen, generalmente, un solo núcleo, situado centralmente, y está inervado por el sistema nervioso autónomo. Las fibras del músculo cardíaco están ramificadas, pero el tronco principal es más delgado y más corto que el de las fibras del músculo esquelético; las ramificaciones son de menor diámetro que los troncos principales. El sarcoplasma del músculo cardíaco contiene numerosos gránulos de glucógeno. Las mitocondrias del músculo cardíaco son muy grandes y numerosas. En la figura 3-15 pueden apreciarse éstos y otros detalles del músculo cardíaco. Los miofilamentos del músculo cardíaco se disponen de forma tal que no originan miofibrillas, al revés de lo que acaece con el músculo esquelético; por el contrario, los agregados de miofilamentos forman fibrillas de un tamaño muy distinto, cuyas dimensiones varían a lo largo del eje longitudinal de las fibrillas. Sin embargo, observadas al microscopio se aprecian filamentos gruesos (miosina) y delgados (actina) que disponiéndose alineados le dan una apariencia idéntica a la del músculo esquelético (fig. 3-15).

Los túbulos T del músculo cardíaco son de mayor diametro y aparecen en las líneas Z, lo que contrasta con su presentación en los músculos esqueléticos de mamíferos y aves que tienen lugar en la banda A-I. Los elementos del SR no solament están menos desarrollados en el músculo cardíaco, sino que carecen de estructuras comparables a las cisternas terminales.

A intervalos regulares y siguiendo el eje longitudinal del músculo cardíaco existen unas líneas densas, llamadas *discos intercalados* que cortan la fibra o célula. En el músculo cardíaco de los mamíferos estos discos cortan a intervalos los miofilamentos en sentido transversal a las bandas I de la fibra, dando un aspecto de discos periódicos (fig. 3-15).

Los discos intercalados se continúan a lo largo de toda la fibra y sus membranas representan las membranas celulares de las fibras musculares adyacentes. Por lo tanto, los discos proporcionan una cohesión entre las fibras del miocardio (músculo cardíaco)

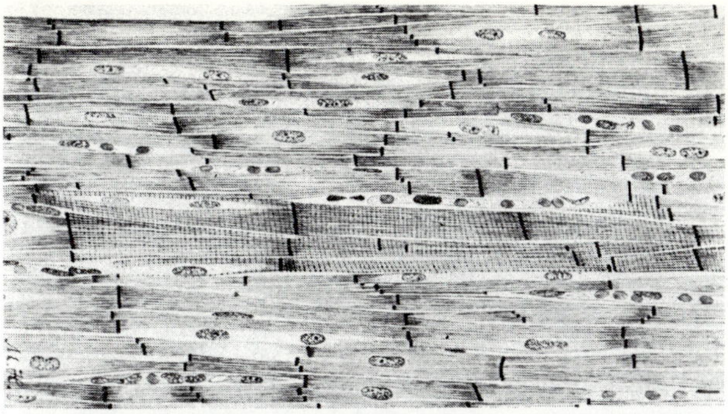

(A)

(B)

Figura 3-15. Microfotografías de músculo cardíaco. Un corte longitudinal (A) en el que se aprecia la disposición de las fibras y la situación de los núcleos, y (B) microfotografía electrónica mostrando el tipo de bandas, los discos intercalares, las mitocondrias y los gránulos de glucógeno. (De D. W. Fawcett, *A textbook of Histology,* 9.ª ed. W. B. Saunders Co., Philadelphia, pp. 285, 289, 1968).

facilitando también la transmisión de la fuerza contráctil (en el sentido del eje de la fibra) desde una fibra a otra.

El miocardio es la capa contráctil del corazón y constituye la masa del músculo cardíaco. Las fibras del miocardio se mantienen en su sitio gracias a fibras colágenas y reticulares que se continúan con las cubiertas de tejido conectivo que las agrupa en fascículos (haces) de fibras. Siguiendo el tejido conectivo, situado entre los haces musculares, los vasos sanguíneos y linfáticos y las fibras nerviosas penetran y salen del miocardio. El músculo cardíaco tiene una gran capacidad metabólica oxidativa; consecuentemente dispone de una amplia red de capilares sanguíneos.

TEJIDO EPITELIAL

De los cuatro tipos de tejidos presentes en el organismo animal el tejido epitelial es el que cuantitativamente se encuentra en la carne en menor cantidad. Sin embargo, el sabor característico y el aspecto crujiente del pollo frito se debe en parte a las propiedades de este tejido y del conectivo subyacente. Forma las membranas de las superficies externas e internas del cuerpo y de algunos de sus sistemas orgánicos; generalmente se separan durante el sacrificio y operaciones de carnización. (Algunos de estos tejidos, como la piel, constituyen importantes subproductos). La mayoría del restante tejido epiletial de la carne se asocia a los vasos sanguíneos y linfáticos y a ciertos órganos comestibles (despojos) tales como riñones e hígado.

El tejido epitelial se caracteriza por presentar poco material intercelular y se clasifica de acuerdo con la forma de sus células y con el número de capas que constituyen el epitelio. Las formas de la célula varían desde la plana a la poliédrico-piramidal (fig. 3-16).

Algunas forman capas sencillas y otras estratificadas. En ambos casos mantienen abundantes contactos intercelulares formando así láminas celulares contínuas que re-

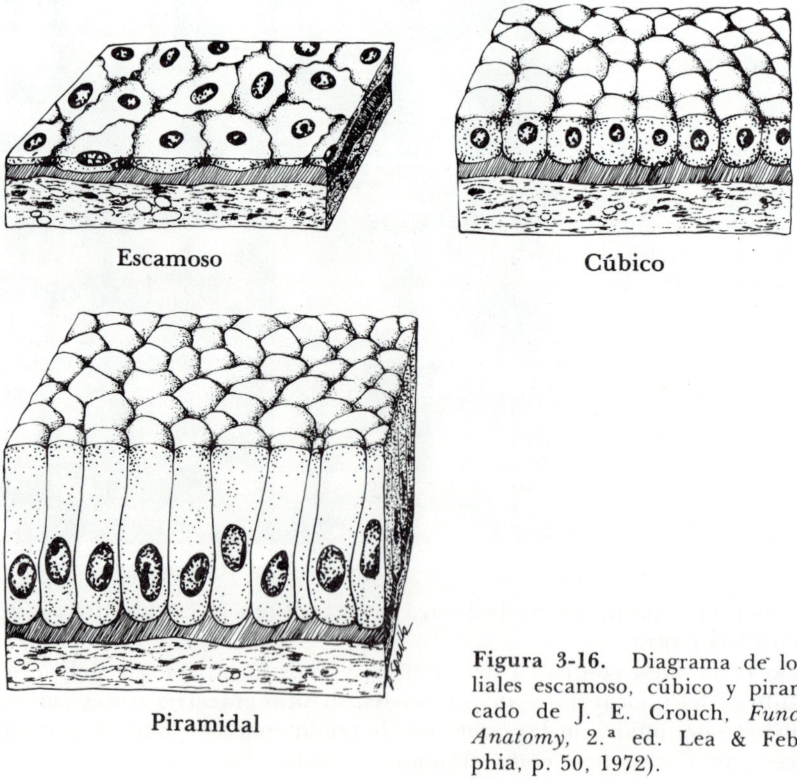

Figura 3-16. Diagrama de los tejidos epiteliales escamoso, cúbico y piramidal. (Modificado de J. E. Crouch, *Functional Human Anatomy,* 2.ª ed. Lea & Febiger, Philadelphia, p. 50, 1972).

cubren las superficies y cavidades. Además, sus superficies libres pueden estar modificadas o especializadas para aumentar su eficacia en el desarrollo de funciones tales como protección, secreción, excreción, transporte, absorción y percepción sensorial.

TEJIDO CONECTIVO

Como implica su nombre, el tejido conectivo une y mantiene conexas las diversas partes del organismo. Los tejidos conectivos están distribuidos por todo el organismo como componentes del esqueleto, de los diversos órganos, de los vasos sanguíneos y linfáticos y también de las láminas que recubren estructuras tales como tendones, músculos, troncos nerviosos, fibras musculares y fibras nerviosas. La piel o cuero se une al resto del cuerpo mediante tejido conectivo. Este tejido también proporciona al organismo una barrera frente a los agentes infecciosos y es de enorme interés en la cicatrización de las heridas. El *tejido conectivo típico* recubre las fibras musculares, los haces musculares y finalmente los músculos. Junto con el tejido adiposo contribuye cualitativa y cuantitativamente a las propiedades musculares.

Los tejidos conectivos se caracterizan porque poseen generalmente pocas células y una cantidad considerable de sustancia intercelular. Esta *sustancia extracelular* del tejido conectivo típico varía de una masa blanda, gelatinosa, a otra fibrosa y dura, pero siempre contiene embebidas fibras que proporcionan los elementos estructurales de los tejidos conectivos. En el cartílago la sustancia intercelular presenta consistencia gomosa mientras que en el hueso es mucho más dura y está impregnada de sales de calcio. Tanto el cartílago como el hueso contienen fibras que, sin embargo, están ocultas o enmascaradas por la sustancia intercelular. En la sangre y en la linfa la sustancia intercelular es un líquido que no contiene fibras.

En contraste con el tejido conectivo propiamente dicho, que posee pocas células, el tejido adiposo en conjunto consta fundamentalmente de células. En la sangre, linfa, cartílago y hueso las células suponen una proporción intermedia del volumen tisular total.

Puesto que el tejido conectivo típico se caracteriza por la presencia de fibras, se le denomina, generalmente, *tejido conectivo fibroso.* De otro lado, los huesos y cartílagos se consideran como *tejidos conectivos de soporte,* debido a que a ellos se unen otros tejidos, proporcionando de esta forma al organismo un soporte estructural. Aunque las generalizaciones acerca de los tejidos conectivos podrían indicar que son totalmente diferentes entre sí, poseen muchas semejanzas en composición y funcionamiento. Las fibras del tejido conectivo típico son a veces continuación del hueso y del cartílago, y ciertos compuestos químicos son comunes a varios tejidos conectivos.

Tejido conectivo típico

El tejido conectivo típico se compone de una materia sin estructura (amorfa) llamada *sustancia intercalar* en la que se encuentran embebidas las células y las fibras extracelulares. Las fibras extracelulares comprenden las de *reticulina, colágeno* y **elastina** (más adelante se describe con detalle la estructura de cada una de ellas). El tejido conectivo típico contiene dos tipos distintos de células que se denominan *fijas* y *errantes.* Entre las primeras se incluyen los fibroblastos, las células mesenquimatosas indiferenciadas y las células adiposas (especializadas en el almacenamiento de grasas) que

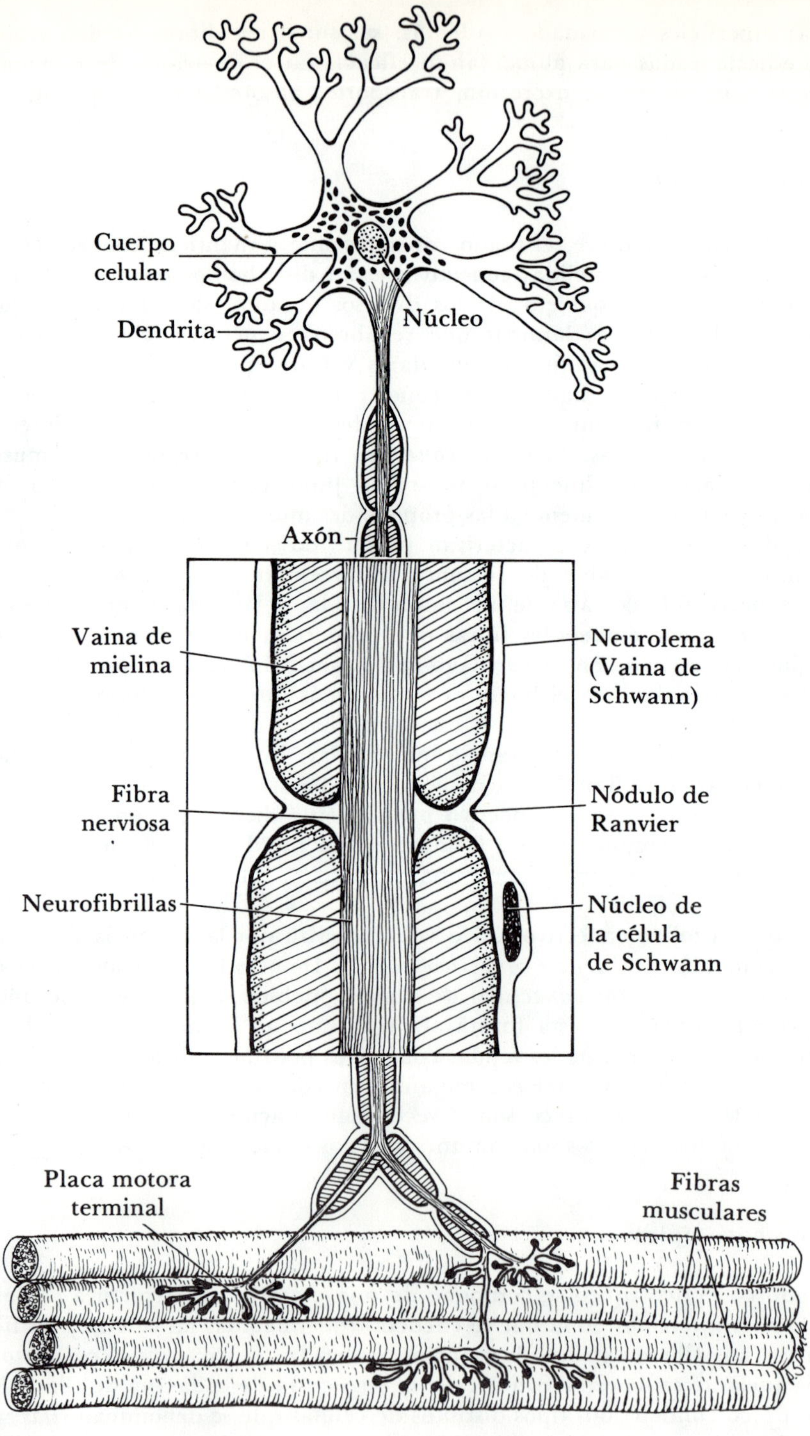
Cuerpo celular
Núcleo
Dendrita
Axón
Vaina de mielina
Neurolema (Vaina de Schwann)
Fibra nerviosa
Nódulo de Ranvier
Neurofibrillas
Núcleo de la célula de Schwann
Placa motora terminal
Fibras musculares

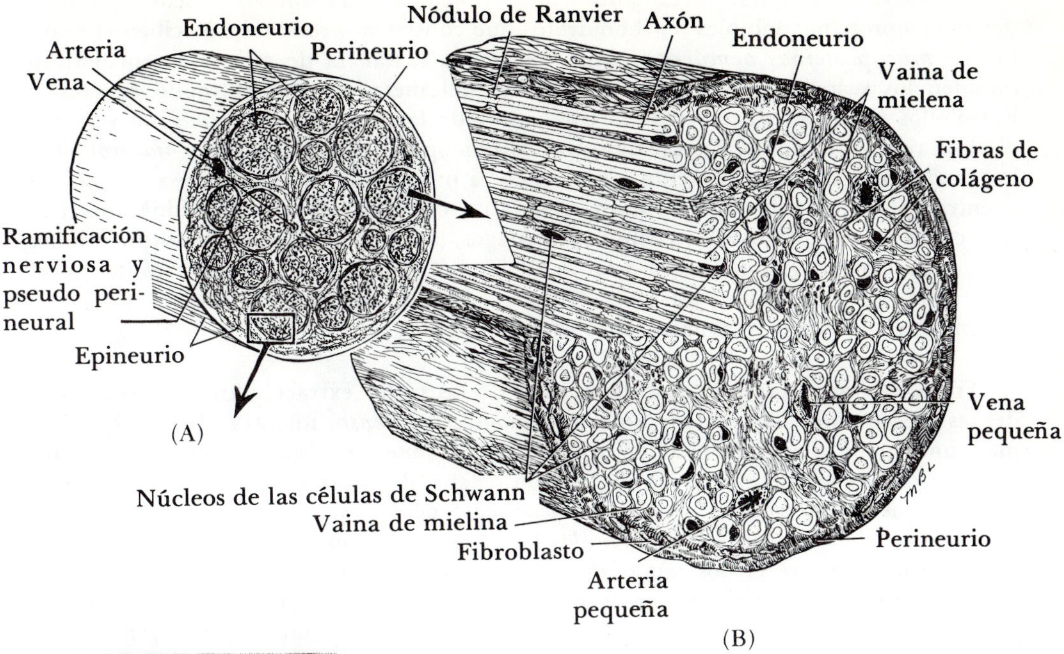

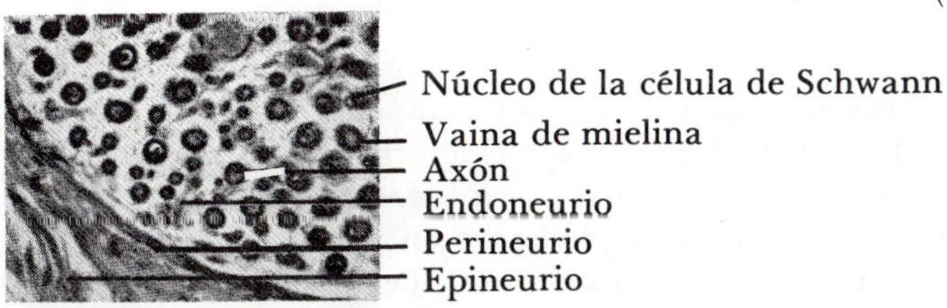

Figura 3-18. Anatomía microscópica de un nervio periférico. (A) Corte transversal de un nervio (×40). (B) Fascículo nervioso en el que se aprecian un corte longitudinal y otro transversal. Las vainas de mielina se representan en blanco. (C) Microfotografía de un corte transversal de un fascículo (haz) nervioso mielínico (×600). (La tinción con ácido ósmico da color negro a la vaina de mielina). Gran aumento. (De J. E. Crouch, *Functional Human Anatomy,* 2.ª ed., Lea & Febiger, Philadelphia, p. 485; 1972).

derivan de las últimas. Las células errantes están implicadas en reacciones de defensa, entre ellas deben citarse los eosinófilos, las células del plasma, las linfáticas y los macrófagos libres. Los componentes extracelulares (sustancia de relleno y fibras) son producidas y conservadas por los fibroblastos, otro componente celular (fig. 3-20). Se estudiarán en las dos próximas secciones.

Figura 3-17. Diagrama de una neurona y de las placas motoras terminales con ella asociadas. La ampliación del eje o axón (centro) muestra los detalles de la fibra nerviosa, neurofibrillas, vaina de mielina, núcleo de la célula de Schwann y nódulo de Ranvier. (Modificado de J. E. Crouch, *Functional Human Anatomy,* 2.ª ed. Lea & Febiger, Philadelphia, p. 480, 1972).

Sustancia de relleno. — La sustancia de relleno es una solución viscosa que contiene glucoproteínas solubles (carbohidratos que contienen proteínas): Reciben el nombre de *mucoproteínas o mucopolisacáridos.* En la sustancia de relleno se encuentran también los sustratos y los productos finales del metabolismo del tejido conectivo. Entre ellos están los precursores del colágeno y de la elastina, *tropocolágeno* y *tropoelastina* respectivamente. Destacan entre los mucopolisacáridos el *ácido hialurónico* y los *condrointin-sulfatos.* El ácido hialurónico es una sustancia muy viscosa que se encuentra en las articulaciones (líquido sinovial) y entre las fibras del tejido conectivo. Los condrointin-sulfatos aparecen en cartílagos, tendones y huesos adultos. Ambos mucopolisacáridos y proteínas asociadas funcionan como sustancias lubricantes y cementadoras intercelulares, así como de materia estructural en cartílagos y huesos; también proporcionan una barrera frente a los agentes infecciosos.

Fibras extracelulares. — La disposición de las fibras extracelulares en estructuras densas y conglomeradas se denomina *tejido conectivo denso,* mientras que las que forman una red tisular suelta constituyen el *tejido conectivo laxo.* El tejido conectivo denso se distingue además por la disposición de sus fibras; *en el tejido conectivo denso irregular* las fibras están entretejidas densamente pero dispuestas al azar; por el contrario en el *tejido conectivo denso regular* las fibras se disponen en haces paralelas unas a otras, como ocurre en los tendones, o formando hojas planas, como en el caso de las *aponeurosis* (láminas tendinosas de tejido conectivo que rodean los músculos), según se muestra en la figura 3-28. Entre las fibras extracelulares se incluyen el *colágeno,* la *elastina* y la *reticulina.*

El colágeno es la proteína más abundante del organismo animal e influencia la ternura de la carne. En la mayoría de los mamíferos supone el 20-25 % de la proteína total. El colágeno es la principal proteína estructural del tejido conectivo y es el mayor componente de tendones y ligamentos y, en menor proporción, de huesos y cartílagos. Además existen redes de fibras de colágeno en prácticamente todos los tejidos y órganos, incluidos los músculos. La distribución del colágeno en los músculos esqueléticos no es uniforme, ya que la cantidad presente guarda cierta relación con su actividad física; así la musculatura de las extremidades contiene más colágeno que la del dorso y, en consencuencia, la primera es más dura que la última.

El colágeno es una glucoproteína que contiene pequeñas cantidades de galactosa y glucosa. La glicocola (glicina) es el aminoácido más abundante del colágeno ya que supone aproximadamente la tercera parte del contenido total de aminoácidos. Como se observa en la figura 3-19, la hidroxiprolina y la prolina constituyen otra tercera parte del contenido en colágeno. El contenido del colágeno en hidroxiprolina es relativamente constante (13-14 %) y no aparece (en cantidades significativas) en otras proteínas animales. Por ello su estimación se utiliza corrientemente para determinar la cantidad de colágeno de los tejidos.

La molécula de *tropocolágeno,* la unidad estructural de la fibrilla de colágeno, está formada por la alineación de tres moléculas sencillas de tropocolágeno, que se disponen imbricadas o solapadas. Como se observa en la figura 3-19, cada molécula de tropocolágeno se imbrica en una cuarta parte de su longitud con la correspondiente molécula lateral, lo que explica el aspecto estriado de la fibra. La secuencia de factores que dan lugar a la formación de la fibrilla de colágeno se muestra, en forma de diagrama, en la figura 3-20. Las fibras de colágeno constan de un número variable de fibrillas de colágeno que se disponen paralelamente. El tamaño de estas fibras depende de su origen. Son casi totalmente inextensibles. Las fibras individuales son

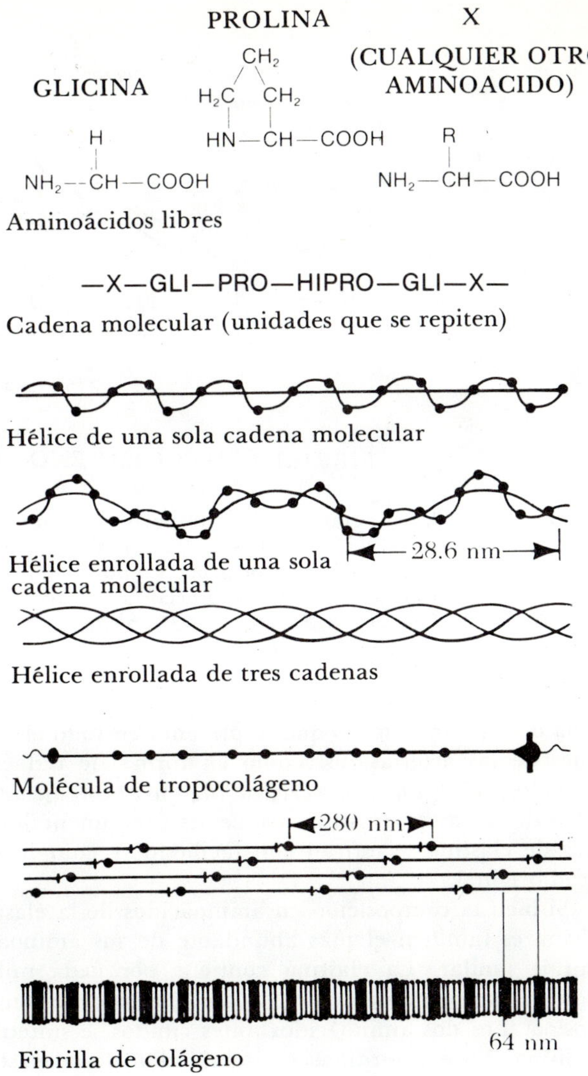

Figura 3-19. Diagrama de la secuencia de aminoácidos y de la estructura molecular del colágeno y tropocolágeno y de la formación de una fibrilla de colágeno. (De J. Gross, *Collagen.* Copyright © 1961, Scientific American Inc. Reservados todos los derechos).

incoloras, pero en forma de agregados, como ocurre en las cubiertas musculares o tendinosas, presentan color blanco.

La relativa insolubilidad y la gran fuerza tensora de las fibras de colágeno se debe a la existencia en las mismas de *puentes o enlaces intermoleculares.* Tales puentes están en menor número y son más fácilmente escindidos en los animales jóvenes que en los adultos. A medida que avanza la edad de los animales aumenta el número de estos puentes, y los que antes se rompían fácilmente se convierten en estables. Además el colágeno de los animales jóvenes es más soluble, solubilidad que va disminuyendo a medida que el animal envejece.

La elastina abunda mucho menos que el colágeno en el tejido conectivo y sus características ultraestructurales no son suficientemente conocidas; se trata de una pro-

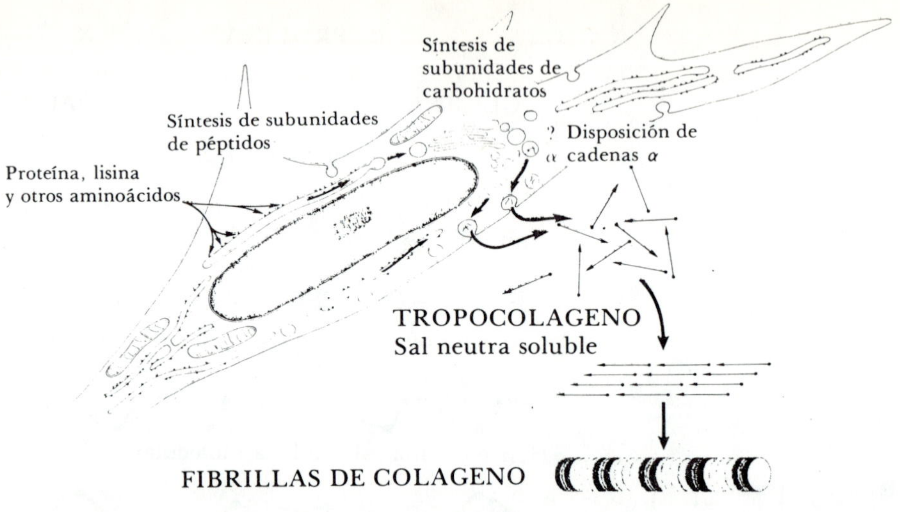

Figura 3-20. Diagrama de un fibroblasto; se muestran los detalles intracelulares y extracelulares más importantes de la síntesis de tropocolágeno y su transformación extracelular en fibrilla de colágeno. Como se indica en el diagrama, la proteína y la lisina y otros aminoácidos se asocian a las ribosomas del retículo endoplasmático. (De D. W. Fawcett, *A Textbook of Histology,* 9.ª ed. W. B. Saunders Co., Philadelphia, p. 145; 1968).

teína de aspecto gomoso que se presenta en todo el organismo, en los ligamentos y paredes de las arterias, así como en forma de red en diversos órganos, incluidos los músculos. El *ligamento cervical (ligamentum nucae)* de los rumiantes es un cordón largo de fibras de elastina dispuestas fundamentalmente de manera paralela. Las fibras de elastina se estiran con facilidad, y cuando cesa la tensión vuelven a su longitud original.

Si bien la composición en aminoácidos de la elastina difiere de la del colágeno, la glicina es también el más abundante de sus aminoácidos, encontrándose en un porcentaje similar. La elastina contiene por cada mil radicales de aminoácidos ocho radicales aproximadamente, de dos aminoácidos singulares, la desmosina y la isodesmosina. Los dos aminoácidos antes citados se sintetizan a partir de cuatro moléculas de lisina. La extraordinaria insolubilidad de la elastina se debe, en gran parte, a su gran contenido en aminoácidos no polares (aproximadamente el 90 %) y a los enlaces laterales de la desmosina. Los enlaces de desmosina mantienen unidas cuatro cadenas vecinas de elastina merced a los enlaces intermoleculares que unen a sus moléculas de lisina.

La agregación de fibras de elastina, como sucede en el *ligamentum nucae* da un característico color amarillo. La elastina es muy resistente a los enzimas digestivos y, por lo tanto, su contribución al valor nutritivo de la carne es escasa o nula. Como se ha indicado más atrás es muy insoluble y ningún método culinario ejerce en ella efecto solubilizante alguno apreciable.

La reticulina consta de fibras pequeñas que forman redes delicadas en torno de las células, vasos sanguíneos, estructuras neurales y epitelios que los mantienen en su sitio. Durante el desarrollo embrionario las fibras reticulares son las primeras en aparecer en la diferenciación del tejido conectivo laxo, pero son superadas numéricamente por el aumento continuo de fibras colágenas. Debe hacerse hincapié, sin embargo, en que las fibras reticulares existen y continúan realizando la misma función, ya descrita, en los animales adultos.

Células del tejido conectivo

De las diversas clases de células encontradas en el tejido conectivo en este capítulo solamente estudiaremos, dada su importancia en las propiedades de la carne, los fibroblastos, las células mesenquimatosas indiferenciadas y las células adiposas.

Fibroblastos. — Los fibroblastos presentan una forma que varía de fusiforme a estrellada, pero en general son largos y esbeltos. Los fibroblastos sintetizan a los precursores de los componentes extracelulares del tejido conectivo, concretamente tropocolágeno, tropoelastina y sustancia de relleno.

Estas proteínas del tejido conectivo se sintetizan en el interior del fibroblasto, liberándose en la matriz extracelular. La construcción de fibras de colágeno y elastina a partir de subunidades de tropocolágeno y tropoelastina respectivamente acaece extracelularmente en la matriz del tejido conectivo. En la figura 3-20 se muestra, en forma de diagrama, cómo tiene lugar la sínteses del tropocolágeno en el interior del fibroblasto y la formación extracelular de fibrillas. La elaboración de la elastina sigue posiblemente una secuencia similar a la del colágeno.

Células mesenquimatosas indiferenciadas. — Las células mesenquimatosas son fusiformes y de tamaño ligeramente menor que los fibroblastos. Son células sin diferenciar que pueden transformarse en uno de los diversos tipos de células, dependiendo de un estímulo específico. Las que acumulan lípidos son las precursoras de las células adiposas. Hay que hacer énfasis en que los fibroblastos *per se* no originan células adiposas. Las células mesenquimatosas precursoras de las adiposas, se sitúan en la matriz de tejido conectivo laxo, próximo a los vasos sanguíneos. Cuando estas células comienzan a acumular lípidos reciben el nombre de *adipoblastos;* a medida que continúa el acúmulo de grasa se transforman en células adiposas *(adipocitos).* En la figura 3-21 se muestra un diagrama de todos estos fenómenos.

Tejido adiposo

El acúmulo de muchos adipocitos hasta el extremo de constituir el tipo de célula predominante, determina la formación de *tejido adiposo,* conocido también como grasa. En el organismo animal existen muchos lugares grasos, conocidos como depósitos de tejido adiposo; algunos de estos lugares se estudiarán en capítulos siguientes. En las tablas 3-3 y 3-5 respectivamente se muestra la composición de diversos depósitos de tejido adiposo de los animales de abasto y el contenido graso aproximado de canales de bóvidos y óvidos de diversos grados de cebamiento.

En muchas especies animales su organismo contiene dos tipos de tejido adiposo, *blanco y marrón;* la mayor parte del tejido adiposo de los animales de abasto es de tipo blanco, pero en todas estas especies existe al nacimiento grasa marrón, especialmente en la región perirrenal que, en algunos animales, persiste hasta en la fase adulta. Los adipocitos marrones son más pequeños que los de la grasa blanca. El color

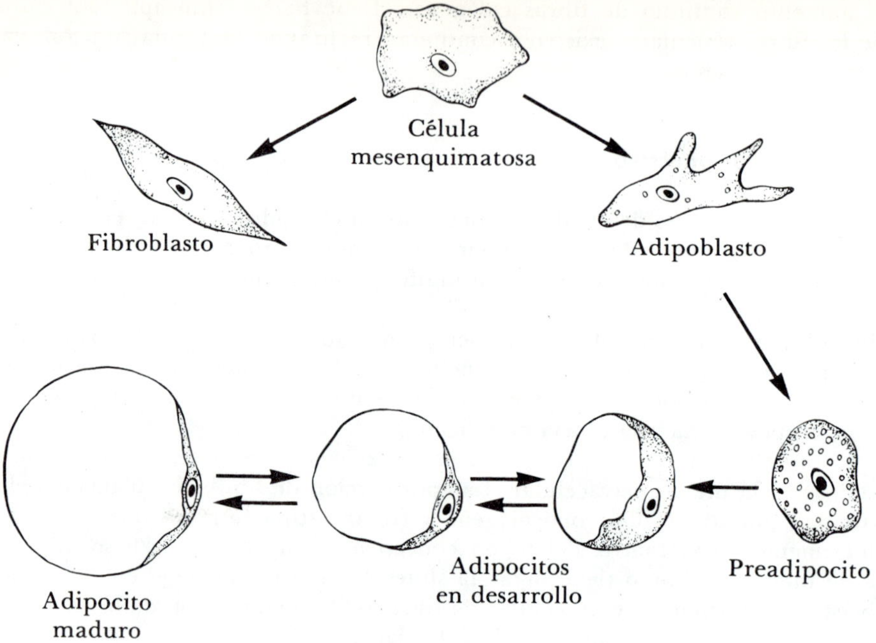

Figura 3-21. Diagrama del desarrollo de un adipocito.

marrón de la grasa se debe al gran contenido en citocromos de las mitocondrias de estas células. La mayoría de la grasa marrón desaparece transcurridas algunas semanas después del nacimiento, o posiblemente se convierta en grasa blanca.

Cartílago

Los tejidos conectivos especializados, cartílago y hueso, constituyen los elementos de soporte y el esqueleto de los animales respectivamente. Durante el desarrollo embrionario la mayoría del esqueleto se origina en forma de cartílago, que más tarde se convertirá en hueso.

La mayor parte del desarrollo óseo tiene lugar a costa del cartílago intermediario, sin embargo no todo el cartílago se convierte en hueso y alguno, como los discos articulares de las articulaciones óseas, persiste durante toda la vida del animal.

El cartílago se compone de células y de fibras extracelulares embebidas en una matriz de tipo gelatinoso. Las células cartilaginosas denominadas *condrocitos* se encuentran aisladas en pequeñas cavidades que forman parte de la matriz extracelular. Los condrocitos tienden a unirse en pequeños grupos en la matriz, rellenando las cavidades que ocupan. Cuanto hemos expresado se representa en la figura 3-22. Existen fibras de colágeno que entrelazándose forman una fina red en la matriz del cartílago. Estas fibrillas constituyen hasta el 40 % del cartílago, pero generalmente no son visibles, ya que están rodeadas por completo por la matriz.

Los cartílagos difieren en su cantidad relativa de fibras de colágeno y de elastina, y en la cantidad de matriz en que las fibras están embebidas. En virtud de estas dife-

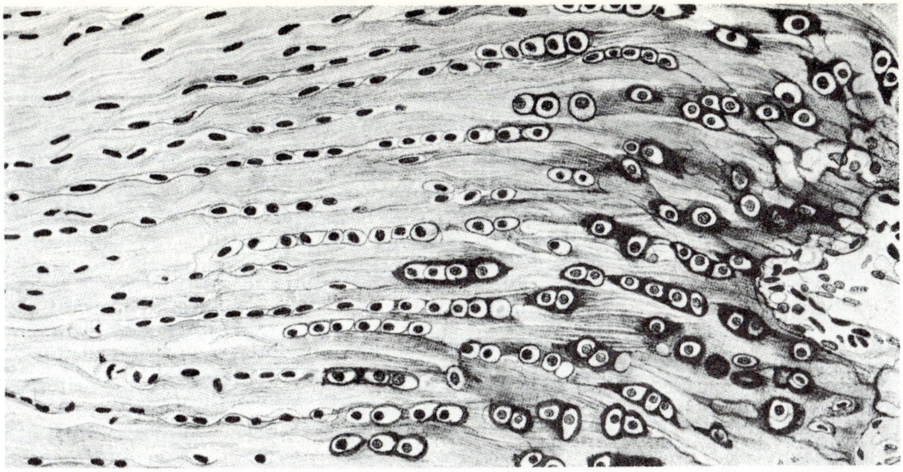

Figura 3-22. Diagrama del fibrocartílago en la inserción del tendón en el hueso. (De D. W. Fawcett, *A textbook of Histology,* 9.ª ed. W. B. Saunders Co., Philadelphia, p. 219; 1968).

rencias el cartílago se divide en *hialino, elástico y fibrocartílago.* El hialino es el que más abunda en el cuerpo, y los otros dos son meras modificaciones de aquél. Se encuentra en las superficies de los huesos y en las articulaciones, en las terminaciones ventrales de las costillas (cartílagos costales), en las apófisis espinosas de las vértebras torácicas (agujas) y en el tejido cartilaginoso asociado a las vértebras lumbares y sacras. Es elástico, semitransparente y tiene una tonalidad blanco-azulada. El cartílago elástico presenta tonalidad amarilla, es menos transparente y más flexible (elástico) que el cartílago hialino. Su matriz posee diversas fibras ramificadas de elastina. El cartílago elástico forma parte de la epiglotis y de las porciones externa e interna de la oreja. El fibrocartílago se caracteriza por la presencia de numerosas fibras colágenas, y se encuentra en la unión de los tendones con el hueso y en las cápsulas y ligamentos de las articulaciones.

Hueso

Los huesos, como los demás tejidos conectivos, contienen células, elementos fibrilares y una matriz extracelular (sustancia de relleno). Contrariamente a los demás tejidos conectivos la matriz extracelular está calcificada; a ello se debe la rigidez y las propiedades protectoras características del esqueleto. Los huesos son almacenes de calcio, magnesio, sodio y otros iones. El hueso es un tejido dinámico, ya que continuamente está siendo renovado y reconstruido.

En los huesos largos, como el fémur, la zona central larga, llamada *diáfisis* es un cilindro hueco de hueso compacto. En ambos extremos de la diáfisis existen zonas óseas más gruesas, llamadas *epífisis.* El hueso en su totalidad está cubierto por una delgada membrana de tejido conectivo especializado, llamada *periostio.* La periferia de las epífisis está cubierta por una capa delgada de tejido compacto, pero su interior está formado por hueso esponjoso. En la figura 4-6 se aprecian estas estructuras óseas.

Las superficies articulares de las epífisis están cubiertas por una fina capa de cartílago hialino, llamada *cartílago articular*. La articulación que se forma entre los cartílagos articulares de huesos adyacentes contiene una sustancia especializada del tejido conectivo, conocida como líquido sinovial. La región cartilaginosa que separa las diáfisis y las epífisis de los animales en crecimiento se denominan *placa epifísea*. El cartílago de esta placa descansa sobre una región adyacente transitoria de hueso esponjoso diafisario, llamada *metáfisis* (fig. 4-6). El hueso esponjoso de la metáfisis y el cartílago epífiso-diafisario adyacente constituyen la región ósea en la que tiene lugar el crecimiento en longitud del hueso. La porción interna central de la diáfisis contiene médula, que es roja en los animales jóvenes; a medida que el animal madura y envejece, la médula se transforma en amarilla.

En el hueso compacto la matriz calcificada presenta capas. A todo lo largo y ancho de la matriz se distribuyen cavidades, cada una de las cuales contiene una célula ósea. Existen pequeños elementos tubulares denominados *canalículos* que se distribuyen en todas las direcciones, formando redes canaliculares entre las cavidades celulares. Se cree que esta red de canalículos es importante para la nutrición de las células óseas. Se conocen tres tipos de células óseas: osteoblastos, osteocitos y osteoclastos. Los *osteoblastos* están implicados en la formación del tejido óseo y se presentan en las porciones más distales de los huesos en crecimiento. Los *osteocitos* son las células principales del hueso perfectamente formado, y se localizan en las cavidades celulares de la matriz calcificada. Los *osteoclastos* intervienen fundamentalmente en el proceso de resorción ósea.

Los dos componentes fundamentales de la matriz ósea son las sales inorgánicas y la matriz orgánica. La matriz orgánica está formada por una sustancia de relleno que contiene complejos moleculares polisacárido-protéicos. Embebidas en esta sustancia de relleno de la matriz existen numerosas fibras de colágeno. Los componentes inorgánicos de la matriz ósea son fundamentalmente sales de fosfato y calcio. En la matriz orgánica, entre las fibras de colágeno, se depositan cristales de estas sales.

Sangre y linfa

La sangre, la linfa y sus respectivos vasos derivan de los tejidos conectivos. Ya se ha señalado más atrás que existen tejidos conectivos en las paredes de los vasos sanguíneos y linfáticos. La sangre constituye el medio de transporte, tanto para llevar nutrientes a la célula (incluido el oxígeno) para su metabolismo, como para eliminar sus productos de desecho. La sangre sirve también de mecanismo de defensa frente a los agentes infecciosos, y como regulador del pH y del equilibrio de fluidos.

La sangre se compone de un medio líquido, el plasma, en el que están suspendidos sus componentes celulares, que se clasifican en *plaquetas* o *trombocitos*, *glóbulos rojos* (eritrocitos) y *glóbulos blancos* (leucocitos). En los animales de abasto los elementos formes de la sangre constituyen aproximadamente el 4 % del volumen sanguíneo total. La función principal de los eritrocitos es el transporte del oxígeno. El papel de los leucocitos en la corriente sanguínea se desconocen en gran parte; fuera del sistema vascular algunos leucocitos son *fagocitos* (digieren la materia extraña), y otros intervienen en las reacciones inmunitarias. Las plaquetas intervienen en los mecanismos de coagulación de la sangre. Los eritrocitos contienen un pigmento, la *hemoglobina*, responsable del color rojo de la sangre, y es directamente responsable del transporte del oxígeno a las células. La sangre constituye el 7 %, aproximadamente, del peso de los mamíferos. El color de la carne se debe, en gran parte, a la presencia de la proteína sarcoplásmica *mioglobina* (pigmento muscular), aunque también la hemoglobina contribuye al color de la carne, incluso cuando se utilizan condiciones de sacrificio ideales, debido a que siempre queda en los músculos una pequeña cantidad de sangre residual.

La linfa es el líquido que recorre los vasos linfáticos. Las células que predominan en la linfa son fundamentalmente los linfocitos, aunque puede haber a veces algunos eritrocitos y leucocitos. La linfa circula continuamente y atraviesa todos los tejidos, órganos y ganglios linfáticos del organismo, termina en el conducto torácico y, finalmente en la corriente sanguínea.

ORGANIZACIÓN Y CONSTRUCCIÓN MUSCULAR

Hasta ahora nos hemos limitado a estudiar el músculo esquelético, tratando fundamentalmente la fibra muscular, sus orgánulos y sus relaciones con las propiedades funcionales de conjunto. En los músculos esqueléticos existen grupos de fibras que se mantienen unidas por los tejidos conectivos (fig. 3-3). También se asocian a los músculos esqueléticos pequeñas porciones de tejidos epitelial y nervioso. La organización, papel y función de cada uno de estos tejidos en el músculo constituyen el objeto de estudio de la sección siguiente.

Haces musculares y tejidos conectivos asociados

En términos estructurales el músculo se compone de múltiples fibras individuales que se agrupan entre sí formando haces. El número de fibras varía de un haz a otro y, en consecuencia, el tamaño de los haces varía. A su vez, varios haces se agrupan entre sí de formas distintas para dar lugar a un músculo. En cortes musculares transversales los haces se presentan como polígonos de forma irregular (fig. 3-3). Asumen esta forma como consecuencia de mutuas deformaciones, si bien, también contribuyen a ello los *septos (particiones) de tejido conectivo* que se sitúan entre los haces adyacentes. Los tamaños de los haces y el grosor de sus septos de tejido conectivo determinan la textura del músculo; los que poseen haces pequeños y septos delgados tienen textura fina, y los que tienen haces grandes y septos de tejido conectivo gruesos presentan una textura más basta. Cuanto más fina es la textura mayor es la precisión de los movimientos de los músculos vivos. Post-mortem en los músculos, la textura fina generalmente se asocia a la carne blanda.

El sarcolema (membrana celular externa) de las fibras musculares individuales está rodeado por el *endomisio,* tejido conectivo delicado que las recubre, como se muestra en las figuras 3-3 y 3-23. Conviene subrayar que el sarcolema y el endomisio son dos estructuras separadas y distintas, aunque ambas rodeen a la fibra muscular. El sarcolema es una estructura membranosa lípido-proteica característica, mientras que el endomisio se compone de una cubierta polisacárido-proteica. Posee una red tenue de fibras de tejido conectivo, compuesto de unas pocas fibras finas de colágeno y de numerosas fibras reticulares.

Aproximadamente 20-40 fibras musculares y sus correspondientes endomisios se agrupan, constituyendo los llamados *haces primarios.* Un número variable de éstos, agrupándose a su vez, forman haces mayores, conocidos como *haces musculares se-*

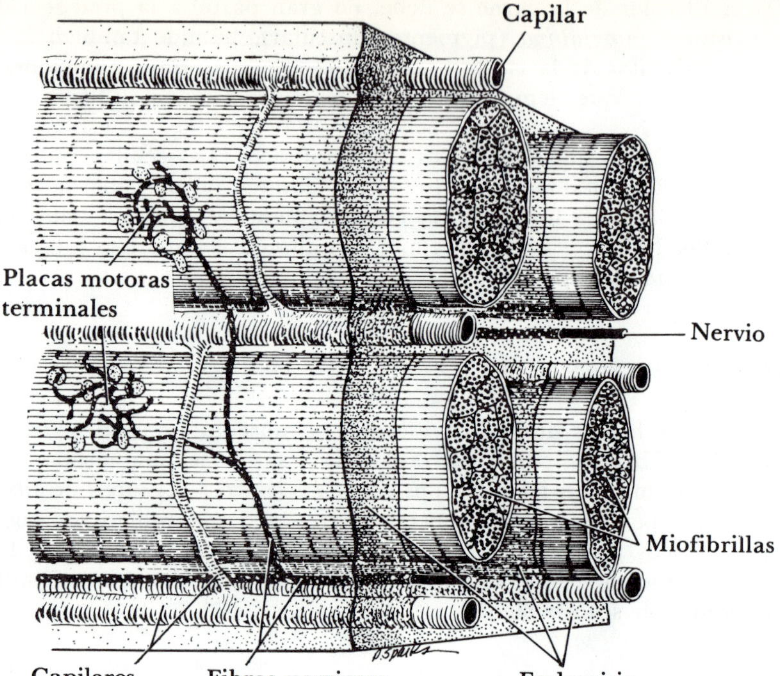

Figura 3-23. Diagrama de la estructura de un haz muscular primario en el que se observan las relaciones de las fibras, endomisio, vasos sanguíneos y nervios. (De J. E. Crouch, *Functional Human Anatomy,* 2.ª ed. Lea & Febiger, Philadelphia, p. 183; 1972).

cundarios. Tanto los haces primarios como los secundarios están envueltos por tejido *perimisial conectivo (fig. 3-3 y 3-24). El perimisio está formado por una vaina de tejido* conectivo de colágeno; finalmente un número variable de haces secundarios, agrupándose forman un *músculo* que, a su vez, está cubierto por una capa de tejido conectivo, llamada *epimisio.* Las fibras de colágeno del epimisio se continúan con los septos perimisiales que rodean los haces individuales y, a su vez, se continúan con las fibras de colágeno y reticulares de los septos del endomisio que rodean a las fibras musculares individuales. Estos septos de tejido conectivo mantienen unidas a las fibras y a los haces, y sirven de soporte a los nervios y vasos sanguíneos. Con frecuencia, se encuentran asociados a las fibras de colágenos y reticulares unas pocas fibras finas de elastina, formando parte de estas vainas tisulares conectivas. En las figuras 3-3 y 3-25 se muestran estas características del músculo.

Los músculos individuales que forman parte de un grupo como, por ejemplo, en las piernas, pueden tener interconexiones que se presentan como septos de tejido conectivo laxo, situados entre el epimisio o los haces de los músculos adyacentes.

Nervios y aporte vascular. — Cada músculo está dotado, al menos, de una arteria y una vena, así como de fibras nerviosas procedentes de un tronco nervioso (fig. 3-2). El último contiene, tanto fibras sensoriales como motoras. Las fibras nerviosas y vasos sanguíneos que irrigan el músculo están asociados con el epimisio, penetrando en su

Figura 3-24. Microfotografía del músculo semitendinoso de bóvido en el que se aprecian fibras musculares, haces primarios y secundarios y los tejidos conectivos perimisiales asociados (×50). (Del American Meat Institute, *The Science of Meat and meat Products,* W. H. Freeman and CO., Copyright ©, 1971).

interior siguiendo al perimisio. A su vez, las ramificaciones procedentes de estos nervios y vasos sanguíneos se distribuyen por las fibras individuales musculares, siendo su soporte el endomisio (fig. 3-23). Las arteriolas y vénulas más finas se disponen transversalmente a las fibras musculares, mientras que la masa de capilares se sitúa paralelamente al eje mayor de las fibras. Cada fibra posee un lecho vascular amplio, constituido fundamentalmente por estos capilares, orientados longitudinalmente, que descansan en el endomisio, y que, ocasionalmente, presentan ramificaciones transversales que la circundan, como se muestra en la figura 3-26. Esta disposición de los vasos sanguíneos facilita el intercambio de nutrientes y de productos de desecho del metabolismo de la fibra muscular. Como los vasos sanguíneos, los linfáticos entran y salen del músculo siguiendo los septos del tejido conectivo.

Del mismo modo las fibras nerviosas y sus ramificaciones entran y salen del músculo siguiendo también a los septos citados. A medida que una fibra nerviosa se aproxima al interior de un músculo va perdiendo su vaina mielínica. El eje del nervio, su asociada, la vaina del Schwann y la vaina de tejido conectivo se encuentran en el endomisio que rodea a las fibras musculares, con el que se continúan. Las terminaciones del axón contactan con la fibra nerviosa en la unión mioneural (fig. 3-23). Cada fibra nerviosa puede ramificarse e inervar múltiples fibras nerviosas.

La musculatura esquelética también contiene *husos musculares,* órganos sensoriales singulares que funcionan como receptores y emisores, que proporcio-

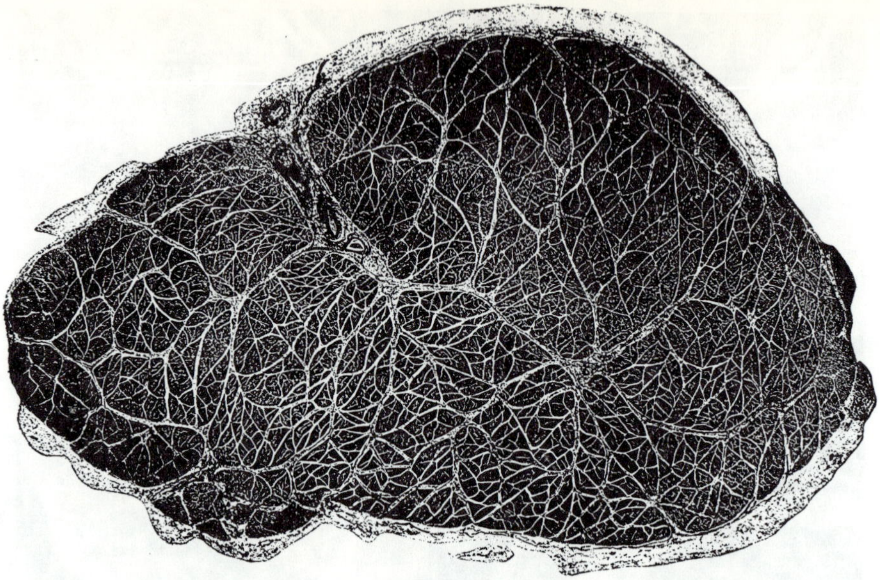

Figura 3-25. Microfotografía de un corte transversal del músculo sartorio del hombre en donde se observa su subdivisión en haces de diversos tamaños y los tejidos conectivos endomisial, perimisial y epimisial (×3). (De D. W. Fawcett, *A Textbook of Histology*, 9.ª ed. W. B. Saunders Co., Philadelphia, p. 271, 1968).

nan información al sistema nervioso central sobre la situación, movimientos y tensión en el interior del músculo. Estos husos se componen de un grupo de fibras musculares y de sus terminaciones nerviosas. Las fibras musculares especializadas del interior del huso, que generalmente son seis, se llaman *intrafusales*. El complejo fusal en su totalidad está incluido dentro de una vaina de tejido conectivo.

La *grasa intramuscular,* conocida como veteado, jaspeado o marmorización[1] de la carne se deposita en el interior del músculo, en las redes laxas de los septos del tejido conectivo perimisial, muy próxima a los vasos sanguíneos, como puede apreciarse en la figura 3-27. Del mismo modo, los septos de tejido conectivo situados entre los músculos individuales contienen cantidades variables de tejido adiposo. Este último tipo de grasa de depósito se denomina *grasa intermuscular*.

Unión músculo-tendinosa. — Todavía se desconocen los detalles estructurales mediante los que la fuerza contráctil de las miofibrillas se transmite al tendón muscular. Se cree, sin embargo, que las terminaciones de las miofibrillas están conectadas a las fibrillas tendinosas. A medida que las miofibrillas se aproximan a las terminaciones estrechas de la fibra muscular, se pierde el característico aspecto estriado y las miofibrillas se continúan con los cabos o ramas de las fibras no contráctiles (fig. 3-28). Las fibrillas tendinosas se insertan en la porción de sarcolema opuesta al punto al que se unen las fibras no contráctiles de cada miofibrilla. Esta estructura *miotendinosa* se continúa con el tendón. Las redes epi, peri y endomisial de tejido conectivo recubren el músculo; de hecho sus haces y fibras forman una especie de tiro que transmite la fuerza de contracción al tendón.

1 Anglicismo, generalmente aceptado en Ciencia y Tecnología de la carne, que deriva del inglés «*marbling*». N. del T.

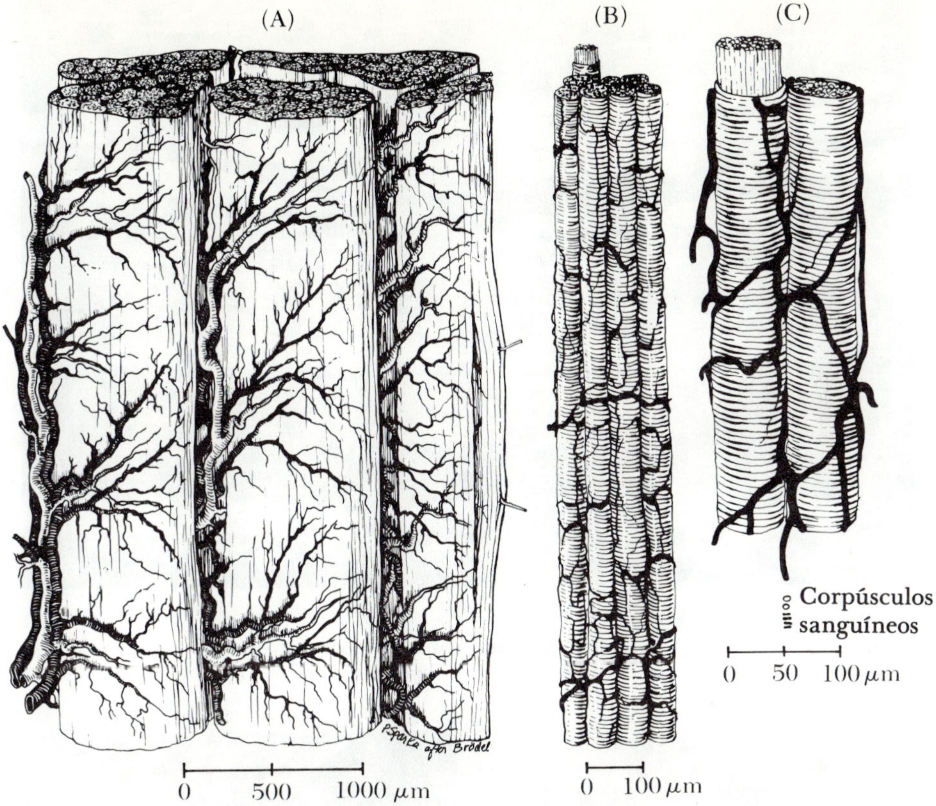

Figura 3-26. Diagrama ilustrativo del aporte vascular y de la red asociada a las fibras musculares esqueléticas. (A) Red vascular que rodea los haces de fibras musculares. (B) Red capilar de las fibras musculares. (C) Visión, a mayor aumento, de la red capilar y de dos fibras musculares. (De M. Brödel, *Johns Hopkins Hosp. Bull.* 61:295, 1937. © The Johns Hopkins University Press).

Los tendones se unen, a su vez, a los huesos, y estas uniones tendinosas, lo mismo que las uniones miotendinosas, reciben el nombre de *aponeurosis.* Sin embargo, algunos músculos se unen mediante *fascias* de tejido conectivo a otras estructuras tales como piel, ligamentos y otros músculos. Las fascias se componen fundamentalmente de fibras blancas de colágeno con unas pocas fibras de elastina, y forman una lámina de tejido conectivo que sustituye la función del tendón en las aponeurosis. Algunos músculos se unen a los huesos mediante fascias.

Tipos de músculos y fibras

Generalmente, los músculos se clasifican como rojos o blancos, basándose fundamentalmente en la intensidad de su color, que depende de la proporción de *fibras rojas* y *blancas* que contienen. Debe hacerse hincapié que son pocos los músculos que se componen exclusivamente de fibras rojas o blancas; la mayoría están formados

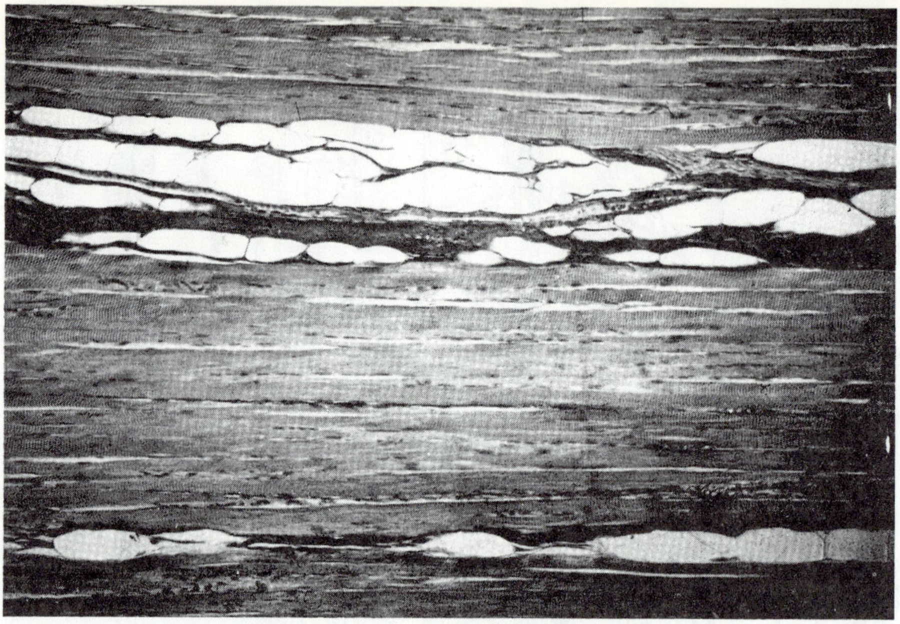

Figura 3-27. Microfotografía de músculo semitendinoso del cerdo (×175) en la que se aprecian depósitos grasos interfasciculares o grasa de marmorización (áreas blancas vacuolares).

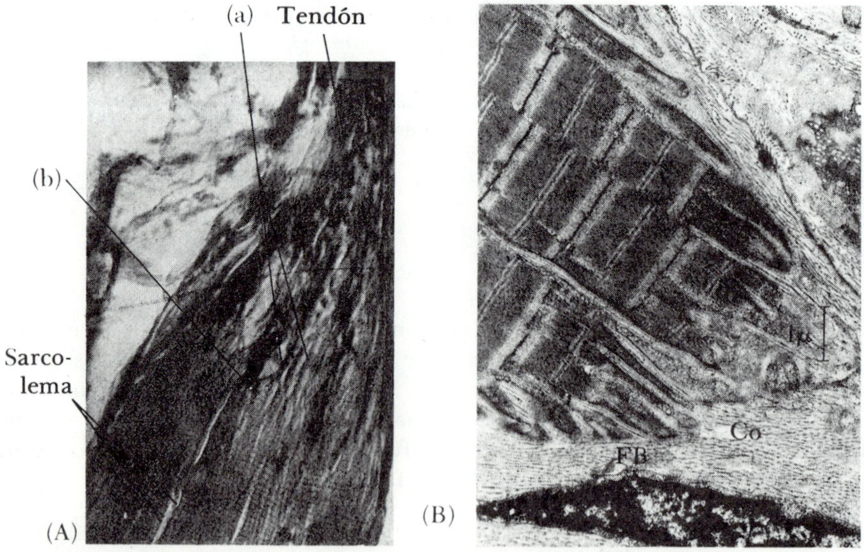

Figura 3-28. Microfotografías de la unión músculo-tendón. (A) microfotografía óptica en la que se observa la unión músculo-tendón (×500). (B) microfotografía electrónica de la unión miotendinosa en la que se aprecia la relación del sarcómero con las fibras tendinosas de colágeno. [(A) de Maximow y Bloon, *Textbook of Histology,* 6.ª ed. W. B. Saunders Co., Philadelphia, p. 149, 1952. (B) De D. S. Smith, *Muscle,* Academic Press, Inc. New York, p. 56, 1972; cortesía del Dr. Smith].

TABLA 3-1

Caracteres de las fibras musculares rojas, intermedias y blancas de los animales de abasto.

Carácter	Fibras rojas	Fibras intermedias	Fibras blancas
Color	rojo	rojo	blanco
Contenido en mioglobina	alto	alto	bajo
Diámetro de la fibra	pequeño	pequeño-intermedio	grande
Velocidad de contracción	lenta	rápida	rápida
Tipo de contracción	tónica	tónica	fásica
Número de mitocondrias	alto	intermedio	bajo
Tamaño mitocondrial	grande	intermedio	pequeño
Densidad capilar	grande	intermedia	poca
Metabolismo oxidativo	abundante	intermedio	escaso
Metabolismo glucolítico	escaso	intermedio	abundante
Contenido lipídico	alto	intermedio	bajo
Contenido glucogénico	bajo	alto	alto

por una mezcla de ambos tipos de fibras. Además, la mayoría de los músculos de los animales de abasto contienen una mayor proporción de fibras blancas que rojas, incluso en los músculos que son visiblemente rojos. Por lo tanto, músculos rojos serán aquellos con una mayor proporción de fibras rojas que las encontradas en los músculos blancos o, alternativamente, los músculos blancos tienen menos fibras rojas que los músculos rojos. Unos pocos músculos, como el *semitendinoso* de los cerdos, exhiben regiones que son predominantemente rojas, mientras que otras porciones del mismo músculo son definitivamente blancas. En el músculo existen también fibras cuyas características son intermedias entre las de los tipos rojo y blanco, por lo que se denominan naturalmente fibras intermedias o de tipo intermedio.

Las características estructurales, funcionales y metabólicas de las fibras musculares rojas, intermedias y blancas son distintas; en la tabla 3-1 se muestran algunos de sus caracteres. Hay que resaltar que estas diferencias son bastante relativas, y que existe una variación considerable para cada característica dentro de cada tipo de fibras; por lo tanto, hay cierta imbricación o solapamiento entre los distintos tipos de fibras. En la figura 3-29 presentamos microfotografías de fibras rojas, blancas e intermedias. En la mayoría de las especies animales las fibras rojas y blancas están más o menos mezcladas al azar en los haces musculares. Sin embargo, en los músculos del cerdo las fibras rojas se localizan en forma de pequeños grupos cerca del centro de los fascículos y están rodeadas de fibras blancas que forman la periferia de los haces, como indica la figura 3-29.

El mayor contenido en mioglobina de las fibras rojas respecto de las blancas es el responsable de su color rojo. Generalmente, las fibras rojas e intermedias tienen menores diámetros que las blancas. Las fibras rojas contienen una gran proporción de enzimas implicados en el *metabolismo oxidativo* (que requiere oxígeno para la producción de energía) y niveles bajos de enzimas glucolíticos.

De otro lado las fibras blancas son ricas en enzimas glucolíticos y pobres en actividad enzimática oxidativa. En concordancia con su actividad metabólica, las mitocondrias de las fibras rojas son más numerosas y de mayor tamaño que las fibras de los músculos blancos. Estos hechos son el reflejo de una mayor actividad metabólica oxidativa en las fibras rojas, dado que los enzimas oxidantes se asocian a las mito-

A)
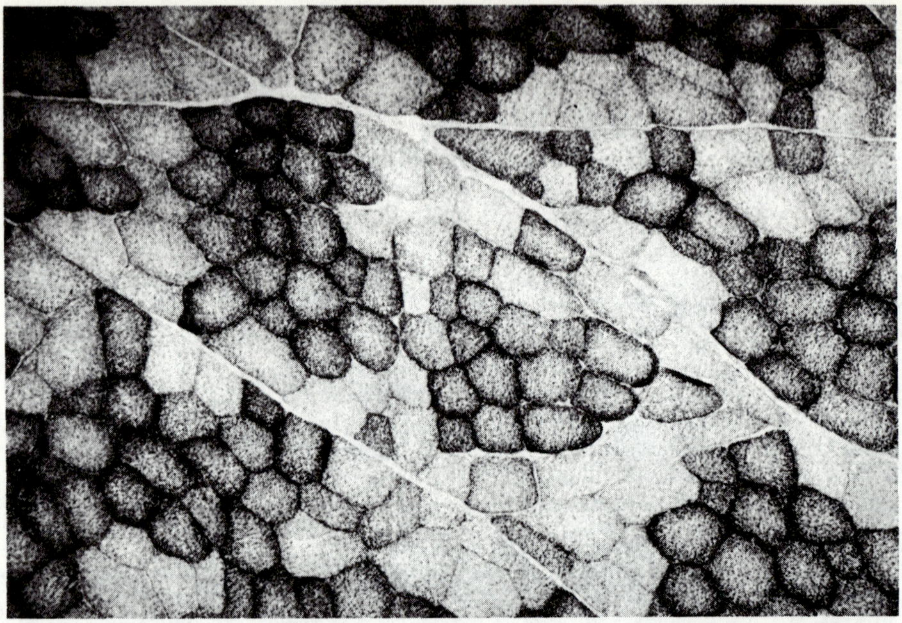

B)
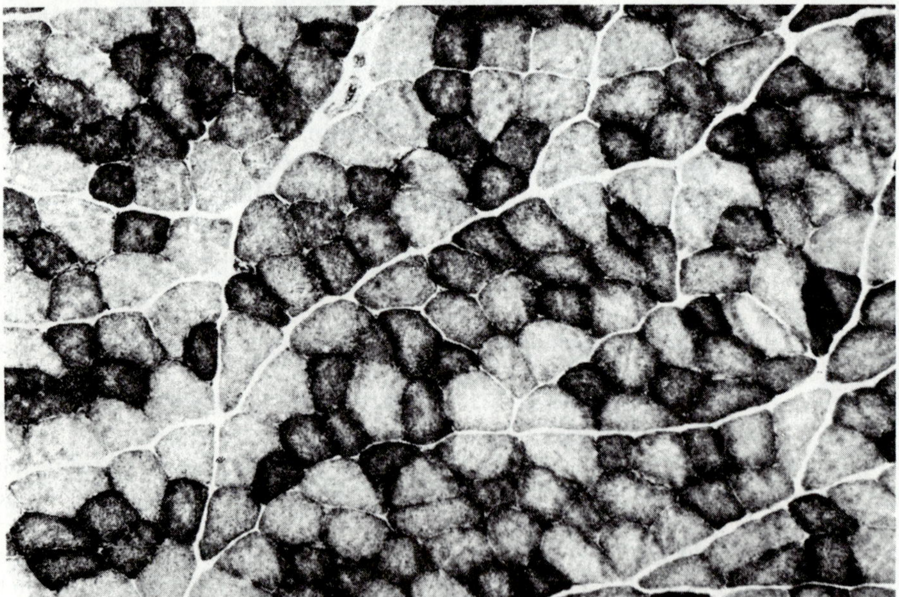

Figura 3-29. Microfotografías de cortes transversales del músculo *Longissimus* de (A) bóvido y (B) porcino, en las que se observan sus fibras rojas y blancas (oscuras y blancas respectivamente). (A) El músculo bovino presenta una mezcla al azar de fibras rojas y blancas, así como también de fibras intermedias (grises). (B) En el del cerdo las fibras rojas están agrupadas en el centro del fascículo y rodeadas, más o menos, por fibras blancas (×175).

condrias. Las fibras rojas poseen también una mayor densidad capilar, lo que facilita la transferencia de «desechos metabólicos» y nutrientes (especialmente oxígeno) de y a partir del lecho vascular. También poseen un mayor contenido de lípidos, algunos de los cuales sirven, posiblemente, como fuente de combustible metabólico, y un menor contenido de glucógeno que las fibras blancas. El metabolismo glucolítico que predomina en las fibras blancas, acaece tanto en presencia como en ausencia de oxígeno *(es anaeróbico)*. Por lo tanto, las fibras blancas tienen una menor densidad capilar que las rojas. Las fibras blancas presentan un retículo sarcoplástico (SR) y un sistema tubular T mucho más desarrollado, lo que concuerda con su rápida velocidad de contracción en comparación con la de las fibras rojas.

Las fibras blancas tienen un mecanismo de acción *fásico;* se contraen rápidamente en sacudidas cortas, por lo que se fatigan con relativa facilidad. Las fibras rojas se contraen más lentamente, pero durante un período de tiempo mayor. Este mecanismo de acción, más lento pero sostenido, se denomina generalmente contracción *tónica* (tensión continua). Las fibras rojas son funcionalmente importantes por su situación, y debido a su metabolismo se fatigan menos fácilmente, siempre que dispongan de un aporte de oxígeno. Las fibras intermedias se contraen con más rapidez que las rojas, pero son más difícilmente fatigables que las blancas.

COMPOSICIÓN QUÍMICA DEL ORGANISMO ANIMAL

El cuerpo animal contiene aproximadamente unos 33 elementos químicos, de los que veinte son indispensables para la vida.

Además en los tejidos de los mamíferos y aves se han detectado otros 30-35 elementos, cuya presencia posiblemente coincide con su localización en el entorno de los animales durante su ciclo vital. Los elementos más abundantes (en peso) del organismo animal son los que forman parte del agua y de compuestos orgánicos, tales como proteínas, lípidos y carbohidratos, es decir, oxígeno, carbono, hidrógeno y nitrógeno. Estos cuatro elementos suponen aproximadamente el 96 % de la composición total del cuerpo, como se indica en la tabla 3-2. Puesto que el agua constituye del 60 al 90 % de los tejidos blandos del cuerpo animal resulta obvia la razón de tan alto porcentaje de oxígeno e hidrógeno. Los lípidos y carbohidratos son combinaciones de átomos de carbono, hidrógeno y oxígeno. Las moléculas protéicas contienen, además de estos tres elementos, nitrógeno, azufre, fósforo y pequeñas cantidades de otros elementos. Como componentes inorgánicos el organismo contiene otros muchos elementos (tabla 3-2). La abundancia de tales elementos inorgánicos varía, desde un porcentaje tan alto como el 1,5 % del peso corporal total para el calcio, a cantidades apenas detectables. Sin embargo, la cantidad total de un elemento en el cuerpo no indica necesariamente su importancia funcional.

Agua

El agua es el medio fluido del organismo y, en parte, se asocia a las estructuras celulares, especialmente, a las moléculas proteicas coloidales. El agua sirve de medio de transporte de nutrientes, metabolitos, hormonas y productos de deshecho por todo el cuerpo. También es el medio en el que acaecen la mayoría de las reacciones químicas y de los procesos metabólicos del organismo.

TABLA 3-2
Composición elemental del organismo animal.

Elementos principales	*% del peso corporal*		*Elementos traza o vestigiales*	
			Aluminio	Litio
Oxígeno	65,0	96,0 %	Arsénico	Manganeso*
Carbono	18,0		Bario**	Molibdeno*
Hidrógeno	10,0		Boro	Níquel
Nitrógeno	3,0		Bromo**	Rubidio
Calcio	1,5	3,4 %	Cadmio**	Selenio*
Fósforo	1,0		Cromo**	Silicio
Potasio	0,35		Cobalto*	Plata
Azufre	0,25		Cobre*	Estroncio**
Sodio	0,15		Fluor**	Titanio
Cloro	0,15		Iodo*	Vanadio
Magnesio	0,05		Hierro*	Zinc*
			Plomo	

*Microelementos indispensables o esenciales.

**Estos microelementos se encuentra normalmente presentes en el organismo animal, pero no sabe si son indispensables. (Los microelementos sin asterisco se encuentran en cantidades mesurables pero no se conoce su función metabólica).

Proteínas

Las proteínas constituyen una clase muy importante de compuestos químicos del organismo. Algunas son necesarias para su estructura y otras actúan en las reacciones metabólicas vitales. Salvo en los animales cebados, las proteínas son los componentes del organismo animal más abundantes (en peso), precedidas únicamente por el agua. La mayoría de estos componentes forman parte del músculo y de los tejidos conectivos; varían en tamaño y forma, ya que algunas son globulares y otras fibrilares. Las diferencias estructurales de las moléculas proteicas contribuyen a sus propiedades funcionales; por ejemplo, las proteínas fibrilares forman unidades estructurales y las globulares constituyen numerosos enzimas que catalizan las reacciones metabólicas.

Lípidos

El organismo animal contiene diversos tipos de lípidos, si bien predominan los *lípidos neutros* (ácidos grasos y glicéridos). De los distintos lípidos orgánicos algunos sirven de fuente de energía celular, otros contribuyen a la estructura y funcionalidad de la membrana celular, y todavía existen otros que, como algunas hormonas y vitaminas, están implicados en funciones metabólicas. La mayoría de los lípidos del organismo se presentan en los diversos depósitos grasos en forma de *triglicéridos,* es decir, ésteres de glicerina y ácidos grasos de cadena larga.

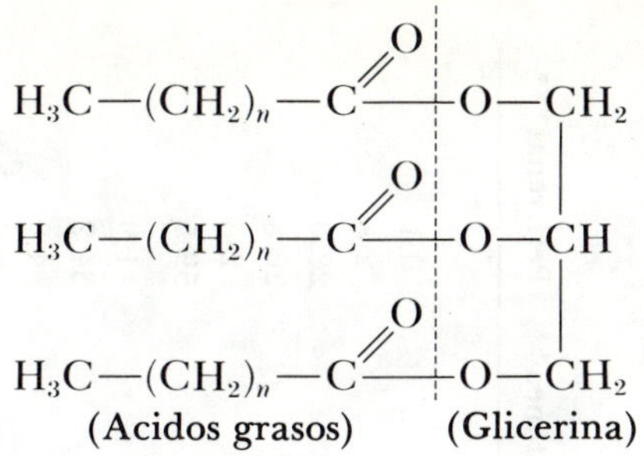

TRIGLICERIDO

En la tabla 3-3 se señala la composición en ácidos y triglicéridos de algunos depósitos grasos de diversas especies de animales de abasto. Salvo en la grasa láctea, en las animales raramente se encuentran ácidos grasos de diez o menos átomos de carbono. De otra parte, predominan los ácidos grasos C_{16} y C_{18} (moléculas cuyas cadenas constan de 16 y 18 átomos de carbono respectivamente), presentándose sólo en pequeñas cantidades los ácidos C_{12}, C_{14} y C_{20}. De los ácidos grasos saturados, los que predominan en las grasas animales son el palmítico y el esteárico C_{16} y C_{18} respectivamente.

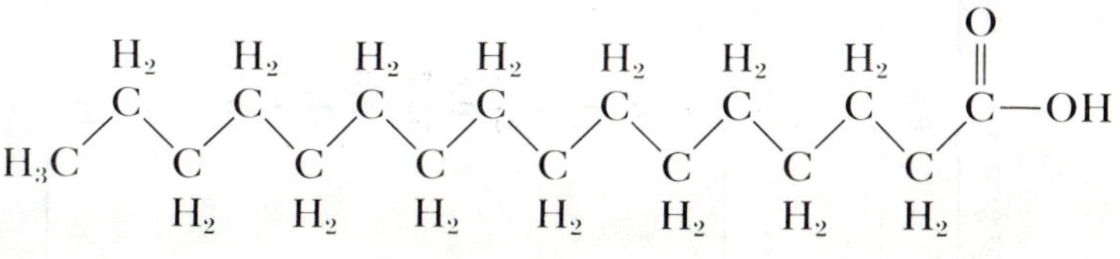

ACIDO PALMITICO

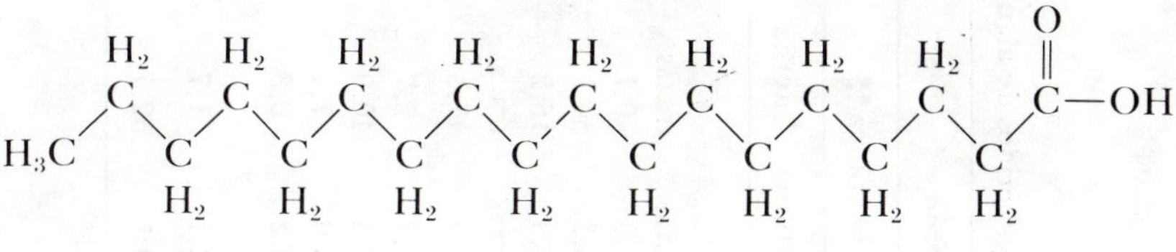

ACIDO ESTEARICO

Los ácidos grasos insaturados más abundantes en estas mismas grasas son el palmitoléico, el oléico (C_{16} y C_{18} respectivamente con un doble enlace), el linoléico (C_{18}, dos dobles enlaces) y el linoléico (C_{18}, tres dobles enlaces).

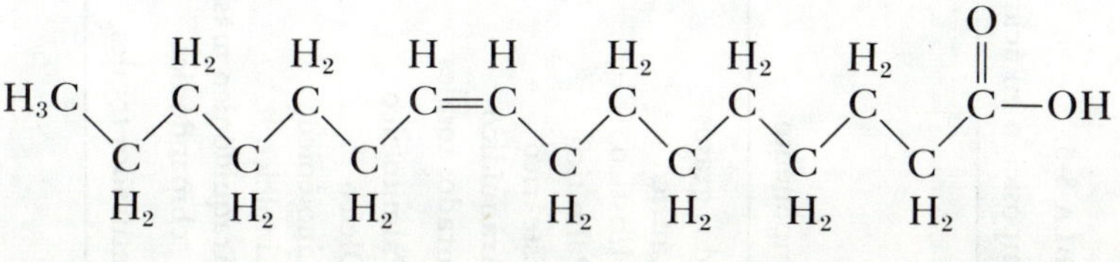

ACIDO PALMITOLEICO

TABLA 3-3.

Composición en ácidos grasos y en triglicéridos de algunos depósitos grasos animales (porcentaje en peso).

		Cerdo			Bóvido		Ovido	
		Subcutánea**						
Componente	Pollo*	Externa	Interna	Perirrenal***	Subcutánea**	Perirrenal***	Subcutánea**	Perirrenal***
Acidos grasos								
Láurico	—	trazas	trazas	trazas	0,1	0,2	0,1	0,1
Mirístico	0,1	1,3	0,1	4,0	4,5	2,7	3,2	2,6
Palmítico	25,6	28,3	30,1	28,0	27,4	27,8	28,0	28,0
Esteárico	7,0	11,9	16,2	17,0	21,1	23,8	24,8	26,8
Araquídico	—	trazas	trazas	trazas	0,6	0,6	1,6	2,6
Saturados totales	32,7	41,5	47,3	49,0	53,7	55,1	57,7	59,5
Palmitoleico	7,0	2,7	2,7	2,0	2,0	2,2	1,3	1,9
Oleico	20,4	47,5	40,9	36,0	41,6	40,1	36,4	34,2
Linolénico	21,3	6,0	7,1	11,8	1,8	1,8	3,5	4,0
Linoleico	—	0,2	0,3	0,2	0,5	0,6	0,5	0,6
Araquidónico más chipandónico	0,6	2,1	1,7	1,0	0,4	0,2	0,6	0,8
Insaturados totales	67,3	58,5	52,7	51,0	46,3	44,9	62,3	41,5

TABLA 3-3 *(continuación)*

Componente	Pollo*	Cerdo: Subcutánea Externa	Cerdo: Subcutánea Interna	Cerdo: Perirrenal***	Bóvido: Subcutánea**	Bóvido: Perirrenal***	Ovido: Subcutánea**	Ovido: Perirrenal***
Composición aproximada en triglicéridos								
Totalmente saturados		1			3			
Tripalmitina		1			3		trazas	
Dipalmitoestearina		2			8		3	
Palmitodiestearina		2			6		2	
Triestarina		—			—		—	
Mono-oleo-disaturados								
Oleodipalmitina		5			15		13	
Oleopalmitoestearina		27			32		28	
Oleodiestearina		—			2		1	
Di-oleo-monosaturados								
Palmitodioleína		53			23		46	
Estearodioleína		7			11		7	
Trioleína		3			0		0	

*Grasa asociada a la piel.
**Grasa de las regiones dorsal, torácica y lumbar.
***Grasa que rodea los riñones.

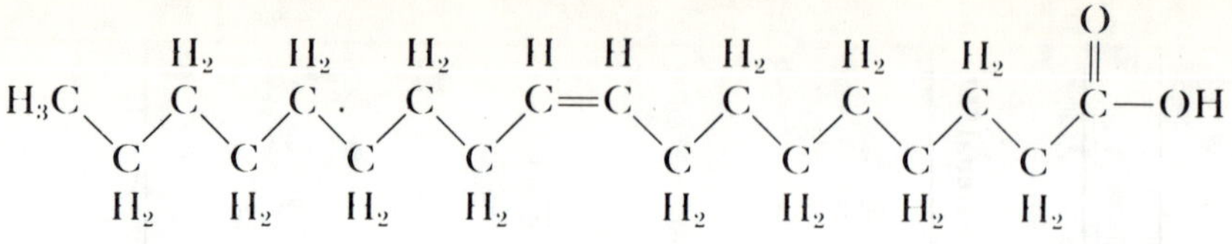

ACIDO OLEICO

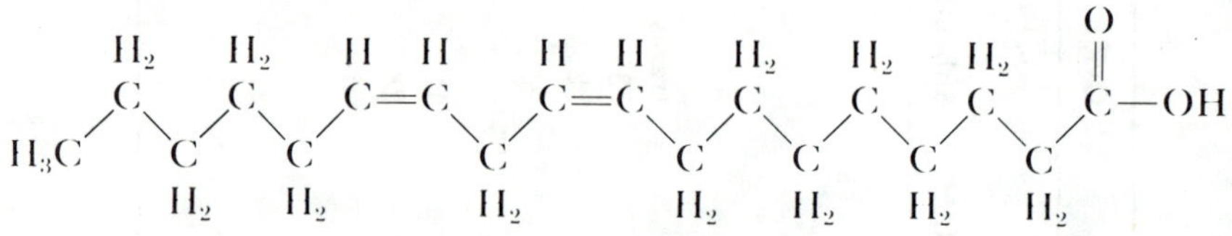

ACIDO LINOLEICO

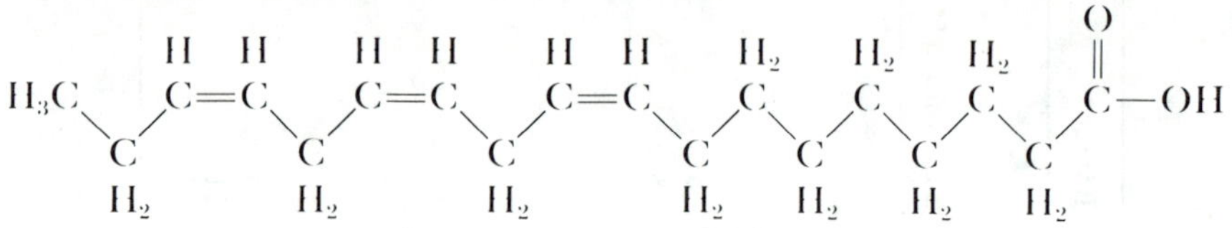

ACIDO LINOLENICO

El ácido oléico es el ácido graso que más abunda en el cuerpo animal. Los lípidos más abundantes de los triglicéridos del organismo animal son los que contienen una molécula de ácido palmítico y dos de ácido oléico, seguidos de los triglicéridos que contienen una molécula de oléico, otra de palmítico y otra de esteárico.

Acido oléico — O — CH_2
|
Acido palmítico — O — CH
|
Acido oléico — O — CH_2

PALMITODIOLEINA

Acido oléico — O — CH_2
|
Acido palmítico — O — CH
|
Acido oléico — O — CH_2

OLEOPALMITOESTEARINA

TABLA 3-4
Composición aproximada del músculo esquelético de mamíferos (porcentaje del peso fresco).

	%		%
AGUA (varía de 65 a 80)	**75,0**	SUSTANCIAS NITROGENADAS NO PROTEICAS	**1,5**
PROTEINA (varía de 16 a 22)	**18,5**	Creatina y creatín-fosfato	0,5
Miofibrilar	9,5	Nucleótidos	
miosina	5,0	(Adenosintrifosfato, ATP), (adenosindifosfato, ADP, etc.).	0,3
actina	2,0	Aminoácidos libres	0,3
tropomiosina	0,8	Péptidos (anserina, carnosina, etc.).	0,3
troponina	0,8	Otras sustancias no proteicas (creatinina, urea, inosinmonofosfato (IMP), nicotin-adenin-dinucleótido (NAD), nicotinadenin-dinucleótido fosfato (NADP)	0,1
proteína M	0,4	CARBOHIDRATOS Y OTRAS SUSTANCIAS NO NITROGENADAS (varían de 0,5 a 1,5)	**1,0**
proteína C	0,2	Glucógeno (varía de 0,5 a 1,3)	0,8
actinina-α	0,2	Glucosa	0,1
actinina-β	0,1	Intermediarios y productos del metabolismo celular (Hexosa y triosa-fosfatos, ácidos láctico, cítrico, fumárico, succínico, acetoacético, etc).	0,1
Sarcoplásmicas	6,0	COMPONENTES INORGANICOS	**1,0**
enzimas solubles sarcoplásmicos y mitocondriales	5,5	Potasio	0,3
mioglobina	0,3	Fósforo total (fosfatos y fósforo inorgánico)	0,2
hemoglobina	0,1	Azufre (incluido sulfato)	0,2
citocromos y flavoproteínas	0,1	Cloro	0,1
Del estroma	3,0	Sodio	0,1
colágeno y reticulina	1,5	otros (incluidos magnesio, calcio, hierro, cobalto, cobre, zinc, níquel, manganeso, etc).	0,1
elastina	0,1		
otras proteínas insolubles	1,4		
LIPIDOS (varían de 1,5 a 13,0)	**3,0**		
Lípidos neutros (varían de 0,5 a 1,5)	1,0		
Fosfolípidos	1,0		
Cerebrósidos	0,5		
Colesterol	0,5		

Carbohidratos

El organismo animal es una fuente pobre de carbohidratos, pero la mayoría de los existentes se localizan en los músculos y en el hígado. El más abundante, el *glucógeno,* alcanza en el hígado un porcentaje del 2 al 18 % del peso de este órgano fresco y en el músculo generalmente sólo existen cantidades muy pequeñas. Otros carbohidratos encontrados en el cuerpo animal son los intermediarios del metabolismo carbohidratado y los mucopolisacáridos de los tejidos conectivos. Aunque los carbohidratos constituyen una pequeña porción del peso corporal ejercen importantísimas funciones en el metabolismo energético y en los tejidos estructurales.

COMPOSICIÓN QUÍMICA DEL MÚSCULO ESQUELÉTICO

Puesto que el principal componente de la carne es el músculo, creemos necesario hacer un pequeño estudio de su composición. Como todo el organismo animal contiene agua, proteína, grasa, carbohidratos y componentes inorgánicos (tabla 3-4). El músculo contiene aproximadamente el 75 % de su peso de agua (porcentaje que varía del 65 al 80 %). El agua es el componente principal de los líquidos extracelulares y en ella se encuentran disueltos o suspendidos numerosos componentes químicos; por ello sirve como medio de transporte de materiales entre el lecho vascular y las fibras nerviosas. Las proteínas constituyen el 16,22 % de la masa muscular (tabla 3-4) y son el componente principal de la materia sólida. Generalmente se clasifican atendiendo fundamentalmente a su solubilidad en *sarcoplásmicas, miofibrilares* y del *estroma.* Las proteínas sarcoplásmicas se extraen fácilmente con agua o con tampones de poca fuerza iónica (0,15 o menos). Sin embargo, las proteínas más fibrosas de las miofibrilares necesitan para su extracción tampones de fuerza iónica media o alta. Las *proteínas del estroma,* que constituyen el tejido conectivo y las proteinas fibrilares a él asociadas, con comparativamente insolubles. Entre las proteínas sarcoplásmicas se incluyen la mioglobina, la hemoglobina y los enzimas asociados a la glucolisis, al ciclo del ácido cítrico y a la cadena transportadora de electrones. Aunque los enzimas del ciclo del ácido cítrico y de la cadena transportadora de electrones forman parte de las mitocondrias se extraen fácilmente junto con los que se encuentran directamente en el sarcoplasma. Las proteínas miofibrilares antes estudiadas son las asociadas con los filamentos gruesos y delgados; comprenden la actina, miosina, tropomiosina, troponina, actinina α y β, proteína C y proteínas M. Estas proteínas, solubles en sal, son necesarias para estabilizar las emulsiones en la elaboración de embutidos, cuya fabricación exige la emulsión de la carne. En el músculo se encuentran además de proteínas otros componentes nitrogenados. Se incluyen entre los compuestos nitrogenados no protéicos (NPN) y comprenden una gran variedad de componentes químicos.

Entre ellos destacan aminoácidos, péptidos sencillos, creatina, fosfato de creatina, creatinina, algunas vitaminas, nucleósidos y nucleótidos, incluido el adenosintrifosfato (ATP) según se muestra en la tabla 3-4.

El contenido lipídico de los músculos es muy variable, aproximadamente del 1,5 al 13 % (tabla 3-4). Se compone fundamentalmente de lípidos neutros (triglicéridos) y fosfolípidos. Aunque en las fibras musculares se encuentran algunos lípidos intracelulares, la mayoría se localizan en los depósitos de tejido adiposo asociado a los septos de tejido conectivo laxo que se encuentran entre los haces musculares (figura 3-27). Como antes se ha señalado, a este último tipo de depósito graso se le conoce como *veteado, marmorización o grasa intramuscular.*

El contenido en carbohidratos del tejido muscular es muy pequeño; el glucógeno, que es el carbohidrato del músculo más importante, supone aproximadamente de 0,5 al 1,3 % del peso del músculo. Los restantes carbohidratos constituyen los mucopolisacáridos asociados a los tejidos conectivos, la glucosa, otros mono o disacáridos y los intermediarios del metabolismo glucolítico.

Finalmente, el músculo contiene numerosos componentes inorgánicos entre los que sobresalen algunos cationes y aniones de importancia fisiológica, como calcio, magnesio, potasio, sodio, hierro, fósforo, azufre y cloro. Muchos de los restantes elementos inorgánicos encontrados en el organismo animal (tabla 3-2) también aparecen en el músculo.

COMPOSICIÓN DE LA CANAL

La composición de la canal, generalmente, tiene mucha mayor importancia para quienes cultivan la ciencia animal y la ciencia de la carne que la composición del organismo animal, como un todo. De los componentes de la canal y por lo que se refiere a las prácticas de evaluación de la producción ganadera, las proporciones de músculo, grasa y hueso son de la mayor importancia. En la tabla 3-5 se muestran los porcentajes aproximados de músculo y huesos más tendones de las canales de bóvidos y óvidos con diversos grados de engrasamiento. Como puede observarse, cuando aumenta el porcentaje de grasa disminuyen tanto el porcentaje de músculo, como el de hueso más tendones. Estas características de composición afectan al valor de la canal y dependen tanto de factores genéticos, como de los ambientales durante el crecimiento y desarrollo del animal. Para comprender muchos de los datos expuestos sobre composición del organismo, en el capítulo siguiente estudiamos los procesos de crecimiento, desarrollo y engrasamiento.

TABLA 3-5

Porcentajes aproximados de músculo y hueso en canales de ganado vacuno y lanar con diferentes grados de engrasamiento.

Grasa	Músculo	Hueso más tendón
8	66	26
12	62	26
16	62	22
21	61	18
26	59	15
32	54	14
37	49	14
42	46	12

BIBLIOGRAFÍA

Bendall, J. R., *Muscles, Molecules and Movement* (American Elsevier Publishing Company, Inc., New York), 1971, pp. 3–57.

Bloom, W. and D. W. Fawcett, *A Textbook of Histology* (W. B. Saunders Company, Philadelphia), 9th ed., 1969, pp. 131–357.

Bourne, G. H., *The Structure and Function of Muscle* (Academic Press, New York), 1st ed., 1960, 3 vols.

Cassens, R. G., "Microscopic Structure of Animal Tissues," in *The Science of Meat and Meat Products*, J. F. Price and B. S. Schweigert, eds. (W. H. Freeman and Company, San Francisco), 1971, pp. 11–77.

Cassens, R. G. and C. C. Cooper, "Red and White Muscle," in *Advances in Food Research*, C. O. Chichester, E. M. Mrak and G. F. Stewart, eds. (Academic Press, New York), 1971, Vol. 10, pp. 1–74.

Ham, A. W., "Muscle (Muscular) Tissue," in *Histology* (J. B. Lippincott Company, Philadelphia), 6th ed., 1969, pp. 546–577.

Lawrie, R. A., "Chemical and Biochemical Constitution of Muscle," in *Meat Science* (Pergamon Press, New York), 1st ed., 1966, pp. 66–115.

Murray, J. M. and A. Weber, "The Cooperative Action of Muscle Proteins," Scientific American, Vol. 230, No. 2, pp. 58–71 (1974).

Peachey, L. D., "Form of the Sarcoplasmic Reticulum and T system of Striated Muscle," in *The Physiology and Biochemistry of Muscle as a Food*, 2, E. J. Briskey, R. G. Cassens and B. B. Marsh, eds. (University of Wisconsin Press, Madison), 1970, pp. 273–310.

Ross, R. and P. Borstein, "Elastic Fibers in the Body," Scientific American, Vol. 224, No. 6, pp. 44–52 (1971).

Smith, D. S., *Muscle* (Academic Press, New York), 1972, pp. 5–59.

West, E. S. and W. R. Tood, "Composition and Metabolism of Specialized Tissues," in *Textbook of Biochemistry* (The MacMillan Company, New York), 3rd ed., 1961, pp. 1161–1203.

Wilke, D. R., *Muscle* (Edward Arnold, London), 1968, pp. 1–22.

CAPÍTULO 4

Crecimiento y desarrollo

La producción de carne y de todos los demás alimentos depende, casi exclusivamente, del proceso de crecimiento, incluso en una época en la que ha tenido lugar un avance enorme en la producción cárnica y en la tecnología de su procesado. El fenómeno del crecimiento constituye la piedra fundamentalmente indispensable de la industria ganadera y cárnica, tanto desde el punto de vista de crecimiento animal cuanto de la producción de la mayoría de las materias brutas que el animal convierte en carne. Se precisan unos conocimientos básicos de crecimiento animal para su aplicación directa a una mayor eficiencia en la producción de carne. Todavía desconocemos algunos aspectos del crecimiento, especialmente los mecanismos implicados en su iniciación, la regulación de la velocidad de crecimiento y su terminación en la madurez. Sin embargo, muchos de los conocimientos que ya poseemos acerca del crecimiento animal todavía no se han aplicado a nivel de producción.

¿Qué es el crecimiento? Esta es una pregunta interesante y personal, dado que todos hemos experimentado el crecimiento físico y lo hemos observado en todas las formas vivientes. Muchos la responderían diciendo que cuando un animal crece se hace más grande, pero ello no es todo lo que comprende el término crecimiento. El animal adulto no es una mera versión más grande del recién nacido. La estructura del cuerpo, sus funciones, proporciones y composición, cambian a medida que el individuo crece. Intimamente asociados al crecimiento animal están el desarrollo de nuevas estructuras y los cambios en sus capacidades funcionales.

Se han dado muchas definiciones de crecimiento. A los fines de este libro diremos que es un proceso normal de aumento de tamaño producido por el incremento de tejidos, similares en constitución, a los tejidos u órganos originales. Tal aumento de tamaño puede alcanzarse por cualquiera de los siguientes mecanismos: 1) *hipertrofia,* que consiste en el crecimiento de las células existentes; 2) *hiperplasia* debida a la multiplicación o producción de nuevas células, y 3) *acrecimiento* o *crecimiento por acrecencia,* debido al aumento del material estructural no celular.

Desde el punto de vista de la producción animal, conviene distinguir entre *crecimiento verdadero,* que lleva anejo un aumento de los tejidos estructurales, tales como músculo, hueso y órganos vitales, y *engrasamiento,* que consiste esencialmente en el aumento del tejido adiposo (depósitos de grasa). Ambos fenómenos caen dentro de la definición de crecimiento, pero cuando se aplican a la práctica de producción animal deben considerarse separadamente.

El *desarrollo,* que debe estudiarse y definirse conjuntamente con el crecimiento, es la progresión gradual de un estado inferior a otro de mayor complejidad, así como una gradual expansión del tamaño. Otros términos que utilizaremos al estudiar el crecimiento y desarrollo los definimos como sigue: *Diferenciación,* es el proceso mediante el cual las células y órganos adquieren características individuales totales o completas. Esto sucede en la diversificación progresiva de las células embrionarias en musculares, cerebrales, hepáticas, etc. La diferenciación determina heterogeneidad morfológica o química. *Morfogénesis* consiste en la organización de las distintas células en división, en órganos específicos, cada uno de los cuales posee sus características propias. *Maduración* es el proceso mediante el cual se alcanza el desarrollo completo. *Madurez* es un término, empleado en la clasificación de la carne, para indicar el estado de desarrollo del animal que produjo la canal[*]. Los tejidos completamente *maduros* han alcanzado el estado de máxima complejidad. Conviene recordar que los diferentes tejidos y porciones corporales crecen, se desarrollan y maduran a velocidades distintas. Por lo tanto es difícil señalar cuándo un animal ha alcanzado completamente la madurez, dado que algunos tejidos todavía se están desarrollando cuando otros han alcanzado un estado de gran complejidad. La *senectud* comienza en los tejidos y órganos individuales cuando ya no se mantienen *en su forma madura, sino que* degeneran sin repararse o substituirse.

El crecimiento comienza en el huevo fertilizado o cigote y continúa durante distintas fases; el crecimiento prenatal (desde la concepción al nacimiento) se divide en tres fases, *ovárica, embrionaria* y *fetal.* La fase ovárica se inicia con la fertilización y termina cuando tiene lugar la implantación (la unión a la pared uterina). Este período en algunas especies de abasto puede durar once días; durante este tiempo la forma del embrión permanece casi esférica. En la fase embrionaria se diferencian los distintos tejidos, órganos y sistemas; suele durar de 25 a 45 días, dependiendo de la especie de abasto. En esta fase el embrión sufre una serie de cambios complejos con poca ganancia en peso. La fase fetal va desde la embrionaria hasta el nacimiento y se caracteriza por los distintos ritmos de crecimiento de los diversos órganos y partes del feto. Los órganos y sistemas que, como el nervioso central, corazón, hígado y riñones tienen importancia funcional, durante el crecimiento fetal crecen proporcionalmente más en los primeros estadios. El tracto digestivo, que no es vitalmente importante hasta el nacimiento, cuando sufre un mayor crecimiento es en los últimos períodos. Los períodos de crecimiento prenatal son más cortos en los animales con períodos gestantes breves que en animales cuya gestación es más larga. Durante la fase fetal tienen lugar cambios continuos, tanto en composición química como en conformación fetal.

Las fases de crecimiento y desarrollo postnatal no están tan claramente establecidas como las prenatales. A medida que el animal crece y se desarrolla, desde el nacimiento a la madurez, su organismo sufre cambios continuos en conformación y composición. Un hecho fundamental del crecimiento postnatal es que la forma de la curva de crecimiento es similar en todas las especies y viene representada por una curva sigmoidea, como se muestra en la figura 4-1. Después del nacimiento, el animal presenta durante cierto tiempo una fase de crecimiento muy lento que va seguida de otra de crecimiento rápido durante la que el ritmo de aumento de tamaño es casi

Nota del T. — En nuestro idioma se emplean indistintamente ambos términos.

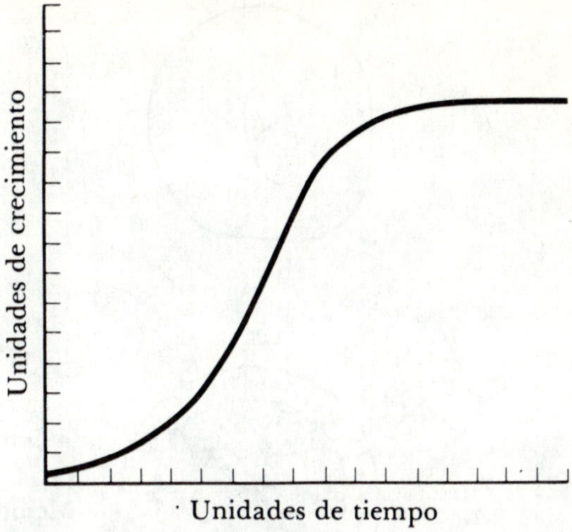

Figura 4-1. Curva de crecimiento típica.

constante y el declive de la curva permanece casi inalterable. Durante los últimos estadios de esta fase el crecimiento de músculos, huesos y órganos vitales comienza a disminuir gradualmente y en los animales de abasto se acelera el engrasamiento. Finalmente, a medida que el animal alcanza el tamaño de la madurez se retrasa el crecimiento.

El crecimiento postnatal de todos los animales, incluso en ejemplos tan distantes como un ratón y un elefante, responde a una curva sigmoidea que se pone de manifiesto si se emplean unidades de crecimiento y de tiempo adecuadas. Dentro de la misma especie los animales que en la madurez tienen mayor tamaño necesitan, para cada fase de crecimiento, períodos de tiempo más largos que los exigidos por animales cuyo tamaño al estado de madurez es menor.

DESARROLLO EMBRIOLÓGICO GENERAL

En el momento de la concepción se determina el crecimiento y desarrollo potencial último de un animal. Después de la concepción cualquier modificación o fallo del animal para alcanzar completamente su crecimiento y desarrollo potencial se debe a numerosos factores ambientales. Sin embargo, en raras ocasiones, si es que hay alguna, el animal desarrolla todo su potencial. Dicho de otra manera, el medio ambiente determina el grado de desarrollo que un animal puede alcanzar, de acuerdo con su potencial genético y la influencia de aquél es muy importante desde el momento de la concepción hasta la madurez. Las investigaciones futuras sobre crecimiento embrionario y desarrollo intrauterino posiblemente permitan aumentar el potencial animal para la producción de alimentos. Es conveniente conocer cómo se desarrollan los tejidos que se utilizan como alimentos y tener en cuenta que estos primeros estadios de desarrollo son críticos para determinar la cantidad total de cualquier tejido que un animal puede producir.

En primer lugar estudiaremos la diferenciación que acaece en las fases ovárica y embrionaria; después nos referiremos al desarrollo de los tejidos de los animales de abasto, económicamente importantes, tales como músculo, hueso y grasa, y finalmente se estudiarán las interrelaciones de crecimiento de estos distintos tejidos.

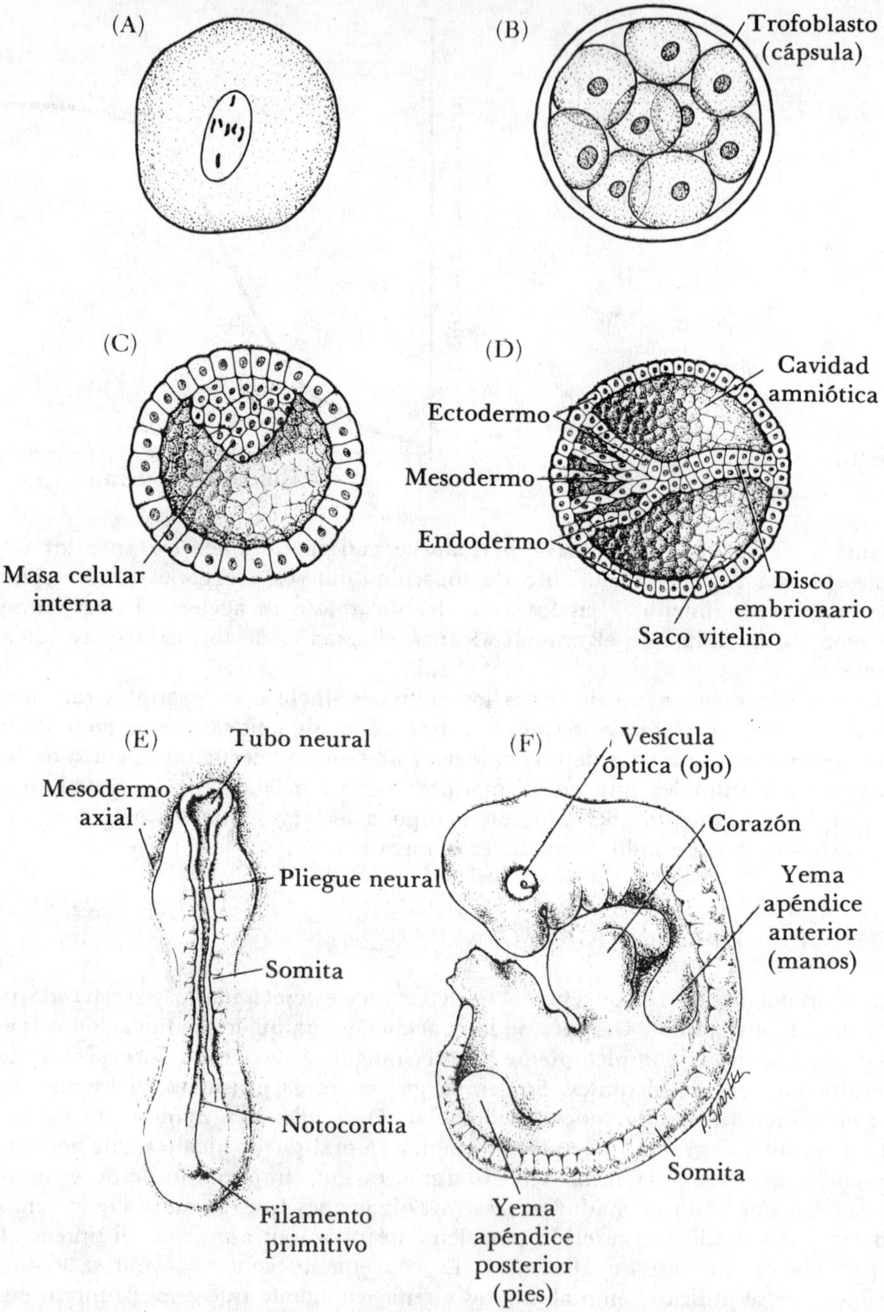

Figura 4-2. Morfogénesis de un huevo (A), en mórula (B) y blastocito (C). El diagrama (D) muestra el estadio en que se han formado dos cavidades en la masa celular interna; una cavidad superior (amniótica) y una inferior (saco vitelino). Entre estas cavidades se localiza el disco embrionario que contiene las tres capas germinales: el ectodermo, el mesodermo y el endodermo. El diagrama (E) corresponde a un embrión de cerdo en el que se observa la formación del tubo neural y de las somitas. En el diagrama (F) pueden apreciarse las somitas bien desarrolladas de un embrión de cerdo de 18-19 días.

Desarrollo embriológico inicial del músculo y tejidos anejos

Después de que el óvulo ha sido fecundado tiene lugar una rápida escisión del zigote que da como resultado la formación de un acúmulo esférico de células que se conoce como *mórula*. Tales células son anatómicamente iguales, salvo ligeras diferencias en tamaño. Las células de la mórula forman una cápsula externa, el *trofoblasto* y una porción central. La capa más externa de células del trofoblasto está implicada en la nutrición inicial del embrión más que en su formación. A continuación aparece en el interior del trofoblasto una cavidad llena de una matriz gelatinosa. A medida que se forma la cavidad, una masa central de células unidas en un punto de la superficie interna de la cápsula se proyecta hacia el interior formando la *masa celular interna*. Esta estructura en conjunto se denomina *blastocisto* (fig. 4-2).

En la masa celular interna pronto aparecen dos cavidades secundarias; la más próxima a la pared uterina constituirá el *saco amniótico* y la otra el *saco vitelino*. La capa de células que recubren la cavidad amniótica (el *ectodermo*) dará lugar al sistema nervioso y a otros tejidos epiteliales tales como piel, pelo, pezuñas y mucosa nasal. La capa de células que recubre internamente el saco vitelino (el *endodermo)* producirá las glándulas y las mucosas de órganos tales como estómago y pulmones. Entre el ectodermo y el endodermo hay una tercera capa celular, *el mesodermo, que formará los músculos, huesos, cartílagos, corazón, venas y arterias. Las tres capas de células germinales primitivas, ectodermo, endodermo y mesodermo, forman una placa* aplanada de células, el llamado *disco embrionario*.

La primera diferenciación activa de los tejidos surge con la aparición de un grupo lineal de células ectodérmicas proliferativas, conocido como *surco primitivo,* a partir del cual se desarrolla el mesodermo. El surco primitivo forma, más tarde, una estructura en forma de bastón, *la notocordia,* que dará lugar a la columna vertebral. Las células ectodérmicas situadas por encima de la notocordia se multiplican para formar una cinta gruesa que más tarde se pliega originando un tubo, el *tubo neural,* que es el precursor del cerebro y de la cuerda espinal.

La multiplicación de las células del cordón primitivo forma una masa longitudinal de tejido, *el mesodermo axial,* en ambos lados de la línea media.

Simultaneamente, las células del mesodermo axial se segmentan formando, a cada lado del tubo neural, una serie de bloques apareados llamados *somitas.* Algunas porciones de las somitas forman, más tarde, placas musculares o *miotomos.* Estas placas se engruesan y sus células se diferencian originando *mioblastos* que a su vez dan lugar a los elementos de la musculatura esquelética. Otras porciones de las somitas forman el esqueleto axial y los tejidos conectivos que aparecen en la musculatura. Este último tejido embrionario mesodérmico se conoce como *mesenquima.*

El sistema digestivo comienza como una disposición tubular de células mesodérmicas recubierta con células procedentes del endodermo. A medida que el tubo forma grupos de células especializadas, siguiendo toda su longitud da lugar al esófago, pulmones, estómago, hígado, páncreas e intestinos. En la figura 4-3 se muestra la diferenciación progresiva de los tejidos durante el período de crecimiento y desarrollo prenatal. Obsérvese que el origen de los distintos órganos y tejidos lo constituyen las tres capas primitivas del embrión, el ectodermo, el endodermo y el mesodermo. Tiene un especial significado para nosotros el que el mesodermo sea el origen de la mayoría de los tejidos utilizados como carne.

El proceso de crecimiento y desarrollo prenatal está gobernado, no sólo por los materiales genéticos del núcleo del huevo fertilizado, sino también por las estructuras

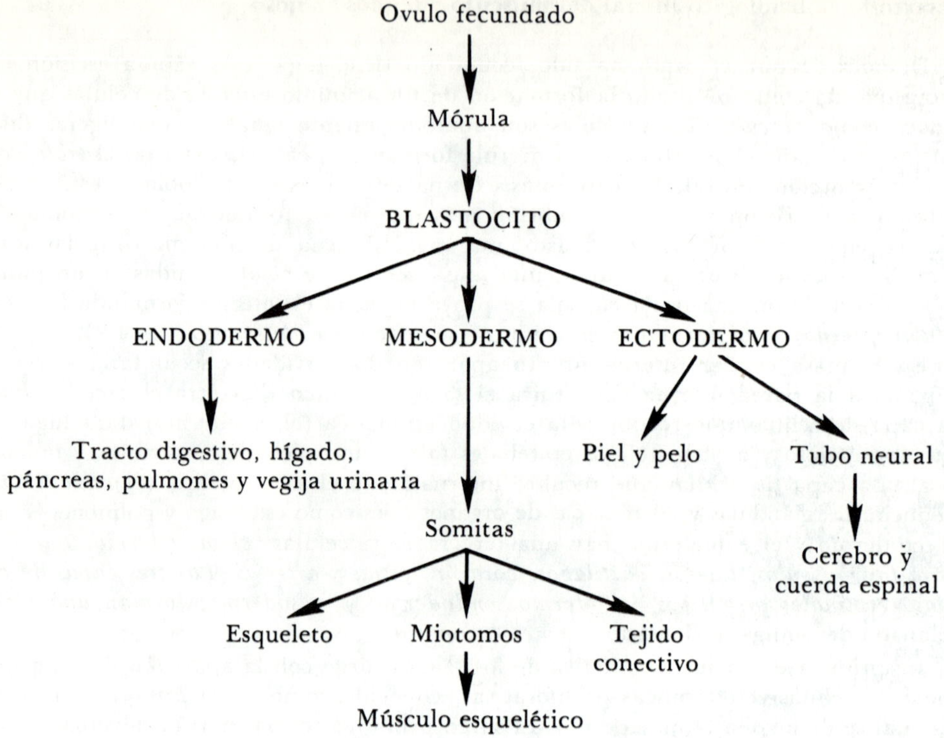

Figura 4-3. Diferenciación progresiva de los tejidos durante el crecimiento y desarrollo prenatales.

del embrión en desarrollo. Hans Spemann, el premio Nobel alemán de Medicina y Fisiología en 1935, descubrió un «efecto organizador» en el desarrollo embrionario. Comprobó que en cada estado de desarrollo embrionario las estructuras ya existentes actúan como organizadoras induciendo la emergencia de estructuras subsiguientes durante el calendario embriológico. El cordón primitivo es, al parecer, el primer organizador en los vertebrados superiores.

Significado de la síntesis protéica en el crecimiento y desarrollo

Todo el crecimiento prenatal o postnatal, el desarrollo y la diferenciación dependen de la síntesis protéica. Las proteínas constituyen la estructura y la base funcional de todas las células, tejidos y órganos. Los enzimas que catalizan la síntesis de los componentes celulares, tisulares y corporales son proteínas; estos compuestos sirven como medio de transporte y de comunicación en el interior de la célula, entre las células y entre los tejidos. Las instrucciones para sintetizar las múltiples proteínas y la información necesaria para controlar su síntesis están contenidas en las cadenas de ácido desoxiribonucléico (DNA) de los cromosomas de los núcleos. Los mecanismos mediante los que se extrae la información del DNA se procesa y se traslada a las proteínas completas constituye la síntesis protéica. Si se piensa por cuánto se multiplican los componentes sólidos del organismo, durante su crecimiento y si se recuerda que la mayor parte de este crecimiento lo constituye el aumento protéico, resulta entonces obvia la importancia de la síntesis protéica.

Cae fuera de la misión de este libro el hacer un estudio detallado de los mecanismos de síntesis protéica. A los estudiantes interesados en el crecimiento y desarrollo animal les recomendamos que se informen sobre este aspecto, que es de importancia vital para la producción animal.

DIFERENCIACIÓN, DESARROLLO, CRECIMIENTO Y MADUREZ DE LOS MÚSCULOS ESTRIADOS

El tejido muscular es el principal responsable de la gran estima que tienen por la carne los pueblos que consumen este alimento. Por lo tanto, quienes deseen contribuir a mejorar el aporte de este valioso alimento necesitan conocer profundamente los mecanismos que intervienen en el origen y desarrollo del tejido muscular.

Desarrollo embrionario del músculo estriado

En las primeras fases del crecimiento y desarrollo, la *mitosis* constituye el primer mecanismo implicado en la formación de nuevos tejidos. Cuando los tejidos se están diferenciando tienen lugar dos tipos de mitosis. En el primero, *mitosis proliferativa,* cada célula hija es idéntica a la célula madre; este tipo de mitosis aumenta el número de células sin cambiar el carácter del tejido. En el segundo tipo, *mitosis cuántica,* una o las dos células hijas de una sola división mitótica pueden ser distintas de la célula madre.

El tejido conectivo embrionario del mesodermo se llama *mesenquima.* En el mesenquima aparecen dos tipos diferentes de células, los mioblastos y los fibroblastos. El tejido conectivo propiamente dicho se desarrolla a partir de los fibroblastos, mientras que los mioblastos constituyen las primeras células musculares.

Miogénesis. — Es la formación embrionaria de los tejidos musculares. Las células mesenquimatosas del mesodermo, mediante mitosis cuántica, originan células miogénicas y fibrogénicas; las últimas se diferencian posteriormente para dar lugar a los distintos tejidos conectivos, mientras que la diferenciación de las células miogénicas origina el tejido muscular. Una vez que han aparecido las células miogénicas parece que sufren un período de mitosis poliferativa hasta que tienen lugar su diferenciación.

El elemento del siguiente estado de formación muscular es el *mioblasto.* Los mioblastos son células que tienen la particularidad de fusionarse unas con otras para dar lugar a los *miotubos.* Los miotubos jóvenes sintetizan miosina y actina y comienzan a formar miofibrillas. Son estructuras elongadas multinucleadas originadas por fusión de los mioblastos. Estructuralmente el miotubo posee una zona central de citoplasma en donde se sitúan los núcleos, mientras que la periferia constituye un cilindro completo de miofibrillas. Al principio surgen en el miotubo unas pocas fibrillas carentes de estriaciones, pero a medida que la miogénesis progresa las miofibrillas situadas inmediatamente debajo del sarcolema son las primeras en las que aparece la estriación. Las miofibrillas de cada miotubo aumentan en número por fisión longitudinal y al mismo tiempo los núcleos se desplazan de su situación central a la periferia; a la vez aumenta su número por fusiones sucesivas de otros mioblastos. A medida que los miofilamentos se alinean paralelamente en el interior de las miofibrillas surgen las típicas estriaciones transversales de la musculatura esquelética y cardíaca. En esta fase de la miogénesis el miotubo ha desarrollado ya los caracteres típicos de una fibra muscular.

Durante el desarrollo embrionario y fetal las fibras de los músculos aumentan en número y se agrupan en haces distintos. Las fibras individuales sólo aumentan ligeramente de diámetro durante los primeros dos tercios del período prenatal. La mayor parte del aumento en peso del músculo durante este período se debe a *hiperplasia* (aumento del número de fibras). Durante el último tercio del período prenatal la *hipertrofia* (aumento de tamaño de las fibras preexistentes) contribuye comparativamente más al crecimiento del músculo que durante los dos primeros tercios. El desarrollo en longitud de las fibras musculares tiene lugar por adición de unidades, sarcoméricas completas a las terminaciones de las miofibrillas preexistentes. Como consecuencia de la adición de unidades sarcoméricas completas a las terminaciones de las miofibrillas preexistentes.

CRECIMIENTO Y DESARROLLO MUSCULAR POSTNATAL

El mayor aumento del tamaño muscular tiene lugar después del nacimiento. La velocidad en el aumento de tamaño desciende a medida que el animal se aproxima a la madurez. Las fibras musculares crecen al aumentar tanto su diámetro como su longitud. Sin embargo, el mecanismo exacto de este crecimiento no ha sido completamente aclarado. Después del nacimiento parece que no aumenta en grado significativo el número de fibras musculares, lo que parece indicar que el crecimiento muscular postnatal se lleva a cabo fundamentalmente por hipertrofia. El diámetro de las fibras musculares individuales aumenta por la proliferación de las miofibrillas. El número de miofibrillas en una sola fibra muscular puede multiplicarse de diez a quince veces durante el ciclo vital del animal; esta proliferación acaece mediante la escisión longitudinal de las miofibrillas grandes en dos miofibrillas hijas más pequeñas. Cada miofibrilla puede escindirse cuatro o más veces. El diámetro máximo de la fibra muscular en los cerdos se obtiene aproximadamente a los ciento cincuenta días de crecimiento postnatal (fig. 4-4). Por supuesto que a la edad a que se alcanza el diámetro máximo de las fibras no es constante en todos los animales; aquéllos que maduran a una edad más temprana, es lógico que alcancen el tamaño de fibra máximo antes que los que maduran más tarde.

El aumento de la longitud muscular puede realizarse o bien aumentando la longitud de los sarcómeros preexistentes, o bien mediante la adición de unidades sarcoméricas nuevas. En ratones de laboratorio se ha visto que parte del aumento en longitud se debe a un incremento en la longitud del sarcómero; sin embargo, la mayor parte de este crecimiento es consecuencia de la formación de nuevos sarcómeros. Se ha demostrado que cuando la adición de sarcómeros nuevos es completa el músculo no puede aumentar su longitud más que un veinte por ciento a consecuencia de cambios de longitud de los sarcómeros.

Los distintos músculos varían su velocidad de crecimiento. Los músculos más largos, tales como los de las piernas y los del dorso presentan la velocidad de crecimiento postnatal más rápida. La variación del tamaño máximo adulto entre los animales de una especie dada, se debe a diferencias en el número de fibras musculares y no nece-

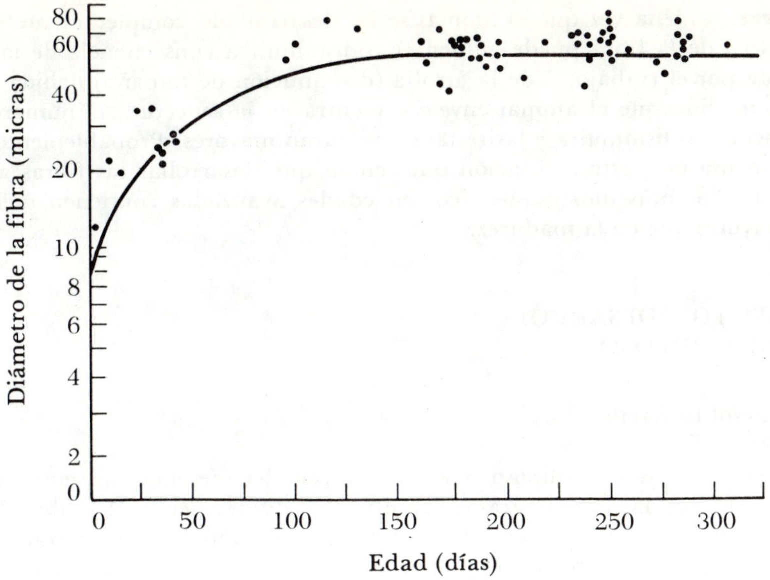

Figura 4-4. Cambios al envejecer del diámetro de las fibras del músculo *Longissimus* del cerdo. (De B. B. Crystall, University of Missouri).

sariamente al tamaño de la fibra. En consecuencia, en un animal dado el tamaño de la fibra no es directamente proporcional al tamaño corporal.

Durante el crecimiento postnatal aumenta el número de núcleos del músculo esquelético. Sin embargo, la hipertrofia de las fibras musculares debida a la proliferación de miofibrillas da lugar a un progresivo aumento del peso muscular por núcleo. La hipertrofia aumenta también progresivamente la cantidad de músculo por capilar sanguíneo. Ello puede determinar que los músculos de animales muy musculosos no reciban un aporte adecuado de sangre, lo que puede tener serias consecuencias durante el *estress*. Sin embargo, en el caso de hipertrofia muscular inducida por el trabajo, la densidad capilar aumenta aproximadamente en la misma proporción que el grado de hipertrofia.

El diámetro de la fibra muscular se ve influenciado por muchos factores: especie, raza, sexo, edad, plan nutritivo y actividad física del animal. Generalmente, los músculos de las ovejas tienen fibras de menor diámetro que las de los cerdos y el vacuno. También las fibras musculares de la oveja suelen presentar diámetros más uniformes que las de los cerdos y ganado vacuno. Las fibras musculares de los machos enteros son generalmente mayores que las de las hembras y animales castrados, siendo el de los últimos de un tamaño intermedio. Normalmente el diámetro de las fibras musculares aumenta con la edad, con una nutrición adecuada y con la actividad física.

Diferenciación del tipo de fibra. — Todas las fibras musculares son rojas al nacimiento, pero poco tiempo después algunas se diferencian en fibras blancas e intermedias. Pruebas disponibles sugieren que el nervio que inerva una fibra muscular dada es el que, en parte, determina si debe diferenciarse a fibra blanca o intermedia, o permanecer como fibra roja.

Madurez. — Una vez que el animal se ha desarrollado completamente el tamaño del músculo y de la fibra puede aumentar o disminuir a consecuencia de la hipertrofia inducida por el trabajo, o de la atrofia (disminución de tamaño) debida a la inactividad. A medida que el animal envejece y entra en la senectud, el número total de fibras musculares disminuirá y las restantes se harán mayores. Probablemente la hipertrofia compensa en parte la función que tenían que desarrollar las fibras atrofiadas. Por lo tanto, los músculos esqueléticos en edades avanzadas contienen menos fibras que son mayores que en la madurez.

CRECIMIENTO Y DESARROLLO DEL TEJIDO ADIPOSO

Desarrollo embrionario

Las células del tejido adiposo o graso derivan del mesenquima embrionario del mesodermo sin que las células grasas primitivas se diferencien de los fibroblastos. Sin embargo, desde el punto de vista de desarrollo y función futuros se trata aparentemente de un tipo específico de célula. La estructura general del tejido adiposo viene delineada primeramente por los elementos del mesenquima que en el futuro proporcionarán su soporte estructural. El tejido adiposo se desarrolla gradualmente en lóbulos y lobulillos que se encuentran circundados por una delicada lámina de fibras de colágeno, y dispone de una red de capilares sanguíneos. En el embrión, esta disposición del tejido de soporte se desarrolla en aquellas áreas en las que más tarde se depositarán lípidos, tal como en la piel, entre los músculos y en el mesenterio.

Cuando la célula adiposa primitiva inicia el acúmulo de lípidos recibe el nombre de *adipoblasto*. Y cuando está totalmente rellena de lípidos es un *adipocito* maduro. La célula primitiva contiene citoplasma, mitocondrias, ribosomas libres y un retículo endoplásmico. A medida que el adipoblasto comienza a acumular lípidos, en forma de gotitas próximas al centro de la célula, entre las ribosomas libres y las mitocondrias, aumenta el número y tamaño de las últimas. Las gotitas de lípidos se funden a medida que el adipoblasto continúa acumulando lípidos y forma un glóbulo lipídico grande. El citoplasma, núcleo, mitocondrias y otros orgánulos son desplazados a la periferia del adipocito a medida que se llena de grasa. El adipocito maduro es grande, llega a alcanzar hasta 120 μm, algo extraordinario comparado con los 1-2 μm de diámetro de la célula primitiva.

Cuando la nutrición del feto es adecuada, algunas células grasas se llenan de lípidos. En condiciones de nutrición inapropiada se movilizan los lípidos que son arrastrados de las células y parece que revierten al mesenquima embrionario. Si mejora la nutrición del feto las mismas células pueden llenarse de nuevo de grasa.

Como se ha mencionado en el capítulo anterior, el organismo de los animales de abasto presenta al nacimiento dos tipos de tejido adiposo: grasa blanca y grasa marrón. La histogénesis de la grasa marrón es comparable a la de la grasa blanca, ya descrita. El tejido adiposo marrón proporciona al animal recién nacido una fuente energética disponible que puede ser necesaria para hacer frente a las bajas temperaturas ambientales. La mayoría de la grasa marrón, o desaparece a las pocas semanas del nacimiento, o posiblemente se convierte en grasa blanca.

Crecimiento y desarrollo postnatal del tejido adiposo

Los tejidos adiposos continúan creciendo y desarrollándose en los animales en crecimiento y en los adultos, ya que una pequeña proporción del aporte nutritivo se necesita para el crecimiento de otros tejidos, mientras que la mayor parte se encuentra en condiciones de almacenarse. En consecuencia, las células adiposas son muchas y ampliamente distribuidas por los tejidos conectivos de los animales adultos normales sanos. Estas células se desarrollan a velocidades muy variables en las distintas partes del cuerpo, lo que da lugar a variaciones marcadas en la proporción de grasa existente en las distintas partes del organismo. En los animales jóvenes generalmente aparecen depósitos de grasa alrededor de las vísceras y riñones. Después, si el aporte nutritivo es adecuado, a medida que el animal envejece se deposita grasa entre los músculos, debajo de la piel, y finalmente como marmorización entre las fibras musculares. Los depósitos grasos intramusculares se presentan en las células grasas asociadas a los tejidos conectivos perimisiales. Estas células grasas se acumulan y crecen en los espacios extravasculares muy próximos a las arterias del sistema circulatorio que irrigan el músculo (fig. 4-5).

En el crecimiento, durante la fase de engrasamiento, el porcentaje de lípidos del tejido adiposo aumenta y los porcentajes de agua, proteína y otros componentes disminuyen. Sin embargo, el contenido lipídico de todos los tejidos adiposos no aumenta a la misma velocidad. Por ejemplo, el cerdo presenta tres capas distintas de grasa dorsal, la mediana es la que aumenta más rápidamente su contenido lipídico, mientras que la más profunda presenta el menor ritmo de crecimiento.

El tejido adiposo es un tejido dinámico lo que significa que está en un estado de flujo constante. Es un lugar de considerable actividad metabólica y como tal está bien dotado de vasos sanguíneos y es rico en sistemas enzimáticos. La mayor parte de los tejidos adiposos representan un almacén de material nutritivo que puede utilizarse en respuesta a las necesidades de otros tejidos. Existe un reciclaje constante de los lípidos almacenados en el tejido adiposo, pues no se depositan allí simplemente y se dejan estar hasta que se necesitan. Como se ha señalado antes, la cantidad de lípido almacenado en cualquier lugar del tejido adiposo en un momento dado, varía con el estado nutritivo del animal. Durante los períodos de mala nutrición y, en consecuencia, de un aporte energético limitado, los adipocitos liberan al sistema vascular los lípidos que tenían almacenados. Si el aporte energético hubiera de restringirse a un nivel bajo durante un período de tiempo prolongado, los adipocitos se convertirían en agregados de células con formas irregulares, situadas entre los tejidos conectivos que sirven de soporte al de depósito. Estas células mantienen su capacidad de acumular nuevamente lípidos si el aporte energético animal se restaura hasta alcanzar un nivel superior al necesario para su mantenimiento. Toda esta serie de hechos pueden tener lugar múltiples veces a lo largo de la vida animal.

CRECIMIENTO Y DESARROLLO DEL HUESO

El hueso está formado, tanto en la vida prenatal como postnatal por una transformación del tejido conectivo. Durante la fase de crecimiento embrionario las células del tejido conectivo derivan del mesenquima embrionario. Muchas de estas células forman *osteoblastos, fibroblastos* y *condroblastos*. Los osteoblastos son los que producen activamente el hueso. Los fibroblastos son los responsables de la formación de

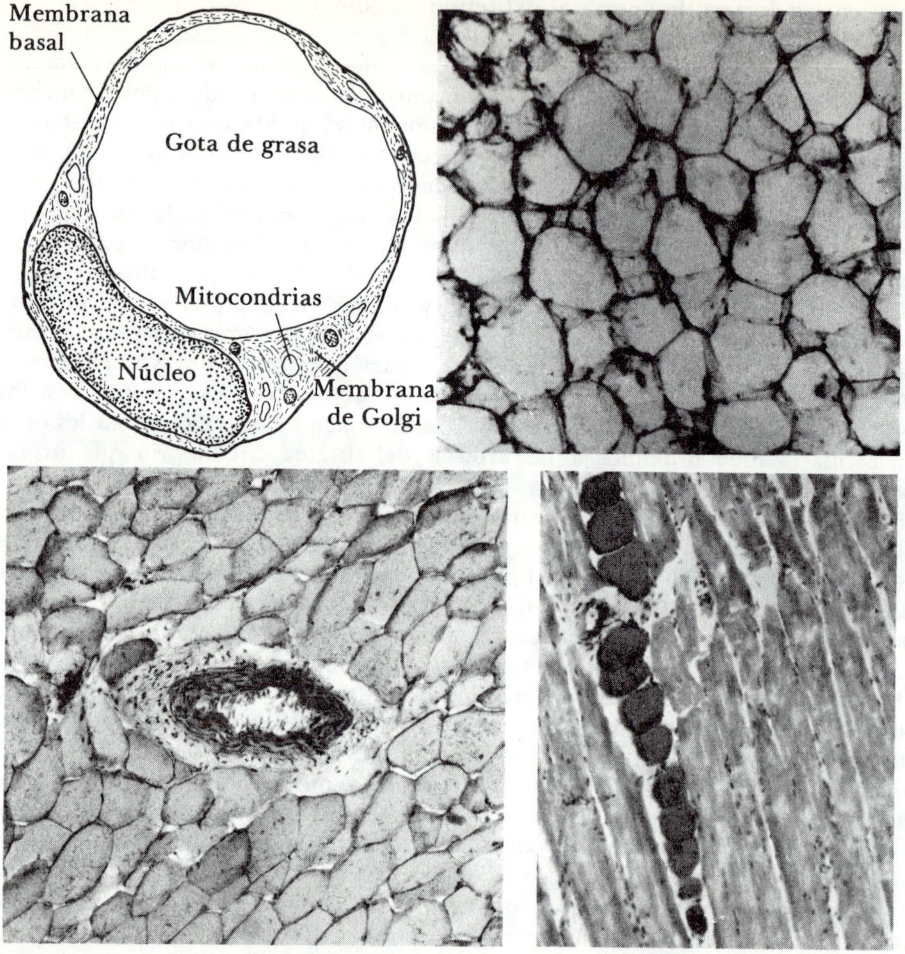

(A) (B) (C) (D)

Figura 4-5. Diagrama y microfotografías de células grasas. (A) Diagrama de una célula grasa típica. (B) Microfotografía de células grasas subcutáneas de bóvido. (C) Células grasas intramusculares bovinas dispuestas longitudinalmente entre las fibras musculares. (Microfotografías cortesía de W. G. Moody, Universidad de Kentucky).

tendones, ligamentos, tejido reticular y tejido *areolar* (fibroso). Los condroblastos forman cartílago. Tanto la formación prenatal de hueso como la postnatal puede ir precedida de la producción de un cartílago «modelo» o puede acaecer por transformación directa del tejido conectivo. Cuando se origina hueso por sustitución de cartílago al proceso se le denomina *osificación endocondral* u *osificación cartilaginosa*. Mediante este proceso tiene lugar el crecimiento de los huesos en longitud y en espesor. Cuando la formación de hueso acaece directamente, sin la presencia de cartílago, el proceso se conoce como *osificación intramembranosa*. En la formación intramembranosa de hueso la osificación tiene lugar en el tejido conectivo al que sustituye. Como ejemplo citaremos el crecimiento óseo en el interior o debajo del periostio. El *remodelado* óseo es el proceso mediante el que se realiza el cambio estructural o el reci-

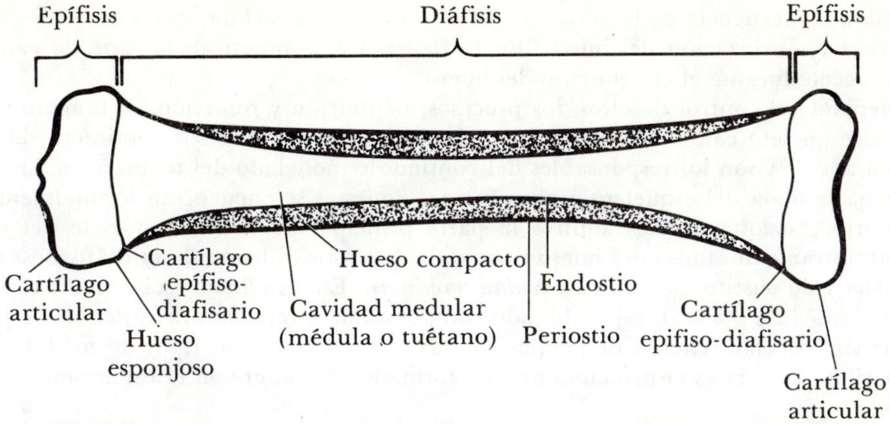

Figura 4-6. Diagrama de un hueso largo en el que se aprecia su estructura longitudinal.

claje continuo de los componentes óseos. Este proceso tiene lugar en cada hueso del esqueleto durante el crecimiento continuo y la reconstrucción interna del hueso a lo largo del ciclo vital animal. Este proceso continúa incluso después de terminados los cambios de longitud y espesor de los huesos largos.

Los huesos varían mucho en densidad, pero se componen esencialmente de un material calcáreo complejo depositado en una fina matriz de fibras colágenas; disponen de un aporte adecuado de vasos sanguíneos y nervios. La arquitectura interna y la forma externa de un hueso vivo puede cambiar en respuesta a los *estress* a que está sometido. La primera función de los huesos es la de formar un andamiaje para soportar los tejidos blandos del organismo. El esqueleto forma una serie de palancas mecánicas a las que se unen los músculos mediante ligamentos permitiendo la movilidad al mismo tiempo que proporcionan rigidez al organismo. Ciertas partes del esqueleto, como el tórax y el cráneo, ejercen funciones protectoras. El hueso sirve también como almacén de reserva de calcio y otros minerales del que pueden movilizarse cuando sean necesarios para atender a las distintas actividades metabólicas.

En la figura 4-6 se muestra la estructura de un hueso largo típico. Cada hueso está recubierto en toda su extensión, salvo en las superficies articulares, por una membrana dura llamada *periostio.* La fuerza con que el periostio se adhiere al hueso varía en edades y fases diferentes. En los animales jóvenes el periostio se desprende fácilmente, en los adultos está unido al hueso más firmemente. El periostio se compone de un tejido conectivo fibroso basto que contiene pocas células, pero que posee numerosos vasos sanguíneos y nervios. Sirve de inserción a músculos tendones y ligamentos. Las porciones distales del hueso están recubiertas de una capa gruesa de cartílago hialino (articular), que es elástico y actúa a manera de almohada entre los huesos.

Al nacimiento un hueso del tipo del fémur o la tibia posee una *diáfisis* (caña ósea) con una cavidad medular y unas extremidades cartilaginosas. El crecimiento en espesor es consecuencia de la continua deposición de capas óseas en la superficie de la diáfisis directamente debajo del periostio. Los osteoblastos intervienen activamente en el crecimiento del hueso. Al mismo tiempo la cavidad medular aumenta de tamaño a medida que crece el hueso, debido a la continua resorción de la pared medular de la caña a consecuencia de la actividad de los *osteoclastos,* células que intervienen en la resorción y movilización del hueso. En la figura 4-7 se muestran la serie de cambios que acaecen durante el crecimiento del hueso.

Mediante el control de estos dos procesos, deposición y resorción, el tamaño y forma del esqueleto cambia durante el crecimiento. Ambos procesos continúan durante la vida adulta y son los responsables del continuo remodelado del tejido óseo. En cualquier parte dada del esqueleto ambas fuerzas opuestas se encuentran normalmente en equilibrio. En los animales adultos la parte principal de la caña procede del crecimiento intramembranoso del hueso debajo del periostio. El sitio de la diáfisis ósea original ha sido sustituido por la *cavidad medular.* Esta cavidad está ocupada por el *tuétano* (médula blanca), tejido blando compuesto de intersticios de un delicado tejido conectivo reticular rellenos de células diversas. Se conocen dos tipos de médula: roja y amarilla. La roja es el principal órgano formador de sangre en el organismo adulto,

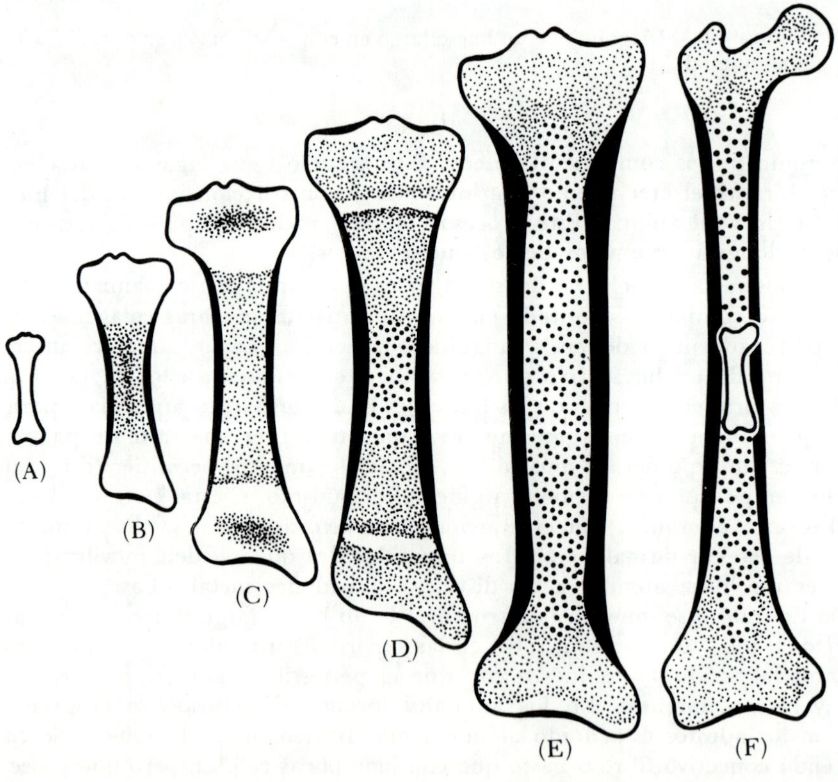

Figura 4-7. Osificación progresiva y crecimiento de un hueso largo. (A) Estado cartilaginoso. (B) Deposición de hueso esponjoso endocondral (punteado) y hueso compacto pericondral (negro). (C) Aparece una epífisis en cada extremo. (D) Aparece la cavidad medular (punteado grueso) a la vez que se reabsorbe el hueso endocondral. (E) Se osifican las dos epífisis, dejando un cartílago articular en cada extremo. Obsérvese que continúa el crecimiento de la cavidad medular por resorción del hueso central, mientras que continúa depositándose en la periferia. (F) Un hueso al nacimiento sobrecolocado en el mismo hueso de un adulto para mostrar sus tamaños relativos y la cantidad de deposición y resorción interna que tiene lugar durante su crecimiento.

siendo la fuente principal de glóbulos rojos y de leucocitos granulares. Se encuentra en la porción ósea esponjosa de las epífisis de los huesos largos y en los cuerpos del esternón, costillas y vértebras.

La médula roja actúa también como formadora de trombocitos (plaquetas) que contribuyen a la coagulación de la sangre. En la médula roja ósea también tiene lugar la fagocitosis o destrucción de los eritrocitos viejos o de desecho. La médula amarilla se compone fundamentalmente de tejido adiposo y se encuentra, sobre todo, en la cavidad medular de los huesos.

El crecimiento en longitud de un hueso largo típico es consecuencia del crecimiento del cartílago epifisodiafisario que está siendo reemplazado gradualmente por hueso. En tanto que crezca el cartílago de un hueso no tendrá lugar su osificación total. Cuando el hueso alcanza su tamaño completo y cesa su crecimiento ya no existe cartílago epifisodiafisario. El grado de crecimiento total del hueso puede comprenderse comparando el esqueleto fetal con el de un animal adulto de la misma especie, tal como nos muestra la figura 4-7 F.

Aproximadamente en torno al nacimiento aparecen centros de osificación en cada porción distal de los huesos largos, entre sus epífisis y diáfisis. El cartílago epífisodiafisario sufre en estos centros los mismos cambios que el cartílago más superficial de las porciones óseas distales. Es precisamente en estos centros de osificación en donde tiene lugar la mayor parte del crecimiento óseo en longitud. Este crecimiento se mantiene y depende de la profundidad de osificación, a partir de la diáfisis, de la superficie diafisaria del cartílago epifiso-diafisario. Este proceso de crecimiento se verifica a la misma velocidad en ambos extremos de la diáfisis. El cartílago epifiso-diafisario continúa separando la epífisis de la diáfisis hasta que el hueso alcanza su longitud máxima, momento en que cesa la proliferación del cartílago. Entonces la epífisis se funde con la diáfisis (osificada) y ya no tiene lugar crecimiento en longitud alguno.

El grado de osificación de la placa epifisaria de la articulación carpo-metacarpiana y la reestructuración y calcificación debajo del periostio de las costillas lo emplean los clasificadores de carne para determinar la madurez que debe atribuirse a las canales de óvidos. En estos animales las extremidades anteriores anteriores y posteriores se separan de la canal en la unión del cartílago epifiso-diafisario, situado entre la epífisis y la diáfisis. La osificación completa en esta articulación exige la eliminación de las patas a nivel de rodilla y corvejón y, en consecuencia, estas canales se clasifican como canales de carnero. Del mismo modo, en las canales vacunas el grado de osificación de las vértebras del sacro, de la terminación de las apófisis espinosas, del esternón y de las costillas se utiliza para determinar la madurez. La terminación del crecimiento no acaece simultáneamente en todos los huesos; las vértebras sacras alcanzan la madurez antes que las lumbares y éstas antes que las torácicas.

CRECIMIENTO Y DESARROLLO DEL TEJIDO CONECTIVO FIBROSO

Los tejidos conectivos fibrosos tienen el mismo origen embrionario que el hueso y el tejido adiposo. Todos estos tejidos forman el grupo conectivo y derivan de una diferenciación de las células mesenquimatosas del mesodermo que, finalmente, dan lugar a tejidos adultos con detalles estructurales y propiedades mecánicas completamente distintas. Por ejemplo, los fibroblastos y los osteoblastos obtienen de la circulación la materia prima que necesitan y que elaboran en sus citoplasmas depositando sus secreciones características en forma de tejido conectivo fibroso y hueso respectivamente. Puesto que los tejidos que constituyen el grupo conectivo tienen funciones íntimamente relacionadas y puesto que derivan de un tipo común de célula ancestral, cualquiera de estos tipos puede convertirse en otro o bien sustituirlo.

Al principio de la fase embrionaria, las células del mesenquima ocupan rápidamente la mayoría del espacio libre situado entre las estructuras localizadas más profundamente y el ectodermo superficial. Aunque en esta fase las células tienen un soporte común constituido por una matriz gelatinosa, todavía permanecen independientes entre sí. Más tarde, las células adyacentes comienzan a unirse y forman una red fibrosa; al mismo tiempo aparecen fibrillas finas en las áreas periféricas del citoplsma. Asimismo, en esta fase surgen fibrillas finas unidas a la superficie externa celular. Hacia la terminación de la fase embrionaria y al comienzo de la fetal las fibrillas son muy abundantes. Puesto que las células están continuamente cambiando de posición, como consecuencia de su actividad ameboide, algunas de las fibrillas se liberan y permanecen en este estado (libres) en los espacios intercelulares. Cuando estas fibras comienza a ser una parte conspicua del tejido conectivo infantil se les aplica el nombre de *fibroblastos,* células que dan lugar al tejido conectivo.

Transcurridos estos estados iniciales, el tejido conectivo recién formado (infantil), adquiere pronto un aspecto característico; las fibras se disponen siguiendo modelos definidos que dependen de las condiciones mecánicas en las que el tejido comienza a funcionar. Tiene lugar un cambio químico por el que las fibras embrionarias primitivas se convierten en verdaderas fibras colágenas (blancas). Las fibras de elastina (amarillas) las segregan los fibroblastos de la misma forma que las fibras blancas, pero no aparecen tan pronto. La composición química y las propiedades físicas de las fibras de elastina son completamente diferentes de las de colágeno; como éstas suelen presentarse aisladas, más que formando haces. Las fibras de reticulina seguramente se originan de manera similar a las fibras de colágeno y de elastina.

El tejido conectivo tiene una gran importancia fisiológica para los animales vivos y también influencia las características de calidad de la carne. El tejido conectivo fibroso constituido por cantidades variables de colágeno, elastina y reticulina es una de las partes integrantes de órganos y músculos. La cantidad total de tejido conectivo del músculo varía en las distintas regiones; los músculos de la locomoción contienen más tejido conectivo que los que sirven de soporte, tales como los de las regiones lumbar y torácica. Los cortes de carne más duros son los procedentes de músculos que contienen mucho tejido conectivo. Durante el crecimiento postnatal la cantidad total de tejido conectivo aumenta lo mismo que sucede con músculos, grasa y huesos. Pero más importante, desde el punto de vista de calidad de la carne, son los cambios moleculares que ocurren en el tejido conectivo durante el crecimiento y que afectan adversamente a la ternura de la carne.

Los fibroblastos sintetizan en el espacio extracelular tropocolágeno que es un precursor del colágeno. Estas fibrillas submicroscópicas crecen en sentido longitudinal y en espesor mediante la acumulación por agregación de monómeros (fig. 3-20). Las fibras de colágeno de los animales recién nacidos son generalmente pequeñas y están embebidas en una sustancia viscosa de relleno de naturaleza mucopolisacárida. Las fibras recién sintetizadas se mantienen unidas mediante enlaces transversales cuyo número aumenta a medida que maduran las fibras; al mismo tiempo que aumenta el número de estas uniones las fibras de colágeno pierden solubilidad en soluciones salinas. Finalmente, cuando mudura por completo la fibra su fuerza se incrementa a consecuencia del mayor número de enlaces químicos transversales existentes en sus macromoléculas de colágeno.

En el músculo, las fibras de reticulina y de elastina se intercalan entre las fibras de colágeno que son mucho más numerosas. La máxima concentración de fibras de elastina se da en estructuras especializadas, tales como ligamentos y paredes arteriales. Se ha prestado más atención al colágeno y a sus relaciones con la dureza de la carne que a los otros dos tipos de fibras.

CAMBIOS PRENATALES EN LA CONFORMACIÓN Y COMPOSICIÓN DEL CUERPO

Debido a la distinta duración de la gestación, los momentos en que tienen lugar cambios morfológicos y composicionales similares varían en bóvidos, suidos y óvidos.

Los fetos del ganado vacuno necesitan más tiempo para sufrir cambios morfológicos comparables a los de los fetos de las ovejas que se presentan antes; del mismo modo los cambios de esta especie tienen lugar más lentamente que los de los fetos del ganado de cerda. Sin embargo, al nacimiento, los terneros y corderos son fisiológicamente más maduros que los lechones.

El feto sufre un enorme cambio en su morfología durante el crecimiento y desarrollo prenatal. Al comienzo de este período la cabeza es comparativamente mucho mayor que el cuerpo; más tarde el tronco y extremidades se desarrollan con mayor rapidez. En la figura 4-8 se muestra una curva típica de ganancia ponderal del feto durante el crecimiento y desarrollo prenatal. Obsérvese que al principio la ganancia en peso es lenta, para después aumentar rápidamente en la última fase del período prenatal.

Durante el crecimiento tienen lugar cambios en la composición de las distintas

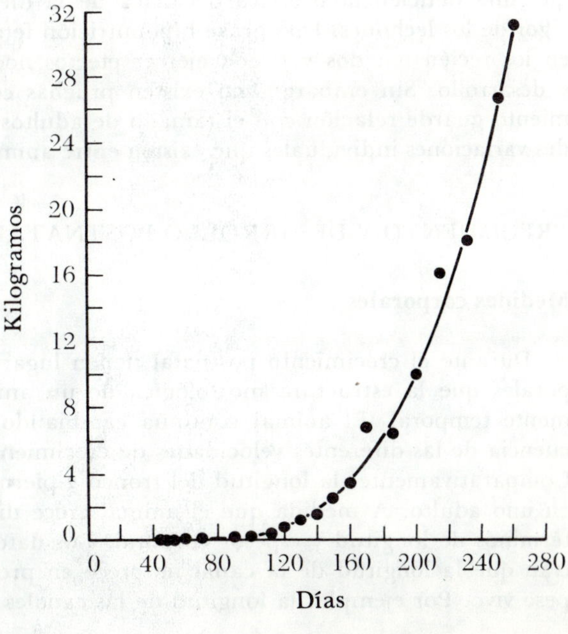

Figura 4-8. Crecimiento prenatal ponderal del feto bovino. (De Winters, L. M., W. W. Green y R. E. Comstock, «Prenatal Development of the Bovine», Minn. Agr. Exp. Sta. Tech. Bul. 151 (1942).

partes del feto y en éste como un todo. Tiene un especial interés la composición de la musculatura fetal durante el crecimiento. Con el transcurso del tiempo disminuye su contenido acuoso y al mismo tiempo aumenta el contenido sólido (cenizas, proteínas y componentes extraíbles con éter). La disminución del contenido hídrico continúa durante el crecimiento postnatal y muchos investigadores han sugerido que tal disminución acompaña siempre al crecimiento. El orden en que las distintas partes anatómicas animales y sus tejidos se desarrollan, es el mismo en todas las especies. Su importancia relativa para la supervivencia del animal determina que aquéllos que son más vitales para el crecimiento y desarrollo sean los primeros en formarse. Por lo tanto, el orden de crecimiento de los tejidos sigue una sucesión secuencial determinada por su importancia fisiológica, iniciándose con el sistema nervioso central y progresando por huesos, tendones, músculos, grasa intermuscular y grasa subcutánea.

Efecto de la nutrición prenatal en el estado del feto al nacimiento

El nivel nutritivo de la madre se ha demostrado que afecta al peso de los recién nacidos. Las madres muy deficientemente alimentadas es lógico que produzcan crías cuyo peso y vigor está por debajo de la media. Se ha demostrado que la proporción de músculo y grasa separables al nacimiento es menor y la de los órganos esqueléticos e internos mayor en los terneros cuyas madres se alimentaron pobremente durante su gestación. Además, la proporción de grasa y nitrógeno, estimados químicamente, era menor y la humedad, cenizas y fósforo era mayor en aquellos terneros procedentes de vacas deficientemente alimentadas.

Además del efecto ejercido por la cantidad de alimento, la alimentación cualitativa de la madre afecta también al tamaño y vigor de su cría. Por ejemplo, se ha visto que una deficiencia protéica o cálcica de la dieta de la cerda disminuye el peso y vigor de los lechones. Una grave hiponutrición fetal aumenta la incidencia de pérdidas en los recién nacidos y puede ejercer efectos nocivos permanentes en el crecimiento y desarrollo. Sin embargo, no existen pruebas concluyentes de que el peso al nacimiento guarde relación con el tamaño de adultos, especialmente en vista de las grandes variaciones individuales que existen entre animales sanos recién nacidos.

CRECIMIENTO Y DESARROLLO POSTNATAL

Medidas corporales

Durante el crecimiento postnatal tienen lugar tantos cambios en las medidas corporales que la estructura morfológica de un animal en un momento dado es solamente temporal. El animal continúa cambiando su estructura morfológica a consecuencia de las diferentes velocidades de crecimiento de las distintas partes del cuerpo. Comparativamente, la longitud del tronco y piernas es mayor en un animal joven que en uno adulto. A medida que el animal crece disminuye el ritmo de crecimiento en términos de longitud y espesor corporal. Los datos presentados en la tabla 4-1 muestran que la longitud de la canal no crece en proporción directa con el aumento del peso vivo. Por ejemplo, la longitud de las canales de cerdos de 22 kilos de peso tenían

TABLA 4-1

Comparación de las medidas lineares de cortes de cerdos magros y grasos estimadas a diversos intervalos de peso vivo.

Peso vivo (kg)	Longitud de la canal (cm)	Grosor del tocino dorsal (cm)	Area del músculo *Longissimus* a nivel 10.ª costilla (cm^2)	Rendimiento de cuatro cortes magros de la canal (por ciento)	Cortes grasos de la canal (por ciento)
23	51,3	1,3	11,6	57,5	10,7
45	62,5	2,3	18.1	55,1	15,3
57	67,1	3,0	18,1	49,5	19,5
68	69,6	3,0	20,6	51,2	19,3
80	71,1	3,0	21,9	48,1	21,3
91	72,6	3,6	27,1	48,6	21,5
102	73,9	3,8	26,5	47,0	22,6
114	72,2	4,3	31,0	45,0	25,3
125	79,2	4,3	31,6	46,0	23,8
137	81,8	4,6	32,9	45,4	24,7

FUENTE: Zobrisky *et al.*, (1958).

una longitud equivalente al 62 % de la de cerdos que pesaban 137 kg. Obsérvese también que esto sucede en el espesor del tocino dorsal, en el área del músculo *Longissimus,* y en el rendimiento en cortes magros y grasos de la canal.

Rendimiento porcentual

La proporción entre peso de la canal y peso vivo del animal, expresada en tanto por ciento, se conoce como *rendimiento porcentual.* Puede calcularse basándose en el peso de una canal caliente o de una fría. Cuando se sigue el último proceder su valor viene a ser de un 2 % menor que el obtenido basándose en el peso de una canal caliente. El contenido intestinal y la variación individual tienen una considerable influencia en el rendimiento porcentual. Como se muestra en la tabla 4-2 hay un aumento progresivo en el rendimiento porcentual del ganado vacuno y del lanar de las categorías más inferiores a las mejores y en el cerdo desde los grados U.S.D.A. n.º 1 a U.S.D.A. n.º 4(*).

Componentes corporales

Cambios físicos grandes en composición. — Los componentes corporales tales como piel, órganos, estómago e intestino cambian durante el crecimiento. El porcen-

(*) En el capítulo 15 se estudian los grados U.S.D.A.

TABLA 4-2

Rendimiento de diversos tipos de ganado de distinta clase comercial (en tanto por ciento) *.

Clase comercial	Intervalo	Media
VACUNO		
Extra («Prime»)	62-67	64
Primera («Choice»)	59-65	62
Segunda («Good»)	58-62	60
Tercera («Standard»)	55-60	57
Comercial («Commercial»)	54-62	57
Económica («Utility»)	49-57	53
Para despiece («Cutter»)	45-54	49
Para conservas («Canner»)	40-48	45
TERNERA **		
Extra	62-67	64
Primera	58-64	60
Segunda	56-60	58
Tercera	52-57	55
Económica	47-54	51
Desecho («cull»)	40-48	46
LANAR		
Extra	49-55	52
Primera	47-52	50
Segunda	45-49	47
Económica	43-47	45
Desecho	40-45	42
*CERDOS****		
U.S. n.º 1	68-72	70
U.S. n.º 2	69-73	71
U.S. n.º 3	70-74	72
U.S. n.º 4	71-75	73
Económica	67-71	69

FUENTE: United States Department of Agriculture, Consumer and Marketing Service, Livestock Division. (Departamento de Agricultura de los Estados Unidos, Servicio de Consumo y Marketint, División de Ganadería).

*Todos los porcentajes se basan en los pesos en caliente.

**Basados en los pesos de las canales sin piel.

***Basados en pesos de canales preparadas siguiendo el proceder de las plantas empaquetadoras (cobertura del jamón, grasa de riñonada, riñones y cabeza separadas de la canal).

taje de canal respecto del peso vivo aumenta generalmente al hacerlo el último (tabla 4-3). Conjuntamente con este aumento disminuyen los porcentajes de piel, sangre, estómago, intestino e hígado. Por lo tanto, es mayor la proporción corporal de los animales jóvenes constituida por estas partes que cuando se trata de animales más viejos y mayores. Basándose en el peso corporal vacío o eviscerado (peso vivo menos

TABLA 4-3

Distribución de los distintos componentes del organismo durante el crecimiento y desarrollo del ganado vacuno *.

	Peso vivo (kg)					
	111	204	313	517	853	882
	Edad (meses)					
Componente	3	5	10	19	44	47
Porcentaje de peso vacío** respecto peso vivo	88,0	84,3	87,6	88,8	90,4	92,2
Porcentaje de peso de la canal respecto peso vivo	54,2	53,7	56,5	60,5	65,3	69,0
Porcentaje de peso de la canal respecto peso vacío	61,6	63,7	64,5	68,1	72,6	74,8
Porcentaje de peso de piel y pelo respecto peso vacío	10,5	8,2	8,4	7,4	5,9	6,2
Porcentaje de peso de la sangre respecto peso vacío	6,2	5,2	5,0	4,1	3,3	3,5
Porcentaje de peso de estómago e intestinos respecto peso vacío	4,8	4,6	5,0	4,7	2,5	2,3
Porcentaje de peso del hígado respecto peso vivo	1,8	1,8	1,5	1,2	0,8	0,8
Porcentaje del peso de la grasa de residuos respecto peso vacío	1,4	3,9	4,7	5,2	7,0	4,7
Porcentaje del peso del esqueleto respecto el peso vacío	21,2	17,0	13,8	13,6	10,0	9,9
Porcentaje del peso del esqueleto respecto e peso vacío corporal	41,9	39,1	41,2	41,8	34,3	31,9
Porcentaje del peso de todo el tejido graso respecto del peso corporal vacío	5,6	17,6	18,3	21,3	37,1	35,4
Porcentaje del peso de la grasa de residuos y de la de riñonada respecto del peso de todos los tejidos grasos.	33,2	32,9	36,9	36,3	23,9	17,8

FUENTE: Moulton, C. R., P. F. Trowbridge y L. D. Haigh, «Studies in Animal Nutrition. II. Changes in Proportion of Carcass and Offal on Different Planes of Nutrition». Mo. Agr. Exp. Sta. Res. Bul. 54 (1922).

*El ganado se alimentó *ad libitum*.

**Peso corporal vacío es el peso vivo menos el del contenido del tracto intestinal.

peso del contenido gastroentérico) el porcentaje de esqueleto y carne magra disminuyen durante el crecimiento mientras que el de los tejidos grasos aumenta en su totalidad.

Proporciones de músculos, grasa y hueso. — Para establecer la composición de la canal hay que tener presentes necesariamente tres variables: huesos, músculos y grasa. Si hay una proporción mayor de uno de ellos habrá menos de una o de las dos variables restantes. Las proporciones relativas de estas tres estructuras en canales de pesos similares son las que determinan en gran parte el valor de la canal. Un aumento en la proporción de grasa determina una disminución, tanto de músculo como de hueso. Estas afirmaciones se comprenden claramente observando los datos que, obtenidos con ganado vacuno de carne adecuadamente alimentado desde el nacimiento al sacrificio, se muestran en la figura 4-9. Nótese que hasta los diez meses de edad la

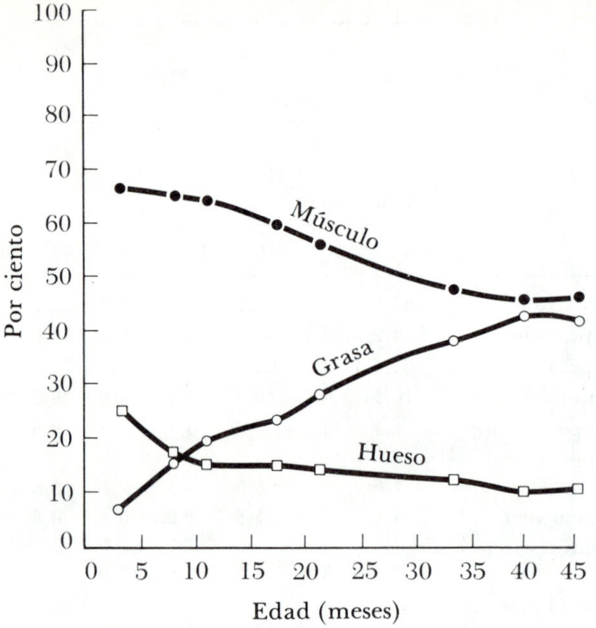

Figura 4-9. Cambios en los porcentajes de hueso, músculo y grasa en canales de vacuno durante el crecimiento. (Datos de Moulton, C. R., P. F. Trowbridge y L. D. Haigh, «Studies in Animal Nutrition; III. Changes in Chemical Composition on Different Planes of Nutrition». Mo. Agr. Exp. Sta. Res. Bul. 55 (1922).

disminución del porcentaje de hueso fue mayor que la de músculo; superada esta edad el descenso del porcentaje de músculo fue mayor que el de hueso.

Las proporciones de hueso, músculo y grasa del organismo cambian continuamente durante el crecimiento. La velocidad y profundidad del cambio varía entre animales de la misma especie y está influenciado por factores tales como, plan nutritivo, raza, sexo, condiciones ambientales y estado sanitario. Los efectos que estos factores ejercen en la composición corporal los estudiamos más adelante en este capítulo.

Distribución protéica.—En la figura 4-10 se muestran los cambios cuantitativos que durante el crecimiento de los cerdos tienen lugar en la cantidad de proteína total del animal eviscerado. Esta representación semilogarítmica de la proteína total en cerdos eviscerados presenta una forma similar a la de la curva de la figura 4-4 que representa los cambios en el diámetro de la fibra muscular de los cerdos durante su crecimiento y desarrollo. Los datos presentados en la tabla4-4 muestran la distribución de la proteína en las distintas partes del animal eviscerado en novillos en fases de crecimiento. La proteína total, expresada como porcentaje del peso corporal eviscerado, disminuye aproximadamente un 7,5 % durante el crecimiento cuando los animales están debidamente alimentados, pero cambia muy poco cuando reciben dietas restringidas. La proteína sanguínea constituye aproximadamente el 5,5 % de la proteína total corporal. La proporción de proteína en los órganos internos es de aproximadamente 7,7 %, cualquiera que sea el plan nutritivo. El ganado vacuno alimentado *ad libitum* presentará una menor proporción de la proteína total corporal en la piel y el esqueleto y un mayor porcentaje en el músculo esquelético y grasa que los animales que recibieron una dieta restringida.

Con la excepción de algunos cambios pequeños que pueden originarse con la edad y plano nutritivo, las proporciones de proteína corporal presentes en cada región

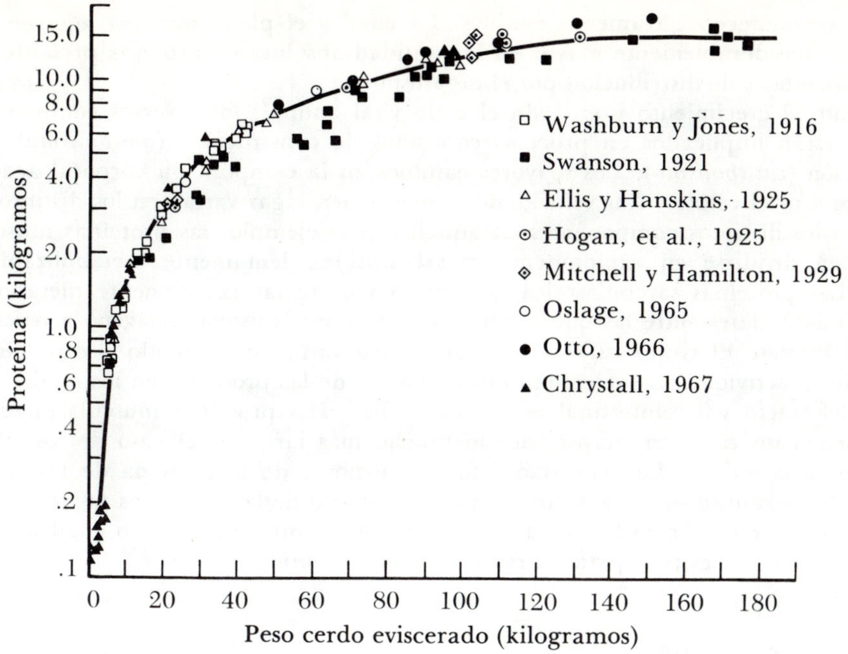

Figura 4-10. Gráfico del cambio de proteína en kilogramos *versus* aumento de peso del cuerpo eviscerado del cerdo. (Datos obtenidos de fuentes diversas por Milton E. Bailey y S. E. Zobrisky, «Changes in Proteins During Growth and Development of Animals», en *Body Composition in Animals and Man* (National Academy of Sciences, Washington, D. C.), 1968).

TABLA 4-4

Distribución de la proteína en el cuerpo eviscerado del ganado vacuno.

			Distribución de la proteína (en porcentaje)				
Edad (meses)	Peso cuerpo eviscerado (kg)	Proteína total (%)	Sangre	Organos	Pelo y piel	Esqueleto	Grasa y magro
3	98	19,7	5,7	8,7	17,1	23,2	45,5
8	171	18,3	5,0	9,0	15,6	18,7	51,8
11	281	17,3	4,6	8,2	17,4	16,6	53,3
18	454	16,6	4,5	6,7	14,4	17,2	57,8
21	475	16,1	5,7	7,7	18,5	16,5	51,6
48	813	12,3	5,9	6,6	17,2	19,8	50,5

FUENTE: Datos de Moulton, C. R., P. F. Trowbridge y L. D. Haigh. Studies in Animal Nutrition. III. Changes in Chemical Composition of Different Planes of Nutrition. Mo. Agr. Exp. Sta. Res. Bull. 55, 1922.

orgánica permanecen claramente estables. La edad y el plano nutritivo ejercen una influencia considerablemente mayor en la cantidad absoluta de proteína presente que en sus porcentajes de distribución por el organismo.

Durante el crecimiento y en todo el ciclo vital animal, los diversos componentes celulares están implicados en procesos continuos de construcción (*anabolismo*) y de degradación (*catabolismo*). Los mayores cambios en la composición corporal acaecen realmente a nivel celular. Las velocidades a que tienen lugar varían en los distintos tejidos y en los distintos componentes de aquéllos. Por ejemplo, las proteínas musculares pueden dividirse en rápidamente metabolizables, lentamente metabolizables e inertes. Las proteínas sarcoplásmicas se incluyen entre las rápidamente metabolizables, las miofibrilares entre las que lo son lentamente y la elastina, colágeno y reticulina entre las inertes. El ritmo catabólico y anabólico varía de un tejido a otro dependiendo de su actividad. La velocidad de «turnover» de las proteínas en los tejidos muy activos del tracto gastrointestinal es de pocos días. Las proteínas musculares esqueléticas tienen un turnover mayor, siendo mucho más largo en el caso de los tejidos conectivos más inertes. La velocidad total de turnover de la proteína de las células tisulares del organismo supera al aporte protéico diario de la dieta. Los procesos catabólico y anabólico están influenciados por muchos factores, tales como edad del animal, condiciones de estress, plan nutritivo y ciertas hormonas.

Componentes musculares

La composición química muscular cambia durante el crecimiento. Los cambios que acaecen en la cantidad total de músculo corporal, como también en la composición química total del músculo, están influenciados por la edad, especie animal, aporte nutritivo y sexo.

Durante el crecimiento aumenta la concentración de proteínas intracelulares en el músculo esquelético. La tabla 4-5 demuestra que hay un aumento constante en la concentración de proteínas sarcoplásmicas y miofibrilares del músculo esquelético durante el crecimiento. Tanto en los animales inmaduros como en los adultos, la concentración de proteínas miofibrilares es bastante mayor que la de sarcoplásmicas. La mioglobina, proteína sarcoplásmica, aumenta en concentración al envejecer los animales y en parte es responsable del color más oscuro de la musculatura de los mismos en comparación con los jóvenes.

TABLA 4-5
Cambios en concentración proteica del músculo esquelético de mamíferos durante el crecimiento.

	Inmaduro*		Adulto*	
Especie	Sarcoplásmica	Miofibrilar	Sarcoplásmica	Miofibrilar
Porcina	3,5	10,6	5,2	12,8
Vacuna	5,0	8,4	5,2	13,0
Humana	3,2	11,0	4,3	12,8
Rata	4,1	10,0	5,2	11,2

FUENTE: Bailey y Zobrisky, 1968.
* Gramos/100 gramos de tejido.

El momento en que tiene lugar el aumento de la concentración proteica varía con las distintas especies, así como también con los distintos músculos del organismo. Algunas especies maduran antes y también alcanzan antes la concentración máxima de proteína celular que los animales que maduran más tarde.

La cantidad de proteína del tejido conectivo muscular aumenta durante el crecimiento prenatal, al aumentar el número de células musculares, pero disminuye proporcionalmente mientras las células van aumentando de tamaño (crecimiento postnatal) a consecuencia de dilución.

Después que un animal alcanza la madurez son muy pocos los cambios que tienen lugar en la composición proteica del músculo esquelético, siempre que el plan nutritivo y la actividad muscular del animal permanezcan razonablemente constantes. La cantidad de proteína extracelular aumenta proporcionalmente en la senectud debido a la disminución de las proteínas miofibrilares y sarcoplásmicas.

Durante las primeras fases de crecimiento prenatal las nucleoproteínas constituyen un gran porcentaje de la proteína total muscular. Los grandes núcleos de las células musculares en la época prenatal pueden suponer hasta el 66 % de toda la proteína intracelular. Durante el crecimiento postnatal el porcentaje de nucleoproteínas en las fibras musculares disminuye a medida que éstas aumentan de tamaño.

Durante el crecimiento, el porcentaje de agua del músculo disminuye al aumentar la concentración de proteínas y lípidos. La disminución del contenido acuoso (en tanto por ciento) es más rápida durante las primeras fases de crecimiento. La disminución del porcentaje va lentificándose progresivamente con la madurez y la senectud.

En general, durante el crecimiento hay un aumento del total de cenizas (minerales) del músculo. Aun cuando aumenta la cantidad total de minerales también se presentan cambios en las proporciones de unos minerales respecto de otros. Por ejemplo, al nacimiento disminuye la concentración de sodio mientras que aumenta la de potasio.

Cuantitativamente hablando, la grasa es el componente químico más variable del músculo y del organismo animal. El crecimiento muscular no depende necesariamente de un incremento de los lípidos intramusculares e intracelulares. La velocidad con que se deposita la grasa intramuscular aumenta durante los períodos de aporte calórico o nutritivo elevado y disminuye cuando se reduce el aporte correspondiente. La raza del animal es el factor principal que determina la edad a que éste comenzará la fase de crecimiento engrasante. Las razas que maduran antes se caracterizan por su mayor precocidad de engrasamiento. El sexo del animal influencia la velocidad de deposición de grasa muscular. En general los músculos de los animales machos contienen menos grasa que los de las hembras o los de los animales castrados.

FACTORES QUE INFLUENCIAN EL CRECIMIENTO Y EL DESARROLLO

Genética

Con anterioridad a las experiencias de Robert Bakewell (1725-1795) y de sus contemporáneos en Inglaterra, la mayoría de los animales de carne europeos no presentaban las características actuales. Las diversas razas de ganado, tal como hoy se conocen, se obtuvieron cruzando animales de caracteres hereditarios similares durante varias generaciones. Incluso cuando las crías de tales apareamientos eran uniformes en cuanto a capa pilosa, existían considerables variaciones en otros caracteres debido al gran número de posibles combinaciones del material hereditario. Existen pocas posibilidades de que cada dos animales sean exactamente iguales, salvo en el caso de gemelos univitelinos o identicales. El óvulo femenino y el zoospermo del macho contiene cada uno un número específico de cromosomas. Cuando estos se juntan en el huevo o zigoto los cromosomas se aparean. El del cerdo contiene 20 pares de cromosomas, el de la oveja 27 y el de ganado vacuno 30. Existen sobre un millón de posibles combinaciones genéticas en los cromosomas del ganado de cerda y sobre mil millones en el ganado vacuno.

Los animales de una misma raza pueden variar en ritmo de crecimiento y composición corporal, sin embargo, tienen tendencia a crecer y desarrollarse de una manera característica y a producir canales cuyos caracteres son pecualiares de la raza. Por ejemplo, los cerdos de la raza Duroc y el ganado vacuno de la Angus se caracterizan por la tendencia a depositar grasa intramuscular. Una clara diferencia entre el ganado vacuno lechero y el de producción cárnica es la forma en que se distribuye la grasa por los distintos depósitos grasos.

Las canales de los animales especializados en la producción láctea tienen una mayor proporción de grasa renal y pelviana y una menor de subcutánea que las razas sarcopoyéticas. El tamaño a la madurez es también una característica de la raza; por ejemplo, el ganado vacuno de la raza Holstein en su madurez es generalmente mucho mayor que el de la raza Jersey en la misma fase. Del mismo modo, las ovejas de raza Southdown son más pequeñas que las Hampshire o Suffolk.

Las variaciones *fenotípicas* (expresión visible externa de la constitución hereditaria del individuo) de los animales de carne se debe a la herencia, medio ambiente o a la interacción de ambos. Tanto la herencia como el medio ambiente tienen una gran importancia en las características animales. La herencia proporciona el potencial necesario para el crecimiento y desarrollo, y el medio ambiente determinará que la realización de tal potencial sea máxima o mínima. La interacción de herencia y medio ambiente significa que los animales dotados de un cierto *genotipo (constitución hereditaria fundamental de un individuo) realizarán mejor su desarrollo en un ambiente que en otro.*

Se han hecho muchas investigaciones para determinar la cantidad de variación fenotípica debida a la herencia y la que se debe al ambiente. La porción hereditaria de la varianza fenotípica expresada como porcentaje se denomina *heredabilidad estimada*. El porcentaje de heredabilidad sustraído de cien da una estimación de la variación debida al medio ambiente.

Las estimaciones de heredabilidad que se señalan en la tabla 4-6 muestran hasta qué punto la producción y los caracteres de la canal son hereditarios. Además estos datos demuestran que el ganadero puede introducir mejoras en sus animales seleccionando para la reproducción los que posean los caracteres más deseables.

Nutrición

Aunque la herencia dicta la cantidad máxima de crecimiento y desarrollo posibles, la nutrición gobierna el ritmo actual de crecimiento y la extensión que alcanzará tal desarrollo. El aprovechamiento de los nutrientes ingeridos se distribuye entre los distintos tejidos y órganos de acuerdo con su ritmo metabólico e importancia fisiológica. El mantenimiento y funcionamiento de los sistemas fisiológicos vitales, tales, como el nervioso, circulatorio, digestivo y excretor tienen preferencia sobre el desarrollo muscular o la

TABLA 4-6

Estimaciones de la heredabilidad de las características de crecimiento de la canal en el ganado vacuno, lanar y de cerda.

Características	Especie	Estimación media aproximada de la heredabilidad*
Peso al destete	Vacuno	25
	Lanar	33
	Cerdo	17
Ritmo de ganancia ponderal después del destete	Vacuno	57
	Lanar	71
	Cerdo	29
Eficacia alimenticia en lotes de cebo	Vacuno	36
	Lanar	15
	Cerdo	31
Clase de canal (grado)	Vacuno	48
Ternura**	Vacuno	61
	Lanar	33
Espesor grasa	Vacuno	38
	Lanar	20
	Cerdo	49
Area sección corte transversal del músculo *Longissimus*	Vacuno	70
	Lanar	48
	Cerdo	48

*Las estimaciones se recopilaron de distintas fuentes.
**En el capítulo 7 se trata más extensamente este aspecto.

deposición de grasa. El orden de preferencia es el siguiente: 1) tejidos que constituyen órganos vitales y procesos fisiológicos; 2) huesos; 3) músculos, y 4) deposición de grasa. Durante la gestación el desarrollo del feto tiene también una prioridad similar a las de los tejidos y órganos vitales de la madre.

Cuando el alimento es abundante todos los tejidos del organismo reciben nutrientes suficientes para su mantenimiento, crecimiento normal y engrasamiento; sin embargo, si el aporte alimenticio es limitado los tejidos se ven afectados siguiendo un orden inverso a su importancia fisiológica: los tejidos vitales se mantienen a expensas de los otros, de forma que ante una severa restricción de nutrientes los tejidos corporales menos importantes se utilizarán o sacrificarán para mantener los de mayor importancia vital.

Plano nutritivo. — Alterando el plano nutritivo del animal y seleccionando el momento en que se modifica dicho plano, puede controlarse la velocidad a que crecen y se desarrollan las distintas partes y tejidos del organismo. Por ejemplo, los datos de la figura 4-11 demuestran que cuando los lechones se mantienen en un plano nutritivo alto durante sus primeras 16 semanas de crecimiento postnatal, la velocidad de crecimiento del hueso, músculo y grasa de la canal era más rápida que en los lechones que se mantenían con un plano nutritivo menor. A las 16 semanas, al cambiar a los animales de un plano bajo a otro nutritivamente más alto, había una clara recuperación en la velocidad de crecimiento, conocida como *crecimiento de compensación*. La recuperación es mayor en la grasa que en el músculo y en el hueso. Si los cerdos se habían iniciado en un plano nutritivo alto y se habían sometido después a uno bajo, originaban canales con un mayor contenido en múculo y menor contenido graso; sin embargo, si se invertían los niveles (de bajo a alto) las canales resultaban más ricas en grasa y más pobres en múculo.

La fase de crecimiento postnatal en cuyo momento se impone el tratamiento nutritivo influye en el tipo de respuesta animal; la observada en animales de bajo plano nutritivo al cambiarlos a otro más alto (fig. 4-11), una mayor deposición de grasa al pasar al nivel nutritivo mayor, puede explicarse porque ocurre durante un período en el que desciende la intensidad de crecimiento del hueso y del músculo, mientras que aumenta la de la grasa. Por lo tanto, si la hiponutrición tiene lugar en las primeras fases del crecimiento postantal, donde más se manifestará su efecto será en el tejido que antes alcanza la madurez (el hueso), y donde menos en el que madura más tarde (grasa).

Los diversos tejidos y órganos de un animal en crecimiento, cuyo desarrollo se ha retrasado como consecuencia de una nutrición restringida, presentan un notable crecimiento de compensación al cambiarlos a un plano nutritivo alto. Si el animal no se mantuvo en un estado de malnutrición grave durante bastante tiempo y se le concede

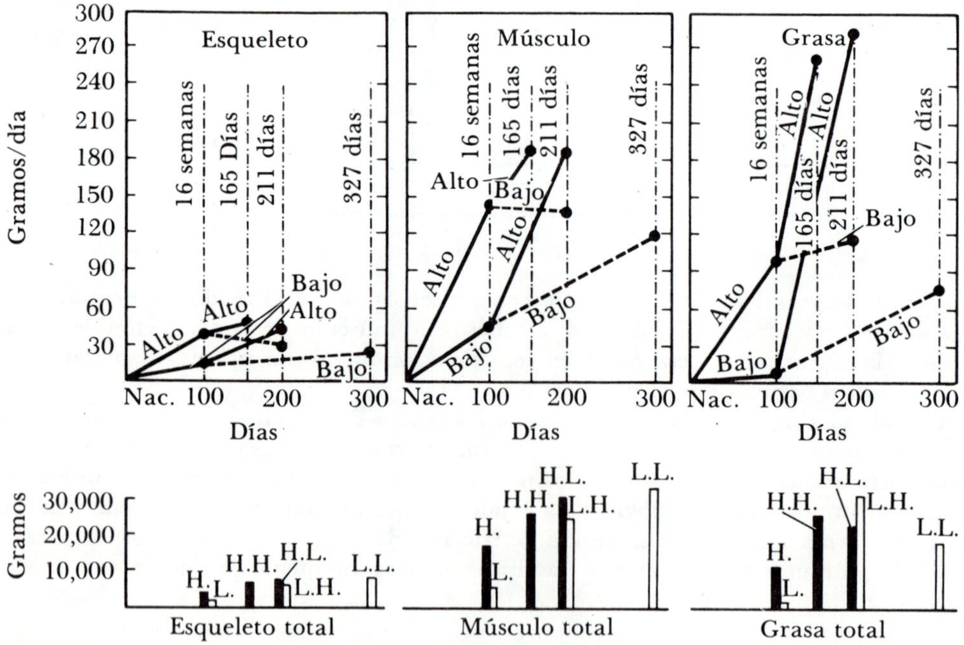

Figura 4-11. Efecto del plano nutritivo en la velocidad de crecimiento del esqueleto, músculo y grasa en canales de cerdo de peso vivo de hasta 91 kilogramos. (Clave: H = plano nutritivo alto; L = plano nutritivo bajo; HL = plano alto y a continuación bajo (hasta 91 kg); HH = plano alto (hasta 91 kg); LH = plano bajo, seguido de plano alto (hasta 91 kg); LL = plano bajo (hasta 91 kg). (Datos de McMeekan, C. P., «Growth and Development in the Pig, with special Reference to Carcass Quality Characters; III. Effect of the Plane of Nutrition on the form and Composition of the Bacon Pig»., *J. Agr. Sci. 30, 511 (1940).*

espacio suficiente, los órganos o tejidos desarrollados pueden recuperarse completamente de los efectos retardantes a que antes estuvieron sometidos. Sin embargo, cuando la malnutrición es grave y mantenida durante bastante tiempo el daño puede ser irreversible.

La eficacia con que los animales sarcopoyéticos convierten el pienso que reciben en carne, generalmente guarda relación con el nivel de pienso recibido. Los animales suficientemente alimentados, normalmente convierten el pienso en carne con una eficiencia mayor que aquellos cuya alimentación se restringe. Los animales de crecimiento rápido son a este respecto más eficientes que los de crecimiento lento. También la eficacia de conversión decrece a medida que el animal aumenta de tamaño. A medida que aumenta el peso corporal es mayor la cantidad de pienso requerida para la conservación de los tejidos existentes y para atender a los procesos fisiológicos. La eficacia con que los animales convierten el pienso en carne varía con las distintas especies, oscilando entre el 10-15 % para los bóvidos de carne, pasando por el 25-30 % para el cerdo y 40-45 % para los pollos, hasta el 65-70 % para los peces.

Proteína. — La proteína es el principal componente del músculo, órganos y otros tejidos blandos del organismo animal. Por lo tanto, en los alimentos de los animales debe aportarse continuamente una cantidad adecuada de proteína a lo largo de toda la vida para atender al crecimiento y conservación de los tejidos. Una diferencia fundamental entre las proteínas y los otros nutrientes, como grasas y carbohidratos, es que aquéllas contienen nitrógeno además de carbono, oxígeno e hidrógeno. Las proteínas se componen de diversas cantidades y tipos de aminoácidos, algunos de los cuales no pueden ser sintetizados por el organismo animal; son los llamados *aminoácidos esenciales* o *indispensables,* que deben figurar siempre en la ración animal.

Cada animal necesita una cantidad determinada de nitrógeno en forma de proteína. Aunque a ningún animal puede forzársele a una síntesis de proteína tisular superior a su potencialidad genética, a pesar de suministrarle un exceso de proteína, la velocidad de síntesis tisular (crecimiento) se reduce mucho si no se le proporciona la proteína requerida. La velocidad de crecimiento en los animales monogástricos desciende si reciben una cantidad inadecuada de proteína total, si el aporte de cualquiera de los aminoácidos esenciales es deficiente o si la dieta está desequilibrada en lo que a los aminoácidos se refiere. Del mismo modo, en los rumiantes disminuirá la velocidad de crecimiento a consecuencia de un aporte inadecuado de proteína total, o por suministrarle una proteína de mala calidad. Si a los animales se les proporciona una cantidad excesiva de proteína, la que supera a sus necesidades se hidroliza y se emplea como energía. El nitrógeno no utilizado se elimina como producto de desecho por la orina.

Grasa. — Las grasas representan una forma de energía más concentrada que las proteínas o carbohidratos. Esta es la razón por la que para su producción las grasas necesitan más alimentos que el múculo. Las grasa las emplean los animales como fuente de energía y algunos ácidos grasos son esenciales para el crecimiento.

La composición de las grasas de depósito varía de unas especies a otras. Aunque todos los animales de abasto pueden sintetizar grasa a partir de los carbohidratos y proteínas, la grasa sintetizada y depositada es característica de la especie animal. Las grasas de la dieta de los animales monogástricos se asimilan y depositan casi sin apenas modificación; en cambio en los rumiantes una gran parte de la grasa ingerida sufre cambios a cargo de las bacterias ruminales antes de su asimilación. Por lo tanto, los depósitos grasos procedentes de la grasa de la ración en el caso de los rumiantes son semejantes a los de la grasa sintetizada en su organismo a partir de carbohidratos y proteínas.

Las canales de cerdos que recibieron una dieta que contenía un tipo específico de grasa presentarán depósitos grasos de composición química similar a la de la grasa de la dieta. Por ejemplo, los cerdos que reciben una dieta rica en grasas insaturadas, como por ejemplo cacahuetes, dan unas canales cuya grasa es muy blanda y aceitosa. La calidad de tales canales es objecionable.

De otra parte las características de la grasa de la dieta animal en sus últimas semanas de vida, ejerce mayor influencia en los caracteres de la grasa de la canal que la grasa de la ración consumida 1-2 meses antes del sacrificio. Ello se debe al turnover de los depósitos grasos del tejido adiposo que están movilizándose continuamente en la corriente sanguínea, mientras que las grasas de la sangre están depositándose continuamente. Los ácidos grasos recién sintetizados se originan fundamentalmente en el hígado, pasan a la corriente sanguínea y se depositan, o bien en el lugar de la grasa movilizada, o bien como depósito adicional de grasa. Por lo tanto, si los cerdos que reciben una ración rica en grasa insaturada, se someten a otra cuya grasa sea saturada, o bien a una dieta pobre en grasa, sus depósitos lipídicos pasarán de una forma insaturada, de naturaleza blanda y aceitosa, a otra más saturada y más firme.

Agua. — El agua es absolutamente imprescindible para la vida y crecimiento. Un animal puede sobrevivir largo tiempo privado de alimento, pero sin agua muere pronto.

Minerales. — Unos cuantos ejemplos ilustrarán las relaciones entre velocidad de crecimiento y aporte adecuado de minerales. Uno de los primeros síntomas del síndrome de la deficiencia mineral es la *anorexia* (pérdida de apetito). Los niveles dietéticos bajos de sodio, fósforo, zinc y cobalto dan lugar a una reducción del apetito y a medida que dismunuye el aporte alimenticio va disminuyendo la velocidad de crecimiento.

El cobre, hierro, manganeso, magnesio, potasio, fósforo y zinc son componentes esenciales de los activadores *(cofactores)* de los sistemas enzimáticos implicados en los procesos metabólicos. El hierro forma parte de la estructura de la hemoglobina y mioglobina, y su falta origina anemia y pérdida de peso. El iodo es un componente de la tiroxina, hormona tiroidea que influencia el crecimiento y el metabolismo.

Vitaminas. — Son compuestos orgánicos, necesarios en cantidades muy pequeñas, que funcionan como nutrientes complementarios facilitando la conservación y el crecimiento animal. Las vitaminas no llevan a cabo papel estructural o liberador de energía, como los aminoácidos, minerales y carbohidratos, sino que funcionan a nivel celular catalizando los procesos enzimáticos implicados en la regulación de los procesos metabólicos y de crecimiento y conservación de los diversos tejidos. La mayoría de las vitaminas se almacenan en el hígado, sin embargo, algunos miembros del complejo B se almacenan, tanto en el hígado como en los músculos.

Las necesidades dietéticas de vitaminas no son las mismas para todos los animales de abasto. Aunque diversas vitaminas del complejo B son esenciales para el metabolismo normal de rumiantes, su presencia en la dieta no es imprescindible, ya que son sintetizadas por las bacterias del rumen. De otro lado los cerdos y las aves necesitan vitaminas del complejo B en su dieta, ya que no puden sintetizarlas u obtenerlas de otra forma.

La falta de vitamina A (o de sus precursores, pigmentos carotenoides) disminuye la velocidad de crecimiento y una deficiencia grave de esta vitamina puede ocasionar la muerte. La D se necesita para el crecimiento normal de los huesos y también interviene en la absorción y utilización del calcio y fósforo por otros tejidos.

Las vitaminas del complejo B son cofactores de los enzimas necesarios para muchos procesos fisiológicos asociados a la utilización energética, síntesis proteica y síntesis y oxidación de los ácidos grasos. Los procesos reguladores orgánicos acaecen mediante reacciones enzimáticas en las que las vitaminas actúan como componentes indispensables de los sistemas enzimáticos. La piridoxina (vitamina B_6) influencia el metabolismo de los aminoácidos y de los ácidos grasos esenciales. La niacina ayuda a la síntesis y metabolismo del triptófano, un aminoácido indispensable. La vitamina A interviene en la fotorecepción retinal, y la K colabora en la coagulación sanguínea.

Hormonas

Las hormonas son sustancias segregadas en los líquidos orgánicos u otros tejidos. por glándulas endocrinas, carentes de conductos. Aunque las glándulas endocrinas son la principal fuente de hormonas otros tejidos (como los del tracto intestinal) son

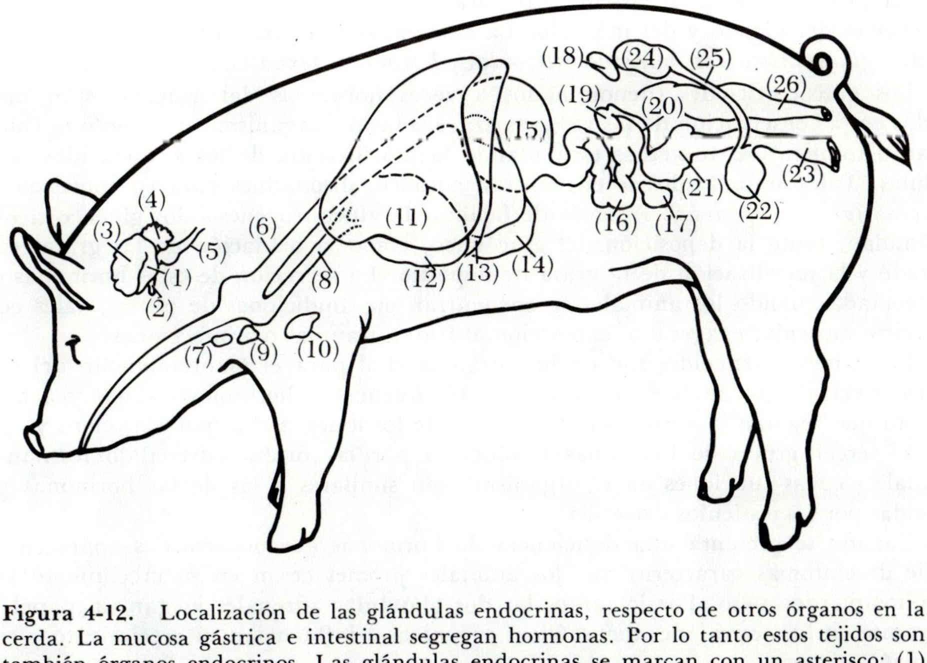

Figura 4-12. Localización de las glándulas endocrinas, respecto de otros órganos en la cerda. La mucosa gástrica e intestinal segregan hormonas. Por lo tanto estos tejidos son también órganos endocrinos. Las glándulas endocrinas se marcan con un asterisco: (1) hipotálamo*; (2) hipófisis*; (3) corteza cerebral; (4) cerebelo; (5) médula oblonga; (6) esófago; (7) paratiroides*; (8) tráquea; (9) lóbulo de la glándula tiroides*; (10) timo*; (11) pulmón; (12) corazón; (13) diafragma; (14) hígado; (15) estómago; (16) intestino delgado; (17) páncreas*; (18) glándula adrenal*; (19) ovario*; (20) cuerno uterino; (21) cerviz; (22) vejiga urinaria; (23) vagina; (24) riñón; (25) uréter; (26) recto.

también responsables de la producción de hormonas. Se cree que estos compuestos actúan como reguladores que ayudan al control de diversas reacciones químicas implicadas en la conservación y crecimiento tisulares y en otros procesos fisiológicos. En los procesos de crecimiento actúan combinaciones de hormonas.

En el diagrama de la figura 4-12 se muestra la localización de las distintas glándulas endocrinas y tejidos productores de hormonas en la cerda. Los testículos del macho (que no se representan en la figura) también producen hormonas implicadas en los procesos de crecimiento y desarrollo.

El control último de todas las glándulas endocrinas que intervienen en el crecimiento depende del *hipotálamo,* una porción del cerebro. Le sigue en importancia a este respecto la *hipófisis* o *glándula pituitaria* que produce la *hormona del crecimiento,* la que más directamente interviene en el crecimiento. También origina *hormonas tróficas* que estimulan la actividad de otras glándulas endocrinas asociadas con el crecimiento y otros varios procesos fisiológicos. En un animal la extirpación de la parte anterior de la hipófisis que produce la hormona del crecimiento lo retarda enormemente. La administración de extractos obtenidos de otros lóbulos hipofisarios anteriores a un animal de este tipo restaura o acelera el crecimiento de los diferentes tejidos, especialmente de los huesos y músculos. La velocidad de crecimiento de los tejidos orgánicos se cree que disminuye a medida que desciende la cantidad disponible de esta hormona por unidad de tejido corporal.

Las dos *glándulas adrenales* de los animales se componen de dos partes: *médula* y *corteza.* La primera produce dos hormonas: la *epinefrina* y *norepinefrina,* que afectan ambas profundamente al sistema cardiovascular. Además la epinefrina moviliza el glucógeno del hígado y del músculo. La corteza origina tres tipos de *hormonas esteroides: glucocorticoides, mineralcorticoides* y *hormonas sexuales.*

Los glucocorticoides (denominados a veces hormonas del azúcar) están implicadas en la conservación de las reservas azucaradas del organismo. *Catabolizan* (hidrolizan o rompen) las proteínas estimulando la movilización de los aminoácidos de las células. Tales aminoácidos se encuentran entonces disponibles para su conversión en glucosa *(gluconeogénesis).* Además de facilitar la gluconeogénesis, los glucocorticoides estimulan, tanto la deposición del glucógneo, como la oxidación de las grasas en el hígado y la movilización de la grasa de depósito. La secreción de estas hormonas está aumentada cuando los animales se encuentran en condiciones de estress, tales como ejercicio muscular exagerado, exposición al frío, a traumas o a infecciones.

Los mineralcorticoides son de importancia vital para el mantenimiento del equilibrio electrolítico. Se han denominado con frecuencia hormonas salinas y acuosas, puesto que regulan la absorción y excreción de los iones, sodio, potasio, cloro y agua.

El tercer grupo de hormonas producidas por la corteza adrenal lo forman las sexuales, cuyas funciones en el organismo son similares a las de las hormonas producidas por los testículos y ovarios.

Cuando se presenta una deficiencia de hormonas adrenocorticales aparecen una serie de síntomas característicos; los animales jóvenes cesan en su crecimiento y los adultos pierden peso. Por lo tanto, las dos glándulas adrenales juegan un papel importante en las actividades metabólicas orgánicas e influencian su crecimiento y composición corporal.

Las hormonas de los testículos y de los ovarios desempeñan una importante función en el crecimiento y desarrollo corporales. La velocidad de crecimiento y desarrollo de un animal depende de su estado sexual. Constituye una práctica corriente el castrar a los animales machos, y mucho más raro el verificar esta operación en las hembras. Los animales castrados depositan más grasa, pero su desarrollo muscular es menor. En los verracos la castración (en la mayoría de los casos) elimina el olor sexual propio de los animales adultos enteros.

Las principales hormonas producidas por los ovarios son los *estrógenos* y la *progesterona.* Estas hormonas esteroides ejercen una marcada influencia en los tejidos del aparato reproductor de la hembra.

Las más importantes hormonas originadas por los testículos son los *andrógenos,* hormonas esteroides que ocasionan cambios manifiestos en el metabolismo corporal; los andrógenos estimulan el desarrollo muscular. Aumentan la velocidad de la síntesis proteica, lo que se traduce en un incremento del peso corporal; el aumento de la síntesis proteica en los músculos esqueléticos se acompaña de una menor deposición grasa. Los músculos del cuarto anterior del macho, especialmente los del cuello y agujas, están más desarrollados que en la hembra o en los castrados. Esto se explica por la acción de los andrógenos.

Cuando se comparan las canales de cerdos machos enteros con las de las hembras de peso similar, se observa que las de los primeros proporcionan cortes más magros y menos grasos que las de las segundas. Las canales, tanto de cerdos castrados, como de hembras no ovariectomizadas proporcionan un menor rendimiento en cortes magros y más grasa que las de machos y hembras enteros. En numerosos experientos, en los que se han comparado verracos con animales castrados, se ha visto que los primeros tienen un mejor índice de conversión de pienso, mayor longitud de canal, menos tocino dorsal, más cortes magros, pero un menor rendimiento porcentual que los castrados.

Los moruecos comparados con los carneros (machos castrados) tienen una mayor ganancia ponderal y proporcionan una canal más rica en músculo, pero más pobre en grasa; del mismo modo los toros, comparados con los bueyes, aumentan de peso en mayor cantidad y con más rapidez, produciendo una canal con mayor rendimiento en carne magra y menor en grasa. Sin embargo, la canal de toro tiene menos grasa intramuscular que la de buey o de novilla y, en consecuencia, una menor calidad comercial a la misma edad y peso. En términos de velocidad de engrasamiento generalmente, las novillas se engrasan antes que los bueyes, y los cerdos castrados antes que las cerdas enteras.

Incorporados a la ración o mediante implantaciones subcutáneas pueden suministrarse a los bóvidos de carne compuestos químicos orgánicos sintéticos, con actividad similar a la de los estrógenos y progesterona. El más corrientemente utilizado es el *dietilestilbestrol* (DES), cuyos efectos sobre el crecimiento de los rumiantes es parecido al de los andrógenos y al de la hormona del crecimiento. En bueyes y novillas aumenta, generalmente, el apetito, la velocidad de la ganancia ponderal, la eficacia de conversión del pienso y el crecimiento muscular, y disminuye la deposición grasa.

Los efectos del DES en el crecimiento varían con las diversas especies y es difícil de explicar. En los pollos aumenta la velocidad de engrasamiento, mientras que en los cerdos castrados y en las cerdas disminuye la ganancia en peso corporal; en los toros aumenta la velocidad de engrasamiento.

En la mujer la administración de grandes dosis de DES durante la gestación se ha traducido en la aparición de algunas formas de cáncer en las adolescentes. Debido a su posible acción cancerígena el empleo del DES en los animales productores de alimentos ha sido prohibido en algunos países (Australia, Canadá y Nueva Zelandia). Tal prohibición se ha debido a que en el momento de la venta, en el hígado de algunos de los animales tratados, se encontraron residuos de este compuesto. Hasta comienzos de 1975 en Estados Unidos se permitía la implantación subcutánea de este compuesto, pero su futuro en dicho país es bastante incierto.

Medio ambiente y manejo

Las condiciones del entorno en que los animales se explotan pueden tener una marcada influencia en la velocidad de crecimiento e incluso en la composición corporal. Probablemente la condición ambiental más importante desde el punto de vista de la producción ganadera es la temperatura que en las zonas productoras de los Estados Unidos oscila entre los −18 °C y los 38 °C.

Los animales de sangre caliente *(homeotermos)* deben mantener una temperatura corporal relativamente constante. Las pérdidas de calor deben ser equivalentes al calor producido o, en caso contrario, se verían afectadas las funciones fisiológicas normales. Cuando el entorno es cálido el animal debe disipar el calor; cuando es frío, debe conservar el calor corporal y producir una cantidad adicional de calor para mantener constante la temperatura corporal. La pérdida y ganancia de calor corporal tiene lugar por radiación, conducción, convección y evaporación. La mayoría de las pérdidas caloríficas se verifican por evaporación. Los animales homeotermos tienen la singular propiedad de conservar el calor corporal mediante mecanismos diversos. Por ejemplo, en tiempo frío los animales desarrollan una capa pilosa más larga y espesa y aumentan la producción de calor mediante el ejercicio corporal o aumentando la producción de tiroxina y epinefrina. También disminuyen sus pérdidas de calor por evaporación, disminuyendo el ritmo respiratorio. Puede reducirse también el flujo sanguíneo superficial, disminuyendo de esta forma el intercambio calórico entre el aire y la superficie caliente de la piel. Además los animales de abasto consumen grandes cantidades de pienso para emplearlo como «combustible», necesario para la producción del calor que requieren para mantenerse calientes. Durante las temporadas cálidas los procesos citados se invierten en los animales homeotermos y se reduce la cantidad de calor producida por el organismo: disminuye la capa pilosa, llega más sangre a la superficie cutánea para facilitar el enfriamiento, aumenta el ritmo respiratorio, disminuye la ingestión de pienso y la velocidad de las reacciones metabólicas.

La temperatura óptima ambiental para los animales productores de carne oscila entre los 15 y 25 °C. En la mayoría de los casos, temperaturas menores de las citadas ejercen una acción menos marcada en la productividad total y en la eficacia de los animales sarcopoyéticos que las temperaturas superiores. La velocidad de crecimiento y eficiencia de los animales de abasto son muy poco afectadas por temperaturas del entorno de hasta los −10 °C. Cuando las temperaturas ambientales se aproximan a la corporal disminuyen el consumo de pienso y la velocidad de crecimiento.

El ganado indígena de los climas cálidos se desenvuelve mejor en ambientes cálidos que el procedente de países de climas templados. En general, los animales de climas fríos a templados son más grandes, más compactos y de piel suave. Los que se han adaptado a los trópicos son de tipo más esbelto y alargado y tienen una mayor área superficial. Por ejemplo, el cebú *(Bos indicus)* resiste mejor el calor que los bóvidos europeos *(Bos typicus)*. El cebú tiene mayor área superficial, gran papada, piel pendulosa, con grandes pliegues, y orejas largas y más glándulas sudoríparas. En consecuencia disipa mejor el calor que los vacunos europeos. Los cruces de razas europeas con cebú han originado vacunos mejor adaptados a los ambientes cálidos que los bóvidos indígenas europeos. Por lo tanto, una manera de mejorar (o acrecentar) el ritmo de crecimiento es el seleccionar aquellos animales que mejor se adapten a un ambiente particular, así como los que posean un mejor potencial genético de crecimiento. Además las condiciones ambientales animales pueden mejorarse también empleando métodos artificiales de producción de frío. En los climas cálidos es práctica corriente el proporcionar a los animales duchas de agua y sombra.

Los animales pueden padecer enfermedades e infestaciones por parásitos e insectos, todas los cuales influencian el ritmo de crecimiento y la composición corporal. Controlando estos problemas el ganadero puede ejercer una marcada influencia en el crecimiento y rendimiento ponderal de los animales de abasto.

CRECIMIENTO ANORMAL

Son varios los factores que pueden determinar un crecimiento y desarrollo anormales de los animales de abasto; algunos de ellos son de naturaleza patológica. Cuando así ocurre se decomisa generalmente la canal y no se emplea para el consumo humano. En este capítulo no nos referimos a los cambios patológicos del músculo esquelético y tejidos anejos; en el estudio siguiente citaremos algunos ejemplos de crecimiento y desarrollo anormales que no se deben a causas patológicas.

Enanismo

Esta condición se caracteriza en el ganado vacuno por un tamaño pequeño y una forma achaparrada. Al nacimiento los terneros son generalmente débiles y el índice de mortalidad suele ser mayor que entre los terneros normales. En el caso de que los terneros recién nacidos sobrevivan, pronto desarrollan un vientre de gran tamaño y, en ocasiones, una respiración laboriosa. Su velocidad de crecimiento, comparada con la de los terneros normales es lenta. La cabeza, extremidades y longitudes corporales en comparación con los diámetros y anchuras corporales se desarrollan mucho menos. Ello da lugar a un animal muy pequeño, de forma muy compacta o rechoncha.

El enanismo es de origen genético. La mayoría de los ganaderos se deshacen pronto de los terneros enanos que no intentan mantener hasta su madurez. Sin embargo, lo que realmente preocupa a la industria vacuna es el hecho de que uno de los animales pueda ser portador de un gene de enanismo recesivo y si se cruza con otro portador el resultado es la aparición de enanismo en la cría. El cruzamiento de dos vacunos enanos da siempre lugar a terneros enanos. Su cruzamiento originará un 50 % de portadores de enanismo, un 25 % de no portadores, y otro 25 % de individuos enanos. El cruzamiento de un portador de gene enano con otro no portador da como media un 50 % de portadores del carácter de enanismo, y otro 50 % de no portadores. El animal portador de carácter enano se desarrolla y crece como un individuo normal.

La frecuencia del enanismo en ciertas líneas sanguíneas, junto con el hecho de que ello representa una pérdida económica casi total, como consecuencia del escaso crecimiento, constituye un problema de enorme importancia. El método que mayor éxito ha obtenido en la reducción de la incidencia de enanismo ha sido el empleo de animales de «Pedigree limpio» (animales cuyos «pedigrees» hayan puesto de manifiesto la ausencia de genes de enanismo). Ello ha exigido el sacrificio de muchos

(A)

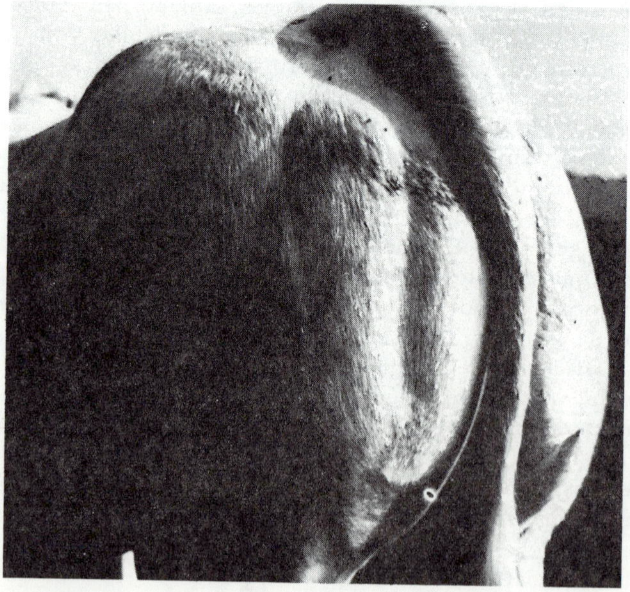

(B)

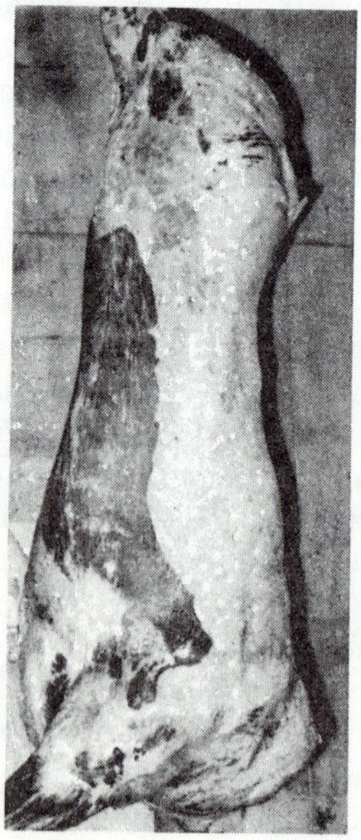

(C)

Figura 4-13. Toro y canal que presentan «musculatura doble». Obsérvense las dos depresiones en la musculatura de la nalga (B) y en el cuarto anterior del animal vivo (A) y el abultamiento de la nalga y depresión de la canal (C).

animales, muy convenientes por otros aspectos, pero en cuyos pedigrees se sabía que existía un gene portador de enanismo.

Ganado vacuno de «musculatura doble»

Se aplica este nombre a los animales que presentan músculos muy profundos y desarrollados, especialmente en la región de las nalgas, como puede apreciarse en la figura 4-13. El nombre de animales de *«musculatura doble»*[1] corrientemente aplicado a estos animales, puede dar lugar a una errónea interpretación del término, dado que estos animales poseen el mismo número de músculos que los demás animales normales. Lo que se ha observado es que los animales con musculatura doble tienen una menor proporción de fibras rojas y una mayor de blancas que los animales corrientes. Las fibras blancas de estos animales son mayores que las de los corrientes, lo que unido a su mayor proporción explica la hipertrofia muscular. Existen también ciertas pruebas que parecen indicar que los animales de musculatura doble tienen un número total de fibras musculares mayor que los demás animales.

Esta característica, que es de origen genético, tiene una expresión fenotípica muy variada. No hay total acuerdo en cuanto a la forma en que se transmite o hereda. Cuando los animales de musculatura doble se comparan con los demás se ve que el crecimiento y desarrollo musculares y la velocidad de incremento de peso son mayores, mientras que es menor la deposición de grasa. La relación de músculo a hueso es también mayor, lo que significa que hay una mayor proporción de músculo que de hueso. Estos animales han atraído bastante la atención con miras a producir ejemplares con un mayor contenido muscular en la canal; sin embargo, se ha comprobado que la selección *in extremis* de los animales puede determinar, al mismo tiempo, una selección de caracteres perjudiciales. En el caso de los animales de doble musculatura se ha visto que su fertilidad, a menudo, es menor que la normal, habiéndose encontrado dificultades durante el parto.

Degeneración muscular

Entre los síntomas que acompañan a la degeneración muscular deben señalarse retraso del crecimiento, pérdida de peso, falta de vigor, rigidez con reluctancia a moverse, marcha anormal y decúbito. Observados histológicamente los músculos de los animales que presentaban la sintomatología citada suelen apreciarse cambios degenerativos; su intensidad dependerá de la etiología y de la duración del proceso patológico. Entre los cambios degenerativos pueden citarse atrofia fibrilar, hinchamiento de algunas fibras, hialinización (transparencia), degeneración granular, cambios en sus características tinctoriales, calcificación, fibrosis, proliferación nuclear y transposición de los núcleos. En general la degeneración muscular es consecuencia de múltiples causas congénitas, traumáticas, infecciosas, tóxicas y aun nutritivas. A continuación estudiamos dos ejemplos corrientes de degeneración muscular, la esteatosis y la enfermedad del músculo blanco.

La *esteatosis* se caracteriza, como indica la figura 4-14, por una gran infiltración grasa de las fibras musculares. Aparentemente la grasa ha sustituido al contenido de las fibras musculares. El músculo fresco parece estar compuesto casi exclusivamente por grasa; esta degeneración puede presentarse en cualquier músculo de la canal; se

---

[1] A veces se les ha llamado «de grupa doble». N. del T.

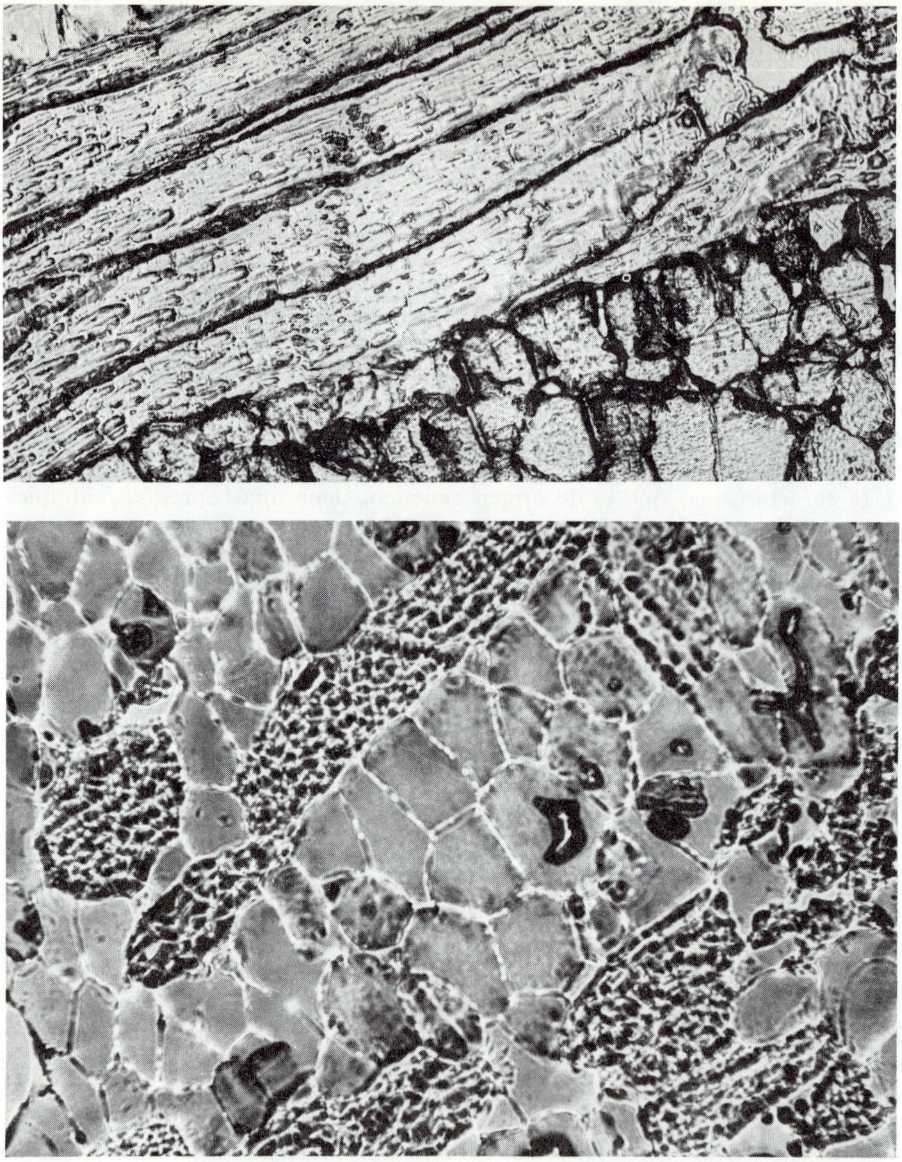

(A)

(B)

Figura 4-14. Sección longitudinal (A) y transversal (B) de un músculo de bovino afectado de esteatosis (degeneración grasa). El aspecto granular de las fibras es consecuencia de su infiltración grasa. (Microfotografías cortesía de B. B. Chrystall, University of Missouri).

trata de una alteración, sin carácter inflamatorio ni patológico, que solamente se observa cuando una vez obtenida la canal, está en condiciones de someterse al despiece. Esta degeneración aparece tanto en vacuno como en lanares y cerdos; su presencia en la carne determina que ésta se rechace por presentar un exceso de grasa.

Pruebas experimentales han demostrado que los estímulos nerviosos influencian la movilización y deposición de grasa. La excesiva estimulación nerviosa determina una pérdida de grasa del tejido adiposo, mientras que la parálisis y la denervación estimulan la deposición grasa. Posiblemente se puede originar esteatosis denervando el músculo afectado.

La *enfermedad del músculo blanco* es un tipo de distrofia que puede presentarse en los músculos de corderos, terneros y lechones. Se caracteriza por la presencia de zonas degenerativas blancas o grisáceas, amplias y localizadas que afectan a un numeroso grupo de fibras; los músculos afectados están generalmente edematosos y se rompen fácilmente. Histológicamente se observa que las fibras musculares aparecen individualmente transparentes y con coagulación necrótica. Como causa se admite que tiene una etiología nutritiva; las dietas deficientes en vitamina E y selenio dan lugar a esta enfermedad. El exceso de ácidos grasos insaturados de la ración, al causar una deficiencia en vitamina E, puede, consecuentemente, ocasionar esta enfermedad.

BIBLIOGRAFÍA

Bailey, Milton E. and S. E. Zobrisky, "Changes in Proteins During Growth and Development of Animals." Body Composition in Animals and Man. National Academy of Sciences, Washington, D. C. (1968).

Bodemer, Charles W., *Modern Embryology* (Holt, Rinehart and Winston Inc., New York), 1968.

Bourne, G. H., *The Biochemistry and Physiology of Bone* (Academic Press Inc., New York), 1956.

Bourne, G. H., *The Structure and Function of Muscle* (Academic Press Inc., New York), 1960, Vol. 1, 2, 3.

Brody, S., *Bioenergetics and Growth* (Reinhold Publishing Corp., New York), 1945.

Hedrick, H. B., "Bovine Growth and Composition," Mo. Agr. Exp. Sta. Res. Bul. 928; N.C. Regional Res. Publication No. 181, (1968).

Joubert, D. M., "A Study of Prenatal Growth and Development in the Sheep," J. Agr. Sci., 47, 382 (1956).

Lodge, G. A. and G. E. Lamming, *Growth and Development of Mammals* (Plenum Press, New York), 1968.

Palsson, H., "Conformation and Body Composition" and "Progress in the Physiology of Farm Animals," Butterworths Scientific Publications, London, 2, 340 (1955).

Winters, L. M., W. W. Green and R. E. Comstock, "Prenatal Development of the Bovine," Minn. Agr. Exp. Sta. Tech. Bul. 151 (1942).

Zobrisky, S. E., H. D. Naumann, J. F. Lasley, D. E. Brady and A. M. Mullins, "Physical Composition of Swine During Growth and Fattening," Mo. Agr. Exp. Sta. Res. Bul. 672 (1958).

CAPÍTULO 5

Mecanismo de la contracción muscular

El músculo vivo es un tejido muy especializado, que mediante su contracción, convierte la energía química en energía mecánica. Cuando se transforma en carne, después del sacrificio animal, se convierte en un alimento muy nutritivo. Los músculos están dispuestos y unidos al esqueleto de tal forma que su contracción y relajación origina movimientos y locomoción. Cuando el músculo se convierte en carne pierde la capacidad de contraerse y relajarse. Sin embargo, algunos aspectos de la contracción y relajación muscular *in vivo* guardan una íntima relación con el acortamiento y disminución del ablandamiento que acaecen en la carne durante los cambios postmortales. Los procesos bioquímicos que proporcionan energía para la función muscular de los animales vivos son los mismos que llevan a la producción de ácido láctico y la pérdida de la capacidad de retención de agua durante el período postmortal. Por lo tanto, una buena comprensión del fisiologismo de los músculos *in vivo* ayuda a un mejor entendimiento de muchas de sus propiedades postmortales en su papel como alimento.

En este capítulo estudiamos la función muscular desde el punto de vista del estímulo que inicia la contracción, de los fenómenos mecánicos que acaecen durante la contracción y relajación y de las reacciones químicas y procesos que proporcionan energía al músculo. Antes de estudiar los mecanismos mediante los cuales se contrae el músculo, genera fuerza y desarrolla trabajo, se necesita entender perfectamente la estructura micro y ultramicroscópica de la fibra muscular y de las miofibrillas (ver capítulo 3). Debe hacerse un énfasis especial en la visualización de los túbulos transversales, del retículo sarcoplásmico, de la posición tridimensional de éste y de las miofibrillas, así como de la estructura, tipo de bandas y proteínas de los miofilamentos. Nunca se hará suficiente hincapié en el hecho de que los músculos se contraen *únicamente* debido a su singular estructura.

NERVIOS Y NATURALEZA DE LOS ESTIMULOS

La contracción muscular se inicia por un estímulo que llega a la superficie de la fibra muscular (sarcolema). En los músculos esqueléticos la contracción se inicia, generalmente, mediante un estímulo nervioso que comienza en el cerebro o en la cuerda espinal y que se transmite al músculo a través de un nervio. En el capítulo 3 se describieron la estructura de las neuronas, su cuerpo celular, las dendritas y el axón. Las fibras nerviosas que transmiten los estímulos contráctiles a los músculos esqueléticos se denominan *nervios motores*. Se trata de unas de las fibras más largas del sistema nervioso periférico y se encuentran protegidas por una capa de células de Schwan y por la vaina de mielina. Por ello se les denomina frecuentemente *nervios mielinizados* (o *de mielina*). A ciertos intervalos y siguiendo la longitud de la fibra nerviosa motora, se aprecian zonas en las que la capa de células de Schwan y la vaina de mielina están interrumpidas por los nódulos de Ranvier, en cuya situación está parcialmente descubierta la membrana plasmática del axón. La vaina de mielina actúa como aislante de la fibra nerviosa y conjuntamente con los nódulos permite una mayor rapidez en la transmisión del estímulo a lo largo de la fibra. Las fibras nerviosas mielinizadas tienen velocidades de conducción de 30 a 40 veces mayores que las de la fibras carentes de mielina.

Potenciales de membrana en el nervio y en el músculo

En condiciones de descanso normales en las células vivas siempre existe un potencial eléctrico entre su interior y el exterior; dicho potencial puede variar entre 10-100 milivoltios, dependiendo del tipo de célula, pero en las nerviosas y musculares en reposo este potencial alcanza los 80-85 milivoltios. Los líquidos del interior y del exterior de estas células contienen aproximadamente las mismas concentraciones de iones positivos y negativos. Normalmente en el líquido intracelular, a lo largo de la superficie interna de la membrana, se acumula un ligero exceso de iones negativos, mientras que a lo largo de la superficie externa hay un ligero exceso de iones positivos. Esta separación de cargas opuestas origina un potencial eléctrico a través de la membrana. Como muestra la figura 5-1, dicho *potencial de membrana* es positivo en la superficie externa y negativo en la interna.

El potencial de membrana en el nervio y músculo es consecuencia: 1) del transporte activo de iones a través de la membrana, 2) de las características de permeabilidad selectiva de la membrana frente a la difusión de iones y moléculas pequeñas, y 3) de la composición singular de los líquidos intra y extracelulares. El líquido extracelular contiene concentraciones altas de iones Na^+ y Cl^- y muy bajas de K^+ y de iones negativos no difusibles (fig. 5-1). Por el contrario, en el líquido intracelular son muy altas las concentraciones de K^+ y de iones negativos no difusibles, mientras son bajas las de Na^+ y Cl^-. Los gradientes de concentración de Na^+ y K^+ a través de la membrana plasmática se mantienen gracias al transporte activo del Na^+ fuera de la célula y del K^+ en el interior celular. El sistema que lleva a cabo el transporte activo del Na^+ y del K^+ se localiza en la membrana plasmática y se le conoce corrientemente como *bomba del* Na^+-K^+. La energía necesaria para «bombear» ambos tipos de iones a través de la membrana frente a un gradiente de concentración la proporciona la hidrólisis del adenosintrifosfato (ATP). La permeabilidad de una membrana plasmática frente a la difusión de K^+ es 50-100 mayor que la permeabilidad frente a la difusión de Na^+. Por lo tanto, el K^+, comparado con el Na^+, atraviesa la membrana con relativa facilidad. Si se tienen también en cuenta los gradientes de concentración iónica a través de la membrana, además de sus características de permeabilidad, es evidente que el K^+ difunde fuera de la célula a lo largo de su gradiente de concentración mucho más rápidamente de lo que el Na^+ difunde al interior. Por supuesto que los iones negativos

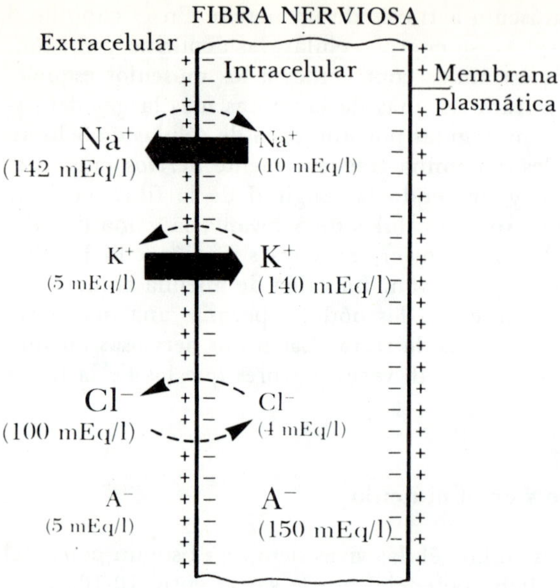

Figura 5-1. Establecimiento de un potencial de membrana en la fibra nerviosa normal en reposo y desarrollo de concentraciones diferentes de sodio (Na_+), potasio (K_+), cloruro (Cl^-) e iones negativos no difusibles (A^-) entre ambos lados de la membrana. Las flechas de trazos discontinuos representan la difusión y las de trazos continuos el transporte activo («bombas»). La concentración de cada ión se indica entre paréntesis en miliequivalentes/litro. (De Guyton, A. C., *Textbook of Medical Physiology,* 4th ed. W. B. Saunders Co., Philadelphia, 1971).

no difusibles del líquido intracelular solamente atraviesan la membrana con extrema dificultad. Por lo tanto, el flujo neto de cargas eléctricas a través de la membrana se debe a la difusión de los iones K cargados positivamente que pasan al líquido extracelular con lo que en el interior de la célula quedan menos cargas positivas. En consecuencia, los iones con cargas opuestas se alinearán en la membrana, situándose los cargados positivamente en la superficie externa y atrayendo a los iones negativos a la superficie interna con lo que se establece un potencial de membrana.

Sin embargo, la difusión neta de cargas positivas fuera de la célula no continúa indefinidamente. Una vez establecido, el potencial de membrana impide el flujo ulterior de iones K^+ fuera de la célula. A medida que aumenta el potencial, mayor será la fuerza que se opone a la difusión de iones K^+. Por lo tanto se establece un equilibrio entre la difusión hacia el exterior de K^+ (en todo su gradiente de concentración) y la fuerza que se opone a esta salida o difusión: el potencial positivo originado por la presencia de iones K^+ en la superficie externa de la membrana plasmática.

Potenciales de acción: estímulos

Las fibras nerviosas y musculares, como todas las demás células, tienen potenciales de membrana, pero además poseen una característica peculiar de la que carecen otras células: transmiten el impulso eléctrico, llamado *potencial de acción,* a lo largo de las superficies de sus membranas. Cuando se transfiere un potencial de acción de un nervio motor a las fibras musculares, éstas inician una contracción muscular. Por la superficie de la membrana de la fibra nerviosa pasa un potencial de acción que es realmente una onda de polarización eléctrica invertida que se origina por cambios químicos acaecidos en la membrana. Por ello se le denomina a menudo *proceso electroquímico.* Como se ha señalado en la sección anterior, la membrana en estado de reposo es positiva en su superficie externa. El potencial de acción se inicia al aumentar la permeabilidad de la membrana a los iones de sodio de varios centenares a varios miles. Si la permeabilidad al Na^+ alcanza un valor mayor que el que existe para los iones K^+, la gran concentración de Na^+ en el líquido extracelular determinará que la velocidad de penetración del Na^+ en la célula sea mayor que la de la salida del K^+. Ello dará lugar a un exceso de cargas positivas en el interior de la membrana celular y otro exceso de cargas negativas en la superficie externa, inviertiéndose, por lo tanto, el potencial de membrana (fig. 5-2a). No obstante, el aumento de la permeabilidad a los iones Na^+ solamente dura una pequeña fracción de milisegundo. El potencial de membrana recién invertido reduce la permeabilidad del Na^+ a su bajo nivel primitivo. En estas condiciones continúa el flujo de los iones de potasio hacia el exterior, restableciéndose el potencial de membrana de la célula en reposo (fig. 5-2b). Estos fenómenos electroquímicos acaecen en la superficie celular durante la transmisión de los estímulos y pueden registrarse como una onda de despolarización eléctrica (fig. 5-3). La secuencia completa de fenómenos que tienen lugar durante la transmisión de un potencial de acción en cualquier punto de la fibra nerviosa necesita de 0,5 a 1 milisegundo.

Unión mioneural. — El estímulo (potencial de acción) que inicia la contracción muscular se transmite desde la fibra nerviosa a la muscular por la *unión mioneural* (neuromuscular). En esta unión, el nervio motor se ramifica en varias terminaciones que se implantan en pequeñas invaginaciones del sarcolema (fig. 5-4). Estos finales se adhieren íntimamente, pero no penetran en el sarcolema. En conjunto, las estructuras de la unión mioneural forman una pequeña elevación en la superficie de la fibra muscular que se denomina *terminación de la placa motriz.*

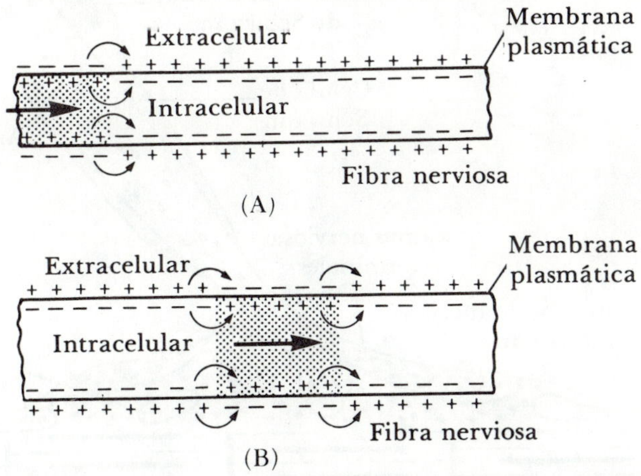

Figura 5-2. (A) Comienzo de un potencial de acción en una fibra nerviosa mostrando un potencial de membrana invertido. (B) El potencial de acción, a medida que progresa a lo largo de la fibra nerviosa, muestra la despolarización de la porción anterior y la repolarización de la posterior. Las flechas sólidas largas indican la dirección del movimiento del potencial de acción; las curvadas señalan puntos de inversión del potencial de membrana.

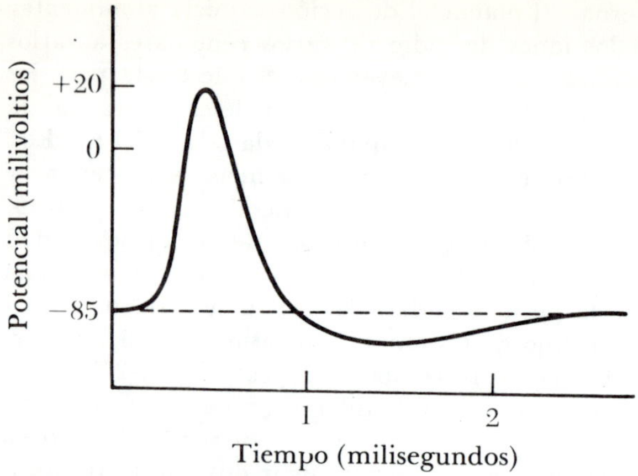

Figura 5-3. Un potencial de acción registrado en un punto de la superficie celular mientras pasa por él la onda de despolarización-repolarización.

Aunque las fibras musculares pueden estimularse a contraerse bajo un fuerte impulso eléctrico producido por el hombre, el originado por el potencial de acción en el nervio no tiene potencia suficiente para determinar dicho estímulo. Hay un mecanismo especial que «amplifica» la señal eléctrica y la transfiere a la fibra muscular. Cuando el potencial de acción llega al final de la placa, da lugar a la liberación de un «transmisor» químico, la *acetilcolina.* Esta sustancia se almacena en pequeñas ve-

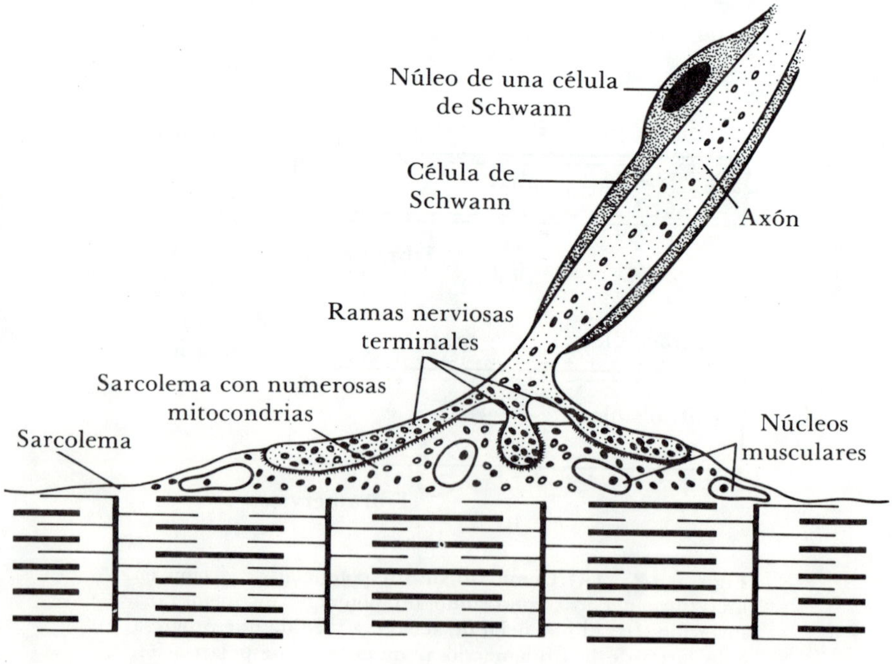

Figura 5-4. Representación esquemática de la terminación de la placa motriz, como se aprecia en un corte histológico a lo largo del eje longitudinal de la fibra muscular. (Modificada a partir de R. Couteaux, *Structure and Function of Muscle,* G. H. Bourne, ed. Academic Press, New York, 1960).

sículas situadas en las ramas nerviosas terminales y con cada potencial de acción se libera el contenido de unas pocas vesículas. Cuando el sarcolema contacta con la acetilcolina se hace más permeable a los iones de Na^+, su polaridad se invierte y se propaga un potencial de acción (similar al de una fibra nerviosa) por toda su longitud. La acetilcolina solamente actúa en el sarcolema unos pocos milisegundos, ya que se destruye rápidamente tras la liberación de *colinesterasa,* enzima que se encuentran en concentraciones elevadas en las uniones mioneurales. Algunos venenos extraordinariamente potentes actúan en la unión mioneural. Tanto la toxina producida por la bacteria *Clostridium botulinum* (responsables del botulismo), como el *curare* (el conocido veneno de las flechas), previenen la transmisión de los impulsos desde los nervios a los músculos impidiendo la liberación o la acción de la acetilcolina.

Potenciales de acción en el músculo. — El potencial de acción que tiene lugar en una fibra muscular al contactar la acetilcolina con el sarcolema es casi idéntico al que aparece en una fibra nerviosa. Su mayor diferencia estriba en la duración del potencial de acción que es de cinco a diez milisegundos en las fibras musculares esqueléticas frente a los 0,5-1 milisengundos de las fibras nerviosas.

La mayoría de las fibras musculares poseen solamente una unión mioneural a partir de la cual el estímulo se transmite a todas las partes de la fibra. El potencial de acción comienza en la unión mioneural y avanza longitudinalmente en ambas direcciones a lo largo del sarcolema estimulando toda la longitud de la fibra. Se transmite a cada miofibrilla de la célula muscular mediante el sistema de túbulos transversales (túbulos T). Estos tubos se originan como invaginaciones del sarcolema y penetran en el interior de la fibra muscular desde el sarcolema. El potencial de acción penetra en el interior de la fibra siguiendo los túbulos T y en la triada se transfiere al retículo sarcoplásmico que rodea a cada miofibrilla.

CONTRACCIÓN DEL MÚSCULO ESQUELÉTICO

La contracción del músculo esquelético implica directamente a cuatro de las proteínas miofibrilares: actina, miosina, tropomiosina y troponina. La actina y la miosina son las proteínas contráctiles que constituyen los filamentos de actina y de miosina de la miofibrilla. Los enlaces cruzados que forma la miosina entre los filamentos son los que generan la fuerza contráctil durante la contracción. En estado de relajación el músculo genera muy poca tensión y puede ser estirado fácilmente mediante una fuerza que tire de él. Esto puede explicarse a nivel de miofilamentos diciendo que no existen enlaces cruzados entre los filamentos de actina y miosina y que los filamentos de cada sarcómero se deslizan pasivamente uno sobre el otro. Durante la aparición de la rigidez muscular que sigue al sacrificio de los animales, se originan enlaces cruzados permanentes que forman y evitan el deslizamiento de estos filamentos, con lo que el músculo se convierte en inextensible. En los capítulos 6 y 12 se estudian los cambios de la ternura de la carne asociados a la rigidez. En contraste con la actina y la miosina, la tropomiosina y la troponina actúan como proteínas reguladoras. Ayudan «a poner en marcha» o «a parar» la reacción contráctil. El músculo relajado presenta en el líquido sarcoplásmico que baña a las miofibrillas un nivel de calcio iónico (Ca^{2+}) muy bajo. Expresado en términos de molaridad, su concentración es menor de 10^{-7} moles/litro de Ca^{2+} libre. La concentración total de calcio en el músculo esquelético es mayor de mil veces este nivel (mayor de 10^{-4} moles/litro). Sin embargo, casi todo el calcio presente en la fibra muscular está unido al retículo sarcoplásmico y no se encuentra libre en el sarcoplasma. Para que el músculo permanezca en estado de relajación debe contener también una concentración relativamente alta de adenosintrifosfato (ATP). La mayoría del ATP se encuentra en forma de complejo con el ión magnesio (Mg^{2+}).

Para prevenir la interacción de la actina con la miosina (formación de enlaces cruzados), debe estar presente el complejo ATP-Mg. Puede ser muy útil el señalar que el ATP-Mg constituye el «lubricante» que permite que los filamentos de actina y miosina se deslicen suavemente unos sobre otros. Cuando la concentración de Ca^{2+} sarcoplásmico es baja (menos de 10^{-7} moles/litro) y la concentración de ATP-Mg es alta, la troponina y tropomiosina inhiben la formación de enlaces cruzados entre la actina y la miosina y el desarrollo de la rigidez, según se explica mucho más detalladamente en el capítulo 6.

Cuando el potencial de acción se transmite desde el sarcolema al interior de la fibra, siguiendo los túbulos T, determina la liberación del calcio ligado del retículo al fluido sarcoplásmico. El aumento de la concentración de Ca^{2+} libre en el sarcoplasma es el iniciador del mecanismo contráctil. Para que se inicie la contracción se necesita elevar la concentración de iones Ca^{2+} libres hasta unos 10^{-6} ó 10^{-5} moles/litro (un aumento de 10 a 100 veces).

Cuando en el sarcoplasma se liberan iones *Ca* se ligan a la troponina. De esta forma, disminuye la inhibición que la troponina y tropomiosina ejercen en la formación de enlaces cruzados entre la actina y la miosina en estado de relajación. La miosina se encuentra entonces libre para formar enlaces cruzados entre los filamentos; estos enlaces desarrollan fuerza contráctil y los filamentos de actina de cada mitad del

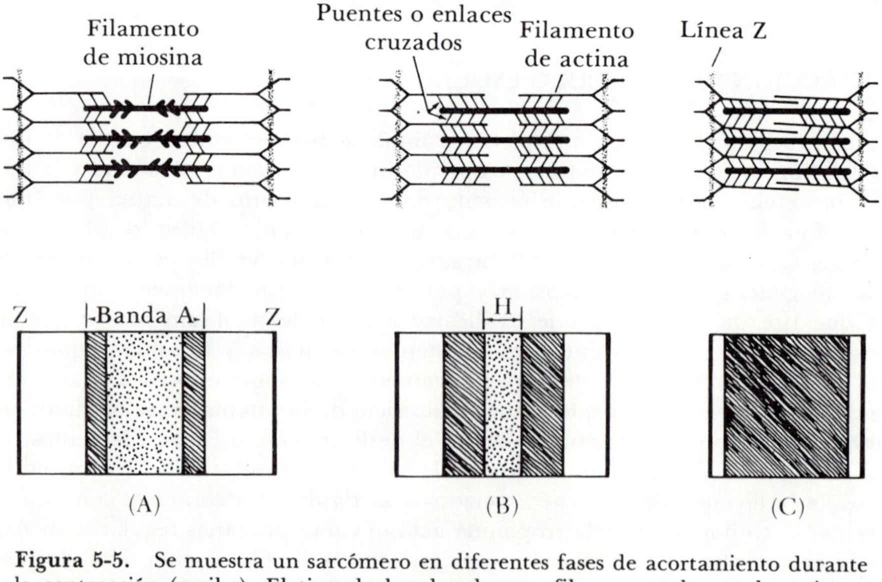

Figura 5-5. Se muestra un sarcómero en diferentes fases de acortamiento durante la contracción (arriba). El tipo de bandas de una fibra muscular en las mismas fases de contracción (abajo). La contracción se presenta en las siguientes fases: (A) en un músculo extendido, (B) en músculo en reposo y (C) en uno fuertemente contraído. (Modificado a partir de W. Bloom y D. W. Fawcett, *A Textbook of Histology* (W. B. Saunders Co., Philadelphia, 1968).

sarcómero son empujados hacia el centro de éste (fig. 5-5). El complejo proteico formado por la interacción mediante enlaces cruzados de la actina y la miosina se llama *actomiosina*. Durante la contracción no cambia la longitud individual de los filamentos de actina y de miosina. Mejor dicho, los filamentos se deslizan a lo largo unos contra otros acercando más las líneas Z al filamento de miosina, decreciendo, por lo tanto, la longitud del sarcómero. Cada enlace cruzado genera fuerza suficiente para deslizar longitudinalmente, a lo largo del filamento de miosina, unos pocos angstroms (un angstrom (Å) igual a 10^{-8} cm) al filamento de actina. Durante la contracción, el deslizamiento del filamento exige una «formación» y «rotura» cíclicas de los enlaces cruzados de forma que cada ciclo contribuye un poco a la contracción total.

La anchura de la banda A es constante durante todas las fases de la contracción muscular pero la I y la zona H varían en anchura. Estas anchuras son máximas cuando el músculo se encuentra estirado (fig. 5-5a) y disminuyen a medida que se acorta el músculo (fig. 5-5b). En el músculo fuertemente contraído los filamentos de actina se encuentran, o incluso se solapan, en el centro de la banda A y las líneas Z pueden situarse en los finales de los filamentos de miosina (fig. 5-5c). En estas condiciones, no se distinguen en las microfotografía electrónicas la zona H y la banda I.

Fenómenos de acortamiento parecidos a los contráctiles de los animales vivos se observan en el músculo *post mortem* antes y durante el desarrollo de la rigidez. Tales «contracciones» pueden causar un marcado endurecimiento de la carne o una pérdida de los jugos cárnicos naturales. La aparición de la rigidez normal origina un pequeño acortamiento y tensión en el músculo. El fenómeno de *acortamiento por el frío* tiene lugar cuando el músculo, en fase de pre-rigidez, se expone a temperaturas comprendidas entre 0 y 15° y posiblemente se debe a la liberación de iones Ca^{2+} a partir del retículo sarcoplásmico inducida por el frío. El *rigor de la descongelación* acaece al descongelar el músculo que había sido congelado antes del desarrollo de la rigidez (capítulo 7).

La contracción muscular exige un consumo adicional de energía además de la normalmente gastada por el músculo en reposo. Esta energía deriva del ATP en una reacción catalizada por el enzima miosin-ATPasa, en la que el ATP se hidroliza a adenosindifosfato (ADP) y fosfato inorgánico. El sistema enzimático responsable de esta reacción se localiza en la región cefálica de la molécula de miosina. La actividad hidrolizante del ATP de la miosin-ATPasa aumenta mucho al liberarse en el sarcoplasma iones Ca^{2+}. Por lo tanto, el aumento de la concentración de iones Ca^{2+} libres en el sarcoplasma estimula la formación de enlaces cruzados entre los filamentos de actina y miosina y simultáneamente incrementa la hidrólisis del ATP, produciendo la energía química necesaria. Los enlaces cruzados entre la actina y la miosina convierten la energía química en energía mecánica e inician el deslizamiento de los filamentos originando, por lo tanto, una fuerza contráctil.

RELAJACIÓN DEL MÚSCULO ESQUELÉTICO

La relajación del músculo esquelético se define como el restablecimiento del estado de reposo y puede medirse por la disminución de la tensión muscular. Para que tenga lugar la relajación deben restablecerse las condiciones que prevalecían durante la fase de reposo, concretamente una concentración de 10^{-7} moles/litro (o menos) de iones Ca^{2+} libres en el sarcoplasma y una concentración de ATP relativamente alta. En consecuencia, la relajación tendrá lugar únicamente cuando los sucesos que activaron el proceso contráctil se inviertan. La primera fase del proceso de relajación acaece en la repolarización de la mitad del potencial de acción, que hace retornar al potencial de membrana a su valor en reposo; es entonces cuando podrán tener lugar las fases subsiguientes del proceso de relajación.

A continuación, la concentración de iones Ca^{2+} libres intracelulares, vuelve a su bajo nivel original (reposo) por la acción del retículo sarcoplásmico. Esto lo realizan los túbulos del retículo que eliminan el exceso de calcio del líquido sarcoplásmico y lo ligan en una forma inactiva. El calcio así ligado por los túbulos se transfiere a continuación a las cisternas terminales de las triadas para su almacenamiento y liberación subsiguiente en el momento que llegue el siguiente estímulo. A medida que decrece la concentración sarcoplásmica de iones Ca^{2+} libres, las moléculas de troponina liberan el Ca^{2+} que habían ligado durante la iniciación de la contracción. A medida que la troponina pierde dicho Ca^{2+} se va encontrando en condiciones de inhibir la formación de enlaces cruzados. Como resultado de la ausencia de dichos enlaces no se genera tensión y los filamentos se deslizan pasivamente unos sobre otros. Por lo tanto, la troponina es una proteína sensible al ión calcio. Cuando las concentraciones de Ca^{2+} son bajas, la troponina, junto con la tropomiosina, inhiben la formación de enlaces cruzados entre la actina y la miosina. Cuando aumentan las concentraciones de Ca^{2+}, en respuesta a un estímulo, la troponina liga Ca^{2+} y ya no inhibe la contracción.

El acúmulo de calcio por el retículo sarcoplásmico tiene que realizarse frente a un gradiente de concentración de calcio. Por lo tanto, hay implicado un proceso de «bombeo», probablemente muy similar al que establece y mantiene los gradientes de sodio y potasio a través de las membranas de la fibra nerviosa y de la muscular. Un proceso de bombeo activo de este tipo necesita energía para superar el gradiente de concentración; tal energía la proporciona la hidrólisis enzimática del ATP a adenosindifosfato (ADP) y fosfato inorgánico. El enzima responsable de la hidrólisis del ATP no es la miosinATPasa que libera energía para la contracción; por el contrario, la hidrólisis del ATP la realiza un sistema enzimático distinto que se asocia a las membranas del retículo sarcoplásmico; tal sistema es sensible a la concentración de Ca^{2+} libre y se activa al aumentar dicho Ca^{2+}. Por lo tanto, la liberación de calcio a partir de las cisternas terminales de las triadas tiene un doble efecto: 1) activa la maquinaria contráctil para producir una contracción, y 2) simultáneamente estimula los procesos que retrobombean el calcio a las cisternas terminales para finalizar la contracción.

FUENTES DE ENERGÍA PARA LA CONTRACCIÓN Y FUNCIONAMIENTO MUSCULAR

Del estudio hasta ahora realizado se deduce que el ATP es la fuente última de energía para el proceso contráctil, para el bombeo del calcio durante la relajación y para el mantenimiento, a través del sarcolema, de los gradientes de sodio y potasio. De estos tres empleos de la energía, la contracción es, con mucha diferencia, el proceso de mayor consumo. Se ha calculado que durante un simple movimiento muscular la contracción utiliza mil veces más energía que la inversión del potencial de membrana y por lo menos diez veces más que la empleada por la bomba del calcio del retículo sarcoplásmico. Sin embargo, la cantidad de ATP presente en el músculo sólo basta para proporcionar energía para unas pocas contracciones. Por lo tanto, el músculo vivo debe disponer de mecanismos muy rápidos y eficaces para la resíntesis de su ATP.

Cuando se mata a un animal, el músculo no muere instantáneamente y se convierte en carne. El ATP continúa proporcionando energía durante un período de tiempo para todas las funciones musculares ya citadas. Las rutas que sirven para la síntesis de ATP por refosforilización en el músculo vivo tienden también a mantener el nivel del ATP después de la muerte del animal. Las reacciones bioquímicas que acaecen en los músculos durante los momentos iniciales del período postmortal por mantener las condiciones que prevalecían durante la vida, originan cambios profundos en sus propiedades. Estas reacciones constituyen la mayor parte de los procesos que en el capítulo 6 se describen como «conversión del músculo en carne».

La fuente más inmediata que se moviliza para la síntesis de ATP es la fosfocreatina, lo que se lleva a cabo de acuerdo con la reacción ADP + fosfocreatina ⇋ ATP + + creatina. El enzima que cataliza esta reacción es la *creatin-quinasa*. Como indica la doble flecha, se trata de una reacción reversible; sin embargo, el equilibrio está en favor de la síntesis de ATP y, en consecuencia, el hidrolizado durante una contracción se restaura rápidamente. De hecho, en equilibrio, la mitad de esta reacción acaece tan rápidamente que, salvo que se tomen precauciones especiales para bloquearla, la hidrólisis del ATP durante un simple movimiento muscular no puede demostrarse; únicamente se observa la hidrólisis de la fosfocratina. En el músculo en reposo la concentración de fosfocreatina es aproximadamente doble que la del ATP. De aquí que también esté sujeta a su agotamiento durante períodos extensos de contracción, por lo que debe restaurarse mediante otros mecanismos durante los períodos de reposo.

El mecanismo más eficaz para la síntesis de ATP lo constituyen una serie de reacciones que se conocen colectivamente como *metabolismo aeróbico,* en las que los nutrientes de los alimentos, tales como carbohidratos, proteínas y lípidos, se degradan a dióxido de carbono y agua, mientras que parte de la energía liberada se aprovecha para formar ATP. Los productos de degradación de estos nutrientes pueden pasar, finalmente, por esta serie de reacciones. En esta sección utilizaremos un azúcar sencillo, la glucosa, para ilustrar el metabolismo aeróbico.

Recordemos que, como se dice en el capítulo 3, la glucosa se almacena en el músculo en forma de glucógeno y como tal supone el 1 % de su peso. La primera parte del proceso, formado por una secuencia de doce reacciones se denomina *glucolisis* (fig. 5-6). Todo el proceso tiene lugar en el sarcoplasma y los enzimas que catalizan cada una de las reacciones son proteínas sarcoplásmicas solubles. En primer lugar el glucógeno se escinde a unidades de glucosa-1-fosfato, cada una de las cuales se divide entonces en dos fragmentos de tres carbonos; el producto final de la escisión de la glucosa es el ácido pirúvico:

$$H_3C-\overset{\overset{\displaystyle O}{\|}}{C}-COOH$$

La energía útil proporcionada por la glucolisis son tres refosforilizaciones (3 ADP → 3 ATP), y 4 hidrogeniones (H^+) por molécula de glucosa-1-fosfato escindida del glucógeno. Estos iones son aceptados por un transportador, el nicotinamida-adenin-dinucleótido (NAD^+) y transportados a las mitocondrias para su empleo en la tercera fase de este mecanismo que es otra reforforilización.

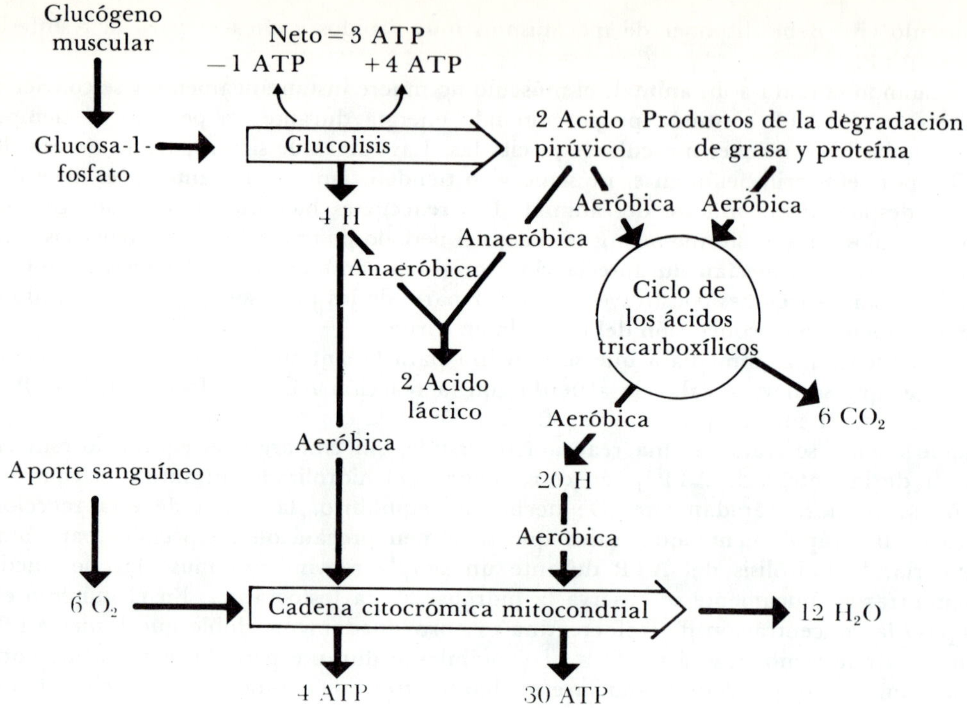

Figura 5-6. Diagrama de las reacciones que proporcionan energía para la función muscular. Mediante la ruta glucolítica, ciclo de los ácidos tricarboxílicos y cadena del citocromo, una molécula de glucosa-1-fosfato, procedente del glucógeno se escinde finalmente a CO_2 y H_2O. Se muestra (en forma de moléculas de ATP producidas) la energía originada en cada reacción. Cuando no se dispone de oxígeno suficiente la energía pueden proporcionarla la glucolisis y la conversión del ácido pirúvico en láctico.

La segunda parte del mecanismo, una serie de reacciones llamadas *ciclo de los ácidos tricarboxílicos* (ciclo TCA), acaece en las mitocondrias. En este ciclo los compuestos derivados del ácido pirúvico (elaborado como acabamos de señalar en el proceso glucolítico) se escinden secuencialmente a dióxido de carbono e hidrogeniones. El dióxido de carbono difunde libremente, penetrando en la corriente sanguínea como producto de desecho, y los hidrogeniones son aceptados por el transportador NAD^+, para formar el compuesto NADH. Los productos de degradación de los ácidos grasos y de las proteínas también entran en este ciclo y se convierten en energía utilizable (figura 5-6).

La mayor parte de la refosforilización utilizable tiene lugar en la tercera parte del mecanismo, *la cadena del citocromo.* Los citocromos forman un grupo de enzimas que contienen hierro, que junto con los enzimas del ciclo TCA se localizan en las mitocondrias. En la cadena citocrómica los hidrogeniones de la glucolisis y del ciclo del TCA se transfieren del NAD^+ y se combinan con el oxígeno molecular para formar agua. Parte de la energía liberada se utiliza para la refosforilización del ADP y la restante se pierde como calor. Por cada par de iones hidrógeno del ciclo de TCA se originan tres ATP. Además, por cada par de hidrogeniones liberados en la glucolisis se producen dos ATP.

Si una molécula de glucosa se separa del glucógeno y sufre toda la secuencia de reacciones que estamos comentamos la producción neta del ATP se obtendrá de la forma siguiente: la glucolisis proporciona tres moléculas de ATP y cuatro hidrogeniones que, a su vez, darán cuatro moléculas de ATP en la cadena del citocromo. A la terminación de la glucolisis, una molécula de glucosa habrá proporcionado dos moléculas de ácido pirúvico. Cada molécula de ácido pirúvico producirá diez átomos de hidrógeno de un total de veinte átomos de hidrógeno en el ciclo del TCA. A su vez, estos veinte hidrogeniones se convierten en treinta ATP en la cadena del citocromo. Por lo tanto, cuando se degrada a dióxido de carbono y agua una sola molécula de glucosa procedente del glucógeno, 37 moléculas de ADP se convierten en 37 de ATP.

Si un músculo trabaja lentamente y se le proporciona oxígeno en cantidad adecuada el metabolismo aeróbico y la hidrólisis de la fosfocreatina pueden cubrir adecuadamente la mayoría de sus necesidades energéticas. Sin embargo, cuando el músculo se contrae rápidamente, su aporte de oxígeno no es suficiente para soportar la resíntesis de ATP mediante el metabolismo aeróbico. Bajo estas condiciones de falta de oxígeno, un tercer mecanismo, *el metabolismo anaeróbico* puede proporcionar energía durante un corto tiempo. Uno de los hechos más destacados del metabolismo anaeróbico es la acumulación de ácido láctico, como estudiaremos a continuación. Cuando el aporte de oxígeno es inadecuado los hidrogeniones liberados en la glucolisis y en el ciclo del TCA no se combinan con el oxígeno a una velocidad suficientemente rápida, por lo que tienden a acumularse en el músculo. El exceso de hidrogeniones se emplea para la conversión del ácido pirúvico en ácido láctico, lo que permite que la glucolisis continúe a un ritmo rápido. Como antes se ha dicho, en la glucolisis cada molécula de glucosa proporciona 3 de ATP de forma que el metabolismo anaeróbico puede proporcionar energía para el fisiologismo muscular. Conviene hacer hincapié en que la cantidad de energía disponible en la ruta anaeróbica es limitada. El acúmulo de ácido láctico en el músculo baja su pH y cuando éste alcanza valores menores de 6,0-6,5 la velocidad de la glucolisis se reduce drásticamente, lo que se acompaña de una reducción adicional de la resíntesis de ATP. Bajo estas condiciones se presenta rápidamente fatiga y el músculo no puede contraerse debido a falta de energía y también a la presencia de un exceso de acidez (pH bajo).

Mientras el músculo se recupera de la fatiga el ácido láctico que se había acumulado es transportado desde el músculo, siguiendo la corriente sanguínea, y en el hígado se reconvierte en glucosa. El ATP y la fosfocreatina, los dos almacenes de energía, se recuperan mediante el proceso del metabolismo aeróbico normal. Tal proceso de recuperación se verifica rápidamente si la fatiga es escasa, pero cuando ésta es grave se necesitan períodos de tiempo grandes.

En la figura 5-7 se resume el proceso cíclico de aporte de energía para la contracción y funcionamiento muscular. Para seguir este proceso comenzaremos por el tracto gastrointestinal en donde los nutrientes (compuestos productores de energía potencial) son absorbidos; en este caso se trata de glucosa. La glucosa, siguiendo el sistema circulatorio, va al hígado (donde se convierte en glucógeno) en el que se almacena, o al músculo donde puede metabolizarse inmediatamente para proporcionar energía o almacenarse como glucógeno para su empleo posterior. El glucógeno hepático puede hidrolizarse a glucosa que es transportada al músculo a medida que se necesita. El glucógeno muscular se metaboliza a piruvato siguiendo la ruta glucolítica antes descrita (proporcionando 3 ATP). El piruvato se metaboliza bien en el ciclo del TCA y en la cadena de citocromo a H_20 y CO_2 (originando 34 ATP), o se convierte en ácido láctico. El ácido láctico, H_2O y CO_2 son sacados del músculo por la corriente san-

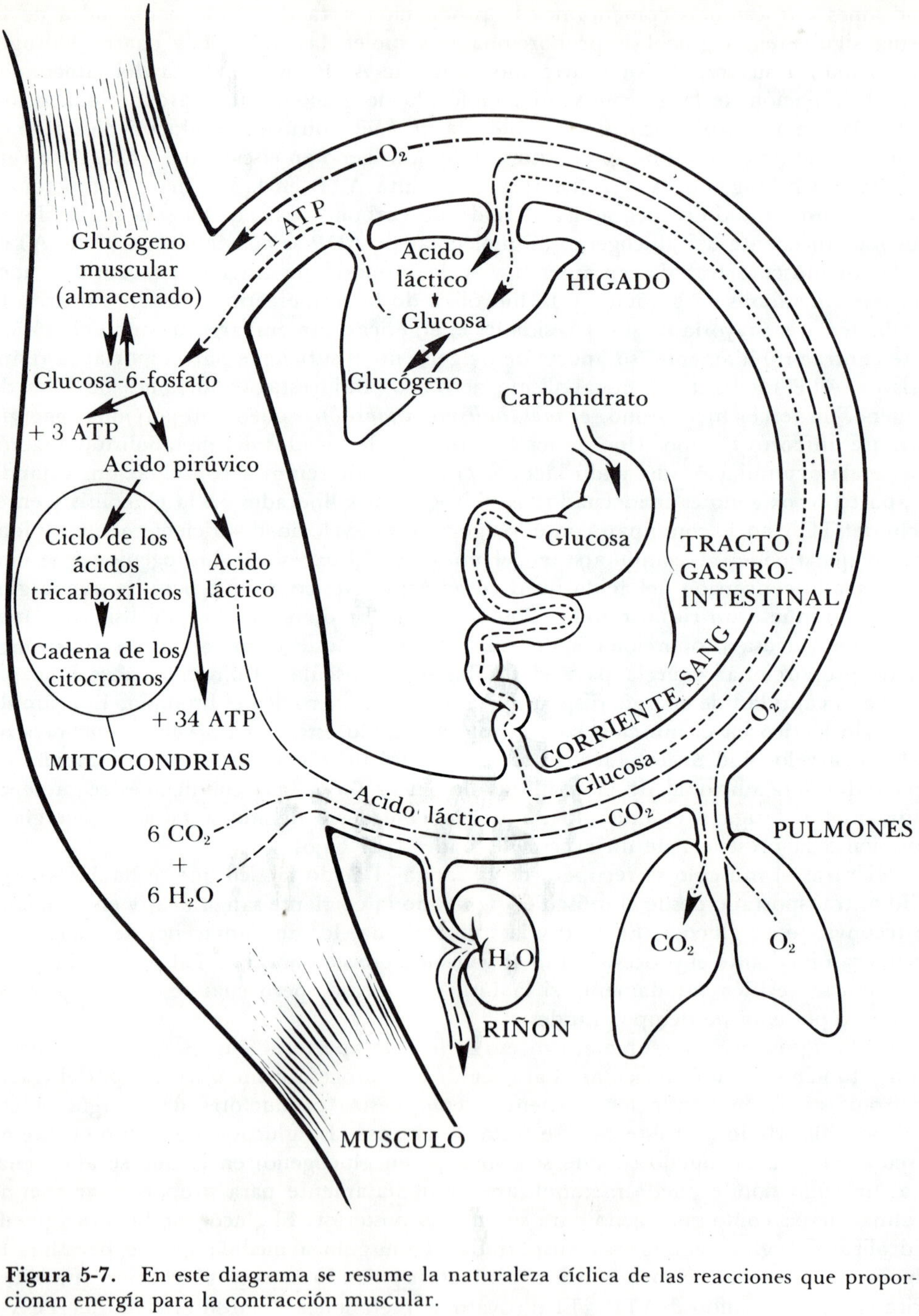

Figura 5-7. En este diagrama se resume la naturaleza cíclica de las reacciones que proporcionan energía para la contracción muscular.

guínea. El dióxido de carbono se elimina por los pulmones, el H_2O se excreta por el riñón y el ácido láctico en el hígado vuelve a convertirse en glucosa. Por lo tanto, como puede observarse, para proporcionar energía al músculo se dispone de un sistema dinámico. Unicamente durante los períodos en que la contracción muscular es muy rápida este sistema es incapaz de atender a la demanda energética; cuando esto ocurre se desarrolla rápidamente la fatiga y el músculo debe cesar de contraste durante cierto tiempo para permitir su recuperación.

BIBLIOGRAFÍA

Guyton, A. C., *Textbook of Medical Physiology* (W. B. Saunders Co., Philadelphia), 1971.

Huxley, H. E., "The Mechanism of Muscular Contraction," Sci. Am., 213, 18 (1965). Offprint No. 1026, W. H. Freeman and Company, San Francisco.

Maruyama, K. and S. Ebashi, "Regulatory Proteins of Muscle," in *The Physiology and Biochemistry of Muscle as a Food, II*, E. J. Briskey, R. G. Cassens and B. B. Marsh, eds. (University of Wisconsin Press, Madison), 1970, pp. 373–381.

Murray, J. M. and A. Weber, "The Cooperative Action of Muscle Proteins," Sci. Am., 230, 58 (1974).

Wilkie, D. R., *Muscle* (St. Martin's Press, New York), 1968.

[illegible] de carbono se elimina por los pulmones, y el H_2O se excreta por el sudor [illegible] acumulación en el líquido [illegible] [illegible] [illegible] [illegible]

BIBLIOGRAFÍA

[illegible]

[illegible]

[illegible]

[illegible] Wisconsin Press, Madison, [illegible]

WILKIE, D. R. [illegible] Action of Muscle [illegible]

WILKIE, D. R. [illegible] Prog. [illegible]

PARTE III

CIENCIA DE LA CARNE

CAPÍTULO 6

Conversión del músculo en carne

El músculo constituye un sistema contráctil muy complejo, descrito en el capítulo anterior, que proporciona la motilidad del reino animal. Los detalles de su ultraestructura y sus importantes funciones vitales (contracción y relajación) se han estudiado con bastante profundidad para prepararnos a una comprensión más completa de los procesos de conversión del músculo, que funciona fisiológicamente como un aparato motriz, en un importante alimento.

El hombre ha empleado durante muchos siglos los tejidos animales como alimento, sin prestar demasiada atención ni a sus funciones vitales, ni a los cambios que en ellos acaecen antes de ser consumidos; sin embargo, con el advenimiento de técnicas centralizadas de producción masificada, como las que utiliza en la actualidad la industria cárnica, ha aumentado la búsqueda de métodos que controlen la cantidad y la uniformidad del producto final. Esto ha llevado a investigar las causas de variación de calidad de la carne con miras a su mejora. Actualmente se conocen un número realmente grande de variantes que influencian la calidad de la carne y que se sabe que son debidas a los cambios que acaecen después del sacrificio animal. La musculatura animal no cesa bruscamente todas sus funciones vitales y se convierte de golpe en carne, por el contrario, durante un período de varias horas, o incluso días, acaecen una serie de cambios físicos y químicos; al conjunto de tales cambios es a lo que se denomina conversión del músculo en carne. Bajo el punto de vista de materia viviente, tal conversión podría considerarse como un proceso degradativo gradual que si se le permitiese continuar indefinidamente llevaría a la degradación completa de los tejidos, hasta originar los elementos que los constituyen. De aquí que sea necesario el empleo de ciertos métodos conservadores que se estudian en los capítulos 10 y 11.

HOMEOSTASIS

Una buena comprensión de la función del músculo vivo es fundamental para entender los cambios que tienen lugar durante su conversión en carne. En los seres vivos todos los órganos y sistema corporales colaboran al mantenimiento de un ambiente interno en el que cada uno pueda desempeñar su función eficientemente. La mayoría de los órganos corporales, incluido el músculo, únicamente funcionan eficientemente dentro de un rango estrecho de condiciones fisiológicas (pH, temperatura, concentración de oxígeno y aporte de energía).

La conservación de un ambiente interno fisiológicamente equilibrado se denomina *homeostasis*. Consiste en un sistema de controles y equilibrios que proporciona al organismo medios para enfretarse a los agentes estressantes que tienden a deteriorar el ambiente interno. La regulación homeostática proporciona a un organismo la capacidad de sobrevivir bajo condiciones muy diferentes, y en ocasiones adversas, entre las que pueden incluirse grandes variaciones de temperatura, escasez de oxígeno y traumas.

Los mecanismos homeostáticos están presididos por el sistema nervioso y las glándulas endocrinas; estos dos sistemas sirven como mecanismos de comunicación y de iniciación que coordinan ciertos ajustes para el funcionamiento de los diversos órganos durante los períodos de estress.

La homeostasis tiene un enorme interés durante la conversión del músculo en carne por dos razones: 1) muchas de las reacciones y cambios que tienen lugar durante esta conversión son consecuencia directa de la homeostasia (intentos de conservar la vida) y 2) las condiciones del período inmediatamente anterior al sacrificio pueden modificar los cambios musculares postmortales y afectar a la calidad de la carne. Entre tales condiciones deben citarse el transporte de los animales al mercado, su manejo durante las fases de mercadeo y el aturdimiento o inmovilización previo al sacrificio. Las consecuencias que estos factores tienen es la carne se estudiarán en el capítulo 7.

SANGRÍA

La primera fase de la matanza tradicional es la sangría (degüello o desangrado) del animal, es decir, la extracción de su cuerpo de tanta sangre como sea posible.

El degüello marca el comienzo de una serie de cambios postmortales del músculo; no resulta difícil imaginar que una hemorragia masiva constituye un grave estress. Tan pronto como desciende la presión sanguínea, el sistema circulatorio ha de ajustar su funcionamiento en un intento de mantener un aporte sanguíneo adecuado para los órganos vitales. El bombeo cardíaco aumentará y los vasos periféricos se contraerán intentando mantener la presión sanguínea de los órganos vitales. De hecho, únicamente se extrae del organismo el cincuenta por ciento aproximadamente del volumen sanguíneo total, el resto se mantiene fundamentalmente en los órganos vitales. Este detalle exige, por sí mismo, gran atención en la producción cárnica. La sangre es un excelente medio para el crecimiento de los microorganismos causantes de alteración y el exceso de sangre en los cortes de carne es repugnante para el consumidor; de aquí que una sangría lo más completa posible constituya un comienzo óptimo del proceso de carnización.

FALLO CIRCULATORIO MUSCULAR

¿Qué sucede en el músculo como resultado de la pérdida de aporte sanguíneo? La función del sistema circulatorio consiste en transportar los nutrientes esenciales para el músculo y en eliminar los productos de desecho, bien para su excreción o para ser ulteriormente metabolizados en otros órganos. La sangría elimina esta línea de comunicación entre el músculo y su ambiente externo. La figura 5-7 nos muestra un diagrama de la importancia del sistema circulatorio como línea principal de transporte entre el músculo y otros órganos.

Estudiaremos en primer lugar la falta de aporte de oxígeno al músculo. Los músculos almacenan solamente una pequeña cantidad de este importante metabolito unido al pigmento mioglobina. En los animales vivos el oxígeno se absorbe en los pulmones, siendo transportados a las células corporales por la hemoglobina, el pigmento sanguíneo. La mioglobina muscular tiene una mayor atracción por el oxígeno que la hemoglobina, detalle que ayuda a la transferencia del oxígeno desde la sangre a las células musculares; la mioglobina proporciona un sistema de almacenamiento del oxígeno hasta que lo emplean las células para su metabolismo. La cantidad de oxígeno almacenado de esta forma es solamente la suficiente para permitir las reacciones oxidativas durante un período de tiempo breve.

A medida que el aporte de oxígeno almacenado disminuye, como consecuencia de la sangría, cesa el funcionamiento de la ruta aeróbica mediante el ciclo del citrato y el sistema del citocromo. La energía metabólica se desplaza entonces a la ruta anaeróbica de una forma muy similar a como cuando no hay suficiente oxígeno para el músculo vivo durante períodos de ejercicio intenso y deficiencia de oxígeno. Por lo tanto, nos encontramos con otro mecanismo homeostático que permite al músculo disponer de otra fuente de energía; la figura 5-6 muestra que mediante la ruta anaeróbica se produce mucha menos energía en forma de ATP. Sin embargo, el músculo dispone así de una fuente energética que mantendrá mucho tiempo la integridad estructural y la temperatura de las células.

Como se señaló en el capítulo 5 en el animal vivo el ácido láctico originado en el metabolismo anaeróbico es transportado desde el músculo al hígado, donde se utiliza para la síntesis de glucosa y de glucógeno. Ambos productos pueden revertir de nuevo al músculo para proporcionar energía cuando se dispone de nuevo de suficiente oxígeno. Puesto que el animal degollado no dispone de sistema circulatorio, el ácido láctico permanece en el músculo, aumentando su concentración a medida que prosigue el metabolismo. Continúa acumulándose hasta que casi todo el glucógeno original almacenado en el músculo ha sido agotado o hasta que se alcanzan condiciones que retrasan o paran la glucolisis anaeróbica. El acúmulo de ácido láctico determina un descenso del pH muscular. El pH de la carne dependerá en gran parte de la cantidad de glucógeno contenido en el músculo en el momento de la sangría.

CAÍDA POSTMORTAL DEL pH

El descenso del pH muscular a consecuencia de la acumulación de ácido láctico es uno de los cambios postmortales más significativos que acaecen en el músculo durante su conversión en carne. La velocidad con que desciende el pH, una vez que el animal ha sido sangrado, y el límite hasta el que desciende el pH son muy variables. (En el capítulo 7 se estudian los factores que modifican la velocidad y el grado de descenso del pH).

La caída normal del pH en la musculatura del cerdo viene representada, como indica la figura 6-1, por un descenso gradual desde un pH de, aproximadamente, 7 en el músculo vivo hasta 5,6-5,7, transcurridas 6-8 horas desde el sacrificio, para alcanzar un pH último (generalmente 24 horas después de la muerte) de aproximadamente 5,3-5,7. En algunos animales el pH sólo desciende unas pocas décimas durante la primera hora después del sacrificio, permaneciendo entonces estable con valores relativamente

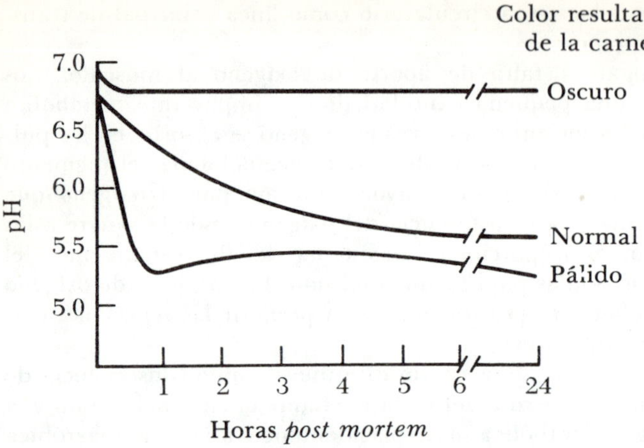

Figura 6-1. Curvas de caída del pH post-mortal. (Modificaciones de Briskey, E. J., «Etiological status and Associated Studies of Pale, Soft, Exudative Porcine Musculature». Adv. Food Research 13,89 (1964 Academic Press).

altos y dando finalmente un pH último que varía entre 6,5 y 6,8. En otros animales el pH desciende rápidamente hasta 5,4-5,5 en la primera hora después de la sangría; la carne de estos animales presenta un pH último que varía entre 5,3 y 5,6.

El acúmulo de ácido láctico en las primeras fases del período postmortal puede tener un efecto negativo en la calidad de la carne. El desarrollo de condiciones ácidas (pH bajo) en el músculo, antes de que el calor corporal natural y el metabólico se hayan disipado durante la refrigeración de la canal, da lugar a la desnaturalización de las proteínas musculares. El grado de desnaturalización depende de la temperatura alcanzada y de lo que haya descendido el pH. La temperatura parece que juega una función clave en la desnaturalización, puesto que el músculo, una vez que ha sido debidamente enfriado, puede alcanzar un pH relativamente bajo (5,2-5,4) sin que sea excesiva la desnaturalización. Las proteínas de algunas especies animales son más sensibles a este tipo de desnaturalización que las de otros. Por ejemplo, las proteínas musculares del pescado son más lábiles que las de la mayoría de los músculos de mamíferos, por lo que se desnaturalizan a temperaturas menores y a pH mayores que las de los mamíferos.

La desnaturalización de las proteínas les hace perder solubilidad, capacidad de retención de agua e intensidad del color del pigmento muscular. Todos estos cambios son perjudiciales, tanto si el músculo se emplea como carne fresca, como si se destina a un procesado ulterior.

Los músculos cuyo pH desciende mucho rápidamente son de color pálido y tienen muy baja la capacidad de retención de agua, por lo que su superficie al corte tiene un aspecto muy acuoso. En casos extremos, la superficie del músculo gotea. Por otra parte, los músculos que conservan un pH alto durante su conversión en carne son de color muy oscuro y la superficie del corte es muy seca debido a que el agua, naturalmente presente en el músculo, está ligada fuertemente a las proteínas.

PRODUCCIÓN Y DISIPACIÓN DEL CALOR DESPUÉS DE LA MUERTE

Como consecuencia de la sangría el músculo pierde un importante mecanismo de control de la temperatura, el sistema circulatorio. Ya no es posible llevar rápidamente

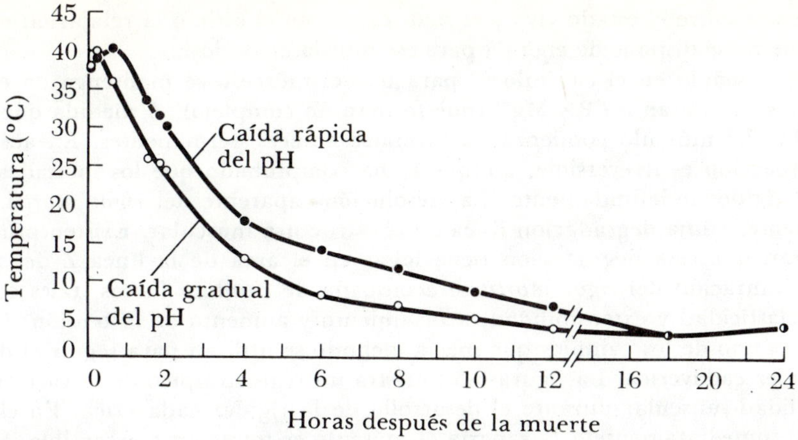

Figura 6-2. Curvas de caída de la temperatura corporal post-mortal. (Modificadas a partir de Briskey, E. J. y Wismer-Pedersen, J. «Biochemistry of Pork Muscle Structure». J. Food Sci., 26, 306; 1961).

a los pulmones y a otras áreas superficiales para su disipación el calor de zonas orgánicas profundas; por la tanto, después de la sangría, pronto sube la temperatura muscular. La altura alcanzada por la temperatura depende de la velocidad de producción metabólica de calor y de su duración. La figura 6-2 muestra algunas variaciones en la producción y disipación de calor señaladas en el músculo porcino como consecuencia de diferencias metabólicas. El tamaño y situación orgánica de un músculo, así como la cantidad de grasa que lo recubre aislándolo, también influencian la temperatura última alcanzada y la velocidad de disipación del calor. Un detalle importante que debemos hacer resaltar aquí es que los factores metabólicos que determinan que la temperatura se eleve en el período postmortal son los mismos que causan el descenso del pH. En consecuencia la desnaturalización es inevitable salvo que se empleen determinados medios para eliminar artificialmente el calor de la musculatura. Ciertos factores externos, ligados al proceso de escaldado y chamuscado a que se someten algunas canales, contribuyen a retrasar la disipación del calor. La temperatura del entorno de la sala de matanza, la duración de las operaciones de carnización y la temperatura del frigorífico, todas tienen una marcada influencia en la velocidad de la pérdida de temperatura de la canal.

RIGOR MORTIS

Uno de los cambios postmortales más llamativos, que acaecen durante la conversión del músculo en carne, es la rigidez de los músculos después de la muerte. El fenómeno del *rigor mortis («rigidez de la muerte»)* se conoce desde hace cientos de años; sin embargo, solamente ha sido estudiado en relación con la conversión del músculo en carne en las últimas cuatro o cinco décadas.

La rigidez observada en el *rigor mortis* se debe a la formación de enlaces cruzados permanentes entre los filamentos de actina y de miosina del músculo. Es la misma reacción química que forma actomiosina en vida durante la contracción muscular.

La diferencia entre el estado vivo y el rigor es que en el último la relajación es imposible, ya que no se dispone de energía para escindir la actomiosina.

Como se señaló en el capítulo 5, para que el músculo se mantenga en estado de relajación se necesitan ATP y Mg^{2+} (que forman un complejo). A medida que desciende el ATP del músculo comienzan a formarse enlaces permanentes. En ausencia de ATP la reacción es irreversible, aunque se ha comprobado que los músculos no permanecen rígidos indefinidamente. La «resolución» aparente del *rigor mortis* se debe, posiblemente, a una degradación física de la estructura muscular. Existen pruebas que demuestran que esta degradación tiene lugar en el área de la línea Z del músculo.

La instauración del *rigor mortis* se acompaña de cambios físicos, tales como pérdida de elasticidad y extensibilidad, acortamiento y aumento de la tensión. La extensibilidad es uno de los cambios que más a menudo se utilizan para seguir el desarrollo de la rigidez cadavérica. La figura 6-3 muestra un registro típico de la variación de la extensibilidad muscular durante el desarrollo de la rigidez cadavérica. En el período que sigue inmediatamente a la sangría el músculo es totalmente extensible. Si se tara o si se le aplica una fuerza, se estira pasivamente y cuando tal fuerza se retira, la elasticidad natural del músculo le hace retornar a su longitud original. En estas condiciones existen pocos enlaces de actomiosina, si es que hay alguno, que prevengan la extensión del músculo por la fuerza aplicada. El período de tiempo durante el que el músculo es relativamente extensible y elástico se denomina *fase de latencia o de retardo* del *rigor mortis*.

Una vez que se han empobrecido los almacenes de glucógeno se aprovecha el creatinfosfato (CP) para la fosforilización del ADP a ATP. A medida que se van agotando los almacenes de CP la refosforilización del ADP es insuficiente para mantener el músculo en un estado de relajación; comienzan a formarse puentes de actomiosina y el músculo se extiende gradualmente menos bajo el influjo de la fuerza externamente aplicada. La *fase de iniciación o presentación* del *rigor mortis* comienza cuando el

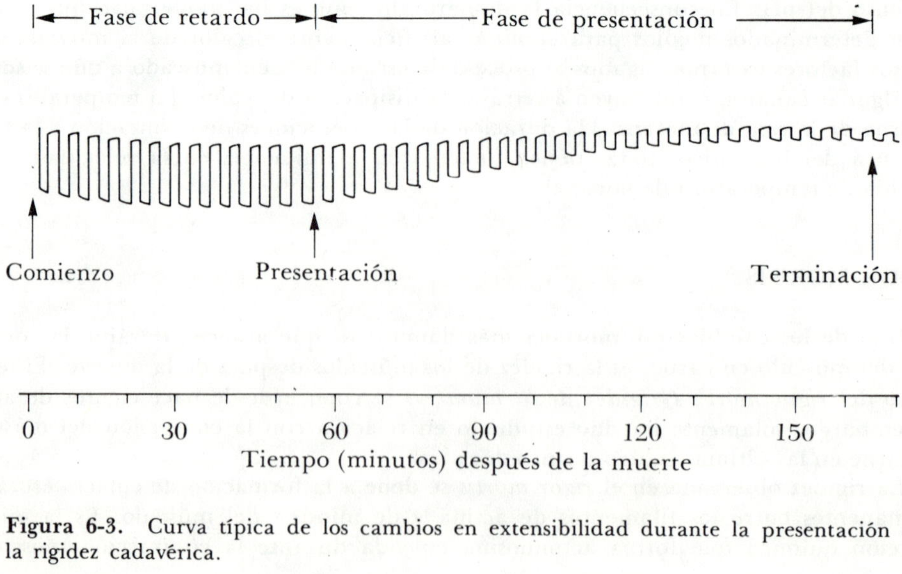

Figura 6-3. Curva típica de los cambios en extensibilidad durante la presentación de la rigidez cadavérica.

músculo empieza a perder extensibilidad y dura hasta la *terminación* del *rigor mortis.* Cuando ha desaparecido todo el creatinfosfato y ya no puede formarse ATP a partir del ADP, el músculo se convierte en relativamente inextensible. Esto es señal de que se ha instaurado el *rigor mortis.*

El tipo de desarrollo o presentación de estos cambios físicos varía de un animal a otro, e incluso en el mismo animal, de un músculo a otro. Actualmente, se sabe que tales variaciones están relacionadas con las propiedades postmortales del músculo que tienen interés en su empleo como carne.

ACORTAMIENTO Y PRESENTACIÓN DE TENSIÓN

Puesto que el enlace de actomiosina formado durante el desarrollo del *rigor mortis* es el mismo que el originado durante la contracción muscular, la rigidez cadavérica puede considerarse como una contracción muscular irreversible. Durante el desarrollo del *rigor mortis* los músculos se acortan a medida que se forjan enlaces permanentes y como resultado aparece una tensión en el interior del músculo que contribuye a su rigidez. El acortamiento de la rigidez difiere de una contracción normal en que se forman más enlaces cruzados. Durante una contracción normal sólo se originan enlaces en, aproximadamente, el 20 % de los posibles sitios de unión, mientras que en el *rigor mortis* se utilizan casi todos los sitios de unión del área de imbricación o solapamiento de los filamentos de actina y miosina.

RELACIÓN ENTRE CAÍDA DEL pH Y APARICIÓN DEL *RIGOR MORTIS*

Los dos aspectos más importantes que hemos estudiado están íntimamente relacionados debido a que ambos atañen al metabolismo energético, concretamente al metabolismo del glucógeno. La carne que experimenta los cambios del pH que se indican en las curvas superior e inferior de la figura 6-1, sufrirá un rápido desarrollo del *rigor mortis.* En la carne cuyo pH desciende, de acuerdo con la curva superior, la iniciación e instauración del *rigor mortis* será muy rápida debido a que el aporte energético inicial es limitado. Cuando la caída del pH sigue el curso de la curva inferior, la iniciación e instauración del *rigor* será también rápida, o porque el aporte energético es rápidamente metabolizado, o porque las condiciones de gran acidez (pH bajo) inhiben importantes reacciones químicas del metabolismo energético. La curva intermedia de descenso de pH se asocia a un desarrollo del *rigor mortis* más lento que cualquiera de los dos citados.

PÉRDIDA DE LA HOMEOSTASIS

Con el transcurso del tiempo postmortal se pierden todos los mecanismos homeostásicos. A medida que los metabolitos almacenados en el músculo van desapareciendo, comienza a descender la temperatura debido a que no existen mecanismos que la mantengan en su nivel original. El control ejercido por el sistema nervioso central s pierde entre los 4 y 6 minutos después de la sangría. Localmente pueden aparecer impulsos nerviosos incontrolados que determinan que, durante bastante tiempo después del desangrado, los músculos sufran una especie de contracción. La posibilidad de que estos impulsos locales afecten al metabolismo postmortal parece apoyarse en el hecho de que los músculos que tienen fases de latencia y de iniciación rápidas no responden a la estimulación eléctrica externa durante tanto tiempo como los músculos que han seguido la curva normal de caída del pH (la de medio) que se muestra en la figura 6-1.

PÉRDIDA DE PROTECCIÓN FRENTE A LA INVASIÓN BACTERIANA

En los animales vivos sanos, el músculo está protegido frente a invasiones microbianas por una serie de defensas, la primera línea de las cuales la constituyen los tejidos que recubren el cuerpo y rodean muchos de los órganos internos. También ofrecen alguna protección los tejidos conectivos y las membranas celulares. El sistema linfático y los glóbulos blancos circulantes de la sangre tienen la capacidad de destruir los organismos que penetran en el cuerpo. Durante la conversión del músculo en carne se alteran las propiedades de la membrana y el músculo se hace susceptible a la acción bacteriana. Puesto que ya no actúan los sistemas circulatorio y linfático no puede evitarse la difusión de los microorganismos. La mayoría de los cambios que tienen lugar durante la conversión del músculo en carne favorecen la proliferación microbiana. Sin embargo, el descenso del pH muscular ejerce un efecto inhibidor en algunos microbios. Para prevenir la contaminación de la carne con microorganismos causantes de su deterioro debe tenerse un cuidado exquisito durante todas las operaciones de carnización y almacenamiento.

PÉRDIDA DE INTEGRIDAD ESTRUCTURAL

Durante el desarrollo del *rigor mortis*, la estructura muscular tiene una apariencia microscópica muy similar a la del músculo vivo. Sin embargo, es indudable que después de la degollación se inician pronto algunos débiles cambios degradativos, tales como alteración de las propiedades de la membrana. La desintegración de la estructura de la línea Z, después de instaurado el *rigor mortis,* comienza en algunas ocasiones pronto y, como se ha indicado más atrás, puede ser la responsable de la pérdida de la rigidez muscular.

Microfotografías electrónicas tomadas después del sacrificio a intervalos de tiempo crecientes, muestran una disrupción progresiva de la estructura miofibrilar. Este cambio degradativo se verifica a velocidades diferentes en los distintos animales y puede asociarse a diferencias cualitativas del músculo considerado como alimento.

DEGRADACIÓN ENZIMÁTICA

Las células musculares presentan unos orgánulos, las *lisosomas,* que contienen en estado inactivo unos enzimas denominados *catepsinas.* A medida que el pH del músculo desciende se liberan estos enzimas que comienzan a degradar la estructura proteica. La liberación de catepsinas puede ser la responsable de una parte, al menos, de los cambios estructurales postmortales observados.

El ablandamiento que tiene lugar durante la maduración o envejecimiento de la carne de vacuno, se debe, en parte, a la degradación de algunos de los tejidos conectivos de colágeno del músculo, bajo la acción de las catepsinas. Las proteínas musculares, además de sufrir la acción de los enzimas proteolíticos citados, están sometidas, como antes se ha señalado, a desnaturalización. También los tejidos conectivos de colágeno se desnaturalizan a consecuencia de un descenso rápido del pH muscular. En este caso concreto los tejidos conectivos que rodean el solomillo del cerdo se degradan hasta un punto tal que el músculo no permanece firmemente unido a la estructura esquelética.

El estudio anterior no pretende excluir la posibilidad de que muchos de los cambios atribuidos a la desnaturalización proteica se deban también a la degradación enzimática, dado que una caída rápida del pH favorece la pronta liberalización de las catepsinas. En este caso, los cambios proteicos estructurales de naturaleza auténticamente hidrolítica no se separan de los que podrían clasificarse como desnaturalización.

CAMBIOS DEL ASPECTO FÍSICO DEL MÚSCULO

Color

La musculatura de los animales vivos, con un aporte de oxígeno suficiente, tiene un aspecto rojo brillante; si el músculo fuera deficitario en oxígeno su aspecto sería rojo más oscuro o púrpura.

Después del sacrificio, cuando se ha consumido el oxígeno, los músculos tienen un color púrpura oscuro. Cuando la carne fresca se corta por primera vez la superficie del corte puede presentar este color rojo oscuro; tras su exposición a la atmósfera durante algunos minutos se oxigena la mioglobina y la carne cambia a un color rojo más brillante. Si el músculo ha sufrido desnaturalización intensa el tono del color se reduce considerablemente y aparece pálido incluso en la carne cortada. (En el capítulo 8 se estudia la química de la mioglobina y los cambios de color).

Firmeza

Los músculos vivos mantienen un cierto «tono» y generalmente se unen por ambos extremos, directa o indirectamente, a alguna parte del esqueleto por lo que, consecuentemente, son relativamente firmes. A medida que los músculos alcanzan el *rigor mortis* se convierten en muy firmes y rígidos. Más tarde, durante el proceso de maduración, a medida que prosigue la degradación enzimática y la desnaturalización proteica, el músculo pierde firmeza. Y si la desnaturalización proteica es muy grave los músculos se hacen muy blandos.

Propiedades fijadoras de agua

El agua supone el 65-80 % de la masa muscular total. En la célula muscular viva, lo mismo que en cualquier otra célula viviente, el agua juega un papel importantísimo en el fisiologismo celular: Actúa como solvente o transportador de sustancias que deben movilizarse dentro de la célula, es lubricante, mantiene la turgidez de las células, y constituye un componente esencial de muchas reacciones químicas. Gran parte del agua de la célula muscular está tenazmente unida a diversas proteínas. Si éstas no se desnaturalizan continuarán ligando agua durante la conversión del músculo en carne y (en gran parte) incluso durante el proceso culinario. El agua así retenida contribuye a la jugosidad y palatabilidad de la carne.

Durante la conversión del músculo en carne, los cambios que tienen lugar en el agua ligada, dependen de la velocidad y descenso alcanzado en la caída del pH y de la cantidad de desnaturalización proteica. En aquellos casos en los que el pH postmortal del músculo permanece muy alto, la capacidad de ligar agua de la carne es similar a la del músculo vivo. Cuando durante la conversión en carne el pH muscular desciende rápidamente es escasa su capacidad de ligar agua. En el capítulo 8 se estudian los mecanismos mediante los que se mantiene el agua en la carne.

CAMBIOS POSTMORTALES Y EMPLEO DE LA CARNE

Ciertos aspectos de la blandura, jugosidad, color y aroma se ven influidos por los cambios que concurren durante la conversión del músculo en carne; estos cambios influencian también durante el procesado ciertas características importantes, tales como poder emulsificante, propiedades ligantes, pérdidas culinarias y color de la carne cocinada. Del estudio hasta ahora realizado se deduce, obviamente, que los cambios postmortales son muy variables e influencian la forma en que mejor puede utilizarse el músculo como carne. Hasta cierto punto pueden controlarse tales cambios para mejorar la calidad del producto. En consecuencia, los factores *ante-mortem* y *post-mortem*, que influencian la conversión del músculo en carne y que se estudian en el capítulo 7, constituyen una parte importante del esfuerzo total para controlar y mejorar la calidad del aporte cárnico.

BIBLIOGRAFIA

Bate-Smith, E. C. and J. R. Bendall, "Factors Determining the Time Course of Rigor Mortis," J. Physiol, 110, 47 (1949).

Bendall, J. R., "Postmortem Changes in Muscle," in *The Structure and Function of Muscle*, G. H. Bourne, ed. (Academic Press, New York), 1960, Vol. 3.

Briskey, E. J., "Etiological Status and Associated Studies of Pale, Soft, Exudative Porcine Musculature," Adv. Food Research, 13, 89 (1964).

Briskey, E. J., R. G. Cassens and J. C. Trautman, *The Physiology and Biochemistry of Muscle* (The University of Wisconsin Press, Madison, Milwaukee, and London), 1966.

Lawrie, R. A., *Meat Science* (Pergamon Press, London), 1966.

Price, J. F. and B. S. Schweigert, *The Science of Meat and Meat Products* (W. H. Freeman and Company, San Francisco), 1971.

CAPITULO 7

Factores que influencian los cambios postmortales y las propiedades finales de la carne

Cuando los animales se desplazan a lugares que no les son familiares suelen excitarse, fatigarse y sufrir de calor o de frío. Todas estas condiciones son consecuencia de las respuestas del organismo animal frente a estímulos originados por diversos factores del nuevo medio ambiente. Al referirse a las reacciones de los animales, bajo las condiciones citadas, frecuentemente se dice que están experimentando *stress*. Este término es una expresión general que se refiere a los ajustes fisiológicos, tales como cambios en el ritmo cardíaco, velocidad respiratoria, temperatura corporal y presión sanguínea, que tienen lugar durante la exposición de los animales a condiciones adversas. Estas condiciones, denominadas *stressantes,* se dan cuando el ambiente resulta molesto o peligroso para el animal.

RESPUESTAS FISIOLÓGICAS DURANTE EL STRESS

El cuerpo animal constituye un almacén de múltiples defensas naturales frente a condiciones adversas. Tales defensas procuran mantener las condiciones internas que permiten que el animal continúe sus procesos vitales (homeostasis). Por ejemplo, las temperaturas bajas originan temblores y otras reacciones productoras de calor, y parte de la energía almacenada, como carbohidratos o grasa, se libera y se convierte en calor corporal, mediante procesos metabólicos.

Los ajustes metabólicos que tienen lugar durante los períodos de stress se ven estimulados por la liberación de ciertas hormonas (fig. 7-1). A este respecto tienen interés las hormonas epinefrina y norepinefrina de la médula adrenal, los esteroides adrenales de la corteza adrenal y las hormonas tiroideas de la glándula tiroides. Estas hormonas influencian muchas reacciones químicas, algunas de las cuales intervienen en casi todos los tipos de stress. En general, las hormonas adrenales son las que proporcionan resistencia frente al stress.

La epinefrina contribuye a la degradación del glucógeno almacenado en el hígado y en los músculos, así como a la de la grasa que se almacena en diversos lugares del organismo con el fin de proporcionar una fuente fácil de energía. La epinefrina y la norepinedrina contribuyen también al mantenimiento de una buena circulación sanguínea por la influencia que ejercen en el corazón y en los vasos sanguíneos. Las

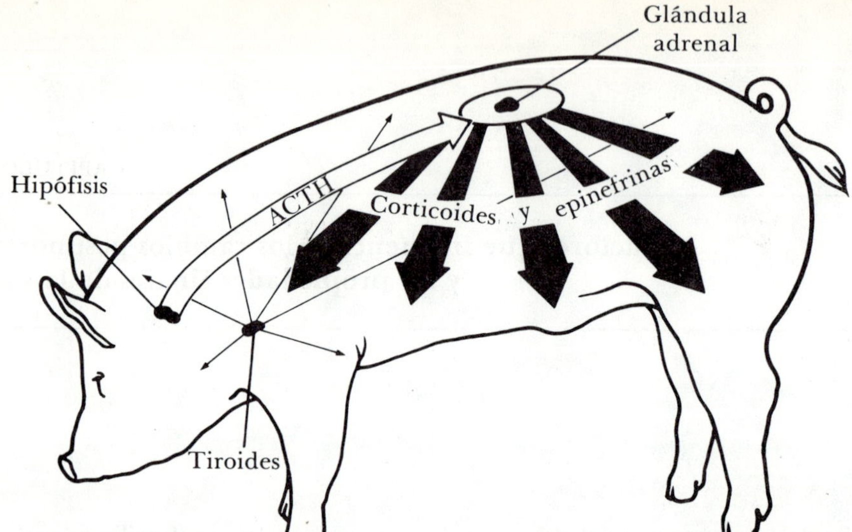

Influencias de las hormonas del stress

Estimulación por el ACTH de la liberación corticoide
Corticoides-síntesis de carbohidratos; mantenimiento de la respuesta celular y del balance iónico
Epinefrinas-mantenimiento de la circulación; degradación del glucógeno y de los lípidos
Hormonas tiroideas-Estimulación del metabolismo oxidativo

Figura 7-1. Diagrama esquemático de los lugares de producción y de actuación general de las principales hormonas relacionadas con las reacciones de stress.

hormonas de la corteza adrenal también actúan eficazmente reforzando la capacidad de respuesta tisular durante el stress. Las hormonas tiroideas aumentan el metabolismo y, por lo tanto, proporcionan al animal una mayor cantidad de energía disponible.

Las consecuencias del stress y de los ajustes metabólicos que lleva asociados se observan en los músculos; tales ajustes se traducen, generalmente, en una mayor demanda de los músculos para contraerse, por lo que necesitan una mayor velocidad de flujo sanguíneo. Los ajustes circulatorios se realizan, en consecuencia, basándose en la demanda nutritiva y de oxígeno y en la necesidad de regular la temperatura. El sistema circulatorio muchas veces es incapaz de proporcionar la cantidad de sangre necesaria para el mantenimiento de la temperatura orgánica y para permitir las contracciones musculares. En estos casos la temperatura muscular se elevará y el músculo se empobrecerá en oxígeno alcanzando valores por debajo de los niveles normales de este gas.

Cuando se liberan las hormonas del stress, los músculos se preparan para atender a la demanda de contracciones que un estado de emergencia puede exigir. En este caso la ruta anaeróbica de degradación del glucógeno, que lleva a la formación de ácido láctico, se ve favorecida por la acción de la epinefrina. En consecuencia, en el animal vivo tiene lugar un cambio o modificación del metabolismo, del mismo tipo que el descrito para el músculo que se contrae rápidamente (capítulo 5) y para la musculatura *post-mortem* (capítulo 6).

Cuando las demandas del tejido muscular son tan elevadas que el metabolismo aeróbico proporciona una cantidad de energía inadecuada y cuando tiene lugar la escisión anaeróbica del glucógeno, pueden presentarse en la musculatura condiciones anormales. Puesto que en estas condiciones el producto final de la degradación del glucógeno es el ácido láctico, éste se acumula especialmente en los músculos en los que predominan las fibras blancas. Dado que el ácido láctico no se degrada en las fibras musculares esqueléticas blancas, debe ser transportado al hígado, para transformarse en glucógeno, o al corazón, en donde puede utilizarse directamente para la producción de energía. Los animales que acumulan un exceso de ácido láctico en sus músculos necesitan que cesen las condiciones causantes del stress (o bien adaptarse a ellas), así como tiempo suficiente para prevenir el riesgo de un exceso de ácido láctico en los músculos. Si las cantidades de ácido láctico que llegan a la corriente sanguínea son demasiado grandes para que las neutralizen el hígado y el corazón, surge una acidosis y puede sobrevenir la muerte. En el cerdo esta situación es la base de muchas pérdidas por muerte animal a causa de lo que se conoce como *síndrome porcino del stress.*

Aunque la degradación anaeróbica del glucógeno tiene lugar en los músculos de todos los animales, varía mucho la propensión animal a acumular exceso de ácido láctico. Si el sistema circulatorio puede eliminar el ácido láctico, como consecuencia del stress, el músculo solamente presenta una deficiencia de glucógeno. Con el transcurso del tiempo y alimentando a los animales, puede restaurarse el glucógeno muscular a la cantidad normalmente presente (aproximadamente 1 % en peso). Las variaciones en concentración de glucógeno muscular guardan una íntima relación con las variaciones del color y textura de la carne que estudiaremos en este capítulo bajo el encabezamiento de «stress y características musculares».

FACTORES AMBIENTALES

Bajo determinadas condiciones, muchos elementos ambientales son stressantes para los animales. El calor, la humedad, la luz, ruido y espacio disponible pueden originar los cambios a que antes nos hemos referido en este capítulo. Sin embargo, difieren en sus efectos debido a que la respuesta que cada factor ambiental producirá, depende de la especie, peso, edad, sexo, resistencia inherente al stress y estado emocional del animal. El estudio siguiente se refiere a los efectos más corrientes que diversos factores de stress originan en los músculos después que los animales han sufrido aquéllos durante un corto período de tiempo.

Temperatura

Ningún factor stressante determina un rango de efectos tan amplio como la temperatura del entorno. Cuando las temperaturas empiezan a ser más frías que aquéllas a las que los animales están aclimatados, éstos comienzan a utilizar procesos adicionales para producir y conservar el calor corporal. Los temblores pueden reducir los niveles de glucógeno muscular, ya que este tipo de contracción se acompaña de un mayor flujo sanguíneo muscular sin dar lugar al aumento o acúmulo del ácido láctico.

De otra parte, las temperaturas excesivamente altas exigen una gran actividad de los mecanismos de enfriamiento del animal. Muchas veces, la temperatura muscular se elevará porque el organismo animal es incapaz de liberarse del calor con la rapidez suficiente. Los animales que no pueden eliminar el calor corporal desarrollan temperaturas musculares de hasta 42-43 °C. Temperaturas tan altas aceleran las reacciones metabólicas, tales como la hidrólisis del ATP y la glucolisis, que a veces tienen lugar durante el stress y pueden, en último caso, llevar a la muerte del animal.

Humedad

La cantidad de humedad del aire influencia los efectos de la temperatura antes descritos. De hecho es la interacción de ambos elementos ambientales la que en gran parte determina el confort del animal. En general, los niveles de humedad altos aumentan el malestar de los animales expuestos a temperaturas frías o calientes durante períodos de tiempo cortos. Cuando los animales necesitan enfriarse, la humedad del aire hace más difícil la pérdida de calor por la respiración (enfriamiento por evaporación). En ambientes fríos la humedad del aire aumenta la velocidad de la pérdida calórica directa del organismo.

TEMPERATURA BULBO SECO	INTERVALOS DE HUMEDAD RELATIVA																			
	5	10	15	20	25	30	35	40	45	50	55	60	65	70	75	80	85	90	95	100
75									70	70	71	71	72	72	73	73	74	74	75	75
76							70	70	70	71	72	72	72	73	74	74	74	75	76	76
77						70	70	71	71	72	72	73	73	74	74	75	75	76	76	77
78					70	70	71	71	72	72	73	74	74	75	75	76	76	77	78	78
79				70	70	71	72	72	73	73	74	74	Alerta		76	77	77	78	78	79
80			70	70	71	72	72	73	73	74	74	75		76	77	78	78	79	79	80
81		70	70	71	71	72	73	73	74	75	75	76	77	77	78	78	79	80	80	81
82		70	71	71	72	73	73	74	75	75	76	77	77	78	79	79	80	81	81	82
83	70	71	71	72	73	73	74	75	75	76	77	78	78	79	Peligro		81	82	82	83
84	70	71	72	72	73	74	75	75	76	77	78	78	79	80	80	81	82	83	83	84
85	71	72	72	73	74	75	75	76	77	78	78	79	80	81	81	82	83	84	84	85
86	71	72	73	74	74	75	76	77	78	78	79	80	81	81	82	83	84	84	85	86
87	72	73	73	74	75	76	77	77	78	79	80	81	81	82	83	84	85			87
88	72	73	74	75	76	76	77	78	79	80	81	81	82	83	84	Emergencia			87	88
89	73	74	74	75	76	77	78	79	80	80	81	82	83	84	85	86	86	87	88	89
90	73	74	75	76	77	78	79	79	80	81	82	83	84	85	86	87	87	88	89	90
91	74	75	76	76	77	78	79	80	81	82	83	84	85	86	86	87	88	89	90	91
92	74	75	76	77	78	79	80	81	82	83	84	84	85	86	87	88	89	90		
93	75	76	77	78	79	80	80	81	82	83	84	85	87	87	88	89	90			
94	75	76	77	78	79	80	81	82	83	84	85	86	87	88	89	90				
95	76	77	78	79	80	81	82	83	84	85	86	87	88	89	90					
96	76	77	78	79	80	81	82	84	84	86	87	88	89	90	91					
97	77	78	79	80	81	82	83	84	85	86	87	88	90	91						
98	77	78	79	80	82	83	84	85	86	87	88	89	90							
99	78	79	80	81	82	83	84	86	87	88	88	90								
100	78	79	80	82	83	84	85	86	87	88	90	91								
105	80	82	83	84	86	87	89	90	91											

Figura 7-2. Indices de temperatura-humedad (THI) para establecer el nivel de malestar de los animales. Las cifras de la tabla proceden de las temperaturas del bulbo seco (T_{DB}) y del húmedo (T_{WB}) de acuerdo con la fórmula $THI = 0{,}4\ (T_{DB} + T_{WB}) + 15$. En el «índice de malestar» de esta figura, las oportunidades de muerte durante el movimiento del ganado se especifican bajo los epígrafes de «alerta», «peligro» y «emergencia». (De Livestock Conservation, Inc., Hinsdale, Illinois).

Para estimar los efectos combinados de la temperatura y humedad (a temperaturas calientes) en el bienestar animal, se ha desarrollado un índice de temperatura humedad. Aunque muchas especies (e individuos) no toleran igual el calor y la humedad, este índice es útil para los ganaderos. Les permite determinar el nivel aproximado de malestar de los animales que manejan o transportan. La figura 7-2 muestra las relaciones de temperatura (bulbo seco) y la humedad relativa en relación con el *índice de malestar.*

Luz, ruido y espacio

El comportamiento animal está influenciado corrientemente por factores ambientales tales como luz, ruido y espacio. Cuando los animales están ubicados en zonas oscuras tienden a moverse hacia las fuentes luminosas. Esto, probablemente, refleja su preferencia por las condiciones de libertad que la luz representa. Algunos cerdos se sienten particularmente molestos cuando están confinados en espacios que no les permiten moverse libremente; también los ruidos que les son extraños actúan como stressantes para muchos animales. Los factores ambientales como luz, espacio y ruido son singularmente importantes durante la comercialización del ganado. Algunos animales se atemorizan en ambientes que les son extraños mientras que otros se vuelven hostiles. Tales diferencias en su reacción se asocian probablemente a muchos factores animales, tales como equilibrio hormonal (relación epinefrina/norepinefrina), fatiga y experiencia de manejo previa. Debido a lo imprescindible de las respuestas emocionales en los músculos se originan respuestas muy variables.

STRESS Y CARACTERÍSTICAS MUSCULARES

Es importante reconocer que cualquiera de los factores ambientales estudiados puede originar cambios en el metabolismo muscular. A su vez estos cambios son los responsables de las diferencias observadas en las propiedades últimas de la carne. La naturaleza de tales cambios depende de ciertos factores como duración o gravedad del stress y nivel de resistencia animal frente al stress en el momento de la muerte.

Resistencia y susceptibilidad al stress

Los investigadores de la carne han comprobado que los animales se caracterizan por un grado variable de *susceptibilidad o resistencia al stress.* Si un animal es muy susceptible al stress es muy posible que experimente golpe de calor, *shock* y colapso circulatorio al exponerlo a un agente stressante; incluso un stressante suave sin asociarse a temperaturas altas puede producir cambios que den lugar a la muerte. En los cerdos los animales susceptibles o sensibles presentan el síndrome porcino de stress que se manifiesta por síntomas tales como muscularidad manifiesta, ansiedad, temblores musculares y enrojecimiento de la piel.

En general los animales sensibles al stress presentan temperaturas anormalmente altas, glucolisis rápida (caída del pH) y una veloz instauración del *rigor mortis.* Aunque los cambios postmortales son rápidos, antes de la muerte se aprecia aumento de la temperatura, acumulación de ácido láctico y pérdida de ATP. Esta combinación

TABLA 7-1
Efectos últimos de las temperaturas* altas en los cerdos susceptibles y resistentes al stress.

Factor	Stress-sensible	Stress-resistente
Ritmo cardíaco	Aumento rápido	Aumento gradual
Ritmo respiratorio	Aumento rápido seguido de descenso rápido	Aumento gradual
Temperatura corporal	Aumento marcado	Aumento escaso
Concentración sanguínea de CO_2	Aumenta	Disminuye
pH sanguíneo	Disminuye	No cambia
pH muscular postmortal	Caída rápida	Caída gradual
Rigor mortis	Presentación rápida	Retraso previo a presentación

FUENTE: Resumido de Forrest *et al.*, (1968)
* 42 °C durante 20-30 minutos.

de condiciones determina que los factores que normalmente acompañan a la transformación del músculo en carne (caída del pH, desnaturalización proteica) sean muy manifiestos o exagerados. La tabla 7-1 muestra algunos de los factores fisiológicos indicadores de stress en los cerdos y las propiedades musculares que se les asocian. En los animales susceptibles al stress los músculos son generalmente de color pálido, de textura blanda y húmedos o exudativos tras períodos normales de refrigeración de 18-24 horas. El músculo *pálido, blando, exudativo* (PSE) se aprecia en algunos músculos del 20 % aproximadamente de los cerdos sacrificados y generalmente se asocia a rendimientos de carnización más bajos, a mayores pérdidas durante el proceso culinario y a una menor jugosidad. Generalmente se limita a los músculos que constituyen el jamón y el lomo, pero en ocasiones se ha observado en la musculatura oscura de la espalda del cerdo, así como en algunos músculos de bóvidos, óvidos y aves. En la carne de los animales con un cierto grado de susceptibilidad al stress también pueden originarse músculos oscuros, firmes y secos, si los animales sobrevivieron a un stress lo suficientemente largo como para agotar sus reservas glucogénicas.

Los animales resistentes al stress mantienen normal su temperatura y sus condiciones homeostáticas musculares a pesar de la acción stressante de agentes relativamente graves. Sin embargo, esto lo realizan a expensas de sus reservas musculares de glucógeno. La deficiencia en glucógeno generalmente tiene lugar cuando los animales sobreviven a un stress tal como el asociado con la fatiga, trabajo, ayuno, excitación, luchas, confinamiento, shock eléctrico o inyección de adrenalina, pero que se sacrifican antes de que tengan tiempo suficiente de recuperar sus reservas musculares de glucógeno. En estos animales la deficiencia de glucógeno muscular origina después de la muerte una lenta (y limitada) glucolisis. El alto pH que se origina en tales músculos minimiza el cambio de color que en otro caso tendría lugar durante el período postmortal, es decir, el músculo refleja una menor cantidad de luz debido a cambios estructurales mínimos y los mismos pigmentos reflejan la luz con un color rojo oscuro o púrpura. Los tejidos de este tipo presentan una textura seca o pegajosa a consecuencia de su excelente capacidad de retención de agua (el color de la carne fresca y las propiedades de retención de agua se estudian con más detalle en el capítulo 8). Con cierta frecuencia (aproximadamente en el 3 % de los animales) en el ganado vacuno, en el cerdo y en los lanares aparece carne de *corte oscuro o carne oscura al corte.* Sus desventajas principales consisten en un aspecto oscuro poco atractivo, firme y seco y un pH favorable al desarrollo bacteriano. Estas condiciones determinan pérdidas monetarias, particularmente en el mercado de la carne fresca. Entre los casos extremos que representan el PSE y el músculo de corte oscuro existen muchos estados intermedios. En general, estas condiciones vienen determinadas por la velocidad y valor alcanzado por el pH inmediatamente después del sacrificio. La figura 6-1 muestra algunos de los posibles tipos de curvas de pH junto con las condiciones de la carne correspondiente. Por tanto se puede vislumbrar la variación biológica, en lo que se refiere a la resistencia animal al stress, basándose en la variación última de la musculatura considerada como alimento.

FACTORES DE LA PRODUCCIÓN ANIMAL QUE INFLUENCIAN LAS PROPIEDADES MUSCULARES

Herencia

La tabla 7-2 muestra la herencia estimada o calculada de algunas propiedades físicas de la musculatura, observadas una vez que han tenido lugar los cambios postmortales. Tales estimaciones indican que las propiedades físicas de la musculatura son heredables, al menos moderadamente. Los cálculos o estimaciones de la herencia del color, firmeza y estructura puede admitirse que son una indicación de la herencia de la resistencia al stress, dado que las propiedades musculares citadas van asociadas a las respuestas al stress. Por lo tanto, los ganaderos pueden mejorar la aceptabilidad del músculo como alimento seleccionando como animales reproductores aquéllos cuyos parientes próximos tengan músculos con color, firmeza y estructura normales, con una cantidad adecuada de grasa intramuscular y con escasa resistencia a la fuerza de penetración (blandura). La importancia de estas propiedades físicas de la carne se señala en el capítulo 8.

Algunas propiedades físicas de la musculatura dependen de la raza o estirpe animal. Aunque en todas las especies existen diferencias raciales o de estirpe, las investigaciones realizadas sugieren que tales influencias se aprecian, sobre todo, en el ganado de cerda. Las diferencias son, en gran parte, resultado de variaciones que presentan las distintas razas en el metabolismo del músculo post-mortem.

TABLA 7-2

Estimaciones de heredabilidad de las propiedades físicas de la carne.

Característica	Especie	Estimación de la heredabilidad, porcentaje medio aproximado
Graduación del color o del color-firmeza-estructura	Vacuna	30
	Cerdo	30
Graduación del veteado (grasa intramuscular)	Cerdo	25
Resistencia a la penetración o graduación del ablandamiento	Cerdo	30
	Vacuno	60

Dieta

La importancia de la dieta en las propiedades físicas del músculo es escasa, siempre que no origine deficiencias nutritivas graves. Sin embargo, debe recordarse que el tipo o modelo de crecimiento de los tejidos corporales puede modificarse controlando la energía dietética y, por lo tanto, afectando a la composición muscular. Estos efectos dietéticos son en gran parte consecuencia de las diferencias de edad de los animales del mercado que se sacrificaron con un peso uniforme. (La influencia de la edad en la composición muscular se ha estudiado en el capítulo 4).

Ambiente durante el crecimiento

El ambiente en que crecen los animales de abasto ejerce influencias importantes en las propiedades del músculo. El efecto stressante de conjunto, originado por el ambiente, tiene una importancia extraordinaria a pesar de que varíen los resultados finales observados empleando el mismo nivel de stress. Entre los animales susceptibles, el stress, ligero pero prolongado, originado por ciertos ambientes de crecimiento (tales como confinamiento estrecho, suelos duros o deslizantes, enfermedades crónicas y temperaturas fluctuantes), probablemente agota la capacidad de los primeros de resistir al stress intenso experimentado durante la comercialización animal.

Estudios que demuestran que los cerdos criados en ambientes cerrados son más susceptibles al stress que los criados en ambientes naturales, sugieren que los sistemas modernos de producción deben estudiarse y planificarse cuidadosamente para evitar una reducción de la calidad muscular del cerdo. Otras encuestas han demostrado que los cerdos comercializados en épocas de temperatura muy variable dieron una alta incidencia de músculo PSE. Cuando los cerdos se crían en ambientes de investigación cuidadosamente controlados, sus músculos tienden a convertirse en PSE si en el ambiente de crianza fluctuaron mucho las temperaturas.

Los animales resistentes al stress pueden adaptarse a ciertos niveles de incomodidad en los ambientes de crianza y, consecuentemente, conservar un alto grado de resistencia al stress. Es posible que el manejo, el ejercicio o trabajo y otros agentes stressantes, que actúan durante la comercialización, no determinen cambios graves en las canales de tales animales, debido a que posean una reserva de resistencia al stress. O bien pueden no resultar gravemente excitados al experimentar los tratamientos citados. Es interesante señalar que el ganado vacuno criado en ambientes especialmente confortables, como los que se utilizan para el ganado de concursos, posee una mayor incidencia de carne oscura al corte que el criado en condiciones de cebamiento normales. En este ejemplo, el stress de la comercialización da lugar a deficiencia glucogénica, pH alto y color oscuro. En los animales resistentes, un cierto grado de stress en los ambientes de cría reduce las posibilidades de que aparezcan condiciones musculares anormales después de la carnización. Sin embargo, este mismo grado de stress es perjudicial en los animales que son hereditariamente susceptibles. Ni que decir tiene que los diferentes grados de susceptibilidad al stress dan lugar a una enorme variación en las respuestas al ambiente de cría y, por supuesto, a una gran variedad en las condiciones del músculo después del sacrificio.

MANEJO PREVIO AL SACRIFICIO

Los sistemas necesarios para convertir los tejidos de un animal vivo en un alimento comestible tienen que ser necesariamente stressantes; el animal se ve sometido a una combinación de estímulos ambientales: las distintas fases implicadas en el proceso de comercialización incluyen, una selección o agrupamiento, la carga de camiones o vagones, el transporte, pesaje, conducción, alimentación, ayuno, ducha y aturdimiento. La importancia de los efectos de estos tratamientos dependerá del clima, del equipo utilizado, del personal y de muchos otros factores.

Transporte y descanso

Hablando en términos generales el transporte es, dentro de la comercialización animal, uno de los factores más severos de este proceso. La mayor parte de las pérdidas por muerte y la mayoría de los traumas acaecen durante el transporte; camiones indebidamente ventilados o condiciones climáticas calurosas causan molestias enormes a los animales. Experimentos realizados utilizando condiciones que simulaban el transporte, han demostrado que algunos animales mueren entre los 20 y los 30 minutos de sometidos a estas condiciones adversas. Además de las posibles pérdidas por muerte, la contracción del tejido muscular y la reducción del peso de la canal son una consecuencia de un transporte prolongado. Sin embargo, bajo condiciones de comercialización normales, el peso de la musculatura no se ve afectado aunque los animales, normalmente, pierden del 2 al 5 % de su peso vivo debido a mermas del contenido gastrointestinal.

El mantener a los animales en un establo o parque, antes de la matanza, les permite descansar y alimentarse. Además, para mejorar la resistencia de los animales a su manejo posterior, en este período de reposo podemos influenciar el grado de almacenamiento glucogénico muscular. Los piensos amiláceos, y especialmente el azúcar, restauran los niveles glucogénicos musculares permitiendo de esta forma el desarrollo de un pH postmortal normal. Sin embargo, es recomendable retirar el pienso 24 horas antes de la matanza para facilitar la evisceración y reducir las oportunidades de contaminación microbiana de la canal a partir del tracto gastrointestinal.

Inmovilización y desangrado

En los Estados Unidos la inmovilización de los animales de abasto debe realizarse mediante los métodos permitidos por las normas legales de inspección de carnes; entre estos métodos se admiten la inmovilización por el dióxido de carbono, el shock eléctrico y el aturdimiento con bala cautiva. Los animales sacrificados por el rito semita *(kosher)* no se inmovilizan antes del desangrado. (Ver capítulo 13).

Aunque el proceso de inmovilización o aturdimiento no esté completamente libre de stress, probablemente reduce las respuestas al stress en comparación con el desangrado sin inmovilización. Sin embargo, la eficacia total de estos procedimientos depende de lo cuidadosamente que se haya diseñado y utilizado el equipo que se emplea. Para que el desangrado se verifique adecuadamente los animales deben perder la conciencia sin parálisis cardíaca.

Las propiedades y composición de los músculos se ven influenciados por el tipo y

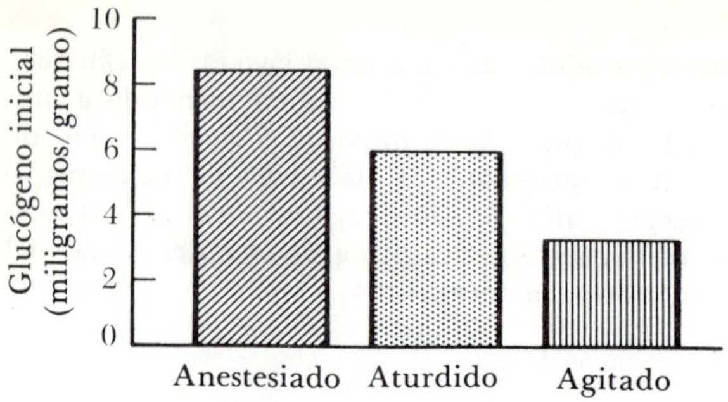

Figura 7-3. Niveles de glucógeno en la musculatura de la pechuga de las aves inmediatamente después de sacrificadas; (izquierda) con sangría bajo anestesia; (centro) después de aturdimiento eléctrico, y (derecha) sin aturdimiento. (Tomado de De-Fremery, D., «Some aspects of Post-mortem Changes in Poultry Muscle», en *The Physiology and Biochemistry of Muscle as Food,* E. J. Biskey, et al., eds (University of Wisconsin Press, Madison, p. 205, 1966).

eficacia del procedimiento de inmovilización. La intensidad stressante del proceso se refleja corrientemente en los músculos por la cantidad de glucógeno perdido. La figura 7-3 muestra la concentración de glucógeno de los músculos de la pechuga de pollos sangrados bajo anestesia, con aturdimiento eléctrico y sin aturdimiento de ningún tipo. Las diferencias en contenido de glucógeno determinan diferencias en el pH último y en las propiedades físicas de los músculos. El aturdimiento debe ir seguido, tan pronto como sea posible, de una rápida sangría para evitar que el animal recupere la conciencia y disminuya su presión sanguínea. Algunos sistemas de inmovilización, especialmente el shock eléctrico, elevan tanto la presión sanguínea que en algunos músculos se presentan hemorragias. Salvo que la sangría se verifique a los pocos segundos del aturdimiento la carne puede presentar un punteado hemorrágico imposible de eliminar. Ello puede minimizarse utilizando voltajes adecuados y colocando los electrodos correctamente.

TEMPERATURA POSTMORTAL

La temperatura a que se almacenan las canales de los animales recién sacrificados pueden determinar cambios llamativos en la velocidad de las reacciones químicas que acaecen en el tejido muscular. Las reacciones que catalizadas por los enzimas tienen lugar en los músculos son muy sensibles a la temperatura. Diferencias de temperatura de 10 grados pueden determinar que las velocidades de estas reacciones se vean afectadas por un factor de 3 o más. Consecuentemente es conveniente reducir la temperatura muscular después de la muerte, tan rápidamente como sea posible, para minimizar la desnaturalización proteica que ocurre en este período y para inhibir el crecimiento microbiano. De otro lado, la reducción excesivamente rápida de la temperatura muscular en el período postmortal tiene consecuencias perjudiciales.

Rigor de descongelación y acortamiento del frío

En los últimos años se han descrito dos condiciones, conocidas como *rigor de la descongelación* y *acortamiento del frío,* a consecuencia del empleo de temperaturas bajas en el músculo antes de instaurarse el *rigor mortis.*

El *rigor* de la descongelación es un tipo de rigidez cadavérica grave que se desarrolla al descongelar el músculo que se congeló en fase de prerrigidez. La contrac-

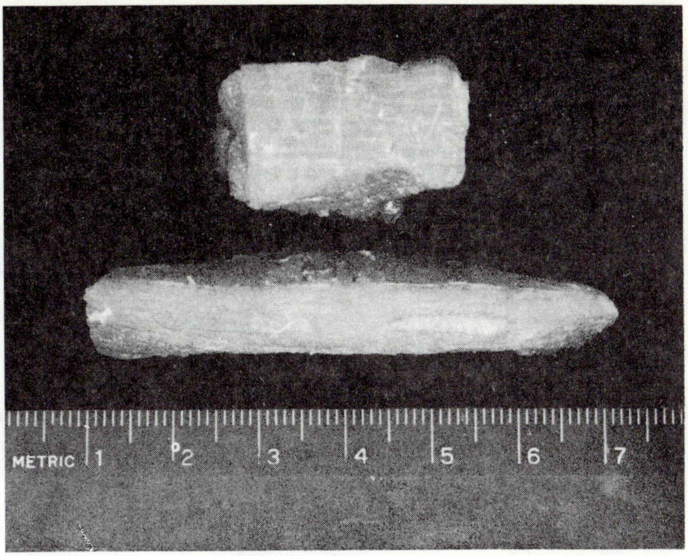

Figura 7-4. *Rigor* de descongelación. Obsérvese una muestra de músculo recientemente separada de la canal (parte inferior de la figura) y compárese con otra idéntica que se congeló antes del *rigor* y se descongeló (parte superior). La muestra que experimentó *rigor* de descongelación (arriba) solamente tiene el 42 % de su longitud original.

ción originada puede dar lugar a un acortamiento físico del 80 % de la longitud original del músculo sin contraer. Sin embargo, el grado de acortamiento más corriente por la rigidez de la descongelación es de aproximadamente el 60 % de la longitud original. Esta contracción se acompaña de la liberación de grandes cantidades de jugos cárnicos y de un severo endurecimiento. En la figura 7-4 se observa el intenso acortamiento físico que tiene lugar en el *rigor* de la descongelación; puede apreciarse el grado de distorsión muscular que acaece cuando la carne se congela antes de la rigidez. Aunque el grado de acortamiento de los músculos unidos al esqueleto es menor que el de los aislados, pueden modificarse negativamente el ablandamiento y otras propiedades.

El músculo no necesita estar congelado para que se desarrollen algunos de los atributos perjudiciales propios del *rigor* de la descongelación. Si antes del *rigor* se alcanzan temperaturas superiores a los 0 grados centígrados pero menores de 15 a 16, se origina un tipo de contracción conocida como acortamiento por el frío. Si bien este acortamiento es menos grave que el del *rigor* de la descongelación, su causa real está relacionada con la liberación de iones calcio y con la rigidez muscular que de ella resulta. Sus implicaciones prácticas son también importantes, dado que muchos sistemas comerciales de refrigeración sustraen tan rápidamente el calor corporal de los músculos superficiales que se origina acortamiento por el frío. Este acortamiento es especialmente grave en los músculos aislados, pero también se presenta en áreas musculares localizadas que están unidas al esqueleto. Manteniendo los músculos a temperaturas relativamente altas puede originarse un grave acortamiento y una rápida instauración del *rigor mortis*. Es muy posible que esto sea consecuencia de un rápido agotamiento de los almacenes de ATP. Consecuentemente, parece que existe una temperatura óptima a la que debe mantenerse el músculo durante la instauración del *rigor mortis* para minimizar su acortamiento, su dureza y otros efectos perjudiciales ejercidos en la canal en proceso de rigidez. Aunque la rigidez cadavérica no puede evitarse, los sistemas de refrigeración de las canales que mantienen en los músculos temperaturas de 15-16 °C durante la instauración del *rigor*, probablemente minimizan

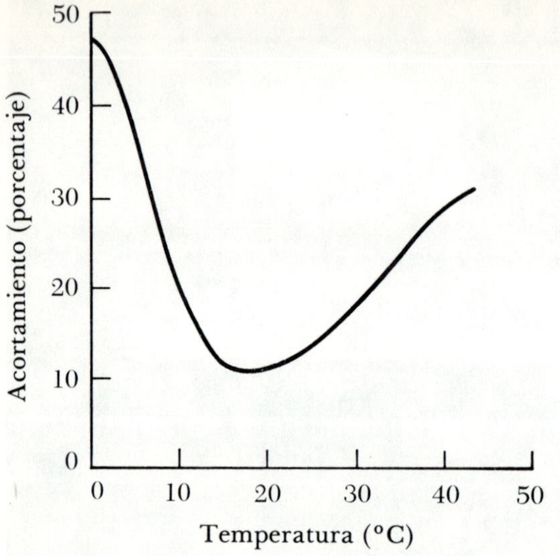

Figura 7-5. Efectos de la temperatura en el grado de acortamiento de la musculatura bovina descansada. (Resumida de los datos de Locker y Hagyard, *J. Sci Food Agric.*, **14**, 787, 1963).

la gravedad de los cambios asociados con la rigidez. El momento en que comienza a presentarse la rigidez en bóvidos y óvidos es, aproximadamente, a las 6-12 horas después del sacrificio, de los 15 minutos a las 3 horas en el cerdo y de los 5 minutos a una hora en las aves. La figura 7-5 muestra la relación entre grado de acortamiento y temperatura del músculo durante la instauración de la rigidez. Además de esta relación, en el rango de acortamiento del 20-50 %, el ablandamiento disminuye a medida que aumenta el grado de acortamiento.

PRACTICAS DE MANEJO *POSTMORTEM*

Muchos de los procesos de preparación post-mortal de la carne pueden alterar la velocidad o la intensidad de los cambios que tienen lugar en el músculo. Obviamente el escaldado, chamuscado, desuello, evisceración y otros procedimientos influenciarán la temperatura de la canal e inducirán cambios como los previamente descritos. A continuación estudiamos ejemplos específicos de procesos que influencian los fenómenos postmortales a consecuencia de otros factores distintos de la temperatura.

Suspensión de la canal

La suspensión de las canales animales de los rieles aéreos ejerce tensión en algunos músculos y deja otros sin tensión alguna. Existen estudios que han demostrado que la cantidad de tensión controla parcialmente el grado de acortamiento del *rigor*. Cuando se miden las longitudes del sarcómero los músculos que presentan la máxima tensión durante el *rigor* tienen los sarcómeros más largos y están, en consecuencia, en un estado reducido de contractura *post-rigor*. Tales músculos son más tiernos que los que se deja que se acorten libremente. En los animales jóvenes gran parte de las diferencias de ablandamiento de unos músculos a otros son consecuencia de la diferente tensión muscular durante la instauración del *rigor*. La figura 7-6 muestra dos métodos de suspensión de las canales de bóvido que difieren en la tensión resultante desarrollada por ciertos músculos. Cuando las canales se suspenden del tendón de Aquiles, de acuerdo con la práctica comercial normal, se desarrolla una tensión máxima en el músculo *psoas* que, consecuentemente, es muy tierno. Cuando la canal se suspende de la pelvis, la tensión aumenta en diversos músculos del lomo y de la pierna convirtiéndolos en más tiernos que los de las canales suspendidas de acuerdo con las prácticas comerciales.

La tabla 7-3 demuestra que la suspensión de la pelvis aumenta la longitud del sarcómero de diversos músculos pero la disminuye en el *psoas major*.

La blandura medida con un penetrómetro se vio que mejoraba a consecuencia de la tensión muscular.

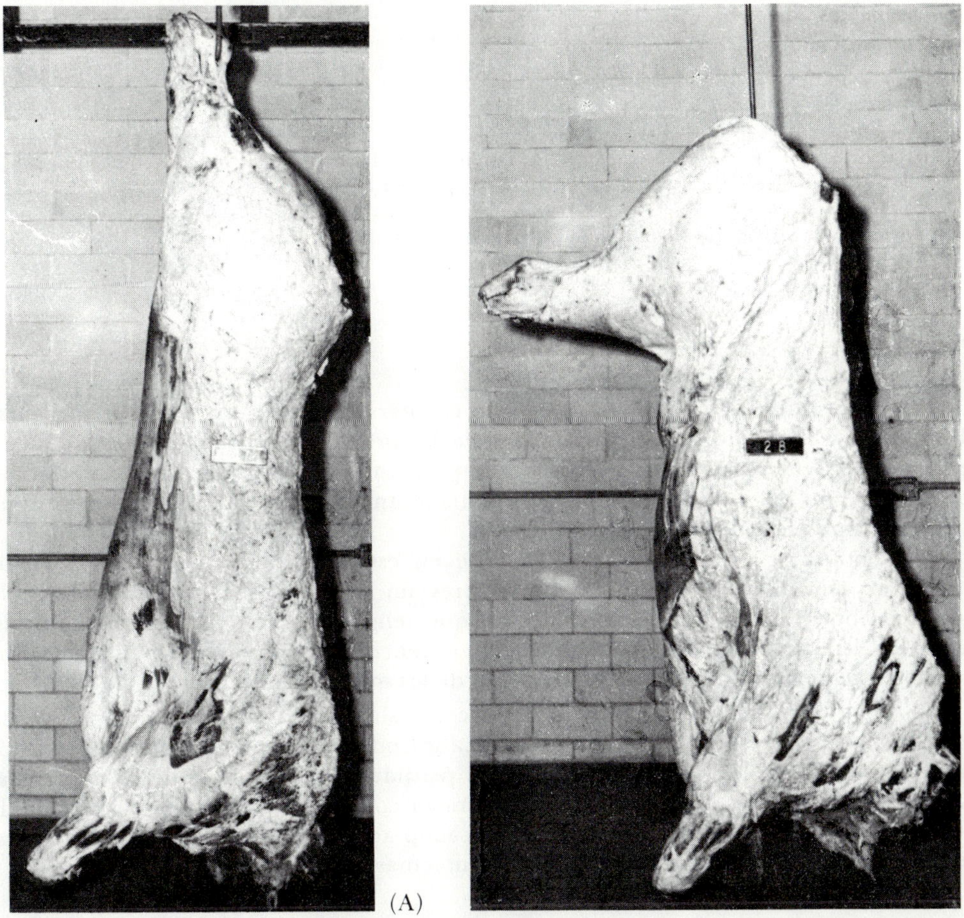

(A) (B)

Figura 7-6. La suspensión de la canal (A) del tendón de Aquiles y (B) de la pelvis origina diferente grado de tensión muscular. [De Hostetler, R. L., B. A. Link, W. A. Landmann y H. A. Fitzhugh, Jr., «Effect of Carcass Suspension on Sarcomere Lenght and Shear Force of Some Major Bovine Muscles», *J. Food Sci.*, **37,** 132 (1972). Copyright © by Institute of Food Technologists].

TABLA 7-3
Longitud del sarcómero y fuerza de cizalla de los músculos tras suspender la canal del tendón de Aquiles y de la pelvis.

Músculo	Longitud del sarcómero*		Fuerza de cizalla**	
	Aquiles	Pelvis	Aquiles	Pelvis
Longissimus (lomo)	1,9	2,3	6,0	4,9
Semimembranosus (pierna)	1,9	2,6	5,0	4,3
Semitendinosus (pierna)	2,4	2,9	5,3	4,9
Biceps femoralis (pierna)	1,9	3,2	4,2	5,0
Rectus femoralis (pierna)	2,2	2,5	4,7	3,8
Adductor (pierna)	2,0	3,4	4,7	4,0
Gluteus medius (lomo)	2,0	2,8	4,9	3,7
Psoas major (lomo)	3,6	2,4	3,7	4,2
Triceps brachii (espalda)	2,3	2,3	4,7	4,8
Media	2,2	2,7	4,8	4,4

FUENTE: Hostetler, R. L., B. A. Link, W. A. Landmann y H. A. Fitzhugh, Jr., 1972, Effects or carcass suspension on sarcomere length and shear force of some major bovine muscles. *J. Food Sci.*, *37*:132.
*Micrómetros.
**Aparato Warner-Bratzler, cilindros musculares de 1,27 cm diámetro.

Procesado previo a la rigidez

Los fabricantes de embutidos saben que el intervalo de tiempo transcurrido entre el sacrificio y el picado de la carne influencia las propiedades físicas de sus productos terminados. Generalmente, la carne que se pica antes de la rigidez y se mezcla con los ingredientes del curado, incluida la sal, tiene una mayor capacidad de ligar agua y una máxima jugosidad.

La ventaja de picar o triturar la carne en estado de prerrigidez deriva de la pronta exposición de las proteínas musculares sin desnaturalizar a la acción de la sal. Estas proteínas se solubilizan antes de que tengan lugar los efectos desnaturalizantes de los cambios postmortales. En consecuencia, no sufren las severas transformaciones a que están sometidas las proteínas de los músculos intactos.

Ya se ha demostrado que es posible procesar algunos cortes intactos de carne de cerdo, antes de que se complete la rigidez. La introducción de los agentes del curado, antes de que hayan tenido lugar las mayores pérdidas de solubilidad de las proteínas, ha dado lugar a cortes de carnes curadas de mejor color y con mayor retención acuosa. El procesado en caliente del cerdo no ha sido adoptado en gran escala por la industria, debido a los costos extra asociados a sus problemas laborales y de manejo.

BIBLIOGRAFIA

Bray, R. W., "Variation of Quality and Quantity Factors Within and Between Breeds," in, *The Pork Industry: Problems and Progress*, D. G. Topel, ed. (Iowa State University Press, Ames), p. 136, 1968.

Briskey, E. J., "Etiological Status and Associated Studies of Pale, Soft, Exudative Porcine Musculature," Adv. Food Research 13, 89 (1964).

Forrest, J. C., J. A. Will, G. R. Schmidt, M. D. Judge and E. J. Briskey, "Homeostasis in Animals (Sus domesticus) During Exposure to a Warm Environment," J. Appl. Physiol. 24, 33 (1968).

Hedrick, H. B., "Influence of Ante-Mortem Stress on Meat Palatability," J. Anim. Sci. 24, 255 (1965).

Judge, M. D., "Environmental Stress and Meat Quality," J. Anim. Sci. 28, 755 (1969).

Topel, D. G., E. J. Bicknell, K. S. Preston, L. L. Christian and G. Y. Matsushima, "Porcine Stress Syndrome," Mod. Vet. Practice 49, 40 (1968).

CAPÍTULO 8

Propiedades de la carne fresca

En este libro se utiliza el término de «carne fresca» para designar al producto que ha sufrido los cambios químicos y físicos que siguen a la matanza, pero que no ha sido sometido a ningún procesado ulterior mediante congelación, curado, ahumado, etcétera. Las propiedades de la carne fresca determinan su utilidad para el comerciante, su atracción para el consumidor y su adaptabilidad para procesados ulteriores. Son especialmente importantes sus características de capacidad de retención de agua, color, estructura, firmeza y textura.

CAPACIDAD DE RETENCIÓN DE AGUA

La capacidad de retención de agua se define como la capacidad de la carne de retener «su» agua durante la aplicación de fuerzas externas, tales como cortes, calentamiento, trituración y prensado. Sin embargo, durante una aplicación más suave de cualquiera de estos tratamientos, hay una cierta pérdida de humedad, debido a que una parte del agua presente en la carne se encuentra en forma *libre*. Muchas de las propiedades físicas de la carne (incluidos el color, la textura y la firmeza de la carne cruda, así como la jugosidad y blandura de la carne cocinada) dependen, en parte, de la capacidad de retención de agua. El fundamento de estas propiedades y sus relaciones se estudian en las diferentes partes de este capítulo y en el capítulo 6.

La capacidad de retención de agua del tejido muscular tiene un efecto directo durante el almacenamiento. Cuando los tejidos tienen poca capacidad de retención de agua, las pérdidas de humedad y, consecuentemente, de peso durante su almacenamiento (mermas) es grande. Esta pérdida de humedad tiene lugar en las superficies musculares de la canal expuestas a la atmósfera durante el almacenamiento. Una vez que se han realizado los despieces o cortes para la venta existe una mayor oportunidad de pérdida de humedad a consecuencia de la gran superficie muscular expuesta al aire por el despiece. Para minimizar esta pérdida, los cortes para la venta se envuelven con materiales que tienen un *coeficiente de transmisión de vapor de agua bajo*.

Los cortes para la venta pueden perder algo de su humedad, incluso después de envasarlos en materiales impermeables. El agua libre (y las proteínas solubles a ella asociadas) exuda a partir de la superficies de los cortes y se acumula en torno de la carne, dando lugar a un paquete húmedo e inatractivo para la venta. La producción de jugo cárnico visible se conoce como *goteo* («weep»). Tiene lugar durante la exposición de los cortes para la venta, durante el transporte de grandes cortes y durante su almacenamiento antes del transporte. Las pérdidas de peso, palatabilidad y valor nutritivo constituyen problemas graves para la industria. Cuando se pierden grandes cantidades de jugo cárnico se pierde peso y valor para el almacenista y detallista. Estas carnes pierden también palatabilidad así como algunas de sus proteínas solubles, vitaminas y minerales.

El goteo o exudación es especialmente llamativo en cortes recientes de carne de cerdo y de aves; las carnes que lo presentan son desechadas por los consumidores. La carne de cerdo con músculo PSE posee un gran porcentaje de agua libre que se acumula en la superficie de los cortes, inmediatamente de empaquetados. Ello constituye el problema más serio asociado al PSE cuando esta carne se pretende comercializar como fresca. Del mismo modo la rápida acumulación de jugo en los paquetes de cortes de carne de aves ha obligado a los vendedores a realizar operaciones de despiece, a pesar de que el cortado y empaquetado de las aves podría verificarse mucho más eficazmente en los mataderos de aves.

La capacidad de retención de agua es especialmente crítica en los ingredientes cárnicos de aquellos productos manufacturados que se someten a calentamiento, picado u otros procesos. Las pérdidas de peso durante los procesos de elaboración son, en gran parte, consecuencia de la evaporación de agua. Es muy importante el conseguir una proporción de proteína/agua adecuada, tanto para la palatabilidad como para alcanzar un rendimiento suficiente en el peso del producto terminado.

Fundamentos químicos de la capacidad de retención de agua

Aun cuando no existan delimitaciones claras entre los tipos de agua unidos al músculo se puede admitir que el agua se presenta bajo tres formas, *ligada, inmovilizada y libre*.

Debido a la distribución de sus electrones, las moléculas de agua no son eléctricamente neutras, sino que tienen un «final» cargado positivo y otro negativo (son *polares*). En consencuencia, pueden asociarse con los grupos reactivos de las proteínas musculares cargados eléctricamente. Del agua total del músculo, un 4-5 % se presenta de esta forma y se conoce como agua ligada. Permanece fuertemente unida, incluso cuando se aplica al músculo una intensa fuerza mecánica o de otro tipo. Otras moléculas acuosas son atraídas subsiguientemente por las moléculas ligadas en capas que son cada vez más débiles a medida que es cada vez mayor su distancia del grupo reactivo de la proteína. Este agua se puede denominar inmovilizada, pero la cantidad así inmovilizada depende de la cantidad de fuerza ejercida físicamente sobre el músculo. El agua que se mantiene únicamente por fuerzas superficiales se denomina agua libre. La figura 8-1 es un diagrama de los principales mecanismos mediante los que las proteínas musculares retienen agua.

Son varios los factores que influencian el número de grupos reactivos de las proteínas y su capacidad para ligar agua. En el entorno más inmediato de las proteínas musculares tales condiciones son en gran parte consecuencia de los cambios postmortales estudiados en el capítulo 6. Las condiciones específicas dependen de la producción de ácido láctico, de la pérdida de ATP, de la instauración del *rigor mortis* y de los cambios de estructura celular asociados a la actividad proteolítica enzimática.

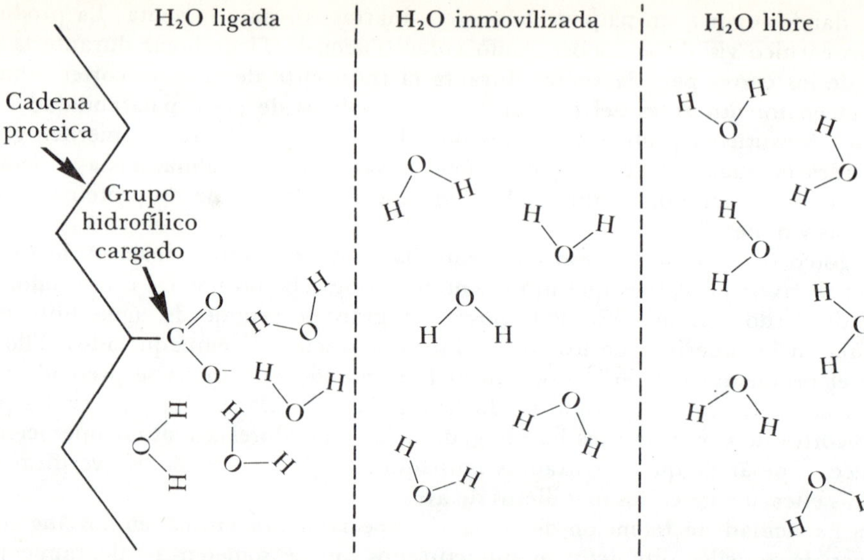

Figura 8-1. Los grupos hidrofílicos cargados de las proteínas musculares atraen el agua formando una capa de moléculas (izquierda) fuertemente unidas que se orientan de acuerdo con su polaridad y con el grupo cargado. Se forma una capa inmovilizada (centro) cuya orientación molecular hacia el grupo cargado no es tan ordenada. Las moléculas de agua libre (derecha) se mantienen unidas sólo por fuerzas capilares y su orientación es independiente del grupo cargado.

Efecto de la carga neta. — La formación de ácido láctico y la consecuente caída del pH en el período postmortal, son responsables de la reducción del número total de grupos reactivos disponibles para ligar agua a la proteína. Este cambio da lugar a una cantidad variable de desnaturalización y pérdida de solubilidad de las proteínas. La reducción de los grupos reactivos se debe a que el pH se aproxima al *punto isoeléctrico* de las proteínas musculares: pH al que es igual el número de grupos cargados positiva y negativamente. En consecuencia, estos grupos tienden a atraerse entre sí y solamente aquellos «dejados libres» son los que pueden atraer el agua. Esta influencia del pH se denomina *efecto de carga neto.* La figura 8-2 muestra el efecto que tiene un pH distinto del punto isoeléctrico (5,0-5,4). A los valores posibles del pH de la carne (5,2-6,8) es obvio que los valores más altos se asocian a una mayor carga neta de la proteína y a un mayor porcentaje de agua inmovilizada.

Efectos estéricos. — Varias investigaciones han demostrado que, en la carne normal, sólo un tercio aproximadamente de la pérdida de capacidad de retención de agua post-mortem se debe a la caída del pH. Otros cambios asociados con la instauración de la rigidez cadavérica reducen también las propiedades de ligar agua. La escisión del ATP y las interacciones proteicas asociadas con la rigidez cadavérica son responsables, en gran parte, de la formación de una red espesa en las proteínas contráctiles. Ciertos iones, especialmente cationes divalentes como el calcio (Ca^{++}) y el magnesio (Mg^{++}), tienen la propiedad de combinarse con dos grupos reactivos de las proteínas cargados negativamente. Ello tiende a aproximar las cadenas proteicas entre sí y previene que aquellos grupos reactivos, todavía disponibles, liguen agua. La falta

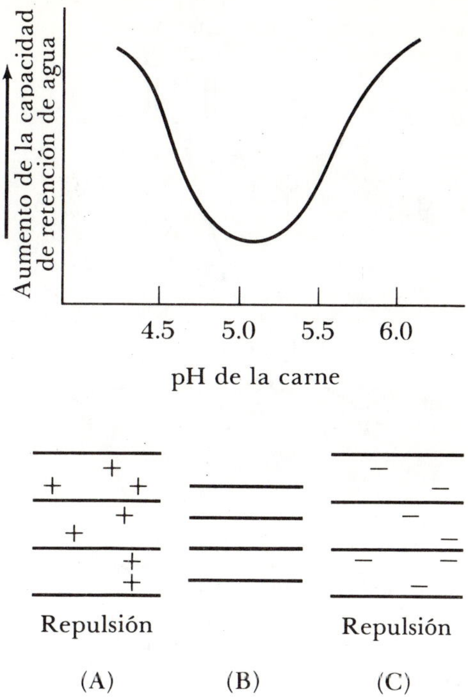

Figura 8-2. Efecto del pH en la cantidad de agua inmovilizada de la carne a causa de su influencia en la distribución de los grupos cargados de los miofilamentos y en la amplitud o tamaño de los espacios intermiofilamentosos. (A) Predominio de cargas positivas en los filamentos. (B) Equilibrio de cargas positivas y negativas. (C) Predominio de cargas negativas.

de espacio para las moléculas de agua en la estructura proteica se conoce como el *efecto estérico* de la retención de agua.

En las proteínas musculares se producen efectos estéricos en proporción directa con la escisión del ATP durante el período postmortal. La degradación del ATP se asocia a la liberación de iones de la red de cadenas peptídicas. Es posible que estos iones se liberen al perderse la integridad de las membranas del retículo saroplásmico.

Envejecimiento o maduración. — Parte de la pérdida de hidratación proteica, originada por los efectos estéricos y la caída del pH, se recupera si se deja que la carne *envejezca* o *madure*. Los enzimas proteolíticos, como las catepsinas, son probablemente responsables de algunos cambios sutiles en la permeabilidad de la membrana celular o en su estructura proteica. Esta degradación enzimática de la estructura de la membrana muscular, aunque no se haya experimentado, puede permitir una cierta difusión de iones a las áreas que rodean a las proteínas musculares. Tiene lugar una redistribución de los iones, lo que da como resultado la sustitución de algunos iones divalentes de las cadenas proteicas por otros monovalentes. En consecuencia, por cada catión divalente sustituido queda en libertad para ligar agua un grupo reactivo de la proteína y las fuerzas que tienden a aproximar las cadenas proteicas se debilitan. Este intercambio de iones durante el envejecimiento de las proteínas musculares determina una mejor capacidad de ligar agua. Durante el período madurativo también tiene lugar una mejoría limitada de la capacidad de retención de agua, a consecuencia de una ligera elevación del pH, pero ello únicamente afecta a una pequeña proporción del cambio total.

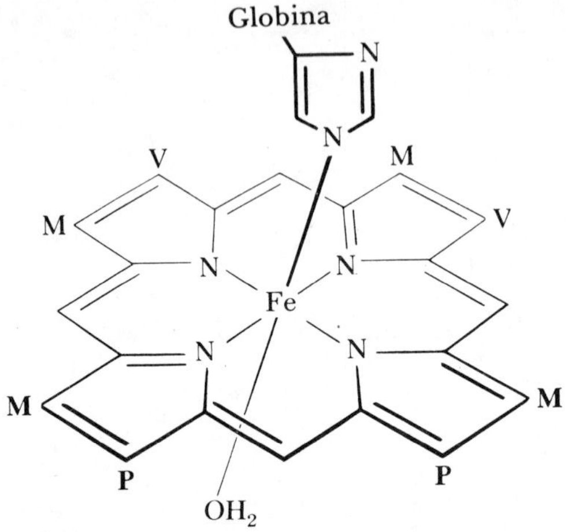

Figura 8-3. Representación esquemática del complejo hemo de la mioglobina. La globina y el agua no son parte del complejo hemo planar. M, V y P representan radicales metilo, vinilo y propilo unidos al anillo porfirínico que rodea al átomo de hierro. [De Bodwell, C. E. y P. E. McClain, «Chemistry of Animal Tissues-Proteins», en *The Science of Meat and Meat Products,* 2nd ed. J. F. Price y B. S. Schweigert, eds. W. H. Freeman and Co., San Francisco. Copyright © 1971].

COLOR

El color, como lo detecta el ojo, es el resultado de una combinación de diversos factores. Cualquier color específico posee tres atributos conocidos como *tinte, «croma»* y *valor.* El tinte o tono describe lo que generalmente se piensa o admite como color: amarillo, verde, azul o rojo (la longitud de onda de la radiación luminosa). El croma (pureza o saturación) son términos que describen la intensidad del color fundamental con respecto a la cantidad de luz blanca mezclada con él. El valor de un color es la indicación de su reflectancia total (brillo).

Los factores que más contribuyen al color de la carne son los pigmentos que absorben ciertas longitudes de onda de la luz y reflejan otras. Sin embargo, otros factores influencian y modifican la forma en que el color se percibe visualmente. El color de la carne es la impresión total que el ojo recibe y está influenciada por las condiciones de la visión. Hay también diferencias marcadas en las percepciones del color entre los distintos individuos. La estructura y la textura de los músculos implicados también influencian la reflexión y absorción de la luz.

Pigmentos

Los pigmentos de la carne están formados en su mayor parte por dos proteínas, la *hemoglobina,* que es el pigmento sanguíneo y la *mioglobina,* pigmento muscular. En el tejido muscular bien desangrado la mioglobina constituye el 80-90 % del pigmento total y es mucho más abundante que la hemoglobina. En la carne pueden encontrarse otros pigmentos, como la catalasa y los citocromo-enzimas, pero su contribución al color es mucho menor.

Los dos pigmentos principales tienen una estructura similar, salvo que la molécula de mioglobina es una cuarta parte menor que la de hemoglobina. La mioglobina está formada por una porción proteica, denominada *globina,* (ya que se trata de una proteína globular) y de una porción no proteica denominada *anillo o grupo hemo* (fig. 8-3). El grupo hemo del pigmento tiene un especial interés debido a que el color de la carne depende, en parte, del estado químico del hierro (estado de oxidación) dentro del núcleo o anillo hemo.

La cantidad de mioglobina en los animales varía con la especie, edad, sexo, músculo de que se trate y actividad física; ello explica la gran variabilidad del color de la carne. Las diferencias en las distintas especies resaltan al comparar el color pálido de la carne de cerdo con el color rojo brillante de la de bóvidos. Los músculos pálidos de las canales de terneras muestran que la musculatura de los animales inmaduros posee un menor contenido en hemoglobina que la de los animales maduros. Los machos enteros poseen músculos que contienen más mioglobina que las hembras o que los castrados de la misma edad. A consecuencia de sus diferentes contenidos en mioglobina los músculos pálidos de la pechuga de las gallinas contrastan fuertemente con el oscuro de los músculos de la pierna y del muslo. Las piezas de caza tienen músculos más oscuros que los de los animales domésticos, debido en parte al efecto que su mayor actividad física ejerce en su contenido en mioglobina. En general, los bóvidos y óvidos tienen más mioglobina que los cerdos, peces y aves. A continuación se indica el color más típico de la carne procedente de diversas especies animales:

Vacuno mayor — rojo cereza brillante
Pescado — blanco grisáceo a rojo oscuro
Caballo — rojo oscuro
Oveja y carnero — rojo pálido a rojo ladrillo
Cerdo — rosa grisáceo
Aves — blanco gris a rojo pálido
Ternera — rosa marrón

Las diferencias en contenido de mioglobina de músculo a músculo (y muchas de las variaciones entre las distintas especies) se deben al tipo de fibras musculares presentes. Aquellos músculos que presentan proporciones relativamente altas (30-40 % de fibras rojas) presentan un color rojo más oscuro. Sin embargo, cuando se observan histológicamente estas fibras, ricas en mioglobina, se ve que están mezcladas con fibras blancas fácilmente distinguibles. Por lo tanto, el color oscuro del músculo corrientemente es sólo una consecuencia de la frecuencia relativamente alta de fibras rojas (fig. 8-4).

Estado químico. — La reacción de los pigmentos con cualquiera de una serie de productos puede determinar modificaciones en el color de la carne. Sin embargo, la capacidad del pigmento para combinarse con (o ligar) una molécula, depende de que el hierro del anillo hemo se encuentre en el estado químico apropiado. La figura 8-5 muestra dos estados químicos de la mioglobina de acuerdo con la valencia del hierro del anillo hemo. Cuando el hierro está *oxidado* (en estado férrico) no puede combinarse con otras moléculas, incluido el oxígeno molecular. Si se encuentra *reducido* (en estado ferroso) se combina fácilmente con el agua (como en la carne sin despiezar), o con el oxígeno (como en la carne expuesta al aire). La clave para conservar la capacidad de reaccionar del pigmento con otras moléculas estriba en mantener en el tejido muscular condiciones reductoras. Ello es conveniente debido a que el oxígeno molecular reacciona con el hierro reducido de la mioglobina, reacción que proporciona el deseable color rojo de la carne fresca.

En la carne se presentan naturalmente condiciones reductoras como consecuencia de la actividad enzimática normal (la denominada *cadena transportadora de electrones*) que tiene lugar continuamente. Estos enzimas utilizan todo el oxígeno disponible en el interior de los músculos; en consecuencia, el pigmento de la carne sin despiezar se encuentra en forma reducida y únicamente posee agua con la que reaccionar. El pigmento presenta color púrpura y se denomina mioglobina reducida (fig. 8-6).

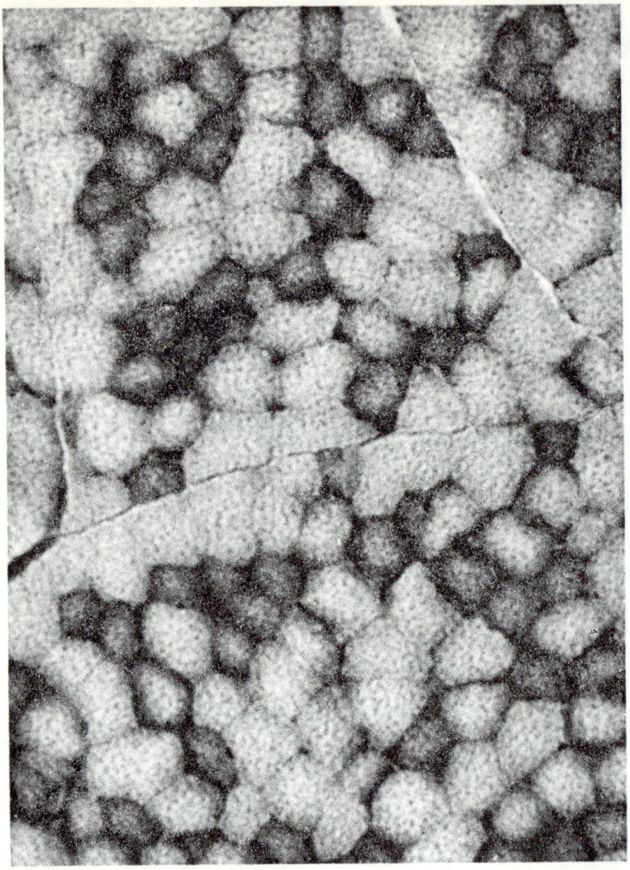

Figura 8-4. El color de la carne depende de la proporción de fibras musculares rojas y blancas. En esta microfotografía las fibras teñidas más oscuras son fibras rojas, ricas en mioglobina. Músculo bovino (×140).

A consecuencia del despiece, picado y exposición al aire, los pigmentos de la carne sufren cambios en su color debido a su reacción con el oxígeno. Si sólo existen pequeñas cantidades de oxígeno, como en un paquete con vacío parcial o semipermeable cerrado, el hierro del pigmento se oxida (fig. 8-5) y cambia a un color marrón. El pigmento en este estado oxidado se denomina *metamioglobina* (fig. 8-6). La formación de este color constituye un serio problema en la venta de la carne, porque la mayoría de los consumidores lo asocian con un período de almacenamiento demasiado largo, a pesar de que puede formarse en pocos minutos. Es especialmente molesto porque la

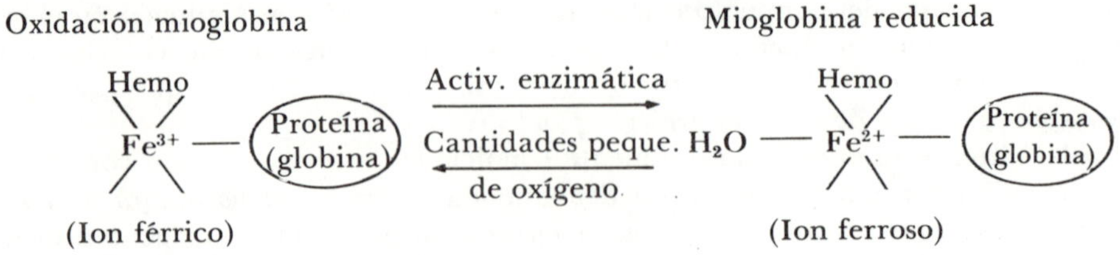

Figura 8-5. Estado de oxidación (valencia) del átomo central de hierro del grupo hemo de la mioglobina bajo diferentes condiciones.

carne permanece marrón indefinidamente o en tanto que se expone al aire. Unicamente eliminando el oxígeno y creando condiciones reductoras puede recuperar el color deseable.

El prevenir la formación de metamioglobina constituye una necesidad importante para la venta de carne fresca. Durante las diversas fases del procesado de las carnes también puede cambiar su color a consecuencia de la formación de metamioglobina. Cuando se permite que un corte de carne permanezca en contacto con superficies planas, tales como paneles o tablas, el aporte de oxígeno puede descender hasta un nivel que favorezca el desarrollo del color marrón. En otros casos, la carne debe envolverse en un papel que solo permita el paso a la superficie de la carne de pequeñas cantidades de oxígeno.

Cuando se deja que la carne contacte completamente con el aire los pigmentos reducidos reaccionarán con el oxígeno molecular y formarán un pigmento relativamente estable denominado *oximioglobina* (fig. 8-6). Este pigmento es el responsable del color rojo brillante que los consumidores esperan de la carne fresca. La oximioglobina se forma a los 30-45 minutos de exposición al aire. Este brillante color rojo se conoce como *flor («bloom»)*. En esta reacción la mioglobina (púrpura) se *oxigena* (se le adiciona oxígeno atmosférico o molecular). La metamioglobina (marrón) es la forma *oxidada* del pigmento (el estado químico del ión hierro ha cambiado). Bajo condiciones atmosféricas la oximioglobina (pigmento *oxigenado*) es estable y no se oxida fácilmente a metamioglobina.

La formación de oximioglobina ocurre espontáneamente cuando la carne se expone al aire, pero su estabilidad depende de un aporte continuo de oxígeno, ya que los enzimas implicados en el metabolismo oxidativo de los tejidos consumen rápidamente el oxígeno disponible. Dado que los gases del aire difunden hacia el interior, se establece un gradiente de oxígeno (y consecuentemente un gradiente de color) desde la superficie hacia el interior del músculo. El color rojo brillante de la superficie depende de la disponibilidad de oxígeno en las capas tisulares superficiales.

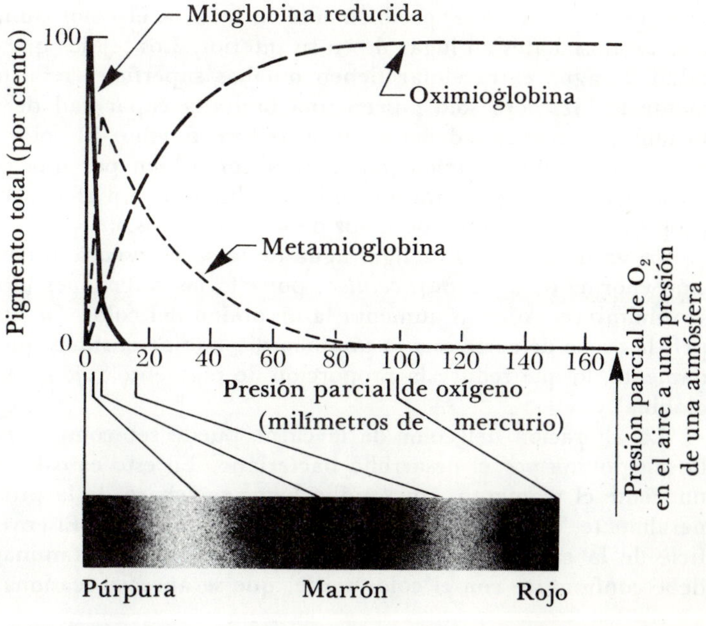

Figura 8-6. Relación de la presión parcial de oxígeno de la atmósfera con los estados químicos del pigmento y con el color.

Los músculos difieren en sus velocidades de actividad enzimática que a su vez regulan la cantidad de oxígeno disponible en las capas más externas de los tejidos. A medida que el pH y la temperatura de los tejidos aumentan, la actividad de los enzimas crece y el contenido de oxígeno se reduce. En consecuencia, el mantener la temperatura de la carne que se vende en fresco, próxima al punto de congelación, minimiza la velocidad de la actividad enzimática y de la utilización del oxígeno, y ayuda a mantener el máximo tiempo posible el rojo brillante de la carne.

Para la carne fresca se han ideado materiales de envasado, que proporcionan una abundante cantidad de oxígeno en la superficie muscular. Se dispone de películas claras que tienen altas permeabilidades al oxígeno y escasa permeabilidad acuosa. La celofana, el cloruro de polivinilo y el polietileno proporcionan el *coeficiente de transmisión de oxígeno* necesario para la conservación del color rojo de la carne.

Coloración anormal

La coloración anormal o el desarrollo de un color extraño se presenta en la carne de diversas formas, algunas de las cuales no guardan relación con las reacciones químicas normales de los pigmentos. Las piezas recientes de carne fresca generalmente mantienen su color atractivo unas 72 horas aproximadamente, si se cumplen unas buenas prácticas de venta. Sin embargo, además de los materiales de envasado citados anteriormente, la duración de la vida de almacén depende también de una adecuada higiene, del empleo de temperaturas bajas estables (0 °C o ligeramente inferior) y de condiciones de iluminación adecuadas.

El PSE y la carne de corte oscuro (capítulo 7) son, en parte, más que una consecuencia del estado químico del pigmento el resultado de una cantidad exagerada de agua ligada en los músculos y de su influencia en la reflexión de la luz. La palidez de la carne de cerdo con PSE se cree que se debe a la gran proporción de agua libre de los tejidos, combinada con el efecto directo del bajo pH en los pigmentos. El agua libre del músculo PSE posiblemente influencia el color aunque se localiza entre las células musculares en lugar de en su interior. Los tejidos que contienen una gran cantidad de agua extracelular tienen muchas superficies reflectantes que reflejan totalmente la luz, pero sólo poseen una limitada capacidad de absorción luminosa; por lo tanto, la intensidad del color se reduce mucho. El color pálido de los pigmentos del músculo PSE también puede aparecer o bien por una posible desnaturalización, durante el período postmortal inicial, o bien por un efecto directo del bajo pH en las propiedades reflectantes de la luz de los pigmentos.

La gran capacidad de ligar agua de la carne oscura al corte mantiene una proporción enorme de agua *intracelular*; por ello las reflexiones intracelulares de luz blanca se minimizan. Además aumenta la absorción del color. De otro lado, debido a su alto pH, la carne de corte oscuro también dispone de enzimas que utilizan el oxígeno rápidamente, lo que reduce la proporción de pigmento rojo en estado oxigenado (oximioglobina).

La alteración del color de la carne puede ser consecuencia de la destrucción de la mioglobina por el desarrollo bacteriano. En este caso los microbios emplean como nutriente el pigmento, cuyo anillo hemo se separa de la proteína (globina). Esto, generalmente, da lugar al desarrollo de un color verde. El enverdecimiento de la superficie de la carne casi siempre es resultado de la contaminación bacteriana. Ello no debe confundirse con el color verde, que se aprecia ocasionalmente, cuando una fina película de grasa que cubre la superficie de la carne difracta la luz blanca y hace visibles todos los colores del espectro. el pardeamiento puede ser consecuencia de la reducción de la tensión de oxígeno de la superficie de la carne por acción bacteriana y de la formación subsiguiente de metamioglobina.

Cuando se exponen al aire cortes de carne durante mucho tiempo también puede aparecer una coloración anormal en forma de oscurecimiento. En este caso y aun a pesar de que existiera una cantidad adecuada de oxígeno disponible para mantener el color brillante, aparece oscurecimiento debido a la desecación de la superficie del corte. A medida que progresa la desecación y los pigmentos se concentran, el color adquiere una tonalidad roja más intensa.

ESTRUCTURA, FIRMEZA Y TEXTURA

Algunas propiedades físicas de la carne fresca, como estructura, firmeza y textura son difíciles de medir objetivamente. Tales propiedades las evalúan generalmente los consumidores mediante los sentidos de la vista, tacto y gusto. No obstante, estas propiedades no son menos importantes que muchas otras particularidades de la carne que se miden fácilmente. En la figura 8-7 puede apreciarse el contraste visual entre dos cortes de carne que difieren en estructura, firmeza y textura. El grado con que se adaptan estos dos cortes a la superficie sobre la que descansan, el grado de separación entre sus músculos y la prominencia de las divisiones de los haces dan como resultado una impresión de conjunto que puede ser atractiva o inatractiva. Muchos factores, como el estado de rigidez, las propiedades asociadas a la retención de agua, la grasa intramuscular, el tejido conectivo y el tamaño de los haces, contribuyen a estas propiedades físicas. Algunos de estos factores han sido estudiados al referirnos a la capacidad de retención de agua, al color, y a los cambios postmortales.

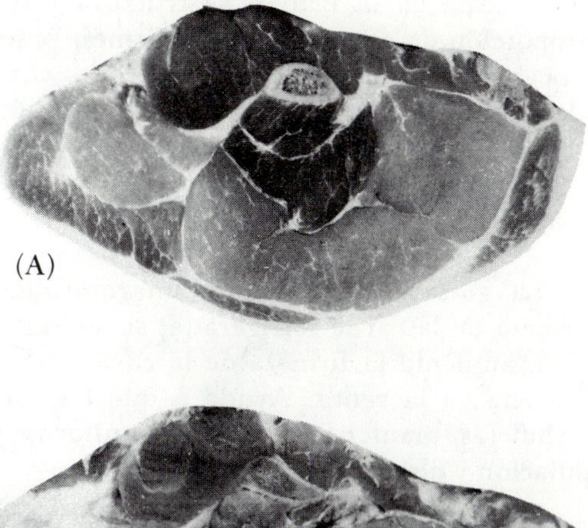

(A)

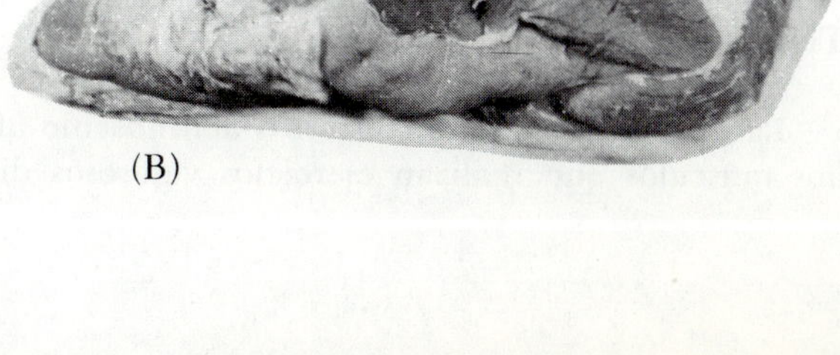

(B)

Figura 8-7. Ejemplo de las variaciones en consistencia de la musculatura del cerdo; aspecto del tercio superior de dos perniles frescos. (A) Estructura firme, rígida. (B) Estructura blanda con una manifiesta separación muscular. (De Briskey, E. J. y R. G. Kauffman, «Quality Characteristics of Muscle as a Food», en *The science of meat and meat products,* 2nd ed., J. F. Price y B. S. Schweigert, eds. W. H. Freeman and Co., San Francisco. Copyright © 1971).

Estado de rigidez

Si durante la refrigeración de la canal se compara la firmeza del músculo con la de una canal de un animal recién sacrificado se aprecian diferencias notables. El cambio en firmeza se dice que es consecuencia de que la canal «se hace» durante la refrigeración. Este aumento de firmeza es consecuencia de la pérdida de extensibilidad que acompaña a la rigidez cadavérica y de la solidificación de la grasa en y alrededor de los músculos. En algunos músculos los sarcómeros son muy cortos (aproximadamente 2 μm) lo que indica que los filamentos están muy imbricados o solapados y que la microestructura es muy densa y apretada.

Durante el almacenamiento y procesado de la carne fresca los músculos conservan un estado firme y algo húmedo salvo que hayan sufrido cambios postmortales a velocidades extrañas, según se describe en el capítulo 7. Todavía acaecen cambios sutiles que aumentan la palatabilidad, especialmente en lo que se refiere a blandura. Tales cambios son parcialmente responsables de la mejoría de la palatabilidad asociada a la *maduración* y a veces se les considera como los factores que son responsables de la *«resolución» del rigor mortis.*

La resolución o ablandamiento del *rigor mortis* se cree que es consecuencia de alteraciones en la estructura de los filamentos y de sus enlaces cruzados. Tiene lugar cierta destrucción de las proteínas de la línea Z (capítulo 3) que reduce la rigidez de las miofibrillas (fig. 8-8). También cambia la cantidad de enlaces entrecruzados de los filamentos, lo que permite que se alargue el sarcómero, así como otras modificaciones. Es posible, aunque no cierto, que estos sutiles pero importantes cambios estructurales se deban a la acción de las catepsinas. Estas alteraciones estructurales pueden estar, o directamente relacionadas con el ablandamiento que acompaña a la maduración, o permitir el desplazamiento de los iones necesario para mejorar la capacidad de retención de agua, o ambas cosas.

El grado de capacidad de retención de agua asociado a cada estado de rigidez o a la velocidad de cada cambio postmortal se observa gracias a los efectos ejercidos en gran escala en la firmeza, estructura y textura: Los músculos que poseen una gran proporción de agua ligada son firmes, poseen una estructura densa y una textura seca y pegajosa; por el contrario, los tejidos con escasa capacidad de retención de agua son blandos, de estructura laxa y de textura húmeda o granulosa.

Grasa intramuscular

La grasa intramuscular («marmorización», jaspeado o veteado) contribuye a la firmeza de la carne refrigerada; su solidificación, que tiene lugar durante la refrigeración, aumenta la firmeza de la carne, por lo tanto la grasa ejerce una importante influencia en la venta. Ayuda a que los cortes expuestos a la venta, tales como filetes y chuletas, mantengan un grosor uniforme y una forma característica durante su manipulación y almacenamiento.

Tejido conectivo

La cantidad de tejido conectivo del músculo afecta a la textura de la carne. Aquellos músculos que realizan ejercicios vigorosos durante la vida del animal, como el

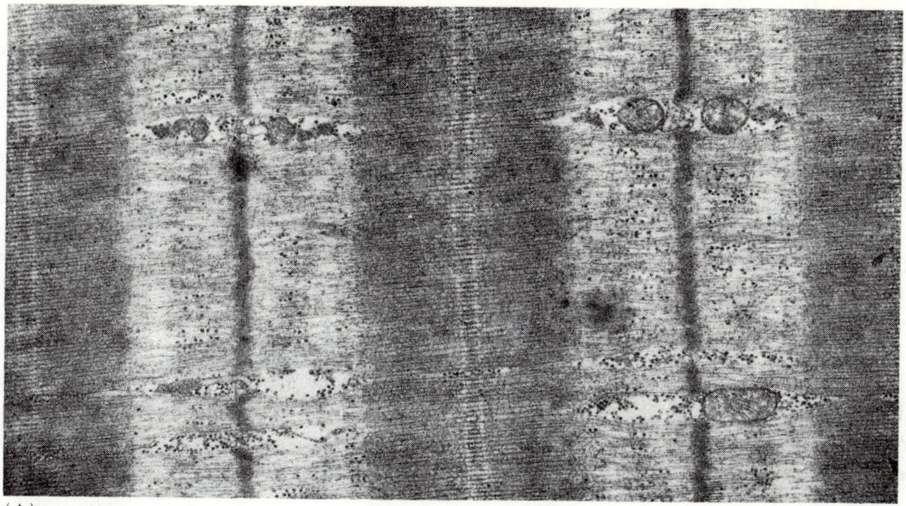

(A)

(B)

Figura 8-8. Durante la maduración de la carne hay una degradación de la línea Z. (A) Músculo bovino al sacrificio (×14.800). (B) Músculo bovino tras 24 horas de almacenamiento a 25 °C (×31.300). [De Henderson, D. W., Goll, D. E. y Stromer, M. H., «A comparison of shortening and Z line degradation in postmortem bovine, porcine, and rabbit muscle». *Am J. Anat.*, 128, 117 (1970)].

biceps femoral o el semitendinoso, presentan una textura basta. De otro lado, un músculo poco ejercitado en vida, como el *psoas major,* posee una textura fina. Ni que decir tiene que los músculos muy ejercitados desarrollan cantidades manifiestas de tejido conectivo para facilitar su actividad. Los músculos de textura basta son menos tiernos que los de textura fina, salvo que se utilicen métodos culinarios especiales para degradar su tejido conectivo.

La cantidad de tejido conectivo de los músculos determina el tipo de corte a emplear y la forma en que la carne ha de ser utilizada. La mayoría de los métodos de despiece pretenden separar los cortes o piezas más tiernos, de los duros, de forma que se obtenga la máxima palatabilidad y la utilidad de cada corte no se vea limitada por una gran variación interna en tejido conectivo o en blandura.

En los músculos procedentes de animales viejos, a veces es muy aparente su textura basta. Aunque la cantidad de tejido conectivo no aumenta, en edad avanzada se hacen mayores su prominencia y fuerza. Si la reparación y sustitución de las proteínas se verificase a velocidades distintas en las fibras musculares y en los tejidos conectivos, sería posible que el último tejido fuese más prominente en los animales viejos. Estos cambios de textura también son, en parte, consecuencia del aumento de los diámetros de las fibras musculares, lo que tiene lugar a medida que los animales envejecen.

El tamaño de las fibras y de los haces musculares ha sido asociado a la textura de la carne. Haces y fibras grandes y un abundante tejido conectivo rodeando a los primeros indican, generalmente, carne de textura basta y la necesidad de poner un especial cuidado en la preparación de esta carne para asegurar que resulte blanda.

Absorción de olores anormales

La textura y consistencia de la carne la convierten en muy susceptible a la absorción de materiales volátiles. Los tejidos cárnicos absorben fácilmente compuestos aromáticos procedentes de otros alimentos, como por ejemplo, manzanas o cebollas. Consecuentemente, cuando la carne se almacena en presencia de tales productos puede presentar aromas extraños.

BIBLIOGRAFIA

Dean, R. W. and C. O. Ball, "Analysis of the Myoglobin Fractions on the Surfaces of Beef Cuts," Food Technol., 14, 271 (1960).

Hamm, R., "Biochemistry of Meat Hydration," Adv. Food Research, 10, 355 (1960).

Goll, D. E., N. Arakawa, M. H. Stromer, W. A. Busch and R. M. Robson, "Chemistry of Muscle Proteins as a Food," in *The Physiology and Biochemistry of Muscle as a Food*, 2, E. J. Briskey et al., eds. (University of Wisconsin Press, Madison), p. 755, 1970.

Khan, A. E. and L. van den Berg, "Some Protein Changes During Postmortem Tenderization in Poultry Meat," J. Food Sci., 29, 597 (1964).

Whitaker, J. R., "Chemical Changes with Aging of Meat with Emphasis on the Proteins," Adv. Food Research, 9, 1 (1959).

Watts, B. M., J. Kendrick, M. W. Zipser, B. Hutchins and B. Saleh, "Enzymatic Reducing Pathways in Meat," J. Food Sci., 31, 855 (1966).

CAPÍTULO 9

Fundamentos del procesado de la carne

Los productos cárnicos procesados se definen como aquéllos en los que se han modificado las propiedades de la carne fresca mediante el empleo de una o más técnicas, tales como picado o trituración, adición de condimentos, modificación del color, o tratamiento térmico. Entre los productos cárnicos procesados típicos se inclu yen el jamón curado, «bacon», «corned beef» y una variedad casi interminable de embutidos. Muchos de estos productos, antes de alcanzar su forma final, sufren una combinación de varios procesos básicos. Puesto que son centenares los productos cárnicos procesados, cada uno de los cuales presenta sus propias características, resulta imposible estudiar completamente todos los procedimientos seguidos para su elaboración. Sin embargo, la mayoría de ellos sufren una serie de etapas comunes de procesado básico, y en este capítulo intentaremos estudiar tales procedimientos básicos. Aunque cada producto presenta sus características específicas y métodos de elaboración propios, todos ellos pueden clasificarse como *productos picados y productos sin picar.*

Entre los productos no picados típicos se incluyen los jamones de todas las clases, «bacon», «bacon» canadiense y «corned beef». La industria cárnica se refiere en general a muchos de estos productos con la denominación de *carnes ahumadas.* Su característica más llamativa es que se preparan a partir de cortes completos e intactos de carne (en algunos casos deshuesados). Estos productos corrientemente se curan, se condimentan, se tratan térmicamente y se ahuman y, a menudo, se moldean o se les da forma.

Los productos picados implican la subdivisión de la carne cruda, de forma tal que el producto final está formado por pequeñas porciones de carne, por cubos o dados y por «escamas» o «rebanadas». La mayoría de los productos picados se incluyen entre los embutidos. Los *embutidos* son productos cárnicos picados y condimentados que pueden haber sido también curados, ahumados, moldeados y tratados térmicamente. El grado de trituración varía mucho. Algunos embutidos están picados groseramente, como por ejemplo, los «salami», el «embutido de cerdo» y el «embutido de verano». En otros embutidos la carne puede estar tan finamente triturada que la masa o bodrio del embutido es una masa viscosa con muchas características de emulsión. Estos embutidos se llaman embutidos *emulsificados,* como ejemplos pueden citarse las salchichas de Francfurt y la mortadela boloñesa. De acuerdo con los métodos

TABLA 9-1.

Productos cárnicos procesados.

Sin picar		

Bacon
Bacon de vacuno
Bacon canadiense
Capicola[1] de:
  espalda,
  pernil
«Corned Beef»
Lomo de cerdo curado
	Jamones
	  Deshuesados
	  Enlatados
	  Cocidos
	  Curados (estilo «country»)
	  Estilo italiano
	  Tipo «Regular»
	  Semideshuesado
	  Tipo «Toning»
	  Adicionado de agua
		Espalda tipo «Picnic»
		Pies de cerdo
		Codillo
		Espalda ahumada
		Costillar ahumado

Picados		

Embutido tipo «Berliner» [2]
Embutido de sangre
Mortadela boloñesa
«Bratwurst» [3]
«Braunschweigert» [4]
Cervelata
Chorizo
Embutido tipo Consenza
Embutido de cerdo (estilo «country»)
Embutido granjero
Salchicha Frankfurt
Embutido fresco de cerdo
«Göteberg» [5]
«Gothaer» [6]
Queso de cabeza
«Holsteiner» [7]
«Knackwurst» («Knoblavch») [8]
«Kolbassi» [9]
Mortadela tipo Líbano
Embutido de hígado
Bloque de carne estilo:
  Queso
  Rulada de pollo
  Holandés
  Jamón
  Queso de cabeza
  Hogaza o bloque de miel
	«Corned beef» con gelatina
	Lengua con gelatina
	Hígado y bacon
	«Liverwurst» [10]
	«Macarrones y queso»
	Carne y queso
	Hogaza o bloque de carne
	Hogaza o bloque de olivas
	Adobado y con pimiento
	«Rollo de pollo»
	«Souse» [11]
	Cordero adobado
	Lengua
	Rollo de pavo
	Ternera
	Rulada tipo «Luncheon»
	«Messina» [12]
	«Mettwurst» [13]
	Jamón picado
	Mortadela
	«Pepperoni» [14]
	«Pescara» [15]
	«Piccolo» [16]
	Embutido polonés («Kielbasa») [17]
	Rulada de cerdo
		Salamis [18]:
		  B. C.
		  Cervecero
		  Capri
		  Catania
		  Cocido
		  Corti
		  Cotto
		  De Lusso Genoa
		  Genoa
		  Alemán
		  Dorado de Milán
		  Italiano
		  Kosher
		  Luguria
		  Lombardía
		  Siciliano
		  Sorrento
		  Savona Genoa
		Crema para sandwich
		«Scrapple» [19]
		Embutido ahumado de cerdo
		«Strassburger»
		Embutido de verano
		Embutido sueco
		Salchicha de Turingia (fresca, ahumada)
		Embutido de ternera
		Salchicha de Viena
		«Wiener-wurst».

Notas del T. — Muchos de los nombres empleados en esta tabla corresponden a productos sin equivalencia en el mercado cárnico español, por lo que se han mantenido sus nombres originales.

1. Espalda o pernil de cerdo, curados y recubiertos de pimentón y pimienta que después se embuten en tripa ancha de bóvido y se ahuman.

de procesado utilizados en su elaboración, todos los embutidos se pueden agrupar en una de las siguientes seis categorías: 1) *frescos,* embutido fresco de cerdo; 2) *crudo* y *ahumado,* embutido de cerdo ahumado, «mettwurst», embutido italiano de cerdo; 3) *cocidos* y *ahumados,* salchicha de Francfurt, mortadela boloñesa, «knackwurst», mortadela «berliner»; 4) *cocidos,* embutido de hígado, «braunschweiger», «salamis» cerveceros, «salamis» cocidos; 5) *secos* o *fermentados,* embutido de verano, cervelata, «salamis» desecados, «cappicola», «pepperoni»; y 6) *especialidades cárnicas cocidas,* «luncheon meat» y panes de carne, pastas para «sandwich» y productos de gelatina.

Existen también bastantes productos picados no clasificados como embutidos; posiblemente los más corrientes son las hamburguesas y la carne vacuna picada. Muchos productos comerciales comienzan como carnes picadas, dados de carne y escamas o rebanadas de carne que, posteriormente, adoptan forma de pasteles o preparados distintos mediante máquinas que aplican una presión suficiente para forzar a la carne a permanecer unida. Estos productos se venden frecuentemente bajo las denominaciones generales de «burgers» o escalopes. Muchos de ellos incluso se empanan y precocinan. Los cortes deshuesados de carne de aves, tanto pollos como pavos, pueden adquirir una forma cilíndrica utilizando un ligante adecuado, que mantenga las distintas piezas de carne unidas, y una tripa que dé al producto la forma deseada.

Muchos productos cárnicos procesados no pueden incluirse en ninguna de las divisiones que más atrás se indican. Productos tales como rollos o pasteles de pescado, empanados o congelados, o de gambas, deben considerarse como carnes procesadas.

---

2. Embutido de carne de cerdo, con una pequeña proporción de vacuno, picado groseramente, embutido en tripa ancha, ahumado y cocido.
3. Embutido de picado fino, de composición parecida a las salchichas tipo Frankfurt y de consistencia muy suave.
4. Salchichón de hígado y de carne magra de cerdo y de ternera, ahumado o no.
5. Se llama a veces «salchicha sueca»; es un embutido seco, de sabor dulzón por la presencia de cardamomo en su masa; se elabora con carne de cerdo sola o adicionada de carne de vacuno sometida a un picado grosero; suele ahumarse y dejarse secar.
6. Producto similar al anterior que se fabrica sin cardamomo.
7. Salchichón a base de carne vacuna finamente picada y de cerdo con picado intermedio (13 mm) con especias y sales del curado. Se ahuma y se mantiene a unos 58 °C varias horas; después se lleva a la cámara de desecación.
8. Salchicha parecida a la Frankfurt a base de solo carne de cerdo.
9. Producto muy parecido al anterior pero que lleva además carne de vaca.
10. Bloque de hígado y carne de cerdo cocido en molde y de consistencia semiblanda (rico en gelatina y/o grasa).
11. Bloque de carne, lengua y corazón de vacuno y de cerdo con grasa y gelatina.
12. En su aspecto recuerda a la mortadela, pero en su porción central el picado es muy tosco. Va embutida en tripa muy ancha o bien se elabora en molde.
13. Llamado también «smearwurst», es una carne de cerdo finamente picada, adicionada de sales del curado, de consistencia muy blanda que se consume extendiéndola en el pan.
14. Especie de mortadela con una gran cantidad de pimienta, a base de carne de cerdo y de vacuno picadas toscamente, adicionadas de otras especies, azúcar y nitrito. Antes de embutirla se mantiene unas 48 horas a 4 °C.

15 y 16. Son productos muy parecidos a «Mesina» (ver nota 12).

17. Variedad de rulada de origen polaco elaborada con carne de bovino y cerdo toscamente picadas, ahumada en caliente (aproximadamente 60 °C) y escaldada en agua al salir del ahumadero.
18. Salchichones de procedencia italiana cuyos nombres se refieren al lugar en que se fabrican tradicionalmente; las diferencias entre ellos son pequeñas.
19. Producto a base de carne de cerdo y despojos cocidos de esta misma especie animal que se trituran finamente y se mezclan con otros ingredientes como harina, especias y agua. Se les da forma de bloque.

Todos los productos cárnicos enlatados se clasifican como carne procesada, desde los jamones enlatados, que necesitan conservarse en refrigeración porque el tratamiento térmico que han recibido sólo es suficiente para cocer y pasteurizar el producto, hasta los productos cárnicos completamente esterilizados que no requieren refrigeración. La carne precocinada de todo tipo, como la utilizada en autoservicios o en comedores y cantinas de empresas debe incluirse también entre los productos procesados. De todo ello se infiere que los productos cárnicos procesados adoptan muchas formas, tamaños y variedades.

Su número y variedad vienen limitados únicamente por la imaginación del fabricante. En la tabla 9-1 se muestra una lista de algunos productos cárnicos procesados, muchos de cuyos nombres serán conocidos por el lector, sin embargo, tal lista dista mucho de ser completa.

HISTORIA DEL PROCESADO DE LA CARNE

El procesado de la carne se originó en tiempos prehistóricos y no hay duda de que se desarrolló tan pronto como el hombre se convirtió en cazador. Posiblemente el primer tipo de carne procesada fue la desecada al sol, y sólo algo más tarde se desecó sobre fuego lento de madera para dar un producto seco y ahumado semejante al tasajo. La salazón y el ahumado de la carne eran ciertamente una práctica antigua que se realizaba en tiempos de Homero, 850 a. C. Estos primitivos productos cárnicos procesados se prepararon con una sola mira: su conservación para emplearlos en períodos posteriores. El hombre había aprendido muy pronto que la carne desecada o fuertemente salada no se deterioraba tan fácilmente como la fresca. Posiblemente el procesado de la carne arranca de este conocimiento, asociado a la necesidad de almacenar este alimento para su empleo posterior.

Al avanzar la tecnología de la conservación, especialmente la refrigeración y el envasado, los elaboradores de carne ya no tuvieron que conservar este producto con concentraciones salinas altas o por desecación; experimentaron su conservación con niveles de sal más bajos y con una humedad mayor en el producto final, así como con nuevos condimentos y aromatizantes y con diversas combinaciones de ingredientes cárnicos, creando de esta forma muchos nuevos productos procesados. Las razones que justifican o explican la preparación de los productos cárnicos procesados modernos son el desarrollo, en los últimos, de aromas y formas particulares, el poder disponer de una gran variedad de los mismos y, además de conservar la carne, el desarrollar productos nuevos.

Muchos de nuestros actuales productos cárnicos los conocían ya los egipcios y los romanos. Los carniceros romanos preparaban ya cortezas, bacon, lomos, rabo de buey, manos de cerdo, carne de cerdo salada, albóndigas y embutidos de muchos tipos. Un libro del reinado de Augusto (63 a. de C. al 14 d. de C.) contiene directrices para la conservación de la carne con miel (sin empleo de sal) y para la conservación de las carnes cocidas en una salmuera compuesta de agua, mostaza, vinagre, sal y miel. También se dan recetas para la preparación de embutido de hígado, embutido de cerdo y para un embutido «redondo» de magro de cerdo, bacon, ajo, cebolla y pimienta que se embutía en una tripa y se ahumaba hasta que la carne adquiría color rosa.

PROCEDIMIENTOS BÁSICOS DE PROCESADO

Curado

Historia y aplicación actual. — El curado de la carne consiste en aplicarle sal, compuestos fijadores del color y condimentos para impartirle las singulares propiedades que posee el producto final. Los productos cárnicos picados se prepararon originalmente mediante la adición de sal a concentraciones suficientes para conservar la carne. La sal inhibe el deterioro de la carne, principalmente por reducir la cantidad de agua disponible para el crecimiento microbiano. Dado que las concentraciones altas de sal favorecen la oxidación de las moléculas de mioglobina, la carne conservada con sal presenta un color grisáceo poco atractivo. El empleo del nitrato para «fijar» el color rojo de la carne curada posiblemente surgió más como accidente que como consecuencia del pensamiento. El nitrato potásico era, posiblemente, la impureza que más posibilidades tenía de encontrarse en la sal utilizada como conservador y los primeros elaboradores de carne pronto aprendieron que cuando se encontraba presente en la sal, la carne presentaba un color rojizo brillante y más agradable. Con el desarrollo de la refrigeración y congelación y con su aplicación a la conservación de la carne, el fin fundamental del curado de la carne pasó de su conservación al desarrollo de un color, aroma, textura y propiedades de palatabilidad particulares. Las diferencias más notables entre las carnes curadas actuales y las del pasado son una menor concentración de sal y un aroma más suave del producto moderno. En la actualidad el desarrollo del color es tan importante como los cambios de aroma y textura.

Ingredientes para el curado de la carne. — Para curar la carne deben utilizarse fundamentalmente dos ingredientes: *sal y nitrito*. Sin embargo, se adicionan otras sustancias para acelerar el curado, estabilizar el color, modificar el aroma y la textura y reducir las mermas durante el procesado. Todas las fórmulas para el curado de la carne llevan sal (cloruro sódico); puesto que generalmente no se emplea a concentraciones lo suficientemente altas como para ejercer una acción conservadora, su principal papel es actuar como agente aromatizante. Sin embargo, incluso a concentraciones bajas la sal posee cierta acción conservadora. El nitrito, tanto el de sodio como el de potasio, se emplea para el desarrollo del color de carne curada; imparten al producto curado un color rosa rojizo, brillante, muy apetecible. Con este fin los primeros compuestos utilizados fueron los nitratos de sodio y de potasio. Sin embargo, se descubrió que el empleo del nitrito aceleraba el desarrollo del color y, por lo tanto, frecuentemente se utilizaron en combinación el nitrato y el nitrito. Los nitratos se están eliminando actualmente del curado de la carne, ya que el nitrito lleva a cabo la reacción buscada más rápidamente, incluso en ausencia de nitrato, y también porque recientemente las normas de la FDA prohiben su empleo en muchos productos. Para acelerar el desarrollo del color, a las mezclas para el curado de la carne se incorporan diversos agentes *reductores* «compuestos que donan electrones». Antes de que se desarrolle el color típico, el nitrito debe reducirse a óxido nítrico mediante una reacción que es acelerada por los agentes reductores. El reductor más corrientemente utilizado es la sal sódica del ácido ascórbico (vitamina C) o uno de sus isómeros, el ácido isoascórbico (eritórbico). Otros factores que contribuyen a las reacciones de reducción se estudiarán más adelante. A las mezclas para el curado se les suele incorporar *fosfatos* alcalinos. Aunque ellos no intervienen directamente en la reacción del curado, aumentan la capacidad de retención de agua de la carne y reducen las mermas de los productos cárnicos durante los procesados subsiguientes. Los fosfatos retrasan también la aparición de la rancidez oxidativa y pueden mejorar la textura. Entre los *condimentos* se incluyen especias, hierbas aromáticas, hortalizas y edulcorantes; a menudo se incorporan a la carne junto con los ingredientes del curado; no intervienen en la reacción del curado, pero imparten aromas singulares.

Métodos para incorporar los agentes del curado. — Para incorporar a los productos cárnicos la mezcla del curado se utilizan diversas técnicas; cualquiera que sea el método que se emplee, una importante exigencia la constituye la buena distribución de los ingredientes del curado por todo el producto. Una distribución inadecuada o irregular determinará el desarrollo de un color pobre con posibilidad de deterioro en aquellas áreas a las que no llegó la mezcla del curado. El «hueso hediondo» de los jamones y la aparición de zonas grisáceas en el interior de otros productos, constituyen ejemplos de los problemas resultantes de una distribución inadecuada de la mezcla del curado.

Los ingredientes del curado se incorporan a los productos salchicheros durante los procesos de mezcla o picado. Se adicionan, o en forma seca, o como solución concentrada y se distribuyen uniformemente por todo el producto durante la trituración y el amasado.

Durante la preparación de productos cárnicos ahumados los agentes del curado se incorporan a los cortes de carne, tales como jamones, bacons, pancetas y espaldares, siguiendo métodos diversos. A veces estas piezas se sumergen en una *salmuera* formada por los componentes del curado disueltos en agua. Este método de curado es lento ya que se necesita mucho tiempo para que la salmuera difunda por todo el producto; de otro lado, durante este curado los microorganismos pueden crecer y deteriorar la carne, incluso cuando el producto se conserva en refrigeración. En la actualidad sólo se curan de esta forma aquellos productos que constituyen auténticas especialidades.

La técnica del curado puede acortarse muchísimo inyectando la salmuera directamente en las piezas empleando uno de los muchos métodos que permiten una más rápida y uniforme distribución a través de los tejidos: en las piezas que disponen del sistema vascular intacto la salmuera puede inyectarse directamente por la arteria *(bombeo arterial)*. El éxito del bombeo o inyección arterial exige cuidado para no destruir los vasos sanguíneos por una presión excesiva de la bomba. Un método de bombeo muy popular, que puede utilizarse con cuaquier tipo de corte de carne, es el denominado *bombeo por punción*. Con esta técnica la salmuera se inyecta (a través de una aguja hueca) en distintas partes de la pieza cárnica y muy especialmente en su porción más gruesa y cerca de las articulaciones. El método de bombeo más reciente, la *inyección múltiple,* se utiliza ya ampliamente y es una variación del bombeo por punción. Mediante esta técnica la salmuera se inyecta simultánea y automáticamente, a través de una serie de agujas huecas cuyo vástago posee numerosos orificios regularmente espaciados en toda su longitud.

Un método más antiguo es el *curado en seco,* en el que los agentes del curado en forma seca, se frotan sobre la superficie de la pieza de carne. A continuación estos cortes o piezas se colocan sobre un estante o en una caja y se dejan curar. En las piezas grandes los componentes del curado deben aplicarse varias veces durante el tiempo que éste dura. Dado que el curado en seco es lento y exige una gran cantidad de mano de obra, en la actualidad únicamente se emplea en especialidades tales como jamones y bacon curados estilo «country»[1] o del país.

Química del color de la carne curada. — Dado que uno de los fines principales del curado de la carne es la producción de un color atractivo y estable en el producto procesado estudiaremos con cierto detalle la química de la fijación del color.

La reacción básica que tienen lugar durante el desarrollo del color se representa por la ecuación siguiente:

$$\text{mioglobina} + \text{óxido nítrico} \rightarrow \text{mioglobina oxinítrica} \xrightarrow{\text{calor}} \text{nitrosilhemocromo.}$$

La oxinitromioglobina (mioglobina oxinítrica) posee un color rojo brillante atractivo y es el pigmento que se encuentra en la carne antes de tratarla térmicamente. El color se estabiliza por la desnaturalización de la porción proteica de la mioglobina, por ejemplo bajo la acción del calor. El pigmento resultante es el nitrosilhemocromo, responsable del color rosa brillante característico de la carne curada. El pigmento de la carne curada puede originarse rápidamente exponiendo directamente la mioglobina al óxido nítrico, gas incoloro ligeramente soluble en agua. Sin embargo, los procedimientos para la incorporación directa del óxido nítrico a los productos cárnicos no se han adaptado a escala comercial. En los procedimientos de curado comerciales el óxido nítrico se produce por la reducción del nitrato y/o nitrito. Si se emplea nitrato para el curado, primero debe convertirse en nitrito que, a su vez, se reduce a óxido nítrico. Las bacterias reductoras del nitrato son las causantes de la conversión del nitrato en nitrito. Si se adiciona nitrito directamente no hace falta la reducción del nitrato y el color se desarrolla mucho más rápidamente. A casi todas las mezclas comerciales de curado se adiciona nitrito, mientras que el nitrato puede añadirse o no. Las normas de inspección de carne limitan la cantidad de nitrato permitido en el producto terminado a 200 partes por millón (ppm). La cantidad de nitrato tampoco debe superar las 500 ppm en el producto terminado ya que representa una fuente potencial de un exceso de nitrito. Las cantidades máximas de nitrito, como sal sódica o potásica, que pueden emplearse en el curado de la carne son 239,7 gramos/cien litros de salmuera; 62,8 gramos por 100 kg de carne en el curado en seco o 15,7 g por cien kg de carne picada para embutidos. Los niveles residuales de nitrito en el producto terminado son mucho más bajos que los que se adicionaron inicialmente.

Existen varios mecanismos mediante los que el nitrito se convierte en óxido nítrico; en solución acusa y al pH de la carne (5,5-6,0) una parte del nitrito se presenta como ácido nitroso (NO_2H). A estos valores de pH el ácido nitroso se descompone a óxido nítrico, según indica la siguiente ecuación;

$$3HNO_2 \rightleftharpoons HNO_3 + 2NO + H_2O$$

Esta reacción constituye una ruta lenta de producción de óxido nítrico y, por lo tanto, su importancia como fuente de óxido nítrico es probablemente mínima en comparación con los métodos de curado rápidos.

El nitrito se reduce también a óxido nítrico bajo la actividad reductora natural *post-mortem* del tejido muscular. En la carne existen con plena actividad muchos sustratos y enzimas, especialmente los del ácido tricarboxílico que pueden proporcionar equivalentes reductores (átomos de hidrógeno y electrones) como NADH. (El NADH es la forma reducida del nicotinamida-adenin-dinucleótido [(NAD^+)]. En condiciones anaeróbicas estos equivalentes reductores los emplea la cadena transportadora de

[1] Curación con sal y nitro de jamones generalmente deshuesados. N. del T.

electrones de las mitocondrias para reducir el nitrito. Esta reducción endógena puede proporcionar parte del óxido nítrico necesario para el desarrollo del color. Sin embargo, el proceso es lento y sólo produce cantidades significativas de óxido nítrico en los procedimientos de curado más largos.

Como antes se ha mencionado, la formación de óxido nítrico se acelera mucho adicionando sustancias reductoras a la mezcla de curado. La química de este proceso no se conoce suficientemente; sin embargo, parece que implica una serie de reacciones de equilibrio en las que los agentes reductores donan electrones al nitrito para dar lugar a la formación de óxido nítrico. Las sales sódicas de los ácidos ascórbico y eritórbico son los reductores más ampliamente utilizados. Para acelerar la reducción y estabilizar ligeramente el color se puede adicionar glucono-Δ-lactona. Esta sustancia forma ácido glucónico al adicionarla a la carne por lo que disminuye algo el pH.

En la figura 9-1 se muestran algunas de las reacciones que los pigmentos hemo sufren durante el desarrollo del color de las carnes curadas. Dado que el nitrito es un agente oxidante de la mioglobina muy eficaz, posiblemente la reacción inicial consista en la conversión de la *mioglobina* y *oximioglobina* en *metamioglobina. El óxido* nítrico se combina entonces con la porción hemo de la metamioglobina para originar *oxinitrometamioglobina (metamioglobina oxinítrica).* Esta puede reducirse a *mioglobina oxinítrica (oxinitromioglobina),* el pigmento buscado en la carne curada. La reducción de la oxinitrometamioglobina implica la adición de un electrón al Fe^{3+} del hemo que se convierte en Fe^{2+}. Esta reducción puede realizarse en la carne, bien naturalmente, o por los reductores adicionados a la mezcla del curado. La reducción natural es un proceso lento que juega un papel significativo únicamente en los procesos de curado muy largos. La actividad reductora de las sales del ácido ascórbico (ascorbatos) acelera la reducción de la metamioglobina oxinítrica donando electrones al hierro férrico (Fe^{3+}) del hemo. Los grupos sulfidrilo (—SH) liberados durante el tratamiento térmico de la carne curada, son también compuestos muy reductores que contribuyen significativamente a la reducción de la metamioglobina o de la oxinitrometamioglobina. Cuando se emplean reductores el tiempo requerido para el desarrollo del color de la carne curada puede reducirse a varias horas, en lugar de los varios días que se necesitarían si la actividad reductora natural hubiera de ser la única responsable de la producción de óxido nítrico y de la reducción de la metamioglobina oxinítrica. El empleo de agentes reductores en el curado de la carne constituye el fundamento de la moderna producción continua de salchichas tipo *Frankfurt* y de los procesos acelerados de elaboración de jamón y bacon.

La reacción final que se muestra en la figura 9-1, la formación de *nitrosilhemocromo* implica la desnaturalización de la porción proteica de la mioglobina, pero deja intacta la estructura hemo al que está unido el óxido nítrico. La desnaturalización se debe al calor durante el proceso culinario. El color del nitrosilhemocromo es rosa, en contraste con el color más rojizo de la mioglobina oxinítrica. El color del pigmento desnaturalizado es más estable que el del pigmento nativo.

Estabilidad del pigmento de la carne curada. El nitrosilhemocromo es un pigmento termoestable, por lo que no sufre cambios ulteriores del color durante cualquier cocinado adicional del producto curado. Sin embargo, los pigmentos de la carne curada pueden experimentar otras reacciones que determinan cambios de color; frecuentemente tales cambios suponen pérdida de color. La oxinitromioglobina y el nitrosilhemocromo son muy susceptibles a la *decoloración por la luz.* Esta acción es importante cuando las carnes se exhiben bajo una fuerte iluminación fluorescente, al mismo

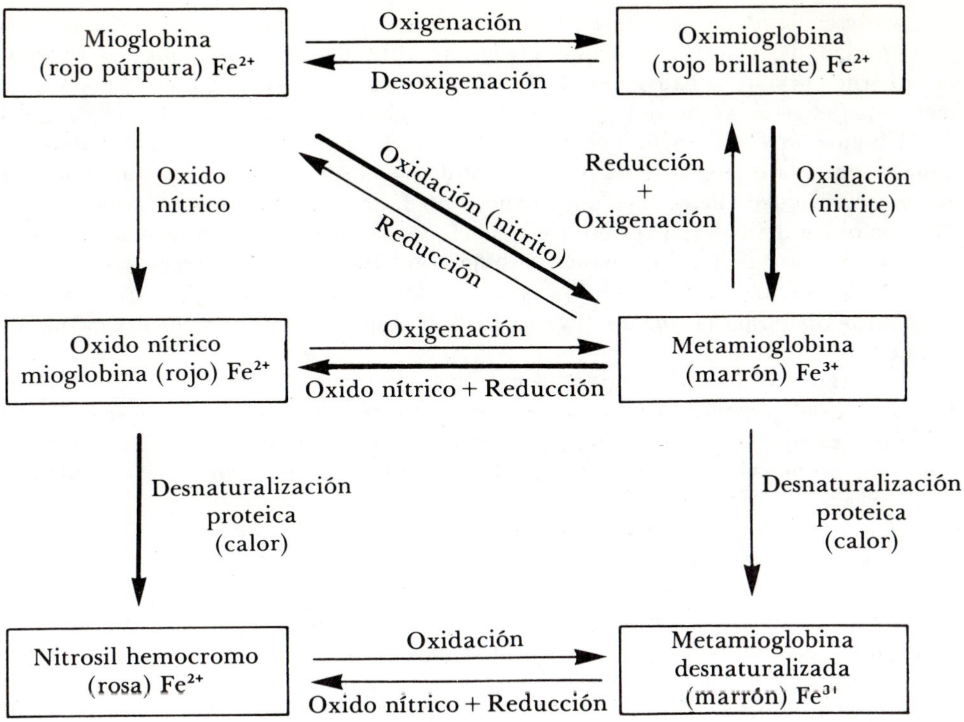

Figura 9-1. Cambios químicos que puede experimentar la mioglobina durante el desarrollo del pigmento final de carne curada.

tiempo que están expuestas al aire. Bajo estas condiciones el color superficial de las carnes curadas se debilita en una hora aproximadamente. Bajo las mismas condiciones la carne fresca conservaría su color tres días o más. La decoloración lumínica es un proceso que consta de dos fases: 1) la disociación del óxido nítrico del grupo hemo, que es catalizada por la luz, seguida de 2) la oxidación del óxido nítrico por el oxígeno. Los grupos hemo también se oxidan bajo la acción del oxígeno. En las superficies de la carne expuestas a la luz, durante la decoloración luminosa se desarrolla un color marrón-grisáceo debido a que el pigmento decolorado o velado (llamado a veces *hemicromo*) tiene en su grupo hemo hierro férrico (Fe^{3+}). El método más eficaz para prevenir la decoloración lumínica es la exclusión del oxígeno que puede contactar con las superficies de la carne; ello puede realizarse o bien envasando la carne a vacío o bien haciéndolo en películas impermeables al oxígeno. En cualquiera de estos casos pueden utilizarse películas claras y métodos de exhibición con iluminación de escaparates sin que tenga lugar ninguna decoloración significativa. Si no hay oxígeno, el óxido nítrico no se oxida y puede recombinarse con el hemo. En ciertos casos, el empleo de ascorbato durante el curado, o su aplicación por atomización a la superficie de la carne o del material de empaquetado retrasa también la decoloración luminosa. Se admite que los ascorbatos proporcionan una producción continua de óxido nítrico a partir del nitrito residual de la carne. El empleo de materiales de envasado opacos también previene la decoloración luminosa, dado que el proceso exige tanto luz como oxígeno.

La presencia de grasa rancia en los productos cárnicos curados también determina inestabilidad del color. Los ácidos grasos insaturados, lo mismo que los pigmentos de la carne curada, se oxidan en presencia del oxígeno y además la oxidación de uno acelera la del otro. A esto se le conoce como *cooxidación*.

El pigmento de la carne curada también es susceptible a la decoloración bacteriana durante la que se origina un color verde en la superficie del producto. Generalmente el enverdecimiento es consecuencia de falta de higiene o de condiciones de almacenamiento inadecuadas en las que el producto se contamina con las superficies del equipo y después se mantiene bajo condiciones que favorecen el crecimiento microbiano. En condiciones aeróbicas las bacterias responsables del enverdecimiento originan peróxido de hidrógeno (agua oxigenada) que oxida directamente el pigmento de la carne curada.

Durante el curado las cantidades excesivas de nitrito originan también un enverdecimiento del pigmento de la carne curada conocido como *quemadura del nitrito*. Dado que el nitrito es muy reactivo en medio ácido, la quemadura del nitrito constituye un problema especialmente en los embutidos fermentados y en las manos de cerdo escabechadas a causa de su elevada acidez. El enverdecimiento originado por la quemadura del nitrito se debe a la oxidación del pigmento de la carne curada pero se desconocen los detalles exactos de la reacción.

El empleo de nitrito en relación con la salud pública. — El nitrito si se consume en cantidades excesivas es tóxico; una *dosis única* de nitrito que supere los 15-20 mg/kg de peso vivo puede ser letal. Sin embargo, el nivel máximo actualmente permitido en los productos cárnicos curados está unas 20-40 veces por debajo de la dosis letal. Por lo tanto no existe ningún grave problema de toxicidad por el nitrito siempre que se utilicen únicamente los niveles recomendados.

Desde 1960 aproximadamente hay una preocupación creciente por un cierto tipo de compuestos químicos productores de cáncer *(carcinogenéticos)* conocidos como *nitrosaminas*. Estos compuestos se originan en los alimentos bajo ciertas condiciones mediante la reacción del nitrito con las aminas secundarias ($-NR_2H$, en donde R es un grupo o radical cualquiera). Se sabe que las nitrosaminas, en general, son carcinogenéticas cuando las ingieren los animales. Sin embargo, las propiedades carcinogenéticas de nitrosaminas específicas son muy variables en las distintas especies; además algunas nitrosaminas son carcinogenéticos generales, mientras que otras afectan específicamente sólo a ciertos órganos.

La Enmienda Delaney al «Acta de Alimentos, Medicamentos y Cosméticos» de 1958 *(The Delaney Amendment to the Food, Drug, and Cosmetic Act)* estipula que los carcinógenos conocidos no deben permitirse en los alimentos. Por lo tanto, la aplicación de esta ley significa que uno al menos de los reactivos que producen las nitrosaminas debe ser eliminado de los alimentos. Las aminas no es posible eliminarlas, dado que son productos de escisión de sustancias naturalmente presentes en los alimentos; consecuentemente se ha propuesto que se prohiban los nitritos como aditivos alimentarios.

Puesto que el empleo más corriente de los nitritos en los alimentos es en el curado de las carnes, se ha sugerido que su eliminación de la carne curada sería una solución al problema de las nitrosaminas; estas sustancias se han aislado de diversos productos cárnicos curados, generalmente a una concentración menor de 50 partes por 1000 millones, pero la mayoría de las muestras analizadas eran negativas.

Eliminar el nitrito de las carnes curadas no es sencillo. El color característico que produce en este alimento ya ha sido estudiado. También es importante el hecho de que el nitrito inhibe la germinación de las esporas del *Clostridium botulinum* y previene la producción de toxinas en los productos cárnicos curados que se someten a termopasteurización durante su procesado y que exigen su almacenamiento en refrigeración una vez procesados. Ejemplo de estos productos lo constituyen las salchichas Frankfurt, mortadelas, y jamón y bacon enlatados. Se admite generalmente que la concentración mínima de nitrito que se necesita para inhibir al *Clostridium botulinum* es la de 150 ppm. Sin nitrito, el peligro de intoxicación botulínica haría imposible la preparación de estos productos en la forma en que actualmente se elaboran. La protección necesaria posiblemente se consiguiese con una concentración mayor de sal o con un tratamiento térmico más intenso, sin embargo se desconoce cuál sería la aceptación de estos productos por parte del consumidor.

Se ha dedicado bastante esfuerzo a la búsqueda de un sustituto del nitrito para el curado de la carne y ya se han concedido diversas patentes. El ácido nicotínico, la nicotinamida y sus derivados, son ejemplos de sustancias que forman con la mioglobina complejos con el color deseado y tienen interés potencial como sustitutos del nitrito. Un problema común de todos estos sustitutos es que el complejo que forman con la mioglobina es menos estable y más susceptible a la oxidación que el complejo originado con el óxido nítrico. Muchos de estos sustitutos potenciales también ejercen en el organismo humano efectos colaterlaes peligrosos. Por ejemplo, las sustancias derivadas del ácido nicotínico son vasodilatadores potentes, es decir, originan dilatación de los pequeños vasos sanguíneos. Tampoco se ha establecido la acción antimicrobiana de los sustitutos potenciales. En resumen, todavía no se ha encontrado una sustancia igual o superior al nitrito en lo que concierne al desarrollo del color y en su acción antimicrobiana.

Picado o trituración, mezcla y emulsificación

Picado o trituración. — El proceso en virtud del cual se reduce el tamaño de la carne para incorporarla a productos tales como embutidos se denomina *picado o trituración.* El grado de trituración (o tamaño de la partícula) difiere mucho en los distintos productos elaborados y frecuentemente constituye una característica particular de cada producto; algunos se componen de carne picada groseramente, mientras que en otros el picado es tan fino que constituye una emulsión cárnica. Todos los procesos de picado presentan dos ventajas: una mejor uniformidad del producto, debida a un tamaño de partícula uniforme, y a una distribución regular de los ingredientes y un aumento en el ablandamiento de la carne al subdividirla en partículas más pequeñas.

El equipo corrientemente utilizado para la trituración incluye picadoras o trituradoras , «cutters» silenciosos, molinos coloidales y máquinas formadoras de copos o escamas. Las picadoras se utilizan generalmente en la primera fase del picado de productos del tipo de los embutidos. En los embutidos sin emulsificar el picado constituye a menudo el único sistema de trituración utilizado. En el pasado se empleaba el «cutter» silencioso para formar emulsiones cárnicas, pero ahora se utiliza corrientemente para reducir el tamaño de las partículas de carne y grasa y para mezclar los ingredientes antes de su emulsificación en un molino coloidal o molino de emulsiones. En comparación con el cutter silencioso, los molinos coloidales funcionan a velocidades mucho mayores, forman emulsiones en mucho menos tiempo y las originan con un tamaño de partícula grasa menor. Puesto que los molinos emulsionantes trabajan a gran velocidad, los materiales cárnicos están sometidos a una gran fricción, lo que da lugar a una mayor temperatura de emulsión cuando ésta se verifica en un molino que cuando se realiza en un cutter silencioso. Las temperaturas excesivamente altas reducen la estabilidad de la emulsión resultante.

Mezclado. — El *mezclado* se aplica a una fase del procesado en la que los productos picados se someten a un proceso adicional de mezcla, antes de sufrir otras fases del procesado. La misión de un mezclado separado es asegurar una distribución de los ingredientes, especialmente de las sales del curado y condimentos, más uniforme que la que podría conseguirse mediante una simple trituración. Los embutidos triturados bastamente se mezclan antes de introducirlos en las tripas. Una fase previa a la emulsificación consiste en la mezcla de la carne, especias y otros ingredientes.

Emulsificación. — La *emulsión* se define como la mezcla de dos líquidos inmiscibles, uno de los cuales se dispersa en forma de pequeñas gotitas o glóbulos en el otro. El líquido que forma las gotitas pequeñas se denomina *fase dispersa* y aquél en el que están dispersas las gotitas se denomina *fase continua*. El tamaño de las gotitas de la fase dispersa varía entre los 0,1 y los 5,0 micrómetros (μm) de diámetro.

Dos emulsiones típicas son la salsa mayonesa y la leche homogenizada; en ambos casos hay gotitas de grasa dispersas en un medio acuoso. Las emulsiones cárnicas constituyen un sistema de dos fases, la fase dispersa está formada por partículas de grasa sólida o líquida y la continua por agua que contiene disueltas y suspendidas sales y proteínas. Por lo tanto, pueden clasificarse como emulsiones oleosas en agua, según indica la figura 9-2. Muchas de las partículas grasas de las emulsiones cárnicas comerciales tienen un diámetro mayor de 5,0 μm y, por lo tanto, no se ajustan a una de las exigencias de las emulsiones «clásicas».

Las emulsiones son generalmente inestables, salvo que posean otro compuesto como agente *emulsificante o estabilizante*. Cuando la grasa contacta con el agua existe

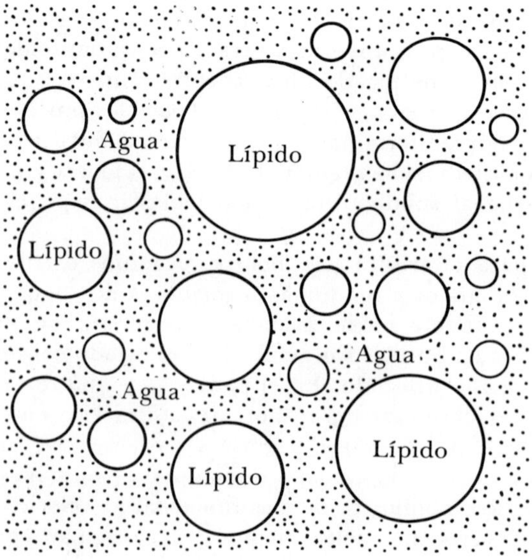

Figura 9-2. Representación esquemática de una emulsión oleosa en agua en la que se aprecia la dispersión de las gotitas lipídicas (fase dispersa) en el agua (fase continua).

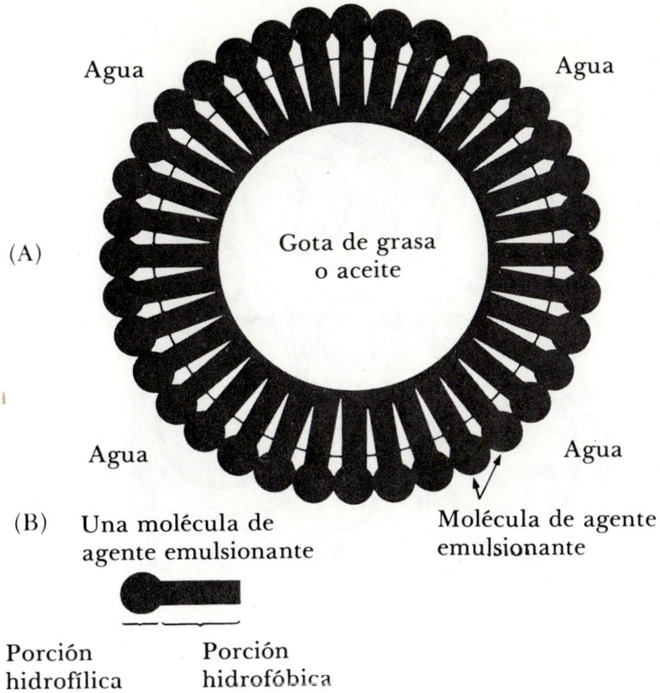

Figura 9-3. El agente emulsionante se coloca en la interfase entre las fases lipídica y acuosa. Sus moléculas se orientan de forma que sus porciones hidrofílicas estén en contacto con la fase acuosa mientras que las lipófilas (hidrófobas) lo están con la fase oleosa. El agente emulsionante forma una capa monomolecular que rodea a la gota de lípido. (B) Una molécula de agente emulsionante en la que se aprecian sus porciones hidrofílica e hidrofóbica.

una gran tensión interfacial entre ambas fases. Los agentes emulsificantes actúan reduciendo la tensión de esta interfase y permitiendo, por lo tanto, la formación de una emulsión con menor energía interna, así como aumentando su estabilidad total. Una característica que distingue a los agentes emulsificantes es que sus moléculas tienen afinidad tanto por el agua como por la grasa. Las porciones *hidrofílicas* (amantes del agua) de tales moléculas tienen afinidad por el agua, mientrs que las hidrofóbicas (enemigas del agua) tienen más afinidad por la grasa. Cuando mejor se satisfacen estas afinidades es cuando las partes hidrofóbica e hidrofílica del agente emulsionante se disponen entre las fases lipídica y acuosa. Si existe cantidad suficiente de agente emulsionante, éste formará una capa continua entre las dos fases (fig. 9-3) ayudando, por lo tanto, a estabilizar la emulsión al separar las dos fases.

En la figura 9-4 se muestra un diagrama de los componentes de una emulsión cárnica. La emulsión está formada por una matriz de fibras de tejido muscular y conectivo o trozos de las mismas, suspendidos en un medio acuoso que contiene las proteínas solubles y otros componentes musculares solubles. Las partículas grasas esféricas, recubiertas con proteína soluble, están dispersas en la matriz. En las emulsiones para embutidos las proteínas solubles disueltas en la fase acuosa actúan como agentes emulsificantes recubriendo todas las superficies de las partículas grasas dispersas. Las proteínas solubles pueden estar formadas, tanto por las sarcoplásmicas, como por las miofibrilares; sin embargo, las últimas son agentes emulsificantes mucho más eficaces y, por lo tanto, contribuyen más a la estabilidad de la emulsión. Como ya se señaló en el capítulo 3 las proteínas miofibrilares (actina y miosina) son insolubles en agua y soluciones salinas diluidas, pero son solubles en soluciones salinas más concentradas. Una de las funciones más principales de la sal, en las emulsiones de embuti-

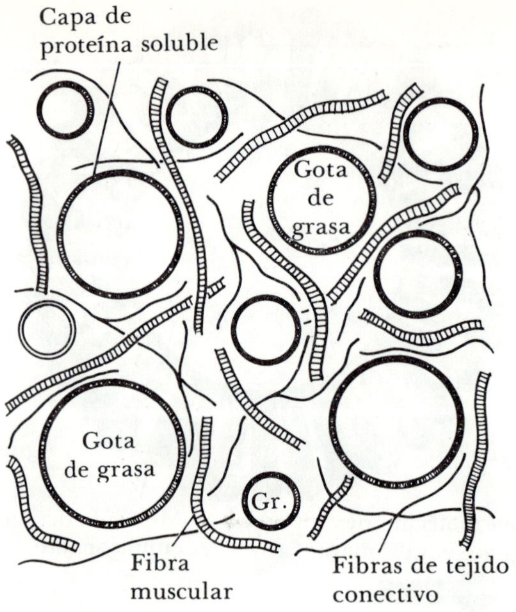

Figura 9-4. Diagrama de una emulsión cárnica. Las gotitas grasas están dispersas en un medio acuoso que contiene proteínas solubles, otros componentes musculares solubles y segmentos de fibras musculares y de tejido conectivo. Obsérvese que cada gotita grasa está recubierta por una fina capa de proteína soluble (agente emulsionante) que se ha liberado en el medio acuoso a partir de las fibras musculares.

dos, es el solubilizar estas proteínas en la fase acuosa para que se encuentren en condiciones de recubrir las partículas de grasa.

FACTORES QUE AFECTAN LA FORMACIÓN Y ESTABILIDAD DE LA EMULSIÓN

La cantidad de grasa que se incorpora en una emulsión estable depende de varios factores, incluidos la temperatura de emulsificación, el tamaño de la partícula grasa, el pH, la cantidad y tipo de proteína soluble y la viscosidad de la emulsión. Durante la trituración y emulsificación, la temperatura de la emulsión aumenta a consecuencia de la fricción en la picadora y en el molino emulsionante. Conviene un cierto calentamiento, dado que ayuda a la liberación de la proteína soluble, acelera el desarrollo del color del curado y mejora las características de flujo; sin embargo, si la temperatura se eleva demasiado durante la emulsificación la emulsión se rompe en el tratamiento térmico subsiguiente. La temperatura máxima permisible depende del tipo de equipo utilizado para emulsificar. Cuando se emplean molinos emulsionantes de gran velocidad pueden alcanzarse temperaturas finales de 20-25 °C sin ejercerse efecto deletéreo alguno en la estabilidad; cuando se emplean cutters silenciosos, de velocidad mucho más lenta, al formarse las emulsiones deben mantenerse las temperaturas más bajas.

Entre las diversas explicaciones que intentan aclarar los efectos perjudiciales de las temperaturas demasiado altas citaremos: desnaturalización de las proteínas solubles, disminución de la viscosidad de la emulsión y fusión de las partículas de grasa. Puesto que las proteínas solubles sirven como agentes emulsificantes, su desnaturalización, durante el tratamiento térmico, puede dar lugar a la rotura de la emulsión. La disminución de la estabilidad de la emulsión, a medida que decrece su viscosidad, puede explicarse como sigue: puesto que las partículas dispersas de grasa son menos densas que la fase continua acuosa tienden a flotar en la superficie. Su rápida migración se opone a la naturaleza viscosa de la fase continua y, en consecuencia, a medida que la fase continua pierde viscosidad, la tendencia a la separación aumenta. Como estudiaremos más tarde en esta sección, las partículas de grasa fundidas se dispersan más fácilmente en partículas más pequeñas que pueden influenciar la estabilidad de la emulsión. Los aumentos de temperatura se controlan o reducen adicionando a los ingredientes cárnicos hielo, mejor que agua, durante el picado y emulsificación. El hielo es mejor que el agua debido al calor de fusión latente adicional que debe absorber para fundirse. Aproximadamente se necesitan 80 calorías para convertir un gramo de hielo a 0 °C en un gramo de agua a O °C. Bajo este punto de vista solamente se necesita una caloría por gramo de agua para elevar su temperatura un grado centígrado; por lo tanto, la cantidad de calor empleado en la fusión de un gramo de hielo es suficiente para elevar la temperatura de un gramo de agua 80 °C. Otros medios eficaces de reducir la temperatura durante la emulsificación consisten en la adición de «nieve carbónica» o en el empleo de ingredientes cárnicos parcialmente congelados.

Durante la emulsificación la grasa presente en los ingredientes cárnicos debe subdividirse en partículas cada vez más pequeñas hasta que se forme una emulsión; no obstante, a medida que disminuye el tamaño de la partícula grasa hay un aumento proporcional del área de la superficie total de las partículas grasas. Cada vez que se reduce en uno el diámetro de la partícula grasa hay un aumento en el área de la superficie total. Así, por ejemplo, si un glóbulo esférico de grasa con un diámetro de 50 μm se triturase hasta dar glóbulos de 10 μm de diámetro se obtendrían 125 partículas de grasa. Sin embargo, su área superficial total habría pasado de 7.850 μm^2 a 39.250 μm^2. Esta multiplicación por cinco del área superficial exigiría una mayor cantidad de proteína soluble para recubrir completamente las superficies de las partículas más pequeñas. Por lo tanto, el sobrepicado de las emulsiones puede dar lugar a un área superficial de partículas grasas tan grande que la proteína soluble presente no pueda estabilizar adecuadamente la emulsión. Las partículas grasas no recubiertas, o sólo recubiertas en parte, no forman emulsiones estables. Generalmente, a medida que disminuye el tamaño de la partícula grasa se necesita mayor cantidad de proteína soluble para formar una emulsión estable.

Para preparar emulsiones cárnicas los componentes cárnicos magros se pican con sal para facilitar la extracción proteica antes de adicionar los ingredientes que tienen un gran contenido graso. La estabilidad de la emulsión aumenta a medida que lo hace la cantidad de proteína soluble disponible para actuar como agente emulsificante. Son varios los factores que influencian la cantidad de proteína extraída; a medida que aumenta el pH del músculo se extrae más proteína. Esto explica, en parte, la mayor estabilidad de las emulsiones formadas a más altos valores de pH. El estado de rigidez de la carne también influencia la emulsificación. La carne, antes de su rigidez es a este respecto superior a la que corresponde al *post-rigor*, porque permite la extracción de hasta más del 50 % de proteína soluble salina en comparación con la segunda. Como antes se indicó, las proteínas miofibrilares solubles en sal, aventajan como agentes emulsificantes a las sarcoplásmicas. En consecuencia, es mayor la cantidad de grasa que puede emulsificarse con la proteína extraída de la carne antes del *rigor mortis* que con la misma cantidad extraída después de la rigidez. La cantidad de grasa emulsificada por unidad de proteína se expresa como *capacidad o poder de emulsificación.* La decisión del fabricante sobre la carne en fase de rigidez que deba utilizarse dependerá de si las ventajas así obtenidas justifican el coste adicional implicado en la producción de carne en estado de pre-rigidez para la elaboración de emulsiones. Por otra parte, la mayoría de las ventajas de la carne en fase de pre-rigidez se consiguen igualmente premezclando la carne en fase de post-rigidez antes de la emulsificación. En este proceso la carne se tritura con hielo, sal e ingredientes del curado y se mantiene de 0° a 4° C unas doce horas, antes de realizar la emulsificación, lo que permite una extracción proteica más eficaz.

La rotura de la emulsión cárnica es una reagregación (coalescencia) de partículas de grasa, finamente dispersas, en partículas mayores fácilmente visibles. Ni que decir tiene que la rotura de la emulsión es perjudicial y debe evitarse si se quieren preparar productos emulsificados de gran calidad. Durante el calentamiento las partículas de grasa dispersas funden y en estado líquido presentan una mayor tendencia a la coalescencia. Las partículas que están recubiertas completamente de proteína soluble (agente emulsionante) son más difíciles de reagregarse (coalescencia) que las que carecen de este recubrimiento o sólo lo están parcialmente. Las partículas de grasa aumentadas de tamaño pueden aparecer como *bolsas de grasa* en la superficie o en el interior del producto (figura 9-5). También las partículas de grasa pueden presentar coalescencia en los extremos del embutido dando lugar a lo que se conoce como *gorro graso.*

No obstante otras separaciones de la grasa menos llamativas, como por ejemplo, la aparición de superficies grasosas en el producto terminado son mucho más corrientes y pueden causar problemas graves en la fabricación de embutidos.

Formulación

En los productos cárnicos procesados pueden incluirse muchos componentes distintos tales como carne, mezclas de curado, especias, ligantes y sustancias de relleno y agua. En la preparación de un producto determinado el fabricante no está sujeto a una serie de recetas; los ingredientes específicos y sus cantidades específicas pueden variarse para llegar al producto buscado, de la misma forma que una dieta puede equilibrarse variando los alimentos que la integran y sus proporciones relativas. Durante la elaboración de fórmulas el fabricante selecciona los ingredientes a utilizar

(A)  (B)  (C) 

Figura 9-5. Rotura de la emulsión en salchichas tipo «Frankfurt». (A) Elaboradas a partir de una emulsión estable. (B) y (C) ejemplos de «gorros» grasos y de acúmulos grasos originados durante el tratamiento térmico como consecuencia de haberse roto la emulsión. Obsérvese la brillante superficie de (B) y (C), lo que indica que existe grasa en su superficie.

TABLA 9-2.

Componentes de embutidos y productos similares.

Vacuno	Cerdos
Carne muscular esquelética	Carne muscular esquelética
Cortes deshuesados principales, tales como espalda, costillar bajo, falda, pecho.	Cortes deshuesados principales
Carne deshuesada de toro	Recortes de los anteriores
Carne deshuesada de vaca	Recortes del espinazo
Carne de carrillo *(cheek meat)*[1]	Espalda y cabecina
Carne de cabeza *(Head meat)*[2]	Carne de cabeza
Recortes de carne	Carne de carrillo
Carne de despojos y residuos	Carne de despojos y residuos
Corazones	Corazón
Tripa	Hígado
Hígado	Lengua
Lengua	Estómago
Morros	Corteza (piel)
Esófago	Jeta
Mollejas	Morros
Sangre	Tocino dorsal
Sesos	Manteca mesentérica
Pulmones	Orejas
Mamas (no lactantes)	Diafragma
Bazo	Bazo
Recortes de lengua	Esófago
Sebo, panza y grasa epiplónica	

Terneras	Ovinos
Carne muscular esquelética	Carne muscular esquelética
Cortes principales deshuesados	Cortes principales deshuesados
Carne de carrillo	Carne de carrillo
Carne de despojos	Carne de despojos
Lengua	Corazón
	Lengua

Aves
Carne muscular esquelética
Pollo deshuesado
Pavo deshuesado

FUENTE: MacKenzie, Donald S., *Prepared Meat Product Manufacturing* (AMI Center for Continuing Education, American Meat Institute, Chicago, Illinois), pág. 26, 1966.

1. Es la carne que recubre las superficies externa e interna del maxilar inferior.
2. Es la carne que queda en la calavera una vez separada la lengua.

TABLA 9-3.
Clasificación de la carne por su poder de ligar agua.

Carnes con gran capacidad ligante	Carnes de capacidad ligante intermedia	Carnes de bajo poder ligante	Carnes de relleno
Carne de toro	Carne de carrillos y de cabeza de bóvido	Recortes de cerdo (50 % grasa)	Morros de toro
Carne de vaca	Carne de carrillos y de cabeza de cerdo	Espalda de cerdo	Tripas
Espalda de cerdo deshuesada	Falda y punta de pecho de vacuno	Pecho de cerdo	Estómagos de cerdo
Recortes magros de cerdo (80 % carne magra)	Brazuelo de vacuno	Corazón	Piel
Carne de aves (sin piel)		Cuello de vacuno	Jetas
		Esófago	Labios
		Diafragma	Hígados
		Recortes de lengua	
		Dorsos de pollo deshuesados	

y las cantidades a emplear. La primera misión de una fórmula es la obtención de productos de aspecto, composición, sabor y propiedades físicas uniformes en cada partida, en cada día, en cada semana y en cada mes. El éxito de la formulación depende de la disponibilidad de información exacta sobre las propiedades y composición de las materias primas potenciales que pueden incluirse en el producto. Así los componentes cárnicos varían en composición, color y propiedades químicas y físicas; las especias en pureza y fuerza. La cantidad de ligantes y sustancias de relleno que pueden incluirse en el producto están limitadas por las Normas de inspección cárnica, lo mismo que su contenido en agua y grasa. La segunda meta que debe alcanzarse con una fórmula es obtener un producto que cumpla las normas de calidad preestablecidas, con el menor costo posible de materia prima. Debido a las fluctuaciones en el precio de los distintos ingredientes a menudo es aconsejable económicamente el sustituir un componente por otro. En el establecimiento de fórmulas debe determinarse el grado de sustituciones posibles y cuándo es el mejor momento de hacerlas en términos económicos. En la industria cárnica para alcanzar las metas citadas se emplean muchos procedimientos de programación lineal con el fin de elaborar las fórmulas más baratas.

Componentes cárnicos. — Una exigencia básica para obtener productos cárnicos uniformes es la debida selección de sus ingredientes. Los tejidos animales varían mucho en su contenido en humedad, proteína y grasa, en su pigmentación y en la capacidad de ligar agua y grasa. Por lo tanto, el fabricante debe conocer las propiedades y la composición de los tejidos cárnicos disponibles para llegar a una formulación correcta. En la tabla 9-2 se señalan los tejidos cárnicos utilizados en la elaboración de embutidos. Obsérvese que, además de la carne esquelética muscular, otros ingredientes potenciales de los embutidos, que a menudo se emplean en la elaboración de los cocidos, lo constituyen la carne de los subproductos (despojos). No todos los embutidos contienen despojos, pero los que los poseen tienen un valor nutritivo equivalente y, a veces, superior a los que sólo se componen de carne esquelética. Además, el empleo de despojos reduce los costos de las fórmulas y de los productos terminados en comparación con los que se componen únicamente de carne muscular esquelética. Sin embargo, puesto que algunos consumidores se oponen al consumo de despojos por razones de estética, se exige que los embutidos cocidos que contengan tales ingredientes lo indiquen claramente en la etiqueta, por ejemplo «salchichas Frankfurt con despojos».

En la industria elaborada cárnica se utilizan los términos *ligante* o *ligando* para expresar la capacidad de retención de agua de la carne magra, o la cohesión superficial entre sí de los trocitos o partículas de carne. En las emulsiones para embutidos y bajo el término *ligante* incluimos, tanto la capacidad de retención de agua, como la de emulsificar la grasa. Algunos componentes cárnicos tienen una gran capacidad de ligar agua, otros son inferiores a este respecto, por lo tanto, los cortes cárnicos crudos pueden (y de hecho lo son) clasificarse por su poder ligante (tabla 9-3). El músculo esquelético de vacuno mayor constituye un ejemplo de carne con gran poder ligante; la carne de la cabeza por otro lado tiene una capacidad ligante intermedia. La carne que contiene mucha grasa, mucho tejido conectivo, o una gran proporción de musculatura lisa tiene poco poder ligante, por ejemplo, los recortes corrientes de cerdo (50 por ciento de grasa), punta de pecho vacuna y recortes de lengua.

El colágeno, proteína del tejido conectivo, contribuye a ligar agua durante la mezcla o emulsión para embutidos, sin embargo, durante el tratamiento térmico el colágeno se encoge y gelatiniza parcialmente. El colágeno gelatinizado, tiene una buena capacidad de ligar agua pero le falta poder de emulsificar grasa. Panzas, morros, estómagos, piel y jetas pueden formar parte de los embutidos, si bien en cantidad limitada, dado que estos materiales tienen menor poder ligante; (comercialmente se les denomina *carnes de relleno*). Un ingrediente cárnico más reciente de las emulsiones es la carne de pollo deshuesada . La composición y poder ligante de este producto depende de la región de la canal que se utilice. Por ejemplo, la carne del cuello y del dorso contiene una gran proporción de tejido conectivo y de grasa de la piel. En lo que a capacidad emulsificante de la grasa se refiere, la carne deshuesada de las aves en general es, peso por peso, ligeramente inferior que la carne de vaca.

Las proteínas procedentes de los componentes cárnicos son responsables de la ligazón de agua y de la emulsificación grasa. Las variaciones en la capacidad de los tejidos animales para ligar o emulsificar la grasa de las emulsiones cárnicas se deben a: 1) la cantidad de proteína soluble potencialmente disponible, y 2) la capacidad emulsificante de la proteína (la eficacia de la proteína soluble para emulsificar la grasa). Por ejemplo, la carne de vaca tiene un contenido de proteína soluble en sal ligeramente inferior que la carne de cabecina del cerdo. Sin embargo, la carne de vacuno en su empleo práctico es superior a la de cerdo, puesto que su menor contenido proteico se compensa de sobras por su mayor capacidad emulsificante. Tiene un mayor poder emulsificante porque posee menos tejido conectivo y mayor contenido de proteína miofibrilar que la cabecina de cerdo. Los valores de emulsificación de muchos ingredientes cárnicos corrientes se expresan como un valor único, calculado mediante la combinación de los factores (1) y (2) antes citados. Las tablas en que se relacionan tales valores pueden emplearse para la programación lineal en la formulación de emulsiones para embutidos, siempre que se conozca la cantidad total de proteína en la masa o bodrio.

Las relaciones humedad/proteína de diversos tejidos sirven, hasta cierto punto, de guía para predecir la composición final de un producto. Tales proporciones, que para los ingredientes más corrientes de los embutidos se muestran en la tabla 9-4, son

TABLA 9-4

Contenido en humedad, proteína, grasa y relaciones humedad/proteína de algunos componentes cárnicos de los embutidos

Ingrediente cárnico	Humedad %	Proteína %	Grasa %	Relación humedad/ proteína
Carne de toro	70,7	20,8	87,5	3,40
Carne blanca de pollo (deshuesada manualmente)	73,8	23,3	1,2	3,16
Espaldas, deshuesadas	69,6	19,5	10,0	3,57
Carne roja de pollo (deshuesada manualmente)	73,1	18,5	6,4	3,95
Recortes de vacuno, 75/85 carne magra	57,6	16,9	25,0	3,41
Carne bovina de carrillos	66,4	18,5	14,5	3,59
Espaldar deshuesado	60,0	15,6	23,4	3,84
Carne de cabeza de cerdo	57,9	16,1	25,0	3,60
Falda vacuna	35,0	9,9	54,0	3,54
Recortes normales de cerdo	36,0	9,6	54,0	3,77
Espalda de cerdo (descortezada)	23,4	6,3	70,0	3,72
Dorsos y cuellos de pollo (deshuesados mecánicamente)	66,6	14,5	17,6	4,59
Corazón de vacuno	64,1	14,9	20,0	4,30
Carne de tronco de pavo (deshuesada mecánicamente)	73,3	13,5	11,5	5,43
Tocino dorsal (sin recortar)	16,1	4,2	79,0	3,83
Tripas de vacuno	75,5	12,8	11,0	5,90

FUENTE: Froning, G. W., «Poultry meat Sources and Their Emulsifying Characteristics as Related to Processing Variables», *Poultry Sci.*, 49, 1625 (1970); Kramlich, W. E., A. M. Pearson and R. W. Tauber, *Processed Meats* (AVI Publishsing Company, Inc., Westport, Connecticut), 1973.

aproximadas y únicamente pueden utilizarse como guías de orientación. Sin embargo, comparando las propiedades ligantes y las relaciones de humedad/proteína, se ha visto que las carnes cuya relación da cocientes más pequeños es la que se comporta generalmente mejor en las fórmulas para embutidos.

La grasa es un componente importante de los productos cárnicos procesados y contribuye en gran parte a su palatabilidad. El contenido graso influencia la blandura y la jugosidad de los embutidos; sirve también como fase dispersa en las emulsiones de carne. La presencia de grasa no emulsificada en los productos chacineros emulsionados constituye a menudo un problema para el fabricante. El contenido lipídico de los componentes grasos varía más ampliamente que la relación humedad/proteína y depende fundamentalmente del tipo de pieza o recorte, y también de la calidad de la canal. La tabla 9-4 muestra los contenidos grasos de diferentes componentes cárnicos, calculados por diferencia y dejando para el contenido en cenizas un 1 %. Puesto que las normas de inspección cárnica limitan el contenido en grasa de los embutidos cocidos a un máximo del 30 %, es muy importante conocer el contenido graso de los ingredientes cárnicos.

Humedad. — La humedad supone del 45 al 60 % del peso final de los productos cárnicos procesados, más que ninguno de los otros componentes independiente. La mayoría de la humedad procede de la carne magra; sin embargo, el fabricante adiciona agua a muchos productos como parte de su receta. Existen varias razones para adicionar agua. Muchos productos se desecarían y carecerían de palatabilidad si en el producto final no hubiera más agua que la contenida en los componentes cárnicos. El agua adicional mejora la blandura y la jugosidad; como antes se ha indicado, la humedad, adicionada como hielo, también ayuda a mantener baja la temperatura del producto durante su emulsificación. En las piezas cárnicas ahumadas sin triturar, tales como jamones y bacon, el agua sirve como medio de transporte para la distribución de los ingredientes del curado. La humedad adicionada durante la salmuerización por inyección o inmersión, o la que se añade a las fórmulas de los embutidos, sirve también para remplazar la que se pierde en las operaciones de procesado subsiguientes, sobre todo durante el tratamiento térmico. Por la tanto, mediante la adición de agua puede mejorarse el rendimiento del producto final. La cantidad de humedad que se adiciona durante el procesado dependerá de la composición y propiedades de la materia prima, de las pérdidas que se esperan durante todas las fases del procesado y del nivel de humedad deseado en el producto final.

Los productos cárnicos procesados deben cumplir las normas de la inspección cárnica federal en lo que ha contenido en humedad se refiere. Por ejemplo, el contenido en agua de los embutidos cocidos no debe ser superior a cuatro veces su contenido proteico (determinado por análisis) más un 10 %. En otras palabras, si el producto contiene un 12 % de proteína cárnica, la cantidad máxima permitida de agua en el producto final será del 58 %. $[(4 \times 12\ \%) + 10\ \% = 58\ \%]$. En los embutidos frescos no tratados térmicamente el máximo de agua que puede adicionarse para facilitar el procesado es el 3 %. También establecen las normas que el peso final de los productos cárnicos ahumados tales como delanteros, «picnis»[1] o «butts»[2] del cerdo no deben superar el peso del producto fresco sin curar. Por lo tanto, el agua adicional con la salmuera debe ser suficiente para reemplazar únicamente la que se perderá durante el resto de las operaciones de procesado. Si se adiciona una cantidad de agua superior a ésta y el peso del producto final es mayor que el del fresco debe señalarse en su etiqueta: *«agua añadida»*. El peso final del «agua añadida» en las carnes ahumadas no debe ser superior al 110 % del peso fresco (referido generalmente como 10 % de agua añadida). Los productos con «agua añadida» son generalmente más tiernos y jugosos, y cumplen las exigencias del consumidor. Los procedimientos laboratoriales legales para establecer la cantidad máxima de humedad permitida en los embutidos frescos, «picnics», «butts» y productos con agua añadida, se basan en el contenido de proteína cárnica de los respectivos productos; lo mismo que ocurre, como se ha señalado más atrás, en los embutidos cocidos. Aunque el multiplicador para todos los embutidos cocidos es cuatro veces el contenido proteico, varía generalmente en otros productos entre 3,79 y 4,0, dependiendo de la proporción natural de humedad/proteína para cada tipo de carne en particular.

---

1 Extremidad delantera sin sus porciones distales.
2 Porción central sin hueso del jamón. *(N. del T.)*.

Dispersantes, ligantes y rellenos. — A los embutido y a los «bloques» o «panes» de carne se les suele incorporar una variedad de productos no cárnicos que generalmente se les denomina extendedores o dispersantes, ligantes y rellenos. Se incluyen en las fórmulas de los embutidos por una o más de las siguientes razones: 1) mejorar la estabilidad de la emulsión; 2) aumentar la capacidad de ligar agua; 3) resaltar el aroma 4) disminuir las mermas durante la cocción; 5) mejorar su disposición para la obtención de rodajas, y 6) disminuir los gastos de formulación.

Hemos utilizado antes los términos de ligar y ligando para referirnos, tanto a la retención de agua y a la emulsificación de la grasa en los productos emulsificados, como a la capacidad de retención de agua de la carne magra y a la habilidad de los trocitos o porciones cárnicos para unirse entre sí en los productos sin emulsificar. Por la tanto, *ligantes* son aquellos materiales no cárnicos que contribuyen tanto a ligar agua como a emulsificar la grasa. Los *rellenos* ligan grandes cantidades de agua, pero contribuyen poco a la emulsificación. El término *extendedor o dispersante* tan poco específico, se utiliza para describir a cualquier componente no cárnico, con la excepción del agua, sal y especias, que se adiciona en cantidad suficiente para aumentar el volumen o cambiar la composición de los embutidos.

Los ligantes corrientemente empleados en las fórmulas de los embutidos se caracterizan por su contenido proteico y están formados, o por leche en polvo, o por productos derivados de la soja, entre éstos, harina de soja, triturados de soja, concentrado proteico de soja y proteína aislada de soja. Los triturados y la harina contienen 40-60 % de proteína y son iguales salvo que la harina está finamente molida y los triturados groseramente. Ambos productos imparten un aroma intenso a los productos cárnicos, lo que limita su empleo; por otra parte, el concentrado proteico de soja contiene un 70 % de proteína y un aroma suave. Los triturados, la harina y el concentrado pueden emplearse para ligar los pasteles y panes de carne. La proteína de soja aislada contiene un 90 % de proteína aproximadamente, y además de tener un aroma muy suave se dispersa en el agua y posee excelentes capacidades de ligar agua y grasa. Utilizando solamente proteína aislada de soja, como única fuente proteica, se han preparado ya embutidos sin carne del tipo de las salchichas de Frankfurt y mortadela bastante aceptables.

La proteína vegetal manufacturada (MVP) es el ingrediente no cárnico más reciente que se ha desarrollado como ligante y dispersante de los productos cárnicos procesados. La MVP se elabora generalmente cociendo y extruyendo simultáneamente una mezcla de harina de soja y otros ingredientes, tales como aromatizantes y colorantes en partículas cuyo diámetro varía entre un milímetro y un centímetro o más. La MVP sin aromatizar tiene un sabor típicamente suave, tostado y posee un 50 % aproximadamente de proteína y un 7 % de humedad.

Los principales empleos de la MVP son: como dispersante de la carne vacuna triturada y como ligante y extendedor en los pasteles de carne. Una fórmula típica sería la adición de una mezcla de tres partes de agua y una de MVP a carne triturada de bóvido en una proporción de 20-25 % de la mezcla y 75-80 % de la carne triturada. El empleo de proteína vegetal, tal como queda dicho, reduce mucho los costos de las fórmulas. Los productos a base de proteína extruida poseen una textura similar a la carne, se hidratan rápidamente y poseen cierta capacidad de retener jugo. Los pasteles de carne que contienen MVP se encogen menos durante su cocción que los de carne exclusivamente, como consecuencia de su capacidad extra de retener jugo. Derivados de proteína texturizada que simulan carne vacuna, jamón, pollo y bacon, se encuentran ya en productos tales como salsas para ensaladas, mezclas de especias, condimentos para estofados y muchos otros tipos de alimentos y aperitivos preparados.

La leche en polvo descremada (NFDM), la leche en polvo descremada, pobre en calcio y el suero lácteo desecado son productos derivados de la leche que se utilizan como ligantes. La NFDM contiene aproximadamente 35 % de proteína, de la que el 80 % es caseína, y la restante está constituida en gran parte por β-lactoglobulina y lactalbúmina. La NFDM posee una capacidad de emulsificar grasa limitada, debido a que la caseína está combinada con grandes cantidades de calcio, lo que la convierte en escasamente soluble en agua; recordemos nuevamente que las proteínas para funcionar como agentes emulsificantes deben estar solubilizadas. Si se sustituye el calcio de la caseína por el sodio, su solubilidad en agua y su capacidad emulsificante aumentan. A este producto, en el que el sodio sustituye al calcio, se le denomina NFDM pobre en calcio. El suero en polvo, del que se ha eliminado parte de la lactosa, puede tener una mayor capacidad emulsificante que la NFDM, dado que carece de caseína y la β-lactoglobulina y latalbúmina son proteínas fácilmente solubles.

Los rellenos más corrientemente empleados en embutidos y bloques o panes de carne son: 1) harina de cereales procedentes del trigo, centeno, cebada, maíz o arroz; 2) almidón procedente de estas harinas o de las patatas, y 3) jarabe de maíz o extracto de jarabe de maíz. Todas estas harinas son ricas en almidón, pero relativamente pobres en proteína, por lo tanto, ligan grandes cantidades de agua, pero tienen escasa capacidad emulsificante. El jarabe de maíz y el extracto de jarabe de maíz derivan del almidón del maíz hidrolizado parcialmente a unidades de glucosa, maltosa y dextrina. Son menos dulces que la sacarosa y se adicionan a los productos cárnicos por sus propiedades aromatizantes y texturizantes.

La cantidad de extendedores permisible en embutidos y bloques de carne se especifica en las normas de inspección cárnica. Los productos de la soja (con excepción de la proteína aislada de soja), las harinas y almidones de cereales, la NFDM o la NFDM pobre en calcio, pueden incorporarse a los embutidos cocidos, tanto independientemente como en combinación, hasta un máximo del 3,5 % en peso del producto final. La proteína aislada de soja no debe superar el 2 % en el embutido. Los embutidos que contengan una cantidad de extendedores mayor que la señalada deben indicar en su etiqueta la palabra «imitación». Estos límites también se aplican a los panes de carne. Los panes en cuyo nombre no se incluye la palabra *carne* no exigen límite alguno en lo que se refiere a contenido en extendedor; como ejemplos pueden citarse los panes o bloques de encurtidos y pimiento y los de macarrones y queso.

Aromatizantes. — El término *aromatizantes* se aplica a cualquier ingrediente que se adicione para modificar o mejorar el aroma de los productos cárnicos procesados. Por lo tanto, su incorporación a los productos cárnicos es obvio que busca la obtención de aromas distintos y definidos. El empleo de aromatizantes permite que el fabricante cree nuevos productos y proporcione variedad en los ya existentes. Se requiere una gran cantidad de artesanía e imaginación para utilizar con éxito los aromatizantes, por lo que los fabricantes de productos cárnicos guardan con gran cuidado el secreto de sus fórmulas aromatizantes. Además de aromatizar, estas sustancias contribuyen en parte a la conservación de la carne. Ya nos hemos referido antes a la acción conservadora de la sal, especialmente a concentraciones altas. Ciertas especias poseen propiedades antioxidantes y, por lo tanto, reducen la velocidad del desarrollo de la ran-

TABLA 9-5.
Especias y origen de las corrientemente empleadas en las carnes procesadas.

Especia	Porción del vegetal	Región de producción	Uso
Pimienta de Jamaica	Fruto casi maduro desecado de *Pimenta officinalis*	Jamaica, Cuba, Haití, República de Trinidad y Tobago	Mortadelas, pies de cerdo escabechados,
Anís (semilla)	Fruto maduro desecado de *Pimpinella anisum*	Rusia, Alemania, Escandinavia, Checoslovaquia, Francia, Holanda, España	Embutidos secos, mortadela, «pepperoni»
Hojas de laurel	Hojas desecadas de *Laurus nobilis*	Región Mediterránea, Grecia, Italia, Gran Bretaña	Adobos para pies de cerdo, oveja, lengua de cerdo
Cardamomo	Semillas maduras desecadas de *Elettaria cardamomum*	Costa de Malabar (India), Sri Lanka, Guatemala	Salchichas Frankfurt, embutido de hígado, bloques de cabeza
Casia	Corteza desecada de *Cinnamomum cassia, C. Loureirii, C. burmanni*	China, India, Indochina	Mortadela, embutidos de sangre
Semillas de apio	Fruto maduro desecado de *Apium graveolens*	Europa del Sur, India	Embutidos de cerdo
Canela	Corteza desecada de *Cinnamomum zeylanicum* y *C. loureirii*	Sri Lanka, Sumatra, Java, Vietnam, Borneo, Costa de Malabar	Mortadela, embutidos de cabeza
Clavo	Yemas florales desecadas de *Eugenia caryophyllata*	Brasil, Sri Lanka, Tanzania, República Malgache	Mortadela, embutidos de cabeza, embutido de hígado
Coriandro	Fruto maduro desecado de *Coriandrum sativum*	Inglaterra, Alemania, Checoslovaquia, Hungría, Rusia, Marruecos, Malta, India	Salchichas Frankfurt, embutido polonés, especialidades «luncheon»
Comino	Semillas maduras desecadas de *Cuminum cyminum*	Europa meridional, India, Zonas mediterráneas norteafricanas, Arabia Saudí, India y China	Curry en polvo
Ajo	Bulbos frescos de *Allium sativum*	España, Italia, Sur de Francia, Méjico, Sudamérica, India, Estados Unidos	Embutido polonés, muchos tipos de embutidos ahumados
Gengibre	Rizoma desecado de *Zingiber officinale*	Jamaica, Africa Occidental, Indias Occidentales	Embutido de cerdo, salchichas Frankfurt, «Corned beef»

(continúa)

TABLA 9-5.
Especias y origen de las corrientemente empleadas en las carnes procesadas *(continuación)*

Especia	Porción del vegetal	Región de producción	Uso
Macís	La cubierta cérea (arilo) desecada que recubre parcialmente la semilla de la nuez moscada, *Myristica fragans*	Sur' de Asia, Archipiélago Malayo (Indonesia y Malasia Este)	Embutido de ternera, embutido de hígado, salchichas Frankfurt, Mortadela
Mejorana	Hojas desecadas (con o sin cabezas florales) de *Marjorana hortensis* u *Origaganum vulgare*	Norte de Africa, Grecia y otros países mediterráneos	Embutido de hígado, embutido polonés, quesos de cabeza
Mostaza (negra, blanca, amarilla, marrón, roja)	Semillas maduras desecadas de *Brassica nigra, B. juncea, B. alba*	China, Japón, India, Italia, Rusia, Holanda, Inglaterra, Estados Unidos	Buena en todos los embutidos
Nuez Moscada	Semilla madura desecada y molida de *Myristica fragans*	Sur de Asia, Archipiélago Malayo (Indonesia y Malasia del Este)	Embutido de ternera, mortadela, salchichas Frankfurt, embutido de hígado, quesos de cabeza
Cebolla	Bulbo fresco de *Allium cepa*	EE.UU., todo el mundo	Embutido de hígado, quesos de cabeza
Pimentón	Fruto maduro desecado de *Capsicum annuum*	Hungría, España, EE.UU., Etiopía	Salchichas, embutido mejicano, embutido seco
Pimienta (negra)	Fruta inmadura desecada de *Piper nigrum*	Singapur, Lampung, Sumatra, Penang, Sarawak, Tailandia, India, Filipinas, Indonesia, Tanzania	Mortadela, embutido polonés, quesos de cabeza
Pimienta (de Cayena o roja)	Fruto maduro desecado de *Capsicum frutescens*	Tanzania, Japón, México, Estados Unidos	Salchichas Frankfurt, mortadela, embutido de ternera, embutidos ahumados
Pimienta (blanca)	Fruto maduro descortezado y desecado de *Piper nigrum*	Singapur, Tailandia	Buena en todos los embutidos
Pimiento	Fruto maduro sin desecar de *Capsicum annuum*	España, EE.UU.	Bloques de carne
Salvia	Hojas desecadas de *Salvia officinalis*	Costa Dalmática, EE.UU.	Embutidos de cerdo bloques de carne
Ajedrea	Hojas desecadas de *Satureja hortensis* o *S. montana*	Países Mediterráneos, Estados Unidos	Buena en todos los embutidos
Tomillo	Hojas y cabezas florales desecadas de *Thymus vulgaris*	Costa Mediterránea	Bueno en todos los embutidos

cidez oxidativa. Por otra parte, las especias pueden llevar una cantidad excesivamente alta de bacterias, lo que acortará la vida de almacén de los productos elaborados.

En la tabla 9-5 se señalan las especias más corrientes utilizadas en los productos cárnicos, su origen y alguno ejemplos típicos de su empleo en las carnes procesadas.

La sal y la pimienta constituyen la base de las fórmulas aromatizantes de los embutidos. Todos los demás ingredientes aromatizantes son suplementos de la sal y la pimienta, pero muy necesarios para la obtención de aromas precisos, asociados a diversos productos. Entre estos aromatizantes deben citarse las especias, hierbas, hortalizas, edulcorantes y otros ingredientes, tales como el glutamato monosódico que contribuye a resaltar el aroma.

Las *especias* son sustancias aromáticas de origen vegetal. Aunque se producen en todas las partes del mundo, la mayoría crecen en las Indias Orientales y Occidentales, Malasia, India, República P. de China y Japón, y algunas en Africa y en Europa. Las porciones del vegetal utilizadas para obtener sus especias varían, por ejemplo, en el caso de la pimienta negra y blanca, así como en la nuez moscada, se utiliza el fruto, la flor en el caso del clavo, la cubierta de la semilla (arilo) en el caso del macís, el rizoma en el caso del gengibre, y la corteza del tallo en el caso de la canela. Las *semillas aromáticas* tales como cardamomo, eneldo, mostaza y coriandro también se incluyen entre las especias. Las *hierbas* son hojas secas de vegetales, y entre las empleadas en los embutidos citaremos la salvia, ajedrea, tomillo, y mejorana (orégano). Los aromatizantes procedentes de vegetales bulbosos son la cebolla y el ajo. Puesto que todos los aromatizantes citados son productos naturales, varían mucho en aroma, fuerza y calidad, debido a variaciones climáticas durante su desarrollo, a la fertilidad del suelo en que crecieron y a las condiciones en que se almacenaron. Por lo tanto, se requiere una gran dosis de experiencia para la debida selección de los aromatizantes naturales que vayan a utilizarse en la carne procesada.

Los aromatizantes naturales pueden utilizarse enteros, como por ejemplo los granos de pimienta incluidos en ciertos embutidos, pero generalmente se emplean procesados de alguna forma, bien molidos o como aceites esenciales y oleorresinas. Las especias molidas se encuentran a disposición del fabricante de productos cárnicos con un grado de finura diverso. A veces se prefiere las especias más finamente molidas *(micromolidas)* porque se dispersan mucho mejor en el producto, son invisibles y no modifican el aspecto de éste. Los *extractivos,* aceites esenciales y oleorresinas, tienen ciertas ventajas sobre las especias molidas. Carecen de contaminación microbiana y son invisibles en el producto cárnico terminado. Estos extractos o extractivos se obtienen a partir de las especias naturales por presión, destilación o extracción con solventes. Pueden mezclarse, lo mismo que las especias molidas; generalmente, para su incorporación a la carne se combinan con un excipiente, como por ejemplo la sal o la dextrosa.

Los edulcorantes empleados en los productos cárnicos son la sacarosa, la dextrosa, el jarabe de maíz o su extracto y la lactosa. La lactosa, que tiene muy poco poder edulcorante, se adiciona a los embutidos únicamente cuando en su fórmula no se incluye leche descremada en polvo. Esta última contiene aproximadamente un 50 % de lactosa. El jarabe de maíz y su extracto poseen un poder edulcorante equivalente al 40 % del de la sacarosa y, por lo tanto, se clasifican frecuentemente como rellenos. La sacarosa y la dextrosa se emplean en primer lugar por su capacidad edulcorante; además se encuentran fácilmente disponibles para la fermentación ácido láctica realizada por ciertos microorganismo durante la preparación de embutidos secos; los productos de esta fermentación son los responsables de los aromas característicos de estos productos.

Otros ingredientes de las fórmulas de carnes procesadas. — Para las fórmulas de carnes procesadas se emplean otros varios ingredientes. Ya hemos estudiado antes, con cierta extensión, el empleo del nitrito y del nitrato para el desarrollo del color de la carne curada, así como el del ascorbato y eritorbato como agente reductor para acelerar el desarrollo del color.

Los fosfatos alcalinos se utilizan extensamente en las salmueras para el curado de las carnes; sin saberlo, estas sustancias han venido empleándose, durante muchos años, en los preparados cárnicos debido a la utilización del «barreño». Se sabe que el contenido en fosfato de los barreños, o recipientes similares, aumenta cada vez que se emplean. Se admite generalmente que la carne cocinada en dichos recipientes adquiere mejor aroma, por lo que a partir de la misma se preparan determinados caldos. Las normas de inspección cárnica de los Estados Unidos de Norteamérica autorizan el empleo en las salmueras para inyección de jamones, «picnics» y productos similares, de sustancias tales como el fosfato disódico, hexametafosfato, tripolifosfato y pirofosfato sódico. En dicho país se prohibe el empleo de fosfatos en los embutidos y en otros productos cárnicos preparados, contrariamente a lo que ocurre en diversos países europeos en los que se utilizan extensamente en dichos productos.

El empleo de fosfatos en el curado de las carnes proporciona diversos beneficios que se citan a continuación: aumentan la capacidad de retención de agua de la carne; es menor la pérdida de humedad durante el cocinado, por ejemplo hay una menor *purga* (liberación de agua y gelatina a partir de la carne durante el calentamiento) en los jamones enlatados cocidos y en los totalmente cocidos (jamones que han alcanzado una temperatura interna de 68 °C o mayor). Cuando se emplean los fosfatos aumenta la blandura y jugosidad del producto curado. En la carne curada mejora también la aceptabilidad del color y su uniformidad y estabilidad. Ofrecen protección frente al pardeamiento durante el almacenamiento y actúan sinérgicamente con los ascorbatos para proteger las carnes curadas frente a la rancidez (es decir, la protección ofrecida por ambos compuestos juntos es mayor que la suma de la protección ofrecida separadamente por cada uno).

Moldeado de los productos cárnicos procesados

A la mayoría de los productos cárnicos procesados se les da forma en un determinado punto del procesado para que cada uno presente un aspecto y forma uniforme y característicos. Puesto que los embutidos son productos picados, deben colocarse en cierto tipo de molde o recipiente que les de forma, que los mantenga unidos durante otras fases del procesado y que los proteja. La forma de cada tipo particular de embutido la impone la tradición tras muchos años de presentarse de la misma manera. (Véase fig. 9-6). Durante el procesado también se les da forma a muchos productos cárnicos ahumados sin picar. En general los productos cárnicos se elaboran en *moldes o tripas.* Generalmente se utilizan moldes metálicos para los productos que se presentan como bloques y «quesos» que se cortan en lonchas en el momento de la venta. El producto se coloca en el molde, una vez que se ha triturado y amasado la mezcla, que se escalda a continuación para que «tome» la forma. Antes de elaborar las lonchas correspondientes, el bloque o pan se separa del molde. Generalmente, a los bloques amasados se les da forma en recipientes o bandejas metálicos. Las tripas se utilizan muchísimo para dar forma y servir de contenedores de los embutidos. El proceso mediante el que se introducen en las tripas los productos cárnicos, tanto picados como

Figura 9-6. Embutidos en tripas naturales o artificiales. La forma y tamaño de los mismos la determina en parte el tipo de tripa natural tradicionalmente empleada para el embutido. En la figura los embutidos llevan un número para identificarlos como sigue:

Embutido	*Tipo de tripa*
1. Mortadela anillada o en rastra	Natural, intestino delgado vacuno
2. Embutido ahumado	Natural, intestino delgado de cerdo
3. Mortadela (vela)	Artificial, tubo de celulosa

sin picar, se denomina *embutido* o *rellenado* de la tripa. Se utilizan ampliamente dos tipos de tripas: 1) naturales y 2) fabricadas o artificiales.

Tripas naturales. — Antes del desarrollo de las artificiales, las tripas naturales eran las únicas disponibles. Derivan casi exclusivamente del tracto gastro-entérico del cerdo, vacunos, y ovejas. Las tripas de cerdos se preparan a partir del estómago, intestino delgado (cordilla), intestino grueso (tripa ancha), colon (roscal) y recto (cular). Aquellas porciones del aparato digestivo del ganado vacuno utilizadas como tripas son el esófago, el intestino delgado (tripa estrecha) y el intestino grueso (roscal y cular[1]), así como la vejiga urinaria. Del ganado lanar solamente se emplean los intestinos.

Las tripas naturales son muy permeables a la humedad y al humo. Una de sus características más importantes es que se encogen y se adaptan a la superficie del embutido con el que permanecen en íntimo contacto a medida que este pierde humedad. Por lo tanto, se emplean mucho en la elaboración de embutidos secos. La mayoría de las tripas naturales son digestibles y pueden consumirse.

Tripas artificiales. — Hoy se dispone de cuatro tipos de tripas elaboradas industrialmente: 1) de celulosa, 2) de colágeno no comestible, 3) de colágeno comestible y 4) de plástico. Las tripas de celulosa se preparan a partir de la borra de algodón (las fibras más cortas que rodean y están más próximas a la semilla del algodón). Primero se disuelven y después se regeneran y se forman las tripas. También se han empleado con éxito otras fuentes celulósicas. Las tripas de celulosa se elaboran en tamaños que varían de 1,5 cm de diámetro, para embutidos delgados, hasta 15 cm de diámetro para embutidos grandes, como por ejemplo la mortadela de Bolonia. Se fabrican con la misma fuerza y con características retráctiles similares a las de las tripas naturales. A veces la superficie interna de la tripa está recubierta de un colorante comestible hidrosoluble que se transfiere a la superficie del embutido al que colorea artificialmente. Las ventajas de las tripas de celulosa estriban en su fácil empleo, en la variedad de tamaños de que se dispone, en la uniformidad de su diámetro, en su mayor fuerza y en poseer cargas microbianas escasas. Su fuerza tiene un interés especial a la vista del empleo tan extendido de los procedimientos de elaboración automáticos. Las tripas de fibra de celulosa, que consisten en celulosa extruida sobre un material

4.	Mortadela (tipo Bolonia)	Natural, tripa de bovino (ints. ciego)
5.	Salami «beer»	Natural, vejiga urinaria bovina
6.	«Mettwurst»	Natural, intestino delgado vacuno
7.	Embutido de hígado	Natural, morcón (ciego) de cerdo cosido
8.	Salami B. C.	Natural, intestino grueso de vacuno
9.	Embutido ahumado	Natural, intestino delgado de cerdo
10.	«Knackwurst»	Natural, intestino delgado de vacuno
11.	Salami «Luncheon»	Artificial, tubo de celulosa
12.	Bloque de pastel de encurtidos y pimiento (Pickle and pimento)	Artificial, molde metálico
13.	Salami «luncheon»	Artificial, tubo de celulosa
14.	Queso de cabeza (especie de cabeza de jabalí)	Natural, estómago de cerdo
15.	Salami	Artificial, fibra celulósica
16.	Pastel de pimiento	Artificial, molde metálico
17.	Salchicha Franckfurt	Artificial, celulosa (desprendida)

(Fotografía por cortesía del National Live Stock and Meat Board).

[1] En España también se emplea el ciego que recibe el nombre de «morcón». N. del T.

básico de papel, son muy fuertes y se utilizan para embutidos grandes (mortadela tipo Bolonia) y para ruladas (rulada de pavo).

Las tripas de colágeno, tanto comestibles como incomestibles, se elaboran a partir del colágeno extraído de la piel y de los cueros. Las tripas de colágeno incomestibles reúnen las ventajas tanto de las tripas de celulosa como de las naturales, especialmente su fuerza, uniformidad y características de retracción. Deben separarse de los embutidos antes de su consumo, lo mismo que las tripas de celulosa. Las tripas comestibles de colágeno se emplean con gran profusión en la elaboración de embutido fresco de cerdo y de salchichas Frankfurt. Sus características físicas son muy uniformes y tienen mayor fuerza que las tripas naturales.

En ciertos tipos de preparados se emplean como continentes de los embutidos tubos o bolsas de plástico. Son impermeables al humo y la humedad; por lo tanto se utilizan en productos que no han sido ahumados, tales como embutido fresco de cerdo o embutido de hígado, o con productos que se han tratado térmicamente en agua caliente.

Formatos de los productos cárnicos ahumados sin picar. — La forma de los productos cárnicos ahumados difiere en varios aspectos de la de productos del tipo de los embutidos. Generalmente, no se emplean como contenedores de la carne sin picar las tripas naturales, ni las de colágeno, aunque en ciertos casos se han utilizado las tripas de fibra de celulosa, los tubos o las bolsas de plástico. Por ejemplo, los jamones deshuesados, después de su curado y deshuese, pueden colocarse en una tripa de fibra de celulosa o en un recipiente de plástico. El producto que contiene puede aplanarse entonces con ayuda de un bastidor comprimido mediante muelles procesándose en el mismo bastidor. Los jamones que poseen hueso y los picnics, se colocan en saquitos o medias de tela, antes de ahumarse y tratarse térmicamente, para proteger el producto y absorber la humedad y la grasa fundida que se separa durante el tratamiento térmico. Los saquitos o medias también sirven para dar forma al producto (jamón o «picnic»). Al bacon se le da forma en prensas de gran presión, una vez que ha sido ahumado y antes de elaborar lonchas con el fin de «cuadrarlas» o darles forma con unas dimensiones uniformes. Esto facilita el lonchado mecánico a gran velocidad y da lugar a lonchas más uniformes, así como a una mayor uniformidad en el número de lonchas por kilo.

Ahumado y tratamiento térmico

El ahumado y el tratamiento térmico (cocinado o escaldado) de las carnes procesadas se pueden estudiar como dos procesos distintos. Los estudiamos conjuntamente dado que en la mayoría de los productos ambos procesos tienen lugar simultáneamente o sucediéndose inmediatamente uno al otro, de forma que las variables de un proceso también afectan al otro. En los métodos modernos de procesado se dispone de las mismas facilidades para llevar a cabo ambos procesos. La mayoría de los productos son ahumados y escaldados (salchichas de Frankfurt, mortadela y muchos jamones). Sin embargo, unos pocos productos se ahuman solamente con un mínimo de calentamiento («mettwurst», algunos embutidos polacos y bacon), mientras que otros se cocinan pero no se ahuman (embutido de hígado).

Tratamiento térmico. — Los productos cárnicos típicos procesados térmicamente se calientan hasta que se alcanza en ellos una temperatura interna de 65-75 °C. Ello es suficiente para destruir la mayoría de los microorganismos presentes, además de las triquinas que en ocasiones aparecen en la carne de cerdo. El producto se pasteriza y su vida media se extiende mucho. Existen productos que rara vez se calientan hasta convertirlos en estériles y estables a temperatura de habitación. El procesado térmico, como técnica conservadora se estudia en el capítulo 11.

Además en la pasteurización, como consecuencia del tratamiento térmico, se originan otros importantes cambios. Digna de mención especial es la estructura firme y asentada que se desarrolla como resultado de la desnaturalización proteica, de la coagulación y deshidratación parcial. Por ejemplo, un producto emulsificado embutido en una tripa de celulosa no tiene forma definida. El endurecimiento y firmeza que acaecen durante el tratamiento térmico establece la estructura de manera que cuando se separa la tripa la forma y aspecto del producto permanecen. Cambios similares que tienen lugar en los productos cárnicos ahumados, tales como jamones, dan al producto una estructura más rígida, de manera que sus formas se mantienen durante la manipulación posterior, empaquetado y distribución. Durante el tratamiento térmico también tienen lugar cambios en la textura, a la vez que aumenta la ternura y aparece pardeamiento. Todos estos factores se estudian con más detalle en el capítulo 12. Una tercera misión importante del tratamiento térmico es fijar el pigmento de la carne curada por desnaturalización de la mioglobina oxinítrica, según se ha estudiado más atrás. El grado de calentamiento empleado para un proceso en particular depende del etiquetado y de las especificaciones y normas de identidad, aprobadas federal y nacionalmente, bajo las que el producto tiene que ser elaborado. Algunos productos, como por ejemplo bacon, se calientan sólo hasta alcanzar una temperatura interna de 52 °C, temperatura a la que tiene lugar la fijación del color (mediante la formación de nitrosilhemocromo). Tales productos no se consideran como productos cárnicos cocidos y, con la excepción de los embutidos secos o semisecos y de las carnes ahumadas, exigen una cocción posterior antes de consumirse. Las normas de inspección cárnica exigen que los productos etiquetados como cocidos (jamones listos para su consumo, carne tipo «luncheon», salchichas Frankfurt y muchos otros) deben calentarse hasta alcanzar una temperatura interna de 65-68 °C.

Ahumado. — El ahumado de la carne es el proceso consistente en exponerla a la acción del humo de madera durante algún momento de su elaboración; los métodos de ahumado se originaron simplemente como resultado de secar la carne sobre fuegos de madera. El desarrollo de aromas específicos y el mejorar su aspecto son las principales razones del ahumado actual de la carne, aunque de todos modos ejerce una acción conservadora. En el humo de madera se han identificado más de doscientos componentes distintos. Entre las clases de compuestos químicos presentes en el humo citaremos aldehidos, cetonas, alcoholes fenoles, ácidos orgánicos, cresoles, e hidrocarburos acíclicos. Aunque la mayoría de estas sustancias exhiben propiedades bacteriostáticas o bactericidas, se cree que es el formaldehido el responsable de la mayoría de las acciones conservadoras del humo. De otro lado, los fenoles ejercen también una actividad antioxidante que retrasa la instauración de la rancidez oxidativa. Posiblemente todos los componentes antes citados contribuyesen al aroma característico de la carne ahumada.

En la mayoría de las carnes procesadas actuales la contribución del humo a la acción conservadora, si realmente tiene acción alguna, es escasa. Los componentes del humo son absorbidos por el agua superficial e intersticial del producto pero nunca penetran más de unos pocos milímetros. En los productos cuya superficie permanece intacta, persistirá un cierto efecto conservador, pero si la superficie se rompe o altera, como en la preparación de lonchas o en la eliminación de la tripa, se pierde casi totalmente el efecto bacteriostático. Dado que en la actualidad son pocos los productos que llegan al consumidor con la superficie intacta y puesto que se aplica menos humo que antiguamente, el fin perseguido hoy día con el ahumado de la carne es fundamentalmente el desarrollar un aroma específico y un aspecto superficial atractivo para el consumidor. Sin embargo, otras pocas ventajas derivan del ahumado de las carnes, por ejemplo, ayuda al desarrollo de una superficie lisa o «piel», debajo de las tripas de celulosa de los «frankfurters», lo que facilita la eliminación de la tripa antes del empaquetado. El humo se aplica de varias formas. El método tradicional y más corrientemente utilizado es mediante ahumadores. El producto se cuelga de bastidores que a su vez se colocan en el ahumador que es debidamente cerrado. El humo se genera fuera del ahumador mediante la combustión controlada de serrín húmedo o por la fricción de una placa de acero que se mueve rápidamente sobre o contra una de las superficies de un tronco o tarugo. El humo pasa al ahumador bajo la acción de un sistema de ventiladores. A causa de su escaso contenido en resina las maderas duras, como la de roble, son las más corrientemente empleadas para la producción de humo. También se utilizan maderas blandas cuando se pretende conseguir efectos aromáticos especiales.

Los ahumadores modernos están equipados de forma tal que al mismo tiempo que les aplican humo tratan térmicamente los productos cárnicos. Para llevar a cabo ambos procesos la temperatura, la densidad del humo y la humedad relativa se controlan cuidadosamente. En muchos casos el humo se aplica durante la fase inicial de calentamiento o incluso antes del calentamiento del producto. La densidad del humo determina el período de tiempo que el producto debe estar ahumándose para alcanzar el nivel deseado de deposición de humo. Este es un factor muy importante en la producción moderna continua de salchichas Frankfurt en la que grandes volúmenes de estos embutidos deben exponerse al humo en un breve período de tiempo. Actualmente se dispone de ahumadores continuos capaces de ahumar y tratar térmicamente las salchichas Frankfurt en 30-60 minutos. El control de la humedad en el ahumador tiene un gran interés por diversas razones, la más importante de las cuales es asegurar un gran rendimiento en el producto tratado. Al iniciarse la secuencia térmica la humedad relativa puede ser alta, pero a medida que la temperatura aumenta debe decrecer y tiene lugar una pérdida significativa de peso del producto en forma de humedad. Las pérdidas de peso aceptables varían entre 5 y 10 %, dependiendo en parte del producto de que se trate. Además, para disminuir el encogimiento, una humedad relativa alta durante el tratamiento térmico convierte a las tripas en más permeables al humo, acelera, el tratamiento térmico y facilita la eliminación de las tripas después del enfriamiento. Sin embargo, una humedad relativa excesivamente alta contribuye a la rotura de la emulsión y a la aparición de una superficie grasa o en casos más extremos de gorros de grasa y bolsas de gelatina.

Para acelerar la deposición de humo se han desarrollado procesos de ahumado electrostático que, sin embargo, no han alcanzado una gran difusión comercial. Para eliminar el proceso de ahumado se han ideado preparaciones de humo líquido que se elaboran por condensación y destilación fraccionada del humo de madera. Generalmente se aplican en forma de aspersión acuosa en la superficie del producto cárnico. Los preparados de humo líquido carecen de sustancias carcinogenéticas tales como el 3,4-benzopireno, que se han descubierto en concentraciones bajas en el humo natural de madera. La presencia y la cantidad de carcinógenos en el humo natural depende en parte de la temperatura a que el humo se genera. El peligro de carcinogénesis a partir del humo natural de los productos cárnicos parece realmente escaso. Sin embargo, si fuera necesario eliminar el empleo del humo natural, la utilización de los humos líquidos probablemente aumentaría. Estos preparados se emplean actualmente mucho en Europa, pero su aplicación en Norteamérica es muy limitada.

Deshidratación

La deshidratación de los productos cárnicos es una de las varias fases básicas del procesado. Sin embargo, son pocos los productos cárnicos que se deshidratan como tratamiento o proceso independiente. En aquellos casos en los que esto ocurre el objeto perseguido fundamentalmente es la conservación de la carne. La desecación para conservar un producto puede alcanzarse mediante liofilización o por aplicación de calor. En el capítulo 10 se estudian estos procesos de conservación. En muchos productos cárnicos de escaso contenido en humedad, la desecación tiene lugar simultáneamente con la siguiente fase de procesado, la maduración.

Maduración

Este proceso implica el conservar el producto manufacturado durante diversos períodos de tiempo bajo condiciones controladas de temperatura y humedad. Son varios los fines que persigue la maduración de la carne procesada, entre otros: 1) desarrollo del aroma, 2) cambios de textura, 3) completar las diversas reacciones del curado y 4) la desecación y endurecimiento del producto. La aparición de un aroma característico a menudo es consecuencia de la fermentación microbiana del producto. Los microorganismos responsables de esta fermentación son, generalmente, bacterias productoras de ácido láctico que llegan al producto a partir del entorno de la fábrica y del equipo de procesado. Si siempre ocurriera así, sólo la casualidad determinaría que el producto encontrara el número y tipos de microorganismo correctos. Para eliminar el azar y para alcanzar calidad uniforme en los distintos productos fermentados, actualmente muchos fabricantes utilizan como iniciadores microrganismos productores de ácido láctico. Ejemplos de tales iniciadores o «starters» son los cultivos de *Lactobacilus plantarum* y *Pediococus cerevisiae.*

El período madurativo se necesita también para el desarrollo de un curado adecuado. Ello es especialmente necesario cuando la mezcla de curado solamente contiene nitrato, dado que debe concederse cierto tiempo para el desarrollo de las bacterias reductoras del nitrato y para la conversión de éste en nitrito. Algunas bacterias productoras de ácido láctico no reducen el nitrato por lo que cuando se emplean como iniciadores o «starters» para acelerar la fermentación, también debe incluirse nitrito en los componentes del curado. Pueden tener lugar dos tipos de cambios de textura: un ablandamiento a consecuencia de la acción de los enzimas autolíticos (captesinas) presentes en el músculo (véase capítulo 8), y lo que corrientemente, ocurre, que el producto se hace más firme o duro como consecuencia de la pérdida de humedad durante la desecación; dependiendo del producto que se elabore variará la cantidad de humedad que se pierde. Sin embargo, en todos los casos se controla cuidadosamente la velocidad de la desecación. Si ésta es muy rápida, especialmente al principio, habrá una pérdida de humedad superficial y se desarrollará o aparecerá una capa externa dura que retrasará o evitará la desecación adecuada de su interior. Teóricamente, la velocidad de desecación en la superficie será solo ligeramente mayor que la necesaria para eliminar la humedad que emigra desde el interior del producto a la superficie. Por el contrario, si la velocidad de desecación es excesivamente lenta, la superficie del embutido presentará la humedad suficiente para permitir un desarrollo excesivo de mohos, bacterias y levaduras.

La maduración puede seguir o preceder al ahumado, dependiendo del producto en particular. Corrientemente, los productos madurados no son completamente procesados por el calor, sino sometidos únicamente a un ahumado en frío. Por ejemplo, los embutidos fermentados semisecos se tratan teóricamente a una temperatura mínima de 56,5 °C, mientras que los embutidos secos, tales como el embutido de verano y los «salamis» nunca superan durante su elaboración la temperatura de 32 °C. De otra parte, además de los embutidos fermentados semisecos y secos, los jamones curados «estilo del país», que se producen con gran profusión en los Estados Unidos del sureste, constituyen un ejemplo de un producto cárnico procesado y madurado. La duración del período madurativo para estos productos varía de una semana a varios meses, dependiendo en gran parte de la cantidad de humedad que se quiere que pierdan. Los jamones curados del país maduran en 3-6 meses, durante cuyo tiempo presentan una merma del 18 %, debido a la pérdida de humedad. El «salami genovés» madura como media unos 90 días y durante este tiempo tiene una pérdida de humedad media del 25 por ciento.

BIBLIOGRAFÍA

Fox, J. B., Jr., "The Chemistry of Meat Pigments," Agric. Food Chem. 14, 207 (1966).

Mackintosh, D. L., *Pork Operations in the Meat Industry* (American Meat Institute, Chicago, Illinois), 1967.

MacKinzie, D. S., *Prepared Meat Product Manufacturing* (American Meat Institute, Chicago, Illinois), 1966.

Merory, J., *Food Flavorings, Composition, Manufacture and Use* (AVI Publishing Company, Inc., Westport, Connecticut), 1960.

Price, J. F. and B. S. Schweigert, *The Science of Meat and Meat Products* 2nd Edition (W. H. Freeman and Company, San Francisco), 1971.

Saffle, R. L., "Meat Emulsions," in *Advances in Food Research*, C. O. Chichester, E. M. Mrak and G. F. Stewart, eds. (Academic Press, New York), Vol. 16, pp. 105–160, 1968.

CAPÍTULO 10

Microbiología, alteración y contaminación de la carne

La carne y los productos cárnicos son productos muy alterables, por lo que deben manejarse con especial cuidado durante todas las operaciones de procesado. La alteración se inicia pronto, después de la sangría, como resultado de acciones microbianas, químicas y físicas. Si no se frenasen pronto estas acciones se convertiría la carne en un producto no apto para el consumo. Es necesario minimizar su deterioro para prolongar el tiempo durante el que la carne mantiene un nivel de calidad aceptable.

El no aplicar las medidas de control de calidad, durante cualquier operación de procesado, aumenta generalmente la velocidad y la extensión de los cambios alterativos que llevan al deterioro y, finalmente, a la putrefacción de la carne. La necesidad absoluta de mantener controles preventivos, durante toda la manipulación y procesado de la carne, para optimizar su aceptación y permitir su almacenamiento es algo obvio. La industria cárnica emplea diversos métodos para retrasar los cambios alterativos y prolongar el período de aceptabilidad. Estos procedimientos constituyen los diversos métodos de conservación de la carne. El tiempo de almacenamiento durante el que se mantiene el óptimo de aceptabilidad, depende del método de conservación utilizado y de las propiedades inherentes del producto cárnico específico de que se trate.

Se admite generalmente que los cambios postmortales, asociados a la conversión del músculo en carne, y el almacenamiento y manipulación subsiguientes se acompañan de cierto deterioro cualquiera que sean las precauciones tomadas durante el procesado y manipulación. Sin embargo, la profundidad con que tienen lugar estos cambios alterativos depende de las condiciones de manipulación, procesado y almacenamiento observadas. Entre los cambios alterativos se incluyen los debidos a microorganismos (bacterias, mohos y levaduras), insectos, enzimas endógenos (presentes naturalmente en los tejidos cárnicos) enzimas exógenos (producidos por los microorganismos) reacciones químicas distintas de las enzimáticas (como la rancidez oxidativa) y acciones físicas [quemadura del frío, exudación (goteo), decoloración luminosa y aparición de colores anormales].

Aunque cada uno de estos cambios alterativos contribuye a la no aceptación de la carne, el mayor problema durante su manipulación y almacenamiento normales es la contaminación y actividad microbiológica. En la mayoría de los casos la alteración cárnica es el resultado de la acción deteriorante de los microorganismos. Sin embargo, los insectos pueden contribuir al deterioro de ciertos productos, tales como el jamón curado estilo *country* («del país»). Por lo tanto, todas las prácticas de manipulación y todos los métodos de almacenamiento se preocupan fundamentalmente de minimizar la contaminación microbiana y de retardar la actividad y crecimiento microbianos. Afortunadamente, la aplicación adecuada de los métodos que controlan la actividad de microbios e insectos, generalmente, minimizan también otros cambios alterativos. En otras palabras, una refrigeración adecuada para controlar la actividad microbiana retrasa también el efecto enzimático e igualmente minimiza los efectos deteriorantes de ciertos aspectos físicos, tales como cantidad de exudado y quemadura del frío.

FUNDAMENTOS MICROBIOLÓGICOS

Fuentes de contaminación microbiana

Con la excepción de la superficie externa (pelos y piel) y de los tractos gastroentérico y respiratorio los tejidos de los animales vivos están generalmente libres de microorganismos. Los glóbulos blancos del animal y los anticuerpos producidos por éste durante su vida controlan eficazmente los agentes infecciosos del organismo animal vivo. No obstante, estos mecanismos de defensa interna se pierden con la sangre durante la carnización; por lo tanto, inmediatamente después del desangrado (y en cualquier fase a partir de este momento) deben tomarse medidas para reducir la contaminación microbiana y minimizar el crecimiento y actividad de los microorganismos que puedan existir. Queremos hacer hincapié en que no todos los efectos microbianos son perjudiciales: Una buena fermentación, el curado y la maduración de ciertos productos cárnicos, con la consiguiente aparición del aroma típico o la producción de otros efectos deseados dependen de los microorganismos.

La contaminación microbiana inicial de la carne es consecuencia de la penetración de microorganismos en el sistemas vascular por utilizar para la degollación cuchillos contaminados (es decir, para la punción de los vasos sanguíneos y sangría subsiguiente). Puesto que después de puncionados los vasos la sangre continúa circulando durante un breve período de tiempo, los microorganismos introducidos con los cuchillos contaminados se diseminan por toda la economía animal. También puede tener lugar una contaminación subsiguiente, con la llegada de microorganismos a las superficies de la carne en casi cada una de las operaciones realizadas durante la carnización, despiece, procesado, almacenamiento y distribución de la carne; así mismo, puede contaminarse al contactar la canal con pieles, extremidades, estiércol, polvo y con las vísceras (si se puncionaron) durante el proceso de carnización. Otras fuentes potenciales de contaminación microbiana son el equipo empleado en cada una de las operaciones realizadas hasta que se ingiere el producto final, las ropas y manos del personal que la manipula y el propio entorno físico. Incluso el agua empleada para lavar las canales y el equipo y la utilizada en las salmueras puede ser una fuente contaminante. Del mismo modo la contaminación puede verificarse a partir de los microorganismos del aire de las salas de refrigeración, de las de almacenamiento y de maduración o de los locales de procesado y envasado, por lo tanto es obvio que todo aquello que contacta con la carne, incluidos otros productos cárnicos, es una fuente potencial de contaminación microbiana. Resulta también manifiesto que el empleo de medidas higiénicas adecuadas constituye la mejor forma de limitar la contaminación microbiana. Nunca se hará suficiente hincapié en el hecho de *que en la industria cárnica no existe sustituto de una buena higiene.* Una vez que los microorganismos se encuentran en la carne raramente puede inhibirse por completo su actividad cualesquiera que sean las medidas de control aplicadas subsiguientemente, por lo tanto, la «carga» (cantidad de contaminación microbiana) es un factor importante en la determinación de la vida de almacén y aceptabilidad de todos los productos cárnicos tanto frescos como procesados.

Microorganismos de la carne

Los microorganismos encontrados en la carne son los *hongos y las bacterias.* Los hongos incluyen mohos y levaduras. Los *mohos* son organismos multicelulares caracterizados por su morfología micelial (filamentosa). Presentan una gran variedad de colores y generalmente destacan por su aspecto mieloso o algonodoso. Los mohos producen numerosas pequeñas esporas que son desperdigadas por las corrientes de aire y otros medios. Estas esporas dan lugar a nuevos crecimientos fúngicos si llegan a un sitio cuyas condiciones son favorables para su germinación. En contraste con los mohos, las *levaduras* son unicelulares. Se diferencian de las bacterias corrientes en su mayor tamaño celular, en la morfología y por que durante su división originan yemas. Las levaduras, como las esporas de los mohos, pueden diseminarse por el aire o por otros medios y contaminar las superficies de la carne a las que llegan. La mayoría de las colonias de levaduras tienen aspecto húmedo (o viscoso) y su color generalmente es blanco cremoso. Las *bacterias* también son unicelulares y varían en morfología, desde elongadas o en forma de bastones cortos a esféricas u ovoides. Algunas bacterias forman grupos, otras con forma de bastón (bacilos) y formas esféricas (cocos) se unen formando cadenas. Hay bacterias que poseen flagelos y son móviles; algunas producen pigmentos coloreados cuya tonalidad varía del amarillo pálido al marrón o negro. Hay también bacterias pigmentadas con colores intermedios, tales como naranja, rojo, rosa, azul, verde y púrpura. Estas bacterias son las causantes de coloraciones anormales en las superficies cárnicas y del enverdecimiento de los embutidos. Algunas bacterias también producen esporas cuyas propiedades varían considerablemente. Algunas esporas son extraordinariamente resistentes al calor, a los productos químicos y a otros agentes. El crecimiento de las bacterias en la carne se caracteriza, generalmente, por la formación de viscosidad. El aumento del número de microorganismos acaece por fases o etapas, según muestra la curva de crecimiento de la figura 10-1. Cuando las condiciones existentes son favorables las células bacterianas inicialmente presentes aumentan de tamaño durante la etapa conocida como *fase de latencia.* Esta fase va seguida de un marcado aumento en el número de bacterias lo que se conoce como *fase de crecimiento logarítmico* (o *exponencial*) que continúa hasta que algún factor ambiental se convierte en limitante. La velocidad de crecimiento disminuye entonces, alcanza un punto de equilibrio y se convierte en relativamente constante lo que constituye la *fase estacionaria.* Cuando la carne se somete a ciertos procesos conservadores, que acarrean la destrucción de los microorganismos, nos encontramos con la fase *letal, de destrucción (o mortal).* De la curva de crecimiento expuesta se deduce que la prolongación de la fase de latencia retrasará la proliferación microbiana. Ello constituye el principio básico en el que se fundamenta el empleo de la refrigeración para controlar los cambios alterativos o deteriorantes de la carne.

El tipo de microorganismos y el número de cada uno de los presentes, son factores importantes que influencian la velocidad de alteración de la carne; sin embargo,

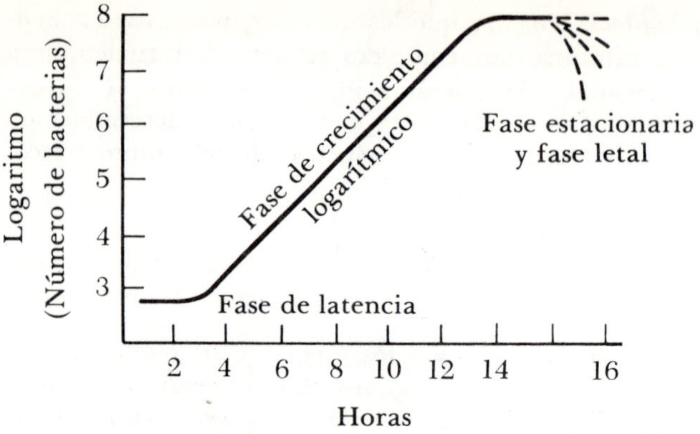

Figura 10-1. Curva típica de crecimiento de un cultivo bacteriano puro.

también una serie de propiedades del producto cárnico específico y de su entorno afectan marcadamente la clase, la velocidad e incluso el grado de tal alteración.

La carne, casi siempre, contiene en proporciones diversas bacterias, mohos y levaduras; el tipo y número de las existentes depende de las condiciones locales. Los microorganismos que eventualmente pueden crecer lo suficiente como para producir la alteración, serán aquellos para los que las condiciones existentes sean más favorables. Incluso aunque originalmente pudieran existir muchos tipos de microorganismos, generalmente sólo es uno y rara vez más de tres, el o los que se multiplican lo suficientemente rápido como para causar deterioro. Los microorganismos predominantes responsables del deterioro pudieron originalmente encontrarse en número menor que muchos otros que no crecieron por encontrar condiciones desfavorables. Bajo condiciones similares, las bacterias crecen más rápidamente que las levaduras y éstas, más que los mohos. Por lo tanto, el crecimiento de los mohos superará al de las bacterias solamente si originariamente se encontraban en cantidades muy superiores o si las condiciones fueron mucho más favorables para su crecimiento que para el de las bacterias o levaduras.

Factores que influencian la actividad microbiana en la carne

Entre los factores que afectan al crecimiento microbiano de la carne deben citarse sus propiedades intrínsecas, tales como contenido de humedad, pH, potencial de óxido-reducción, valor nutritivo y presencia o ausencia de barreras o sustancias inhibidoras; además también influencian el crecimiento microbiano los factores extrínsecos, tales como temperatura, humedad relativa, presencia o ausencia de oxígeno y estado físico de la carne (canales y cortes o piezas enteros *versus* carne picada). Sin embargo, los factores que ejercen la máxima influencia en el crecimiento de los microorganismos de la carne y de los productos cárnicos son la temperatura de almacenamiento, la humedad y la disponibilidad de oxígeno.

Factores extrínsecos. — Cada microorganismo tiene una temperatura de crecimiento óptima así como una mínima y una máxima; en consecuencia, la temperatura a que se almacena la carne influencia marcadamente el tipo, velocidad y profundidad de la actividad microbiana. Con sólo modificar algunos grados la temperatura de almacenamiento se puede favorecer el desarrollo de algunos microorganismos distintos y dar lugar a un tipo de alteración diferente. En esto se basa el empleo del calor como medio de controlar la actividad microbiana. La temperatura óptima de crecimiento de la mayoría de los microorganismos es la de 15-40 °C. No obstante, algunos microorganismos crecen bien a temperaturas de refrigeración, algunos incluso a temperaturas inferiores a 0 °C y otros a temperaturas mayores de 100 °C. Los microorganismos cuya temperatura óptima de crecimiento es inferior a los 20 °C se llaman *psicrófilos*. Los que poseen temperaturas de crecimiento óptimas superiores a 45 °C se llaman *termófilos;* aquéllos cuyas temperaturas óptimas están entre las de los psicrófilos y las de los termófilos se llaman *Mesófilos*. Bacterias, mohos y levaduras tienen cada uno algunos géneros cuyas temperaturas óptimas de crecimiento son las características de los termófilos, los mesófilos y los psicrófilos. Sin embargo, generalmente los más psicrofílicos son los mohos, seguidos de las levaduras y de las bacterias, por este orden. De acuerdo con esta tendencia, los mohos y las levaduras son los menos termofílicos. Por lo tanto, aunque a las temperaturas corrientes de refrigeración (−1 a 3 °C) puedan existir tanto bacterias como mohos y levaduras, si las demás condiciones fueran favorables para los tres tipos de microorganismos, el desarrollo de mohos y levaduras será más fácil que el de las bacterias.

A medida que la temperatura se aproxima a los 0 °C son menos los microorganismos que pueden crecer y su desarrollo es más lento. Las temperaturas menores de 5 °C retrasan mucho el crecimiento de los más importantes microorganismos causantes de alteración y también previenen el crecimiento de casi todos los patógenos. Consecuentemente, 5 °C se considera como *temperatura crítica* para la manipulación y almacenamiento de la carne y no puede superarse durante ningún período de tiempo, sin una pérdida sustancial de la calidad y del aspecto de la carne.

Inmediatamente después de la carnización las superficies de las canales tienen, generalmente, una gran proporción de bacterias de origen fecal y del suelo. Durante el almacenamiento en refrigeración, estas bacterias son sustituidas generalmente por otras más psicrofílicas. Entre los géneros bacterianos importantes encontrados en la carne durante su almacenamiento en refrigeración deben citarse *Pseudomonas, Achromobacter, Micrococcus, Lactobacilus, Streptococcus, Leuconostoc, Pediococcus, Flavobacterium* y *Proteus*. Las distintas especies de estos géneros encontradas en la carne, generalmente son diferentes en la fresca y en la curada. Algunas de sus especies psicrofílicas crecen, aunque muy lentamente, a temperaturas de congelación. Si bien el proceso de congelación destruye o daña la mayoría de las bacterias presentes en la carne, cuyo número continúa decreciendo durante el subsiguiente almacenamiento en congelación, se conocen especies de los géneros citados que pueden sobrevivir y reiniciar su desarrollo o crecimiento después de la descongelación.

La humedad relativa es otro de los factores extrínsecos que influencia el desarrollo microbiano. Generalmente se estudia junto con las temperaturas de refrigeración debido a que de ambas depende, en gran parte, el ambiente de los locales de refrigeración y almacenamiento. La humedad relativa necesaria para mantener las condiciones óptimas de almacenamiento varía con la temperatura; en general, cuanto más altas son las temperaturas corrientes de refrigeración de la carne (−1 a 3 °C), la humedad relativa debe oscilar aproximadamente entre el 88-92 %. Si la humedad relativa es demasiado alta, en la superficie de la carne se condensa la humedad (suda); si es demasiado baja se perderá en la atmósfera (en primer lugar a partir de la superficie). Si hay sudoración las superficies se humedecen y se convierten en muy aptas para el desarrollo microbiano y para la alteración cárnica. De otra parte, el desarrollo microbiano es inhibido por la deshidratación y oscurecimiento consiguiente de las superficies cárnicas, lo que da por resultado pérdidas económicas debidas a mermas y falta de atracción visual.

De los diversos microorganismos, son las bacterias las que necesitan para su crecimiento óptimo humedades relativas más altas, generalmente más del 92 %; las levaduras ocupan una posición intermedia (90-94 %) y los mohos son los menos exigentes en humedad relativa (85-90 %). Todos los microorganismos necesitan agua abundante para su crecimiento y actividad. Sin embargo, puesto que la mayor parte de esta necesidad la cubre la humedad disponible de la propia carne, el estudio de este factor en relación con la actividad microbiana lo haremos bajo el epígrafe de propiedades intrínsecas de la carne.

La disponibilidad de *oxígeno* es importante porque determina el tipo de microorganismo que se desarrollará; algunos son absolutamente dependientes del oxígeno; otros crecen en ausencia total de este gas y todavía existen otros que crecen en presencia o ausencia de oxígeno. Los microorganismos que necesitan oxígeno libre se denominan *aerobios* y los que crecen en su ausencia *anaerobios;* aquéllos que pueden crecer en presencia o ausencia de oxígeno se llaman microorganismos *facultativos.* Todos los mohos que crecen en la carne son aeróbicos y las levaduras presentes en este alimento también se desarrollan mejor cuando prevalecen condiciones aeróbicas; sin embargo, las bacterias de la carne pueden ser aeróbicas, anaeróbicas o facultativas.

En la carne almacenada en atmósfera normal (aire), predominan las condiciones aeróbicas, pero solamente en o muy cerca de las superficies, debido a que es muy difícil la difusión del oxígeno en los tejidos; por lo tanto, el crecimiento microbiano que tiene lugar en la superficie de la carne es, en gran parte, el de los aerobios con, quizás, alguno de los microorganismos facultativos, mientras que las porciones internas de la carne contienen fundamentalmente bacterias anaerobias y facultativas. Es claro que la atmósfera que rodea la carne influirá mucho la composición de su población microbiana y la actividad de la última. El empleo de ciertas tripas y materiales de envasado, el envasado en vacío y en recipientes cerrados reducen o previenen completamente la actividad de los microorganismos aerobios.

El *estado físico de la carne* es el último factor extrínseco que influencia la actividad microbiana y la velocidad de alteración de este alimento. El estado físico de la carne depende de que se trate de canales, piezas grandes, cortes para la venta o carne picada, así como del tratamiento que se haya aplicado durante el procesado. La trituración origina una carga microbiana mayor, debido a que también es mayor el área superficial expuesta al entorno, más fácilmente disponibles el agua y los nutrientes de la carne y mayor la penetración y disponibilidad de oxígeno. Por ello los cortes pequeños (y en particular la carne picada) son más propensos al desarrollo microbiano y mucho más susceptibles a la alteración. Las causas que contribuyen al aumento de la carga microbiana que normalmente acompaña a la reducción de tamaño de la carne son: la mayor área superficial expuesta al ambiente, combinada con el tiempo adicional necesario para alcanzar la reducción del tamaño y el contacto con más fuentes de contaminación tales como sierras, capoladoras y picadoras. Además, durante el picado los microorganismos contaminantes se distribuyen por toda la masa cárnica. De aquí que deban tomarse medidas rígidas para minimizar la contaminación microbiana seguidas de otras precauciones para inhibir su crecimiento y, en consecuencia, evitar la alteración.

Factores intrínsecos. Todos los microorganismos necesitan *agua* por lo que la reducción de la disponible constituye un método de conservación. No es la cantidad total de humedad presente la que determina el límite del crecimiento microbiano, sino la cantidad de humedad realmente disponible. Las necesidades acuosas de los microorganismos se expresan realmente en términos de actividad de agua. La *actividad de agua* (a_w) se define como la presión de vapor de la solución en cuestión dividida por la presión de vapor del solvente puro ($a_w = p/p_o$, en donde p es igual a la presión de vapor de la solución y p_o a la presión de vapor del agua pura). La (a_w) de la carne fresca es generalmente 0,99 o más, que está cerca de la actividad de agua óptima para el crecimiento de la mayoría de los microorganismos. La relación entre humedad relativa (*RH*) y a_w es la siguiente: $RH = a_w \times 100$. Por lo tanto una a_w de 0,99 es equivalente a una humedad relativa del 99 %. En general las bacterias son las más exigentes en actividad de agua, siendo los menos exigentes los mohos, mientras que las levaduras ocupan una posición intermedia. La mayoría de las bacterias deteriorantes de la carne no crecen a una a_w menor de 0,91, pero los mohos y levaduras alterantes crecen a una a_w de 0,80 ó menor. Por lo tanto, los mohos y levaduras son los más aptos para crecer en la superficie de los productos cárnicos que han sido parcialmente deshidratados, operación con la que se evita el crecimiento de la mayoría de las bacterias. El *rango de pH* óptimo para el crecimiento de microorganismos generalmente está próximo a la neutralidad ($pH = 7{,}0$). Los mohos son los que toleran un rango de pH más amplio (2,0-8,0), aunque su crecimiento generalmente lo favorece el pH ácido; de hecho pueden desenvolverse bien en un medio demasiado ácido para bacterias y levaduras. Aunque las levaduras pueden crecer también en un ambiente ácido, lo hacen mejor en un rango de acidez intermedia (*pH* 4,0-4,5). De otra parte el crecimiento bacteriano es mejor a valores de pH próximos a la neutralidad. Los valores de pH últimos normales de la carne (aproximadamente 5,4-5,6) favorecen el desarrollo de mohos, levaduras y bacterias *acidófilas* (amantes de los ácidos). En la carne cuyos valores de pH son bajos (5,2 ó menos), el crecimiento microbiano es muy escaso en relación con el que tiene lugar a rangos de pH normales. De otra parte la carne con un pH último alto (como el encontrado en la de corte oscuro) generalmente es muy susceptible al crecimiento microbiano, incluso bajo las mejores condiciones y prácticas de manipulación.

El potencial de *óxido reducción* de la carne constituye una indicación de su capacidad oxidante y reductora. Para alcanzar un crecimiento óptimo, algunos microorganismos necesitan condiciones de reducción y otros de oxidación; de ahí la importancia del potencial de oxidorreducción de la carne. Los microorganismos aerobios se ven muy favorecidos por un alto potencial de óxido reducción (reactividad oxidante) los potenciales bajos (reactividad reductora) favorecen el crecimiento de los microorganismos anaeróbicos; los facultativos pueden crecer en cualquiera de estas condiciones. Los microorganismos pueden alterar el potencial de óxidoreducción de la carne hasta el extremo de restringir la actividad de otros microbios; por ejemplo los anaerobios pueden disminuir tanto el potencial de óxido-reducción que se inhiba el desarrollo de los microorganismos aerobios.

A continuación de la eliminación del aporte de oxígeno, debido a la sangría y durante el período subsiguiente en que el músculo se convierte en carne, desciende el potencial de óxido-reducción. Después de la muerte en el músculo prevalecen generalmente las condiciones reductoras, la penetración del oxígeno en los tejidos está muy inhibida y se dispone de muchos grupos reductores. Después de la muerte el potencial de óxido-reducción de la musculatura y el aporte de oxígeno (a partir del aire) son máximos en la superficie de la carne y mínimos en sus porciones internas. La exposición de la carne al oxígeno del aire aumentará el potencial de óxido-reducción de su superficie, mientras que en su interior dependerá de la velocidad de penetración del oxígeno. El capolado u otra trituración de la carne aumentan marcadamente el potencial de óxido reducción.

Además de agua y oxígeno, los microorganismos aerobios tienen otras *necesidades nutritivas.* La mayoría de los microorganismos requieren para su desarrollo un aporte externo de nitrógeno, de energía, de minerales y de vitaminas del grupo B; generalmente obtienen el nitrógeno de los aminoácidos y de otras fuentes nitrogenadas no protéicas, pero algunos utilizan los péptidos y las proteínas. Su fuente normal de energía la constituyen los carbohidratos, pero puesto que la carne es pobre en estos nutrientes, los microorganismos proteolíticos emplean las proteínas como fuente energética y unos pocos aprovechan con este fin los lípidos. Dentro de los tres grupos de microorganismos, los mohos son los mejor equipados para el aprovechamiento de proteínas, carbohidratos complejos y lípidos, porque contienen enzimas que hidrolizan las moléculas de aquéllos a otros componentes más sencillos. Muchas bacterias tienen una capacidad similar; sin embargo, la mayoría de las levaduras necesitan formas más simples de tales compuestos. Todos los microorganismos requieren minerales, aunque varían sus necesidades de vitaminas y otros factores de crecimiento. Los mohos y algunas bacterias pueden sintetizar la cantidad suficiente de vitaminas B que necesitan, pero a otros microorganismos deben proporcionárseles, incluso en aquellos casos en que solamente las necesitan en cantidades muy pequeñas. La carne es rica en cada uno de éstos nutrientes y, en consecuencia, constituye un medio excelente para el desarrollo microbiano.

El factor intrínseco último que influencia el crecimiento microbiano de la carne lo constituye la *presencia o ausencia de sustancias inhibidoras* y *protectoras tisulares.* Los productos o factores que inhiben la actividad microbiana se denominan *bacteriostáticos* y los que destruyen los microorganismos *bactericidas.* Algunas sustancias bacteriostáticas forman parte de los ingredientes normales adicionados a los productos cárnicos durante su procesado. Los efectos bacteriostáticos de tales ingredientes se indican en el capítulo 11, en la sección que estudia los agentes conservadores. En la carne no existen realmente sustancias bacteriostáticas. La ausencia, o la escasa concentración de carbohidratos sencillos en la carne a la que no se adicionó azúcar, inhibe el crecimiento de los microorganismos fermentadores. La grasa de aquellos lugares en los que aparece en la canal y en piezas y cortes para la venta grandes, proporciona a los tejidos magros una superficie protectora frente a la contaminación microbiana. En el caso de canales y cortes muy grasos su superficie grasa generalmente se separa del resto durante la fabricación o despiece, eliminando así gran parte de la carga microbiana inicial. Del mismo modo la piel de las canales de aves y de cerdo, así como las escamas y piel del pescado, proporcionan una protección considerable frente a la contaminación microbiana de la musculatura y tejidos anejos.

Algunas interrelaciones entre los factores antes citados. Los efectos que la temperatura, oxígeno, pH y a_w ejercen sobre la actividad microbiana no son completamente independientes unos de otros. A medida que las temperaturas se aproximan a las mínimas o máximas de crecimiento, los microorganismos se hacen generalmente más sensibles a la a_w, a la disponibilidad de oxígeno y al pH. Por ejemplo, bajo condiciones anaeróbicas las bacterias pueden necesitar un pH, una a_w y una temperatura mínima de crecimiento mayores que cuando prevalecen las condiciones aeróbicas. De hecho los microorganismos que crecen a temperaturas bajas son generalmente aerobios y normalmente tienen una necesidad alta de a_w mínima. En consecuencia, la disminución de la a_w, por adición de sal o por la exclusión del oxígeno de la carne mantenida a bajas temperaturas, reduce mucho la velocidad de la alteración microbiana. Lógicamente si hubiera de adicionarse sal a la carne mantenida a temperaturas bajas y al mismo tiempo se excluyera también el oxígeno, el efecto conservador sería incluso mayor. Generalmente tiene lugar cierto desarrollo microbiano cuando cualquiera de los factores que controlan la velocidad de crecimiento se encuentra a concentración límite. Sin embargo, si son dos o más los factores limitantes el crecimiento disminuye drásticamente o incluso se evita por completo.

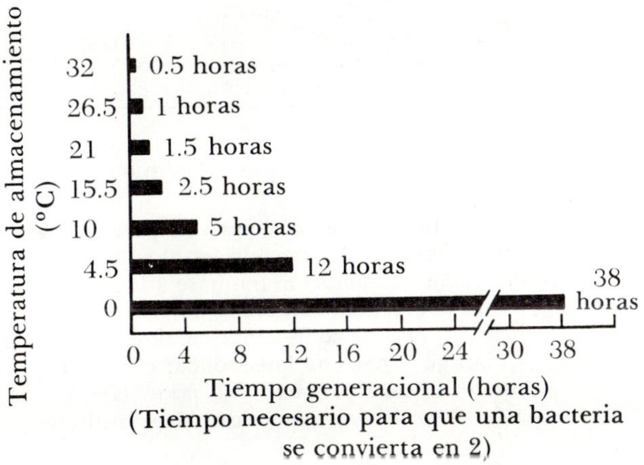

Figura 10-2. Intervalos generacionales de una especie de bacteria psicrofílica mantenida a diferentes temperaturas de almacenamiento. (Adaptación a partir de E. A. Zottola, *Introduction to Meat Microbiology*, American Meat Institute).

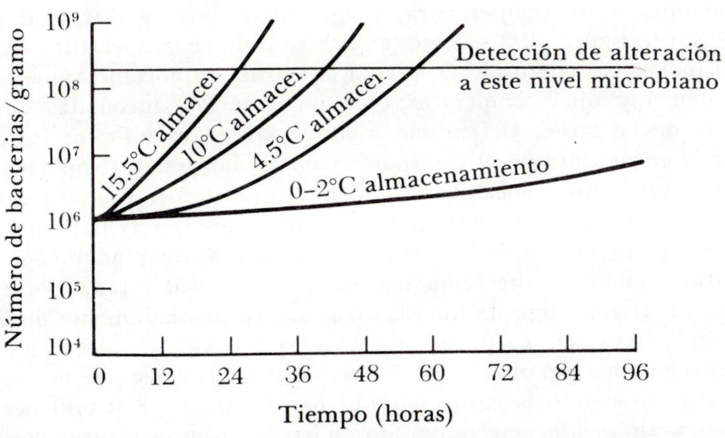

Figura 10-3. Tiempo necesario para la alteración de una hamburguesa mantenida a diferentes temperaturas de almacenamiento, contaminada inicialmente con 1 millón de bacterias psicrófilas/gramo. La alteración se puso de manifiesto por el olor y la producción de viscosidad (limo) que correspondía a una población de 300 millones de bacterias/gramo. (De E. A. Zottola, *Introduction to Meat Microbiology*, American Meat Institute).

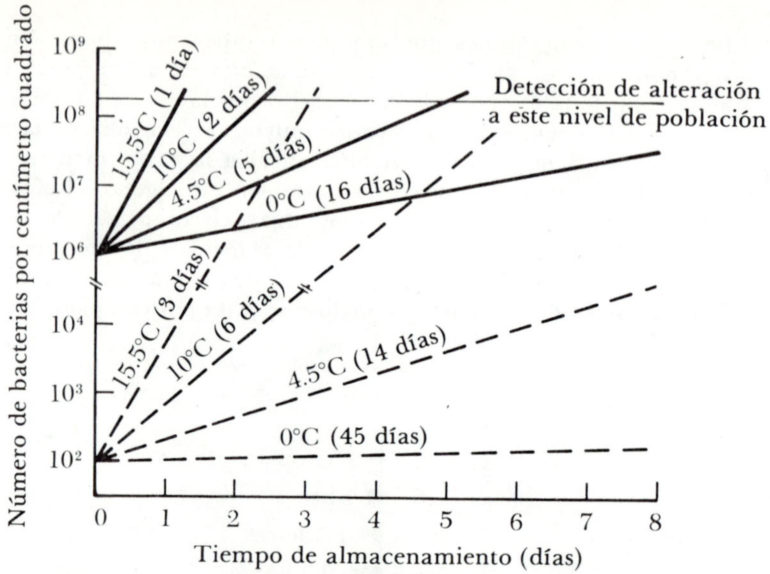

Figura 10-4. Tiempo requerido para la alteración de salchichas Franckfurt contaminadas con niveles altos y bajos de bacterias psicrófilas. La detección de alteración (en base a la formación de viscosidad) tuvo lugar a una población microbiana de 150 millones de bacterias/cm² de superficie. El nivel de contaminación alto fue de 1 millón/cm², que se muestra en la figura por una línea sólida; el nivel bajo fue de 100 bacterias/cm², como indican las líneas de trazos. (De E. A. Zottola, *Introduction to Meat Microbiology,* American Meat Institute).

Interrelaciones entre temperatura, carga microbiana y duración del almacenamiento. — En la figura 10-2 se muestra el efecto de la temperatura en el intervalo generacional, por debajo de los 5 °C, resalta la enorme importancia que tiene el mantener continuamente unas temperaturas de refrigeración adecuadas durante el almacenamiento de la carne. Del mismo modo son bien manifiestos los peligros que supone dejar la carne durante el transporte y en los hogares a temperaturas ambientales, incluso durante unas pocas horas. En la figura 10-3 se muestra el efecto de la temperatura en la vida de almacén de las hamburguesas. Las hamburguesas recién picadas contienen un millón de bacterias por gramo aproximadamente. El número necesario para originar la alteración de este producto (detectada por el desarrollo de un olor anormal y de algo de limosidad) es de aproximadamente de 300 millones por gramo. En la figura citada puede observarse que la vida de almacén de una hamburguesa que contenga un millón de bacterias por gramo es de unas 28 horas a 15,5 °C, en cuyo momento la carga microbiana alcanza los 300 millones por gramo y se aprecia una alteración detectable. Sin embargo, a temperaturas normales de almacenamiento en refrigeración (de —1 a 3 °C) la vida de almacén supera con mucho las 96 horas.

La figura 10-4 muestra la influencia de la carga microbiana (100 *versus* 1 millón) en la vida de almacén de parejas de salchichas franckfurt, que se mantuvieron a las mismas temperaturas de almacenamiento (0-2, 4,5, 10 y 15,5 °C), al igual que la carne de hamburguesas de la figura 10-3. La alteración de las salchichas, detectada por la formación de limosidad, tuvo lugar cuando el recuento bacteriano alcanzó los 150 millones de microorganismos por centímetro cuadrado de superficie del producto. El nivel de contaminación más bajo prolongó mucho su vida de almacén, especialmente a temperaturas inferiores a los 5 °C. Estas figuras resaltan la importancia de las temperaturas bajas de almacenamiento en refrigeración, así como la necesidad de concertar esfuerzos para minimizar la carga microbiana de los productos cárnicos durante todas las operaciones de procesado, con el fin de asegurar la salubridad de la carne y una vida de almacén razonable.

DETERMINACIÓN DE LA CARGA, CRECIMIENTO Y ACTIVIDAD MICROBIANOS DE LA CARNE

Se dispone de una serie de métodos para establecer el crecimiento y actividad microbiana en la carne y productos cárnicos. El método elegido dependerá de la información que se necesite, del producto específico en cuestión y de la naturaleza de los microorganismos. Debe hacerse hincapié en que probablemente uno de los factores más importantes que influencian los resultados finales es el conseguir una muestra representativa del producto. De otro lado debe recordarse que los resultados del análisis microbiológico son menos objetivos que los del químico. Por ello, al interpretar los resultados de un análisis microbiológico generalmente hay mucho subjetivismo. Para la selección del método más apropiado y para aprovechar adecuadamente los resultados obtenidos es esencial una buena cantidad de experiencia y conocimiento de los singulares y específicos problemas encontrados en los productos cárnicos.

Con independencia de estas limitaciones la aplicación de los análisis microbiológicos pone en manos del fabricante y almacenista de productos cárnicos una información muy útil. Sirve de indicación de las condiciones sanitarias, de la carga microbiana, de los problemas de alteración y permite establecer su posible vida de almacén. Dos métodos utilizados frecuentemente que proporcionan este tipo de información son el *recuento total en placas* y las *pruebas de indicadores* y *reducción de colorantes.* Existen, no obstante, muchos otros métodos que se utilizan para establecer el estado microbiológico de la carne, pero en este libro no pretendemos describirlos.

Recuento total en placas. – Este método proporciona una indicación de la población microbiana total. Se emplea para establecer la carga microbiana de un producto cárnico, del aire y del agua de la fábrica, así como de todo su equipo, superficies del mismo y cualquier otro utillaje. Una torunda o hisopo que se frota sobre las paredes o producto a analizar se aplica a un medio de cultivo no selectivo que permite el crecimiento de los microorganismos. La torunda se siembra en un medio contenido en una placa estéril provista de la correspondiente tapa; o bien una dilución de la muestra procedente de productos previamente picados, se adiciona al medio. El número de colonias que se desarrollan tras un período de incubación de varios días nos indica el número total de microbios, pero proporciona muy poca información sobre las especies microbianas existentes. La figura 10-5 representa una placa típica en la que se observan diversas colonias microbianas.

Para determinar la presencia de microorganismos especiales se utilizan métodos selectivos que únicamente permiten el crecimiento de ciertos grupos microbianos, así se establece su presencia y su número.

Pruebas de indicadores y de reducción de colorantes. – Son muchos los microorganismos que como una función metabólica normal segregan enzimas durante

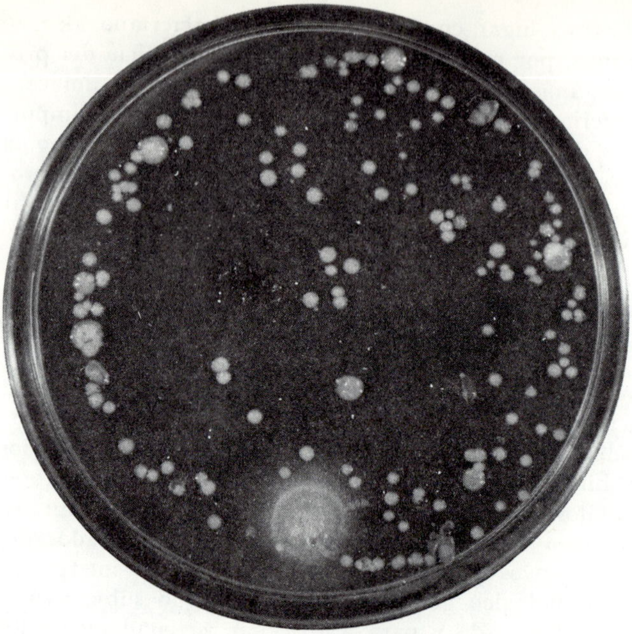

Figura 10-5. Una placa de cultivo típica en la que se aprecian colonias de bacterias y mohos.

su crecimiento, enzimas que son capaces de inducir reacciones de reducción. Para las pruebas de reducción se emplean sustancias indicadoras (colorantes), cuya velocidad de reducción (que se manifiesta por un cambio de color) es proporcional al número de microorganismos existentes. El período de tiempo necesario para la reducción completa de una cantidad estandard de indicador se utiliza para establecer la carga microbiana de la carne o de un extracto de carne. Las pruebas de reducción de colorantes o de indicadores son más rápidas que el recuento en placas, y por ello han empleado mucho en ensayos microbiológicos en las operaciones de procesado y manipulación de la carne. Entre las modificaciones de estos métodos debe señalarse la aplicación directamente sobre la carne o sobre una superficie del equipo de un papel de filtro impregnado de colorante. El tiempo requerido para que cambie el color se utiliza para evaluar el número de microorganismos presentes.

ALTERACIÓN O DETERIORO DE LA CARNE

Cambios alterativos originados por los microorganismos. — ¿Cuándo se encuentra alterada la carne? Esta pregunta es un tanto conflictiva, puesto que lo que una persona describe como alterado puede ser considerado como comestible por otra. El carácter distintivo de la carne alterada, o de cualquier otro alimento, es aquel momento en el que no resulta apto para el consumo humano. Sin embargo, puesto que la carne que se declara no apta para el consumo durante el proceso de inspección normal no se considera alterada, esta afirmación debe definirse mejor. En su acepción corriente la alteración equivale generalmente a la descomposición y putrefacción, como consecuencia del crecimiento microbiano. Cuando la carne muestra signos evidentes de descomposición y putrefacción no caben dudas acerca de su capacidad de consumo.

Cuando esto ocurre se describe definitivamente como *alterada*. Sin embargo, la alteración de la carne no implica necesariamente su descomposición o putrefacción, lo que es especialmente manifiesto en el caso de la carne, cuyo deterioro no se debe únicamente a la acción microbiana, sino también a factores tales como insectos y reacciones enzimáticas intrínsecas y oxidativas. Describiremos alguno de los cambios químicos y físicos más obvios atribuidos a los microorganismos.

Cambios químicos. - La degradación de proteínas, lípidos, carbohidratos y otras moléculas complejas a otras más sencillas se realiza por la acción de enzimas hidrolíticos endógenos presentes en la carne, y también por los enzimas producidos por los microorganismos. Inicialmente los enzimas endógenos son los responsables de la degradación de moléculas complejas, pero a medida que el número de los microorganismos y su actividad aumentan contribuyen a (y eventualmente son los responsables de) casi todas las reacciones de degradación subsiguientes. Estos enzimas hidrolizan las moléculas complejas a compuestos más sencillos, que se utilizan entonces como fuentes nutritivas, para permitir el desarrollo y actividad microbianas. Los productos finales de la acción microbiana dependen de la disponibilidad de oxígeno. Cuando éste es suficientemente abundante los productos finales de la hidrólisis proteica son péptidos sencillos y aminoácidos. Bajo condiciones anaeróbicas las proteínas se degradan a una variedad de sustancias que contienen azufre, todas las cuales son extraordinariamente malolientes y generalmente peligrosas. Entre los productos finales de los compuestos nitrogenados no proteicos se incluye generalmente el amoníaco. Las *lipasas* (enzimas que hidrolizan los lípidos) segregadas por los microorganismos hidrolizan los triglicéridos y los fosfolípidos a glicerina y ácidos grasos en el primer caso, y además a bases nitrogenadas y fósforo en el caso de los fosfolípidos. Una lipólisis extensa puede acelerar la oxidación de los lípidos y si así sucede, como resultado aparece un aroma seboso y pungente.

Generalmente la carne es pobre en carbohidratos, salvo que se adicionen durante su procesado; algunos microorganismos prefieren como fuente de energía a los car-

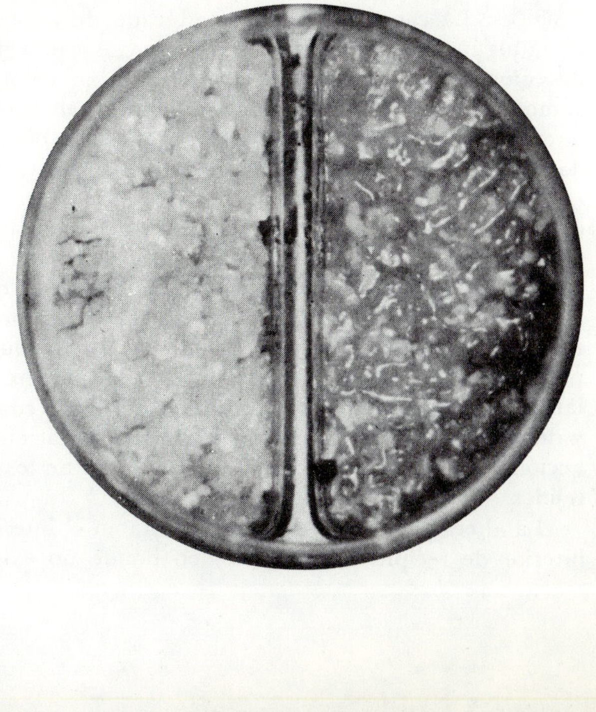

Figura 10-6. Fotografía de musculatura porcina triturada en la que se aprecia la formación de viscosidad en la mitad derecha de la placa de Petri. La carne triturada de la porción derecha se inoculó con una bacteria psicrófila mientras que la de la izquierda (sin inocular) sirvió de control.

bohidratos en vez de otros compuestos y, por lo tanto, cuando disponen de los mismos los utilizan rápidamente. La utilización de los carbohidratos por los microorganismos origina una gran variedad de productos finales incluidos alcoholes y ácidos orgánicos. En determinados productos salchicheros la fermentación microbiana del azúcar que se les adicionó da lugar a la producción de ácidos orgánicos (fundamentalmente ácido láctico), que contribuye a sus aromas característicos.

Cambios físicos. — Los cambios físicos originados por los microorganismos son corrientemente más llamativos que los cambios químicos. Aunque la alteración microbiana generalmente determina un cambio físico obvio en la carne, también da lugar a cambios menos aparentes en su color, olor, aroma, blandura y propiedades de procesado. La alteración cárnica se clasifica generalmente como aeróbica o anaeróbica, dependiendo de las condiciones en que tuvo lugar, y también de que los principales microbios causantes del deterioro fueran bacterias, mohos o levaduras.

La alteración aeróbica por bacterias y levaduras se traduce generalmente por la aparición de mucosidad, de olores y aromas repugnantes, cambios de color y, como antes se ha mencionado, cambios en los lípidos. Un ejemplo de formación de limosidad se muestra en la figura 10-6. Las bacterias o levaduras responsables de la formación de limo guardan relación con las condiciones ambientales, muy especialmente con la temperatura y a_w. Como consecuencia de la producción por las bacterias de compuestos oxidantes, la mioglobina y oximioglobina pueden transformarse en metamioglobina y otras formas oxidadas del pigmento, lo que se traduce en la aparición de color gris, marrón o verde. Algunas especies bacterianas pueden originar enverdecimiento en los embutidos, y las bacterias y levaduras pigmentadas pueden dar lugar a otras diversas coloraciones superficiales. La hidrólisis de los lípidos se revisó al estudiar los cambios químicos causados por los microorganismos, sin embargo, el desarrollo de la rancidez oxidativa y la aparición de olores y sabores molestos aumentan bajo la acción de las bacterias y levaduras lipolíticas.

La alteración aeróbica por mohos da lugar a la aparición en la carne de una superficie pegajosa. También es corriente la formación de zonas algodonosas o botones fúngicos. La carne que se ha madurado durante bastante tiempo, casi siempre presenta algún tipo de crecimiento fúngico. A causa de los colores asociados al desarrollo de colonias fúngicas específicas se aprecian coloraciones superficiales diversas, tales como cremosas, negras o verdes. Como en el caso de las bacterias y levaduras la alteración originada por los mohos produce también lipolisis y favorece la rancidez oxidativa, así como la producción de olores y aromas mohosos.

La alteración aeróbica se limita fundamentalmente a la superficie de la carne, en donde se dispone de oxígeno en abundancia. Por lo tanto, las áreas afectadas pueden expurgarse y la carne restante generalmente es apta para el consumo. Esto es ciertamente lo que sucede con la carne madura; cuando se eliminan los mohos de la superficie los tejidos magros subyacentes pueden presentar escaso o ningún crecimiento microbiano. Sin embargo, si tiene lugar un abundante crecimiento bacteriano superficial, puede haber penetrado profundamente en los tejidos, especialmente a lo largo de los huesos y de los tabiques de tejido conectivo. El aumento de la blandura y del aroma que acaece en la carne madurada, en parte, puede ser el resultado de la acción enzimática microbiana además de la de los enzimas endógenos presentes en los tejidos.

La alteración anaeróbica se presenta en el interior de los productos cárnicos o en el interior de recipientes cerrados, en donde no existe oxígeno o éste se encuentra en

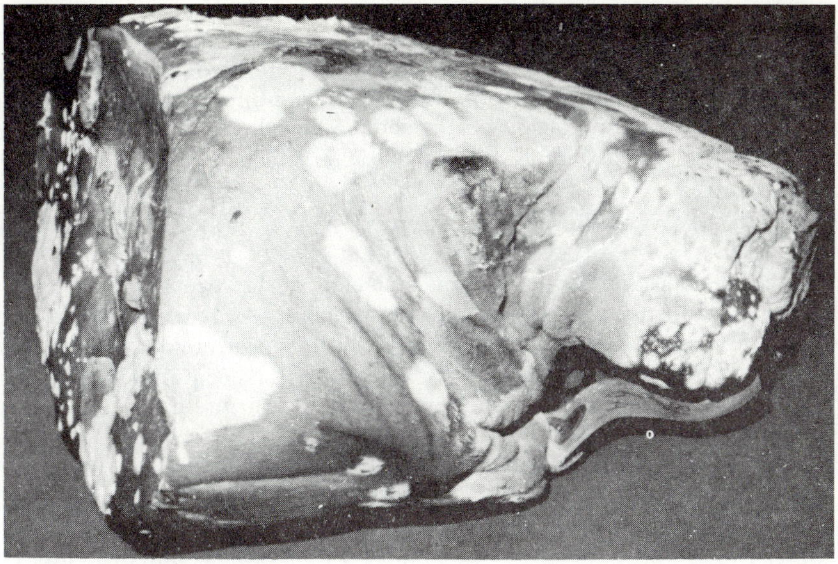

Figura 10-7. La porción inferior de este jamón curado y ahumado muestra un crecimiento fúngico considerable.

cantidades muy pequeñas. Este tipo de alteración se debe a las bacterias facultativas y anaerobias y suele describirse con términos tales como putrefacción, amargor o hediondez. El *amargor* (aparición de un olor o aroma amargo-repugnante) se debe fundamentalmente a la acumulación de ácidos orgánicos durante la degradación enzimática bacteriana de moléculas complejas. La proteólisis sin putrefacción, contribuye también al amargor que, en ocasiones, se acompaña de la producción de gases diversos. La *hediondez* es un término muy poco específico, utilizado para describir la aparición de olores y aromas repugnantes. El término de *hueso hediondo* o *amargo,* se utiliza generalmente en industria cárnica para describir el olor pútrido-amargo que, en ocasiones, se encuentra en los tejidos que rodean al hueso, especialmente en jamones y espaldares. Todos estos olores y amargores se deben a las bacterias anaeróbicas que podían encontrarse originalmente en los ganglios linfáticos o en las articulaciones óseas, o que podían haber llegado a los huesos durante el almacenamiento y procesado. Si las temperaturas de la sala de refrigeración son inadecuadas para disipar rápidamente el calor corporal, o si las temperaturas no se mantienen convenientemente, durante el almacenamiento y procesado tiene lugar el desarrollo de estos microorganismos, pudiendo presentarse amargor o hediondez. La presencia de uno de estos jamones en un tanque de curado puede contaminar a todo el lote de dicho tanque, convirtiéndolo en inadecuado para el consumo.

Hay que señalar que todos los principios microbiológicos estudiados se aplican a la carne, en general, y a todos los productos cárnicos, incluidos los de las aves y los marinos. La carne fresca es más susceptible a la alteración que la mayoría de las carnes procesadas. La curada y ahumada (así como la mayoría de los embutidos), o contienen ingredientes, o se procesan de alguna manera que se restrinja el crecimiento y actividad microbianos. Frecuentemente se colocan también en recipientes que los protegen de alteraciones ulteriores. Por lo tanto, son los mohos más que las bacterias o las levaduras los microorganismos que con más frecuencia se encuentran en la superficie de los productos curados y ahumados y en los embutidos. En la figura 10-7 se muestra un ejemplo de crecimiento mohoso en un jamón curado y ahumado. No obstante, si en la superficie de los embutidos existe humedad suficiente puede presentarse la alteración por bacterias y levaduras, lo que se traduce por la formación de limo y por los demás cambios característicos de este tipo de alteración.

Cambios alterativos originados por los insectos

Bajo las condiciones corrientes de manipulación de la carne de este país, los insectos raramente constituyen problema en la alteración de la carne, ya que la higiene y las medidas de control de insectos en general son lo suficientemente exigentes como para prevenir las infestaciones. Estas no sólo reducen la aceptabilidad del producto y el período de tiempo hasta que surge la alteración, sino que constituyen un peligro sanitario a causa del poder potencial de los insectos como transmisores de enfermedades.

El control de los insectos todavía constituye un problema en este país en algunos aspectos de la producción cárnica, sobre todo en el procesado del jamón curado del país (tipo *«country»)* y otros cortes de carne de cerdo procesados similarmente. Durante las fases de maduración y almacenamiento estos preparados de carne de cerdo se mantienen a temperaturas relativamente altas (21-22 °C) muchos meses. Por lo tanto, si las salas de maduración y almacenamiento no se construyen de forma tal que eviten la penetración de insectos, o si la carne no se protege por algún otro medio, puede tener lugar la infestación por una o más especies de insectos. Entre los insectos más corrientemente encontrados en estos productos debe citarse el «saltón», una larva que se alimenta del músculo y de otros tejidos blandos. Otros parásitos encontrados en la carne de cerdo curada al estilo del país son el «escarabajo del tocino» *(Dermester)*, la mariposa del queso o del jamón, y las moscas. Además del efecto antiestético de los orificios que practican al alimentarse de la carne de estos productos, también tiene lugar una cierta decoloración y pérdida de peso. Todo ello da lugar a pérdidas económicas para los fabricantes. En consecuencia, el control de los insectos constituye un aspecto importante del procesado y almacenamiento de estos productos. El Departamento de Agricultura de Estados Unidos permite el empleo como fumigante del bromuro de metilo que, si se utiliza adecuadamente a intervalos convenientes de tiempo, controla eficazmente las infestaciones por insectos.

Reacciones químicas que influyen en los cambios alterativos

Rancidez oxidativa. — Las grasas de la carne se oxidan al exponerlas al oxígeno molecular del aire; ello determina la producción de un olor y aroma fuerte y desagradable en el producto cocinado. Cuando tienen lugar estas reacciones químicas se presenta el deterioro conocido como *rancidez oxidativa.* Para describir las reacciones química que dan lugar a la rancidez oxidativa se utiliza la palabra *autooxidación.* El aroma y olor característicos de la grasa oxidada se debe a la presencia de aldehídos, ácidos y cetonas de bajo peso molecular, que se forman durante la oxidación y descomposición de las moléculas de los ácidos grasos. Las grasas poliinsaturadas son mucho más susceptibles a la autooxidación que las monoinsaturadas. Los ácidos grasos saturados son los más resistentes a la autooxidación y al desarrollo de la rancidez. En el período de tiempo relativamente corto que generalmente necesita la rancidez para desarrollarse, probablemente sólo los ácidos grasos poliinsaturados sufren una autooxidación apreciable; por lo tanto, los ácidos grasos poliinsaturados constituyen el punto focal para comprender la autooxidación de las grasas.

La velocidad de la autooxidación aumenta en presencia de *prooxidantes,* tales como calor y exposición a la luz, especialmente a la ultravioleta. Los prooxidantes favorecen la rancidez catalizando las reacciones de oxidación, y los *antioxidantes* la inhiben. Entre los prooxidantes se incluyen el nitrito, el cloruro sódico (diversos metales como cobre, hierro, manganeso y cobalto) y otras muchas sustancias y agentes. Puesto que el calor y la luz aumentan la velocidad de autooxidación, la carne almacenada a temperaturas de refrigeración o congelación también debe mantenerse en la oscuridad para retrasar el desarrollo de la rancidez. Por supuesto que reduciendo al mínimo la cantidad de aire de los recipientes o eliminándolo completamente durante el almacenamiento, sobre todo durante un almacenamiento en congelación muy prolongado, también se retrasará el desarrollo de la rancidez.

La vida de almacén de los productos picados se acorta a causa de la incorporación de oxígeno durante el proceso de picado; también la adición de sal a los productos cárnicos procesados acorta su vida de almacén; sin embargo, ciertos ingredientes adicionados durante el procesado (tales como ascorbato, salvia y compuestos fenólicos presentes en el humo de madera), poseen propiedades antioxidantes y retrasan el desarrollo de la rancidez.

En el caso de las grasas comestibles, tales como el tocino, la rancidez se inhibe mediante la adición de antioxidantes durante el procesado. Dos antioxidantes ampliamente utilizados son el hidroxitolueno butilado (butil-hidroxitolueno, BHT) y el hidroxianisol butilado (butil hidrosianisol BHA). Los antioxidantes utilizados comercialmente se componen generalmente de distintas combinaciones de varios antioxidantes para aprovechar las propiedades de cada uno. En las grasas comestibles y en los alimentos con un contenido graso de moderado a elevado, se utilizan corrientemente combinaciones de BHT, BHA, n-propilgalato y ácido cítrico.

Tinciones. — Cualquier desviación del color rojo brillante, rojo pálido o rosa grisáceo de la musculatura de bóvidos, óvidos y cerdos o terneras, respectivamente, puede describirse con el término de tinción o coloración (lo que en inglés se conoce como *Discoloration).* Como se señaló previamente en los capítulos 8 y 9, estas coloraciones se asocian corrientemente a cambios químicos de los pigmentos musculares, principalmente de la mioglobina. Son consecuencia de estados claramente distintos de los asociados al color anormal de los músculos de las canales de PSE y de corte oscuro.

Las tinciones o coloraciones se deben generalmente a la presencia de metamioglobina, que contribuye al color marrón o grisáceo marrón de la carne fresca y procesada. La coloración marrón de la metamioglobina se detecta cuando el 60 % aproximadamente de la mioglobina se encuentra en forma de metamioglobina. Como más atrás se ha indicado, la formación de metamioglobina se ve favorecida por aquellas condiciones que causan la desnaturalización de la porción proteica de la molécula de mioglobina, por la ausencia de sustancias reductoras y por la baja tensión de oxígeno.

Entre los factores que determinan la desnaturalización de la porción proteica de la mioglobina deben citarse el calor, las sales, la luz ultravioleta, el pH bajo y la deshidratación superficial. El último efecto actúa concentrando las sales que, a su vez, promueven la formación de metamioglobina. Las temperaturas bajas, tales como las encontradas durante el almacenamiento en refrigeración, suprimen la actividad de aquellos enzimas que utilizan el oxígeno que sobreviven en la carne, lo que contribuye a una mayor tensión de oxígeno en la superficie de la carne; esto a su vez retrasa la formación de metamioglobina. Los productos cárnicos curados también son susceptibles a las tinciones o coloraciones. El problema más importante de este tipo es la *decoloración luminosa,* que se estudió con detalle en el capítulo 9. La tinción superficial se aprecia cuando la carne se mantiene a niveles de humedad relativa suficientemente bajos como para permitir la deshidratación. La pérdida de humedad de la superficie de las canales y de las piezas de carne reduce la cantidad de luz reflejada, debido a la pérdida de agua intracelular, y como resultado la carne aparece con un color oscuro; estas canales y cortes de carne se dice que «han perdido su flor». Las carnes congeladas poseen generalmente un color más oscuro que las frescas, pero esto depende en parte de la velocidad de congelación. Después de descongeladas puede mejorarse el color de las carnes, que corrientemente no corresponde al de sus compañeras frescas.

Cambios alterativos físicos

Deshidratación. — La pérdida de humedad de las superficies de la carne durante el almacenamiento, le da un aspecto seco, viejo y de textura basta que afecta adversamente a su aspecto, a la visión y a la atracción que debe ejercer en el consumidor. Salvo que haya tenido lugar una gran deshidratación ésto se limita normalmente a la superficie; aunque el espurgo de estas superficies restaura prácticamente la atracción ejercida sobre el consumidor, su eliminación y la mano de obra implicada, suponen pérdidas económicas graves. Una deshidratación profunda determina generalmente un producto muy seco una vez cocinado y, por lo tanto, afecta a la palatabilidad de la carne. La deshidratación por liofilización generalmente origina cierta desnatutalización proteica, por lo que las proteínas afectadas no retendrán agua durante su reconstitución o rehidratación; cuando estos productos se cocinan son relativamente «secos». Puesto que también pueden verse afectados adversamente algunos componentes del aroma, el producto tendrá un sabor distinto y generalmente será menos aceptable que su compañero fresco.

Congelación y descongelación. — Durante el almacenamiento en congelación la pérdida excesiva de humedad de algunas superficies de la carne origina áreas localizadas con deshidratación y tinción. Este fenómeno inocuo constituye la *quemadura del frío.* Se origina cuando el material que envuelve la carne se ha roto o cuando no se emplea una envoltura impermeable. También contribuye a la aparición de la quemadura del frío el no mantener constante la temperatura, permitiendo que ciclos frecuentes de descongelación parcial vayan seguidos, durante el almacenamiento, de una recongelación. Debido a la falta de atracción, como consecuencia de la deshidratación y de la presencia de zonas de un color grisáceo, la atracción visual y la aceptabilidad por parte del consumidor se afectan negativamente. Durante el desarrollo de la quemadura del frío las proteínas pueden desnaturalizarse y la rehidratación no se realiza convenientemente. La carne que presenta quemaduras del frío graves es seca e insulsa. Si se ha desarrollado la rancidez oxidativa todavía es más objecionable la calidad de la carne, a causa de la pungencia de los productos de la oxidación que acompañan a la rancidez.

Si la carne se congela lentamente, gran parte del agua que presenta se acumula extracelularmente y se congela en espacios grandes. Los bordes agudos de los cristales de hielo que se forman en estos espacios pueden puncionar las fibras musculares liberando más agua incluso. La alteración física causada por la congelación lenta da lugar a una abundante pérdida de líquido cuando la carne se descongela; este líquido, que forma un acúmulo una vez descongelada la carne, se denomina *goteo (drip)*. Un goteo excesivo da lugar a un envasado nada atractivo, a pérdida de nutrientes y a desecación o sequedad de la carne cocinada. En el capítulo 11 se estudan los factores que influencian la cantidad del goteo.

Mermas durante la refrigeración. — Durante el almacenamiento y refrigeración la carne pierde humedad a partir de sus superficies, lo que da como resultado una pérdida de peso conocida como *merma*. Salvo la pérdida económica asociada a la merma, la simple pérdida de humedad durante los primeros pocos días de almacenamiento en refrigeración, raramente afecta adversamente a la aceptabilidad de la carne. Sin embargo, los cambios físicos que acompañan a las mermas durante un almacenamiento en refrigeración largo son la deshidratación y la decoloración. Estos efectos contribuyen a los cambios alterativos que acaecen en la carne.

CONTAMINACIÓN DE LA CARNE

Se define como contaminante a cualquier sustancia (o agente) presente en el alimento, en una cantidad tal que lo convierta en inaceptable o potencialmente peligroso para el consumidor. Entre los contaminantes se incluyen agentes tan distintos como los residuos de productos químicos ingeridos, absorbidos o inhalados por el animal, que se acumulan en sus tejidos. La contaminación puede ser consecuencia de la incorporación de un exceso de aditivos, de suciedad y basura, de excretas (y de otros restos de roedores e insectos) y, finalmente, de la presencia de parásitos y microorganismos.

Residuos químicos

Los residuos químicos proceden principalmente de los materiales consumidos por el animal, de los inspirados con el aire y de los absorbidos a través de la piel. Entre los residuos procedentes de los piensos se incluyen antibióticos, hormonas y compuestos similares (por ejemplo, dietilestibestrol), minerales (tales como selenio de los alimentos crecidos en suelos ricos en este elemento), y residuos químicos de los piensos, procedentes del empleo de herbicidas y fungicidas para el control de enfermedades en la producción vegetal. La presencia de residuos de mercurio en el pescado y de bifenilos policlorados en las aves ha recibido mucha publicidad. También pueden acumularse residuos químicos y producirse daños tisulares cuando los animales se crían cerca de ambientes industriales en donde sustancias gaseosas, tales como el dióxido de azufre, contaminan la atmósfera. También contribuyen a la presencia de residuos tisulares los productos químicos absorbidos a través de la piel, que se utilizaron en el control de los parásitos externos de los animales.

ADITIVOS EN EXCESO

Son varios los aditivos cuya inclusión en los productos cárnicos está permitida, entre ellos nitritos, ácido ascórbico y ciertos antioxidantes; los principios en que se basa su empleo se estudiaron en el capítulo 9. Las normas de inspección cárnica definen claramente las condiciones en que pueden utilizarse los aditivos y las cantidades permitidas de los mismos. Cuando se emplean cantidades mayores que las señaladas por las normas citadas el producto se considera contaminado. Por ejemplo, la cantidad máxima permitida de nitrito es la de 200 ppm. Se estableció este límite porque los nitritos ingeridos a niveles altos son tóxicos y también a causa del más reciente problema de formación de nitrosaminas (ver capítulo 9).

Polvo y basura

La contaminación de la carne y de sus productos con polvo, basura y excretas de insectos y roedores, no sólo afecta a sus propiedades estéticas, sino que también supone un peligro potencial para la salud a consecuencia de la contaminación con microorganismos productores de enfermedades. El control de tal contaminación implica una buena higiene, así como un buen control de insectos y roedores en todas aquellas dependencias en las que la carne es procesada o manipulada.

Contaminación microbiana

Antes hemos estudiado las fuentes de contaminación microbiana; para reducir tal contaminación al mínimo y evitarse la actividad microbiana son de la mayor importancia la higiene, una refrigeración adecuada y un manejo conveniente de los alimentos. Sin embargo, no existe ningún producto cárnico completamente estéril, por lo que si la carne no se manipula adecuadamente la posibilidad de cambios alterativos, así como de toxiinfecciones alimentarias, constituyen una constante amenaza.

Ya se han estudiado los efectos alterativos y el deterioro de los productos cárnicos, sin embargo, las infecciones e intoxicaciones alimentarias microbianas se estudiarán con detalle en las secciones siguientes.

Intoxicación e infección alimentaria

La aparición de alteraciones gastrointestinales que sigue a la ingestión de alimentos puede deberse a una de varias causas, entre ellas alergias, indigestión, intoxicación a partir de contaminantes químicos, vegetales o animales venenosos, toxinas bacterianas, infecciones por microorganismos o una infestación por parásitos animales. Aunque cada uno de estos factores se admite como fuente potencial de enfermedad para el hombre el estudio que se hace a continuación se limita a las enfermedades causadas por microorganismos incluidos entre los «toxi-infectivos alimentarios» y a la debida al parásito *Trichinella spiralis.*

La *intoxicación alimentaria*, como más adecuadamente se define, es como una enfermedad debida a la ingestión de toxinas bacterianas; la *infección alimentaria,* como la ingestión de microorganismos patógenos (productores de enfermedad) que crecen y originan una enfermedad en el hospedador. Las bacterias y los hongos (mohos y levaduras) producen toxinas; las originadas por los hongos se denominan colectivamente *micotoxinas.* Puesto que aparecen en cereales y legumbres con infestación fúngica, las micotoxinas constituyen a menudo un problema sanitario ga-

Características de algunas intoxicaciones e infecciones alimentarias corrientes.

Enfermedad	Agente etiológico	Síntomas	Tiempo medio hasta aparición de síntomas	Alimentos normalmente implicados	Medidas preventivas
Botulismo (intoxicación)	Toxinas de *Clostridium botulinum*	Disfagia y dificultades para hablar, respirar y coordinar. Desvanecimiento y doble visión	12-48 horas	Alimentos enlatados de baja acidez, como carne y pescado; pescado ahumado y procesado	Enlatado, ahumado y procesado bien realizados. Cocción para destruir toxinas, refrigeración e higiene convenientes
Intoxicación estafilococcica	Enterotoxina de *Staphylococcus aureus*	Náuseas, vomición, dolor gastrointestinal por gastroenteritis (inflamación de la mucosa gastrointestinal)	3-6 horas	Pasteles rellenos de crema o natilla, ensaladilla, productos lácteos, jamón, lengua y pollo cocidos.	Pasteurización de los alimentos en los que sea posible, refrigeración e higiene adecuadas
Intoxicación por *Cl. perfringens*	Toxina del *Clostridium perfringens* (¿infección?)	Náuseas, vómitos ocasionales, diarrea y dolor abdominal	8-12 horas	Carne y pescado cocinados mantenidos a temperaturas superiores a las de refrigeración mucho tiempo	Refrigerar pronto el alimento cocinado no consumido; refrigeración e higiene adecuados
Salmonelosis (infección)	Infección producida por la ingestión de una de las 1.200 especies de *Salmonella* que pueden crecer en el tracto gastroentérico del consumidor	Náuseas, vómitos, diarrea, fiebre, dolor abdominal, puede ir precedida de frío y dolor de cabeza	6-24 horas	Carne, huevos y productos lácteos insuficientemente calentados o recalentados; son muy susceptibles si se mantienen bastante tiempo sin refrigeración	Limpieza e higiene de operarios y utillaje; pasteurización, refrigeración y empaquetado bien hechos
Triquinosis (infestación)	*Trinchinella spiralis* del cerdo (nematodo)	Náuseas, vómitos, diarrea, sudoración profusa, fiebre y dolores musculares	2-28 días	Carne de cerdo insuficientemente calentada y productos del cerdo	Tratamiento térmico hasta una temperatura interna de 50 °C o mayor; congelación y almacenamiento de la carne de cerdo cruda a −15 °C o menor durante un mínimo de 20 días; evitar la alimentación de los cerdos con basura sin tratar térmicamente

nadero. La carne (especialmente la curada y ahumada y los embutidos secos madurados) contienen frecuentemente mohos y levaduras y las correspondientes micotoxinas. Sin embargo, no existen pruebas hasta la fecha que indiquen que la ingestión de carne en la que existe crecimiento fúngico haya causado enfermedad en el hombre. Tampoco la carne de animales que han ingerido micotoxinas con los piensos contiene ninguno de estos residuos tóxicos. Por lo tanto, las enfermedades que siguen a la ingestión de alimentos que contienen toxinas o microorganismos que producen toxinas en el organismo son de origen bacteriano. Tales toxinas bacterianas carecen de olor y sabor, de ahí que sean fácilmente consumidas sin que el presunto enfermo sospeche su existencia.

Botulismo. — El botulismo es una verdadera intoxicación alimentaria, debida a la ingestión de la toxina producida por el *Clostridium botulinum* mientras se desarrolla en los alimentos. Se trata de una bacteria anaeróbica, esporulada, formadora de gas y cuyo hábitat primitivo es el suelo. La toxina que produce es muy potente, afecta al sistema nervioso central de quien la ingiere, y la muerte, que se ocasiona en gran número de casos, es el resultado de un fallo respiratorio. (En la tabla 10-1 se señalan algunas de las características del botulismo y de otras intoxicaciones e infecciones alimentarias corrientes).

Puesto que el *Clostridium botulinum* aparece normalmente en el suelo es lógico que también exista en el agua. Por ello, el pescado, generalmente el marino, constituye una fuente potencial de botulismo más importante que la de otros alimentos cárnicos. Sin embargo, la fuente potencial de botulismo más importante son las hortalizas y frutas de acidez baja a media que se enlatan inadecuadamente en los hogares. Dado que se trata de organismos anaeróbicos, los alimentos enlatados y envasados a vacío, incluidos la carne, las aves y el pescado, también son fuente potencial de botulismo. Afortunadamente la distribución de esporas de *Clostridium botulinum* en la carne es corrientemente muy baja, por lo que es rara la intoxicación botulínica debida a carne enlatada o envasada a vacío.

Para prevenir el botulismo no hay nada mejor que unas buenas medidas sanitarias. Sin embargo, para proteger a las personas frente a posibles brotes de botulismo por alimentos contaminados, son esenciales en todo momento una refrigeración conveniente y un cocinado adecuado. La toxina es relativamente termolábil; sin embargo, las esporas son muy resistentes y su destrucción exige tratamientos térmicos muy drásticos. El tratamiento térmico a 85 °C durante 15 minutos inactiva la toxina, sin embargo, para destruir completamente las esporas se necesitan las siguientes combinaciones de temperaturas y tiempos:

Temperatura (°C)	Tiempo (minutos)
100°	360
105°	120
110°	36
115°	12
120°	4

Los alimentos enlatados que presentan signos evidentes de abombamiento (las latas abombadas son siempre consecuencia del gas producido por los microorganismos)

NUNCA deben consumirse. El pescado ahumado durante su procesado debe calentarse al menos 30 minutoas a 82 °C. Los alimentos procesados, congelados precocidos o congelados crudos, no debe permitirse que permanezcan a temperatura ambiente durante períodos de tiempo largos.

Intoxicación estafilocócica alimentaria. — Se debe a la ingestión de la *enterotoxina de Staphylococcus aureus.* La toxina producida por este microorganismo facultativo, no esporulado, recibe el nombre de enteroxina, porque origina inflamación de las mucosas del estómago y del intestino (gastroenteritis). No obstante, afecta también al sistema nervioso central. Es rara la muerte por la intoxicación alimentaria estafilocócica; cuando se presenta se debe generalmente a que a ella se suma algún tipo de stress a consecuencia de sufrir otras enfermedades. Las bacterias responsables de la intoxicación estafilocócica alimentaria se hallan ampliamente distribuidas en la naturaleza y se han aislado de muchos individuos sanos; por ello, la fuente de contaminación más importante es la manipulación de los alimentos por individuos infectados con este microorganismo. Los alimentos más corrientemente asociados a la intoxicación alimentaria estafilocócica son los pasteles, rellenos de crema o de natilla, las ensaladillas, los productos lácteos, el jamón cocido, la lengua y la carne de aves. En condiciones favorables la bacteria se multiplica hasta alcanzar en los alimentos, incluidos productos cárnicos, cargas enormes sin que se modifiquen significativamente el color, el aroma o el olor.

Los estafilococos causantes de esta intoxicación se destruyen fácilmente por el calor (66 °C durante doce minutos), pero la destrucción de la enteroxina exige tratamientos térmicos drásticos, por ejemplo tratamientos en autoclave a 121 °C durante 30 minutos. Las temperaturas culinarias corrientes, empleadas en la mayoría de los alimentos no destruyen la enterotoxina.

Intoxicación alimentaria por *Clostridium perfringens.* — Esta intoxicación alimentaria se designa con el nombre de la bacteria que la produce *Clostridium prefingens*[1]. Se trata de un microorganismo anaerobio, esporulado, productor de diversas toxinas y que además durante su desarrollo origina una cantidad abundante de gas. Tanto *C. perfringens* como sus esporas , se han señalado en muchos alimentos, incluidos la carne de vacuno mayor, ternera, cerdo, aves, óvidos y pescados, lo mismo crudos que procesados. Donde menos microorganismos se han encontrado ha sido en lonchas de carne *«luncheon»* y de bloques de carne; por el contrario, las cifras mayores observadas se han dado en productos cárnicos, que tras su tratamiento culinario se han dejado enfríar lentamente, permitiendo que pasasen mucho tiempo a temperatura ambiente antes de presentarlos en la mesa. Para que surja este tipo de intoxicación alimentaria deben ingerirse grandes cantidades de microorganismos activos.

Las esporas de distintas cepas microbianas de este mismo género difieren en su termoresistencia: algunas se destruyen a 100 °C en pocos minutos, mientras que otras necesitan permanecer a esta temperatura de 1 a 4 horas para su total destrucción. Esta intoxicación se controla sometiendo a un rápido enfriamiento los alimentos cocinados o tratados térmicamente; para prevenir cualquier brote, son esenciales en todo momento una buena refrigeración de los alimentos, especialmente de los que se guardan después de cocinados, y una buena higiene. Cuando los alimentos se mantengan en mesas calientes sus temperaturas deberán ser mayores de 60 °C para

[1] Llamado también *Clostridium welchii. N. del T.*

prevenir la intoxicación alimentaria de este origen. Cuando los alimentos sobrantes de una cocina se recalienten, deberán serlo debidamente para destruir, tanto las bacterias vivas, como sus toxinas.

Salmonelosis. — La «intoxicación» por *Salmonella* es realmente una infección alimentaria, ya que es consecuencia de la ingestión de alguna de las numerosas especies de bacterias vivas del género antes citado. Estos microorganismos, al desarrollarse en el interior del consumidor, producen una *endotoxina* (una toxina que se encuentra en el interior de la bacteria), que es la causa específica de la enfermedad. Los síntomas corrientes de la salmonelosis son náuseas, vómito y diarrea. Se cree que son consecuencia de la irritación de la pared intestinal originada por las endotoxinas; se admite que para que se presente la enfermedad se necesita ingerir una cifra enorme de microorganismos (un millón aproximadamente). El tiempo necesario para que aparezcan los síntomas de esta infección es generalmentea mayor que el necesario para que aparezcan los síntomas de la intoxicación alimentaria estafilocócica; en esta diferencia de tiempo de instauración de la enfermedad se basan los médicos para su diagnóstico diferencial. La mortalidad por salmonelosis generalmente es pequeña, siendo los niños pequeños, los ancianos, o quienes tienen sus defensas debilitadas a consecuencia de otras enfermedades quienes pagan mayor tributo.

Las salmonellas cuyo hábitat principal lo constituye el intestino, son bacterias facultativas que no forman esporas; generalmente se encuentran en el intestino y en otros tejidos de los animales y aves de abasto sin producir síntomas aparentes de la infección. Aunque estas bacterias puedan encontrarse en los tejidos animales, su fuente de contaminación más importante se debe a la carne de las canales y de los cortes que se contaminó durante las operaciones de carnización. Sin embargo, también son fuentes potenciales de ingestión de salmonelas la carne contaminada por quienes la manipulan durante su procesado y la recontaminación de éste y otros alimentos.

Las condiciones térmicas de procesado necesarias para destruir al *Staphylococcus areus* (66 °C durante doce minutos) también destruyen a la mayoría de las especies de salmonelas.

Otras infecciones bacterianas. — Otras infecciones bacterianas que aparecen con menos frecuencia en el hombre, se presentan como enfermedades cuyos síntomas son los típicos de las toxi-infecciones alimentarias. Quizá la más corrientemente encontrada sea la originada por la bacteria *Streptococcus faecalis*. Aunque se han señalado a muchos productos cárnicos como fuentes de esta infección, también los lácteos, así como otros alimentos de origen animal, han estado implicados en ciertos brotes de esta enfermedad.

Infestaciones parasitarias. — Entre las infestaciones transmitidas por los alimentos, algunas se deben a parásitos que se encontraban en el organismo del animal que produjo la carne, y que se transmitieron al hombre tras la ingestión de este alimento cocinado inadecuadamente. La más significativa, entre este grupo de infestaciones, es la debida al consumo con la carne de cerdo insuficientemente cocinada de *Trichinella spiralis*. Se trata de un nematodo (un organismo pequeño parecido a una lombriz) que aparece en los músculos de los animales enfermos en forma de larvas enquistadas. De los animales productores de carne, los cerdos constituyen la fuente de infestación humana más importante. Las larvas latentes (enquistadas) inge-

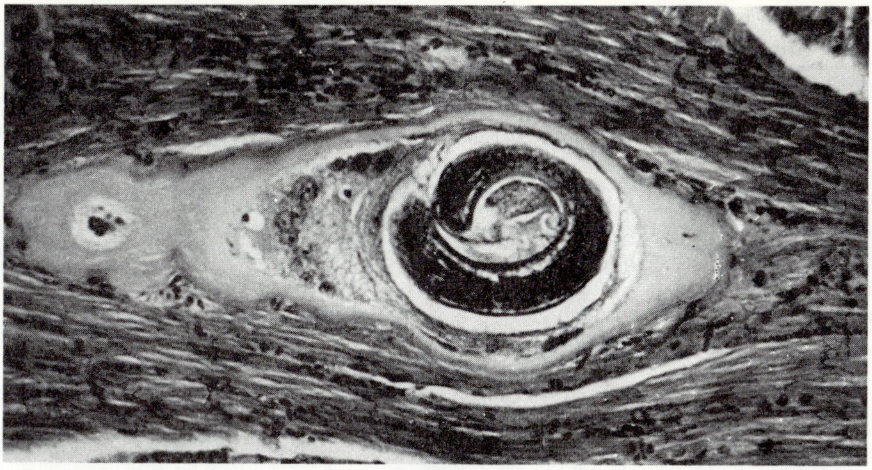

Figura 10-8. Microfotografía en la que se aprecia una larva de *Trichinella spiralis* enquistada en el tejido esquelético (×450). (Cortesía del Dr. W. J. Zimmerman, Iowa State University, Ames, Iowa.).

ridas que no se destruyeron durante el cocinado, se liberan en el aparato digestivo del hospedador, cuyos enzimas digestivos desintegran las paredes del quiste. Las larvas liberadas invaden las paredes de la porción superior del intestino en donde maduran entre los cinco y los siete días. Las triquinas maduras se reproducen en el intestino y las larvas recién nacidas emigran al sistema circulatorio que las transporta a los músculos del hospedador. Las larvas completan allí su ciclo vital enquistándose en los músculos del hospedador como se aprecia en la figura 10-8. Los síntomas de la infestación son consecuencia de la irritación de la mucosa intestinal, debida a la acción «barrenadora» de las larvas inmaduras en la pared intestinal. Tales síntomas van seguidos de fiebre y de una debilidad general que aparece mientras las larvas emigran a los músculos. Durante la fase de enquistamiento generalmente hay dolores musculares.

TABLA 10-2.

Tiempos de almacenamiento a diferentes temperaturas de congelación necesarios para destruir las larvas de *Trichinella* en carne de cerdo de diversos grosores*.

Temperatura de congelación en °C	Días de almacenamiento necesarios	
	Grosor <15,24 cm(6")	Grosor >15,24 cm
−15°	20	30
−23,3°	10	20
−20°	6	12

*Adaptado de Brandley, P. J., G. Migaki y K. E. Taylor, *Meat Hygiene, 3rd ed. Lea & Febiger, Philadelphia, 1966. pág. 741, Appendix Table 1.*

La triquinosis puede prevenirse fácilmente sometiendo la carne de cerdo y los productos que la contengan a una temperatura interna de, al menos, 58 °C. El Departamento de Agricultura de los Estados Unidos exige que los productos cárnicos del cerdo se calienten por lo menos a esta temperatura, se curen con sal y ahumado, o se congelen y mantengan a temperaturas específicas durante un período de tiempo establecido. La duración de este período depende de la temperatura empleada y del grosor del producto cárnico en cuestión (tabla 10-2). El curado y el ahumado también pueden usarse para destruir las larvas de *Trichinella,* pero tales procesos varían en eficacia para los distintos productos del cerdo. (A las personas interesadas en este problema se les recomienda la lectura del libro de texto *Meat Hygiene,* citado en la bibliografía.)

BIBLIOGRAFÍA

Brandly, Paul J., George Migaki and Kenneth E. Taylor, "Regulation Governing the Meat Inspection of the United States Department of Agriculture," in *Meat Hygiene* (Lea & Febiger, Philadelphia), 3rd ed., pp. 740–745, 1966.

Frazier, W. C., *Food Microbiology* (McGraw-Hill Book Company, New York), 2nd ed., 1967.

Jay, James J., *Modern Food Microbiology* (Van Nostrand Reinhold Company, New York), 1970.

Lechowich, R. V., "Microbiology of Meat," in *The Science of Meat and Meat Products*, J. F. Price and B. S. Schweigert, eds. (W. H. Freeman and Company, San Francisco), pp. 230–286, 1971.

Weiser, Harry H., George J. Mountney and Wilbur A. Gould, *Practical Food Microbiology and Technology* (The AVI Publishing Company, Inc., Westport, Conn.), 2nd ed., 1971.

Zattola, Edmund A., *Introduction to Meat Microbiology* (American Meat Institute, Chicago), 1972.

CAPÍTULO 11

Métodos de almacenamiento y conservación de la carne

Para prolongar la vida de la carne y para el almacenamiento de todos los productos cárnicos frescos y de la mayoría de los procesados, es absolutamente imprescindible el conservarlos de alguna manera. El método más corriente de prolongar la vida útil de la carne es el empleo de la refrigeración. En este libro el término «refrigeración» se limita a la utilización, para el almacenamiento de la carne, de temperaturas comprendidas entre −2 y 5 °C. Casi toda la carne fresca se mantiene bajo tales temperaturas de refrigeración; ésta generalmente comienza con el enfriamiento de las canales, inmediatamente después de la carnización, continúa durante el almacenamiento subsiguiente, durante la descuartización, tránsito, fabricación y exhibición de cortes para la venta, y en el almacenamiento de estos cortes en el frigorífico del consumidor. La mayoría de los productos cárnicos procesados también se manipulan bajo temperaturas de refrigeración, desde el momento final de su procesado hasta su consumo.

La carne también se conserva además mediante congelación, tratamiento térmico y deshidratación. Su conservación por irradiación, con radiaciones gamma y rayos X, todavía se encuentra en fase experimental. Ciertas sustancias químicas, tales como las sales del curado y los ingredientes de embutidos y algunos de los compuestos del humo de madera proporcionan una cierta acción conservadora en aquellos productos cárnicos sometidos a su acción. El efecto conservador de cada uno de los métodos citados se debe a que restringen y en ciertos casos inhiben totalmente la actividad microbiana, así como las reacciones enzimáticas, químicas y físicas que, en otro caso, darían lugar a cambios deteriorantes e incluso a la alteración total.

ALMACENAMIENTO EN REFRIGERACIÓN

Enfriamiento inicial

Una vez completado el proceso de carnización, la temperatura interna de las canales animales varía generalmente entre los 30 y 39 °C. Este calor corporal debe eliminarse durante el período de enfriamiento inicial, de forma que la temperatura interna de las porciones más gruesas de la canal se reduzca a 5 °C o menos, lo más rápidamente posible. La carne de vacuno, cerdo, óvidos, y terneras y corderos se enfría en *salas de oreo* a temperaturas que varían de −4 a 0 °C; las aves y el pescado se enfrían generalmente por inmersión en agua con hielo.

Los factores que más influencia ejercen en las velocidades de enfriamiento son el calor específico de la canal, su tamaño, la cantidad de grasa externa y la temperatura del entorno refrigerante. El calor específico es directamente proporcional a la relación de carne magra a grasa de la canal. La grasa reduce la eficacia de la disipación del calor. Por ejemplo, en las salas de oreo convencionales las canales vacunas necesitan generalmente 48 horas o más para alcanzar una temperatura interna de 5 °C o menor (fig. 11-1). En las salas equipadas para mover a gran velocidad el aire, el tiempo necesario para el enfriamiento puede reducirse hasta el 25-35 %. La humedad relativa de la sala de oreo se mantiene generalmente alta, para prevenir el exceso de mermas en la canal a causa de las pérdidas de humedad. Otros factores que afectan la velocidad de enfriamiento son el número de canales colocadas en la sala y el espacio existente entre ellas. Para asegurar una rápida disipación del calor debe haber espacio suficiente entre las canales que permita una buena circulación del aire. Las canales vacunas, después de permanecer aproximadamente de 12 a 24 horas enfriándose, como queda dicho, se llevan a otras salas de refrigeración en donde permanecen entre 0 y 3 °C hasta su elaboración o embarque. Las canales de ovinos y terneras, hasta el momento de su embarque se mantienen generalmente en el mismo refrigerador (sala de oreo) en el que fueron enfriadas. Las canales del cerdo, después de permanecer aproximadamente 24 horas en la sala de oreo, pasan directamente a la línea de despiece.

La inmersión en agua helada es un método de refrigeración relativamente rápido.

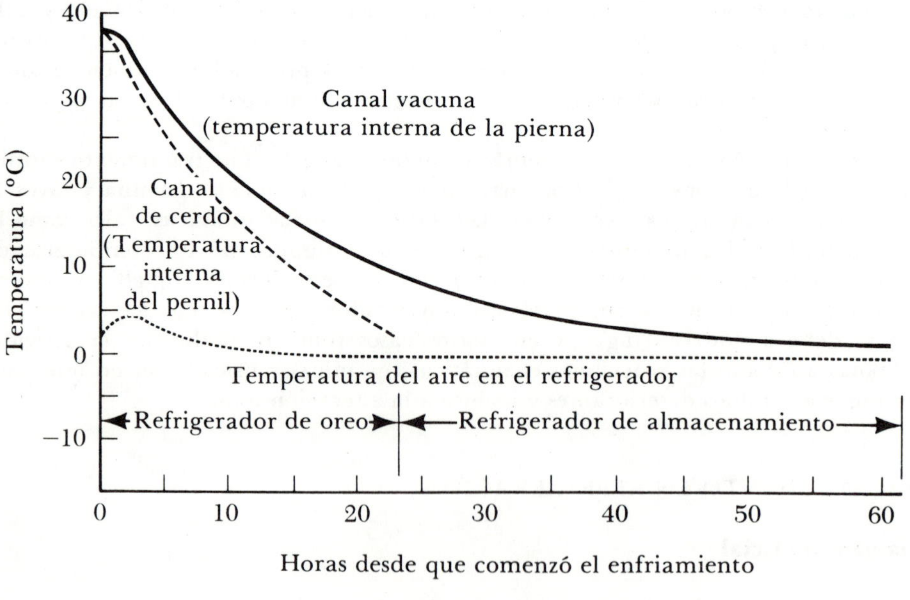

Figura 11-1. Curvas típicas de enfriamiento de canales de vacuno (270 kg) y de cerdo (75 kg). Las temperaturas corresponden a las interiores de la pierna y del jamón respectivamente. (De Retrum, R., Beef Carcass Chilling and Holding. *Am. Soc. Refrig. Eng.* Refrigeration and Meat Packing Conference, 1957).

En el caso de las aves, las normas del Departamento de Agricultura de Estados Unidos exigen que la temperatura interna muscular de las aves descienda a 5 °C o menos en las ocho horas siguientes al sacrificio. Aunque se sabe que en los músculos de pollos y pavos tiene lugar el acortamiento por el frío si se mantienen a las temperaturas citadas, el tiempo que transcurre entre la carnización y el enfriamiento es suficientemente largo para eliminar cualquier problema de dureza mensurable. Del mismo modo el enfriamiento rápido del pescado en agua fría o helada no ejerce efecto apreciable alguno en su blandura. Los tratamientos de enfriamiento más rápidos descritos para el vacuno mayor, cerdo ovejas y terneras posiblemente causen cierto endurecimiento, especialmente en las canales de vaca y oveja. (El acortamiento por frío del músculo se estudia extensamente en el capítulo 7.)

Duración del almacenamiento en refrigeración

El almacenamiento en refrigeración de la carne y de sus productos se limita generalmente a períodos de tiempo cortos, dado que los cambios alterativos continúan y la velocidad de muchos de estos cambios de hecho se acelera con el tiempo. Los principales factores que influencian la vida útil de la carne almacenada bajo refrigeración son la carga microbiana original, las condiciones de temperatura y humedad durante el almacenamiento, la presencia o ausencia de envolturas protectoras, la especie de animal en cuestión y el tipo de producto que se almacene. Para prolongar al máximo la vida de almacén, manteniendo al mismo tiempo una calidad aceptable en la carne, deben optimizarse todas las variables que influencian la conservación en refrigeración. Si solamente se descuida una de estas variables, el esfuerzo consumido en optimizar todas las demás probablemente constituirá un gasto inútil. La carga microbiana inicial ejerce un marcado efecto en la vida de almacén de la carne fresca y de los productos procesados, sin embargo, el reducir al mínimo la contaminación interior durante todas las fases subsiguientes de manipulación, procesado, envasado y almacenamiento sigue siendo todavía indispensable para mantener las propiedades cualitativas óptimas de la carne y prolongar su vida útil; para conservar la calidad de la carne es indispensable mantener constantes las temperaturas de almacenamiento (3 °C o menos). En la figura 11-2 se muestra el efecto de la temperatura en el crecimiento y actividad de las bacterias patógenas y psicrótrofas. Dado que el confort de los trabajadores es importante, la temperatura de la mayoría de las salas de despiece, elaboración y facturación supera los 5 °C; el tiempo que la carne permanezca a esta temperatura deberá ser el mínimo posible. El mantenimiento de temperaturas de refrigeración adecuadas, de 3 °C o menos, no se cumple a veces durante el transporte, especialmente al cargar en el punto de origen y al descargar en destino; es de una enorme importancia, especialmente durante las estaciones calurosas y húmedas cuando la capacidad de los camiones y vagones se aprovecha excesivamente, el mantener las temperaturas de refrigeración.

La presencia de tejidos protectores (cubierta grasa, piel o escamas) previene, hasta cierto punto, la contaminación, deshidratación y coloración de las superficies de la carne. Un método que se emplea extensamente para prevenir la contaminación y mermas durante el transporte consiste en recubrir las canales y cortes de carne con un papel o película protectora. Es muy importante seleccionar los materiales de envasado más adecuados para los cortes de carne fresca y productos cárnicos procesados, con el fin de mantener el color deseado de la carne y prevenir la deshidra-

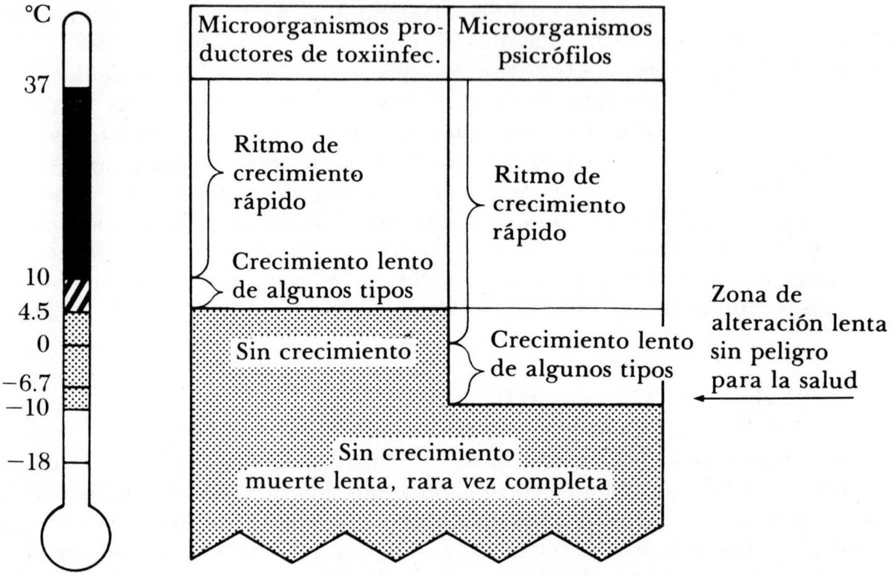

Figura 11-2. El termómetro de los alimentos (De McCoy, D. C. *Food Processing Operations,* vol. 1, p. 364, 1963. AVI Publishing Company).

tación y contaminación durante la exhibición de estos alimentos en establecimientos expendedores. Bajo las condiciones comerciales ordinarias el período de tiempo que la carne mantiene un aspecto aceptable, durante su exhibición para la venta, es de aproximadamente de tres días.

La carne de cerdo, las aves y el pescado poseen grasas mucho más insaturadas que las de bóvidos y óvidos y, por lo tanto, son más susceptibles a la aparición de rancidez oxidativa, por ello, estas carnes nunca se dejan madurar más que unos pocos días. También la cantidad de contaminación que las canales reciben durante la carnización varía en las distintas especies. Las canales de aves están sometidas a una mayor contaminación microbiana durante el escaldado y desplumado que las otras especies durante su proceso de elaboración. Los productos cárnicos curados son algo menos alterables que la carne fresca; por ello, las condiciones corrientes de manipulación y almacenamiento de la carne a veces se descuidan un tanto cuando se trata de productos cárnicos curados. Ello puede facilitar el desarrollo de aromas rancios y de coloraciones bacterianas.

El período de tiempo que el consumidor puede mantener la carne en refrigeración en su hogar viene también determinado por las condiciones del manejo previo; sin embargo, en casa la carne fresca debe consumirse incluso bajo condiciones ideales de refrigeración, dentro de los cuatro días siguentes de su compra. La carne fresca que no se consuma en este tiempo debe congelarse. Se admite que en el hogar, durante el proceso de congelación lenta, tiene lugar cierto deterioro de la calidad, deterioro que debe preferirse a la alteración y coloración bacteriana que podría desarrollarse, si la carne fresca sin congelar se mantuviera en el refrigerador doméstico durante largos períodos de tiempo.

ALMACENAMIENTO EN CONGELACIÓN

Se admite que la congelación constituye un excelente método de consevación de la carne; determina muchos menos cambios perjudiciales en las propiedades cualitativas y organolépticas de la carne que ningún otro método conservador; además, durante la congelación y durante el período de almacenamiento en estas condiciones, se conserva la mayor parte del valor nutritivo. Las únicas pérdidas en valor nutritivo acaecen cuando algunos nutrientes hidrosolubles se pierden con el goteo o exudación durante la descongelación. La cantidad de goteo varía con las condiciones de congelación y de descongelación, por lo que las pérdidas nutritivas de la carne congelada varían también consecuentemente. Los nutrientes encontrados en el goteo son sales, aminoácidos, algunas proteínas y péptidos y vitaminas hidrosolubles. Ninguno de los nutrientes de la carne se destruye o se hace indigestible bajo la acción de la congelación. Cuando se emplean métodos de congelación y almacenamiento convenientes, son muy pocos los cambios que ocurren en el color, aroma, olor, o jugosidad de los productos cárnicos cocinados. El color oscuro de la carne fresca congelada se hace brillante al exponerla a la acción del oxígeno del aire. Por la tanto, las propiedades cualitativas de la carne congelada se aproximan a las de la fresca.

Con el fin de mantener su calidad óptima, la carne que va a ser congelada, debe manipularse de una manera similar a la utilizada para carne refrigerada, especialmente si se va a mantener en almacenamiento en congelación durante varios meses, dado que incluso a las temperaturas de almacenamiento en congelación continúa verificándose cierto grado de deterioro. El período de tiempo que la carne se mantuvo almacenada en refrigeración antes de someterla a congelación, influencia también las propiedades cualitativas últimas de la carne congelada. Además la calidad de la carne congelada se ve influenciada por la velocidad de congelación, tiempo de permanencia almacenada en congelación y condiciones de este almacenamiento. Entre las últimas se incluyen factores tan importantes como temperatura, humedad y material de empaquetado utilizado. Entre los cambios que pueden ocurrir durante el almacenamiento en congelación se encuentran la aparición de rancidez y de descoloración; esta última se debe, tanto a la deshidratación superficial, como a la actividad microbiana. A temperaturas inferiores a los -10 °C, la mayoría de las alteraciones debidas a la actividad microbiana y enzimática se detienen. De otra parte, en aquellos casos en que la carne presenta una carga microbiana relativamente alta, o no se refrigeró completamente antes de la congelación, o se congeló a una velocidad de congelación lenta, que permite una cantidad considerable de crecimiento microbiano antes de que la temperatura alcance un punto límite. Tales productos cárnicos sufrirán, sin duda alguna, cambios perjudiciales en sus características cualitativas.

Velocidad de congelación

Se admite generalmente que las velocidades de congelación afectan a las propiedades físicas y químicas de la carne. Generalmente se describen como «rápida» o «lenta». Las velocidades de congelación están influidas por la proporción de carne magra a grasa del producto. Debido a que los tejidos que contienen grasa poseen una capacidad térmica menor que los tejidos magros, los productos cuyo contenido graso es alto se congelan mucho más rápidamente que aquellos que presentan pequeñas proporciones de grasa. Puesto que para que tenga lugar la congelación rápida se necesita una rápida transferencia de calor ello exige, bien temperaturas extremadamente bajas (−40 °C), bien un movimiento rápido del aire o el contacto directo de la carne con un medio refrigerante (inmersión directa o aplicación como lluvia) a temperaturas bajas intermedias (−20 °C). Puesto que el aire es un medio transfiriente del calor relativamente pobre, la congelación en el aire, tal y como la practica la industria cárnica, es un proceso relativamente lento, incluso cuando se emplean movimientos rápidos del aire.

Las velocidades de congelación más rápidas se obtienen cuando se emplean para congelar la carne gases condensados, tales como el nitrógeno líquido, el hielo seco (dióxido de carbono sólido) o el óxido nitroso líquido. Debido a las temperaturas extraordinariamente bajas de los gases condensados (−195 °C el nitrógeno líquido, −98 °C el hielo seco y −78 °C el óxido nitroso líquido), los métodos de congelación en que se utilizan se conocen como *criogénicos*.

Las consecuencias perjudiciales físicas y químicas que acaecen en la carne durante el proceso de congelación, parece que se asocian a uno o más de los siguientes factores: 1) naturaleza y localización de los cristales de hielo que se forman en el interior de los tejidos de los músculos; 2) daño mecánico de las estructuras celulares a consecuencia de los cambios de volumen, y 3) acción química causada por la concentración de solutos, tales como sales y azúcar. (La presencia de solutos no volátiles, como los citados, desciende el punto de congelación; esta es la razón por la que la carne se congela a aproximadamente de −2 a −3 °C en lugar de a 0 °C.) La gravedad del daño sufrido por los tejidos de la carne, atribuible a estos tres factores, depende de la velocidad de congelación.

Congelación lenta. - Durante la congelación lenta, la temperatura del producto cárnico que va ser congelado, permanece próximo a la del punto de congelación inicial durante bastante tiempo. Como resultado se origina una frontera continua de congelación que progresa lentamente desde el exterior al interior del producto. El agua extracelular se congela más rápidamente que la intracelular porque tiene una menor concentración de solutos. La congelación lenta favorece también la formación de cristales de hielo puro y la concentración de los solutos en la solución no congelada. Además el comportamiento intracelular puede ser deficiente en lugares de nucleación (partículas microscópicas suspendidas), que son necesarios para la formación de muchos y pequeños cristales de hielo. Estas condiciones favorecen la migración gradual del agua fuera de las fibras, lo que da lugar, tanto al acúmulo de grandes depósitos líquidos extracelulares en el lugar de formación de los cristales de hielo, como a la concentración intracelular de solutos; en consecuencia, la temperatura de congelación intracelular desciende todavía más. Este proceso de disminución del punto de congelación al ir concentrándose los solutos se conoce como *formación eutécnica*. Su contribución al deterioro por congelación no se conoce suficientemente, pero aparentemente origina alteraciones químicas entre las que deben citarse la insolubilización de las proteínas y la disminución de la elasticidad del tejido muscular una vez descongelado. Durante la congelación lenta el largo período de cristalización, antes de que tenga lugar la congelación, origina numerosas masas grandes extracelulares de cristales de hielo que se pierden fácilmente como goteo durante la descongelación. En la figura 11-3 se muestran las curvas de congelación y los tiempos de cristalización a diversas temperaturas de congelación. El daño mecánico, a consecuencia de cambios de volumen, es más fácil que ocurra durante la congelación lenta, debido a la expansión asociada a la formación de grandes masas de hielo, así

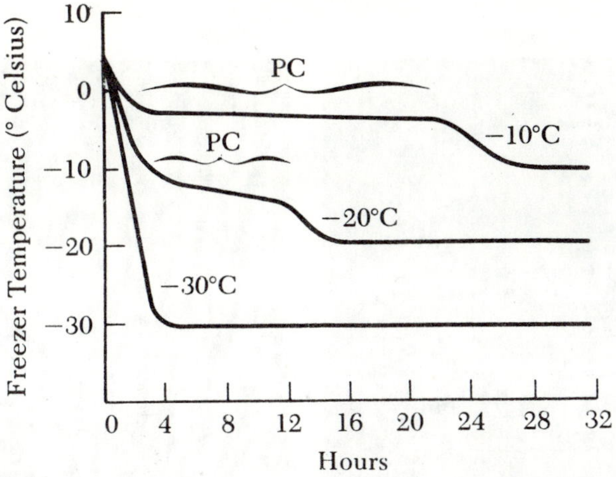

Figura 11-3. Curvas de congelación mostrando las velocidades relativas de congelación a diferentes temperaturas de congelación. (Clave: PC = período de cristalización).

como al encogimiento de las fibras musculares que han perdido agua, que ha pasado a los acúmulos extracelulares. El músculo en estas condiciones presenta un aspecto distorsionado (fig. 11-4B) que oblitera completamente el aspecto estriado normal (fig. 11-4A).

CONGELACIÓN RÁPIDA

Durante la congelación criogénica rápida la temperatura del producto cárnico que va a ser congelado cae rápidamente por debajo del punto de congelación inicial, formándose uniformemente por toda la extensión de los tejidos cárnicos numerosos cristales pequeños de hielo que tienen un aspecto como filamentoso, y que se forman tanto intra como extracelularmente, aproximadamente a la misma velocidad. Debido a la rápida caída de la temperatura, a causa de la rápida velocidad de transferir el calor, los numerosos pequeños cristales de hielo que se forman tienen muy pocas oportunidades de aumentar de tamaño. Por lo tanto, la congelación rápida determina la formación espontánea de muchos cristales de hielo individuales y pequeños, lo que da como resultado una banda de congelación discontinua y muy escasa translocación del agua. Puesto que la mayoría del agua intrafibrilar se congela intracelularmente, las pérdidas por goteo durante la descongelación son mucho menores que en el caso de la descongelación de la carne congelada lentamente. De otro lado, el acortamiento y distorsión de la fibra muscular se minimiza durante la congelación rápida, lo que se traduce en una ultraestructura y aspecto estriado del músculo congelado casi normal (fig. 11-4c). Los cambios de volumen son menores y los períodos de cristalización más cortos (fig. 11-3) que en el músculo congelado lentamente y, en consecuencia, el deterioro mecánico es correspondientemente menor. La formación de cristales de hielo con aspecto de filamento, que tiene lugar durante la congelación rápida engloba solutos, y así minimiza el efecto de la congelación. Por lo tanto, la conge-

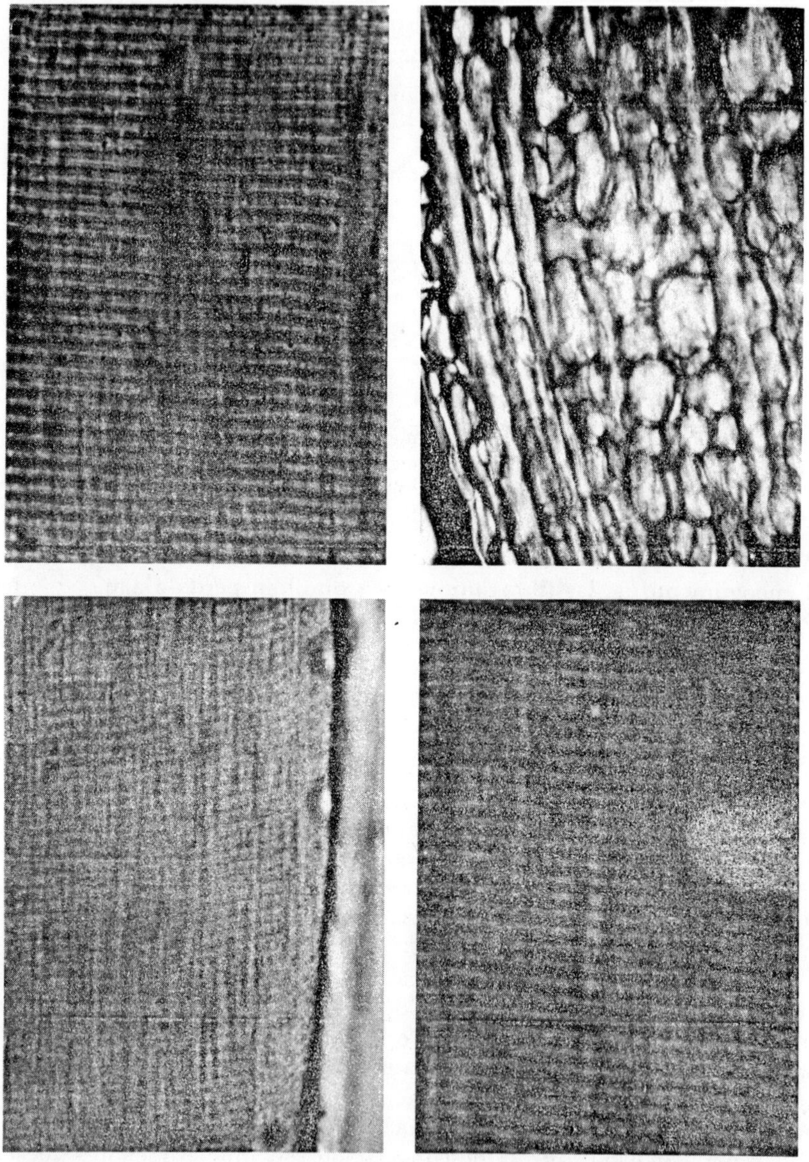

(A) (B)

(C) (D)

Figura 11-4. En la fotografía (A) se muestra el aspecto ultraestructural de una fibra muscular sin congelar; en la (B) una que se congeló lentamente a −2,5 °C; en la (C) una que se congeló rápidamente a −40 °C y en la (D) una fibra descongelada que se había congelado lentamente a −2,5 °C (×525). (De Rapatz, G. L. y B. J. Luyet, *Byodynamica,* 8:295, 1959. Fotografías cortesía del Dr. G. L. Rapatz).

lación rápida de la carne causa menos efectos perjudiciales que la lenta. Además los cristales de hielo de la carne congelada rápidamente, más pequeños y más numerosos, reflejan más la luz de la superficie, lo que se traduce en un color más claro que el de la carne congelada lentamente.

Métodos de congelación

Para congelar los productos cárnicos se emplean diversos métodos industriales: 1) en aire estante; 2) congelación en placas; 3) congelación en corriente de aire; 4) inmersión en líquidos y por aspersión de líquidos, y 5) congelación criogénica. La velocidad con que se congela la carne varía con el método utilizado. En las secciones siguientes se estudian algunos detalles importantes de cada método aplicado a la congelación de productos cárnicos.

Congelación en aire estante. — En el método de congelación en aire quieto o estante, éste constituye el medio de transferencia de calor; depende completamente de la convección y, como se muestra en la figura 11-5, la carne se congela muy lentamente. Los congeladores domésticos, lo mismo que el congelador de estos frigoríficos, trabajan basados en la congelación por aire estante. Las temperaturas comerciales corrientemente empleadas en estos congeladores de aire oscilan entre −10 y −30 °C. Las temperaturas de la mayoría de las unidades de congelación domésticas caen también dentro de este rango. Debido a la lenta velocidad de congelación de los congeladores domésticos no deben congelarse simultáneamente cantidades grandes de carne.

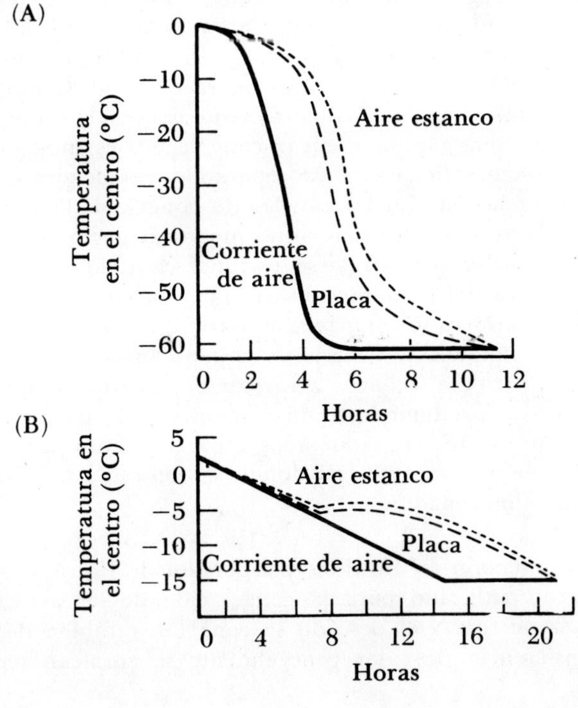

Figura 11-5. Curvas de congelación de cubos de carne de 15,24 cm (6 pulgadas) a −62 °C (A) y a −17 °C (B). (De Dunker, C. F. y O. G. Hankins, *Food Technology, 7:505, 1953. Copyright* © del Institute of Food Technologists).

Congelador de placas. – El medio que transfiere el calor en este método de congelación en lugar del aire es el metal. Las bandejas que contienen los productos o las superficies planas de los productos cárnicos se colocan directamente en contacto con las placas o estantes metálicos del congelador. En la práctica comercial las temperaturas del congelador de placas varían entre los –10 y los –30 °C, empleándose generalmente este método sólo con piezas de carne delgada tales como escalopes, chuletas, filetes y pasteles. El factor más importante en la transferencia del calor en este método es la conducción más que la convección y, en consecuencia, la velocidad de congelación es ligeramente más rápida que en aire estante (fig. 11-5). Aunque la congelación en placas es todavía lenta puede acelerarse haciendo circular aire frío por el producto. Existen diversas modificaciones del congelador de placas convencional, que se utilizan en las industrias cárnicas para practicar la congelación por tandas o a escala semicontinua o continua. Otras modificaciones constan de un doble sistema de placas, en el que una está en contacto directo con cada una de las dos superficies planas del producto cárnico.

Congelación en corriente de aire. – El método más corrientemente empleado para congelar los productos cárnicos es la congelación en corriente de aire en salas o túneles equipados con ventiladores que proporcionan aire que se mueve rápidamente. El aire constituye el medio de transferencia del calor, pero como su movimiento es rápido, la velocidad a que se transfiere el calor es muy superior a la del congelador en aire estante, por lo que la velocidad de congelación está muy aumentada (fig. 11-5). La gran velocidad del aire aumenta, tanto el costo de la congelación, como la gravedad de la quemadura del frío en productos cárnicos sin empaquetar. Dada la velocidad a la que congelan los productos cárnicos cuando se emplea este método, se le conoce también con alguno de los siguientes nombres: congelación rápida, congelación brusca o congelación en corriente. Industrialmente las velocidades del aire utilizado varían entre aproximadamente 30 a 1.070 m/minuto (mpm), y las temperaturas de –10 a –40 °C. Sin embargo, una velocidad aérea de aproximadamente 160mpm, y una temperatura de –30 °C son probablemente las más prácticas y económicas de las que actualmente emplea la industria cárnica.

Para una rápida y eficaz congelación es muy importante que los productos cárnicas estén suficientemente separados y colocados en bastidores o estantes en la sala de congelación. En los túneles de congelación los productos cárnicos que van a ser congelados se colocan en cintas metálicas perforadas móviles o en un sistema de transporte similar que atraviesa el túnel en toda su longitud. La velocidad de la cinta dependerá del tiempo necesario para la congelación del producto. A veces los productos cárnicos se congelan, en parte o en todo, en túneles de este tipo antes de envolverlos y después de hacerlo se empaquetan más tarde. En otro procedimiento los productos cárnicos se hacen atravesar el túnel de congelación justamente el tiempo necesario para producir una congelación y endurecimiento superficial; después se envasan y los productos empaquetados y parcialmente congelados se transfieren a un congelador de aire estante, en donde se completa la congelación y se mantienen de esta forma almacenados.

Inmersión en líquidos y aspersión de líquidos. – Este método es el más corrientemente utilizado para la congelación de las aves; no obstante, algunos productos de carne roja y el pescado se congelan también de esta forma. Debido a la rápida transferencia de calor generalmente se emplean temperaturas más altas que en la congelación en corriente de aire. Sin embargo, las velocidades de congelación son comparables. Los productos que van a ser congelados se colocan en bolsas de plástico que se sitúan en bastidores o estantes que, a continuación, se sumergen en el líquido de congelación, mediante máquinas elevadoras, o se mueven a través de un líquido frío mediante una cinta transportadora. En otro sistema al producto se le hace atravesar un armario de congelación cerrado, a la vez que sobre su superficie se rocía continuamente líquido frío. Una vez que el producto se saca del tanque de inmersión o del armario de congelación el líquido de congelación se elimina de la superficie del producto con agua fría. El período de tiempo que el producto está sumergido o sometido a rociado determina la profundidad de la congelación. Cuando la superficie del producto está congelada (forma costra) generalmente se transfiere a una cámara de congelación para completar el proceso de congelado y mantenerlo almacenado de esta forma.

Los líquidos empleados para este tipo de congelación no deben ser tóxicos, serán relativamente baratos y presentarán viscosidad baja, punto de congelación bajo y gran conductibilidad térmica. Corrientemente se han empleado las salmueras de cloruro sódico, pero la glicerina y los glicoles (tales como el propilenglicol) cada vez se utilizan más. Uno de los problemas que presentan especialmente las salmueras de sal en contraste con los demás líquidos es su acción corrosiva para los tanques metálicos y equipo. Otro factor importante en la congelación por inmersión es la presencia de orificios en el envase protector; cualquiera que sea el tamaño de estas perforaciones, un derrame de líquido en el paquete exige su lavado y el reempaquetado del producto.

Congelación criogénica. — Para la congelación criogénica puede utilizarse uno cualquiera de los tres sistemas hoy empleados: inmersión directa, aspersión de líquido o circulación de vapor criogénico sobre el producto a congelar. El más corriente de los agentes criogénicos es el nitrógeno en forma líquida o gaseosa, y el dióxido de carbono que se almacena como líquido a gran presión, como vapor o como nieve. Ocasionalmente también se emplea el óxido nitroso líquido. Las piezas grandes de carne se sumergen muy raramente de manera directa en el nitrógeno líquido, a causa del gran resquebrajamiento o agrietamiento que puede presentarse. Por ello, los sistemas actuales generalmente evaporan el nitrógeno líquido en la cámara de congelación y utilizan su enorme capacidad de enfriamiento al pasar a nitrógeno gaseoso para congelar los productos cárnicos. Las aspersiones de nitrógeno líquido o dióxido de carbono líquido (liberado como nieve) combinadas con un sistema de transporte en cinta se emplean para congelar rápidamente productos cárnicos de pequeño tamaño tales como pastas, dados de carne, de pescado y mariscos. Debido a las excelentes propiedades cualitativas de los productos cárnicos congelados por estos métodos están adquiriendo una gran aceptación.

Duración y condiciones del almacenamiento en congelación

El estudio anterior ha hecho especial hincapié en los efectos de las velocidades de congelación en la conservación de la calidad de la carne congelada. Sin embargo, las condiciones bajo las que se almacena la carne congelada pueden ser incluso más importantes en el mantenimiento de su calidad. El período de tiempo durante el que la carne congelada puede almacenarse adecuadamente varía con la especie y con el tipo de producto y se ve influenciada por la temperatura del congelador, por las fluctuaciones de temperatura y por la calidad de los materiales de envasado empleados para empaquetarla.

En general la vida de almacén de todos los tipos de carne congelada puede prolongarse disminuyendo la temperatura de almacenamiento; la velocidad de todos los cambios químicos deteriorantes se reduce mucho por congelación, pero algunas reacciones, tales como la rancidez oxidativa, continúan a menor velocidad incluso en estado de congelación. La mayoría de los cambios químicos podrían eliminarse bajando la temperatura a −80 °C, pero tales temperaturas, en la mayoría de los almacenes, no son económicamente factibles. El crecimiento de los microorganismos causantes de putrefacción y deterioro y la mayoría de las reacciones enzimáticas se reducen mucho (si no cesan totalmente) a temperaturas menores de −10 °C. En general, tanto para las unidades congeladoras industriales como para las domésticas, se recomiendan temperaturas de almacenamiento menores de −18 °C. La mayoría de estas unidades operan a temperaturas comprendidas entre los −18 y los −30 °C. Aunque mantener las más bajas de las temperaturas señaladas es más caro, puede prolongarse significativamente el tiempo de almacenamiento.

Las fluctuaciones de la temperatura durante el almacenamiento en congelación deben evitarse cuanto sea posible para reducir al mínimo el crecimiento de los cristales de hielo, la formación de grandes cristales de hielo y las pérdidas por goteo asociadas a los mismos que presenta la carne congelada. Casi toda el agua de la carne congela a unos −18 °C (fig. 11-6). Sin embargo, a medida que la temperatura aumenta el porcentaje de la no congelada aumenta y es especialmente marcado a temperaturas mayores de −10 °C. Los cristales pequeños de hielo son termodinámicamente menos estables que los grandes. Las moléculas de agua emigran de los cristales más pequeños a través de los depósitos de agua sin congelar, para recristalizar y formar cristales de hielo grandes. La migración, la recristalización y el crecimiento de los cristales de hielo se ven favorecidos por temperaturas de almacenamiento más altas y por fluctuaciones de la temperatura. Durante el almacenamiento también pueden presentarse temperaturas fluctuantes a causa de un excesivo acúmulo de escarcha

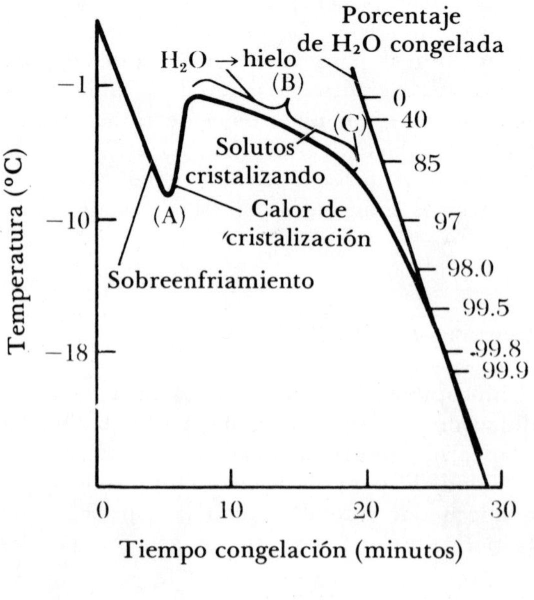

Figura 11-6. Curva de congelación de un corte delgado de carne de vacuno en la que se observa el período de cristalización y el porcentaje de agua congelada. (De Desrosier, N., *The Technology of Food Preservation*, p. 37, 1959. AVI Publishing Company).

TABLA 11-1.

Tiempo máximo de almacenamiento de ciertos tipos de carne a diversas temperaturas para conservar su calidad óptima.

	−12 °C	−18 °C	−24 °C	−30 °C
Producto	Meses			
Vaca	4	6	12	12
Oveja	3	6	12	12
Ternera	3	4	8	10
Cerdo (fresco)	2	4	6	8
(Curado, entero)*	0,5	1,5	2	2
Despojos (hígado, corazón, lengua) **	2	3	4	4
Aves	2	4	8	10
Vaca y oveja picadas	3	6	8	10
Embutidos con especias *** (cerdo)	0,5	2	3	4

*No se recomienda congelar en lonchas el bacon ni la carne tipo «luncheon».

**No se recomienda el congelar los sesos ni las mollejas.

***No es de aconsejar el congelar ciertos embutidos y productos salchicheros tales como mortadela, salchichas Frankfurt y «braunschweiger».

en el interior de los paquetes, gran parte de la cual se perderá como goteo durante la congelación.

En los productos cárnicos congelados se puede mantener una calidad aceptable durante varios meses, solamente si se cumplen ciertas exigencias críticas de empaquetado, entre ellas, el empleo de material de empaquetado impermeable al vapor de agua para que conserrve la humedad en el paquete y para que mantenga el oxígeno del aire fuera de áquel. Las pérdidas de humedad, a consecuencia del empleo de técnicas o materiales de envasado inadecuados, se traducen en deshidratación y quemadura del frío, y la presencia del oxígeno del aire en el paquete da lugar a cambios oxidativos, incluida la rancidez. Otra exigencia para mantener la calidad durante mucho tiempo es la eliminación, hasta donde sea posible, del aire del paquete. Las bolsas que se adhiere totalmente a la carne, tales como las corrientemente empleadas para la congelación de las aves son las ideales. Otras exigencias son el empleo de materiales de envasado inodoros, impermeables a la grasa, y que cuando estén húmedos sean fuertes y resistan, bajo las condiciones normales de manipulación, golpes, rasguños y acciones punzantes.

La cantidad de tiempo que la carne puede almacenarse en estado congelado manteniendo una calidad aceptable depende también de la naturaleza de su grasa (grado de saturación). Puesto que las grasas de aves y cerdos son más insaturadas que las de bóvidos y óvidos, son también más susceptibles a los cambios oxidativos, incluidos la aparición de aromas y olores rancios. Por ello, el tiempo de almacenamiento recomendado para la carne de cerdo y de aves es menor que el de la de bóvidos y óvidos (tabla 11-1). La disminución gradual de la aceptabilidad del sabor y olor durante el almacenamiento en congelación se debe en primer lugar a la oxidación de los lípidos.

TABLA 11-2.
Tiempo máximo de almacenamiento a −18 °C, recomendado para ciertos productos cárnicos precocinados para mantener su calidad óptima.

Producto	Material de envasado	Tiempo de almacenamiento máximo recomendado
Pollo frito, empanado	Bandeja de aluminio	3 meses
Trozos de pollo cocidos al vapor, empanados	Bandeja de aluminio	9 meses
Trozos de pollo cocidos al vapor, empanados (sumergidos en una solución de tripolifosfato** antes de empanarlos)	Bandeja de aluminio	12 meses
Pavo en lonchas y jugo	Bandeja de aluminio	18 meses
Rollos de pavo adicionado de polifosfato**	Cajas de fibra	2 años
Pasteles de vaca asados, aderezados	Capas envueltas en polietileno	6 meses
Pasteles de vaca asados, aderezados, recubiertos de harina de soja texturizada*	Capas envueltas en polietileno	6 meses
Pasteles de vaca empanados fritos (recubiertos de harina de soja texturizada)	Capas envueltas en polietileno	6 meses
«*Roast beef*»	Envasado a vacío, «*cryovac*»	18 meses
«Sandwiches» de «*corned beef*»	Envueltos con sarán	60 días
«Sandwiches» de jamón	Envueltos con sarán	60 días
«Sandwiches» de «*roast beef*»	Envueltos con sarán	60 días
Entremeses o tapas con sus correspondientes salsas o jugos (vaca borgoñesa, pollo «*Fricasé*», bistec «*salisbury*» y jugo, albóndigas y salsa para *spaghetti*)	Bandeja de aluminio Bolsas «*Mylar*»	12 meses 18 meses

Los datos de esta tabla son cortesía de Armour y Compañía.
*La harina de soja texturizada tiene efecto antioxidante.
**Un polifosfato alcalino.

Además de las circunstancias ya mencionadas, el período de almacenamiento de la carne congelada depende también de factores tales como grado de frescura del producto cárnico, de si está sazonado, curado, ahumado, precocinado, cortado en lonchas o en cubos, de si lleva aditivos y de si está con salsa o jugo. La sal favorece el desarrollo de la rancidez, y los productos cárnicos procesados que contienen sal tienen una vida de almacén en congelación más bien limitada. Se recomienda generalmente que los productos curados y ahumados no se almacenen en congelación, pero si lo están deberán mantenerse en estas condiciones durante períodos de tiempo breves. Los productos en lonchas que contienen sal (tales como bacon y carne *«luncheon»)* nunca deben congelarse, porque el aire incorporado durante la producción de lonchas, junto con el efecto de la sal, lleva en pocas semanas a la aparición de aromas rancios. Por lo tanto, si el bacon congelado debe almacenarse como tal, nunca deberá cortarse en lonchas antes de su congelación. Los productos cárnicos, tanto de aves como de mamíferos, precocinados y congelados, pierden su aroma de «recién cocinados» durante el almacenamiento en congelación, y desarrollan otro de «sobrecocido» y a veces rancio como consecuencia de la oxidación de su grasa. Estos cambios oxidativos guardan relación directa con el grado de calentamiento y aumentan al hacerlo el tiempo de cocinado. El tratamiento durante el precocinado de los productos cárnicos con polifosfatos alcalinos inhibirá en parte estos cambios oxidativos. Cuando los productos cárnicos precocinados están cubiertos por una salsa o crema que lleve harina (tal como la de soja) se prolonga mucho la vida de almacén en congelación; tales harinas tienen aparentemente un marcado efecto antioxidante. También puede prolongarse mucho la vida de almacén en congelación de los productos cárnicos precocinados, envasándolos con gases inertes como el nitrógeno; la eliminación del oxígeno de los envases es la responsable de esta mayor vida de almacén.

En la tabla 11-1 se muestran los períodos de almacenamiento en congelación, recomendados para algunos productos cárnicos frescos y procesados; en la 11-2 se indican los tiempos máximos de almacenamiento en congelación a −18 °C o menos, recomendados para diversos productos cárnicos precocinados en materiales de envasado específicos. El tiempo de almacenamiento recomendado señalado para cada producto, únicamente se cumple cuando se han seguido las condiciones casi óptimas de manipulación, empaquetado y almacenamiento. Estos tiempos de almacenamiento se recomiendan para la conservación de la calidad casi óptima; si se superan estos tiempos máximos los productos cárnicos todavía serán comestibles, pero con toda probabilidad, en comparación con los correspondientes productos frescos, habrán decaído sus características cualitativas, tales como aroma, color y jugosidad.

Descongelación y recongelación

La descongelación probablemente causa más daño a la carne que la congelación; son varios los factores de los que dependen fundamentalmente los efectos perjudiciales que acaecen durante la descongelación: en primer lugar ésta ocurre más lentamente que la congelación, incluso cuando la diferencia de temperatura es la misma; sin embargo, en la práctica la temperatura diferencial de la descongelación es generalmente mucho menor que la utilizada en la congelación. En segundo lugar, durante la descongelación la temperatura se eleva rápidamente hasta el punto de congelación, permaneciendo después así durante todo el proceso descongelante (fig. 11-7). Esta situación prolonga aún más la duración del proceso de descongelación en comparación

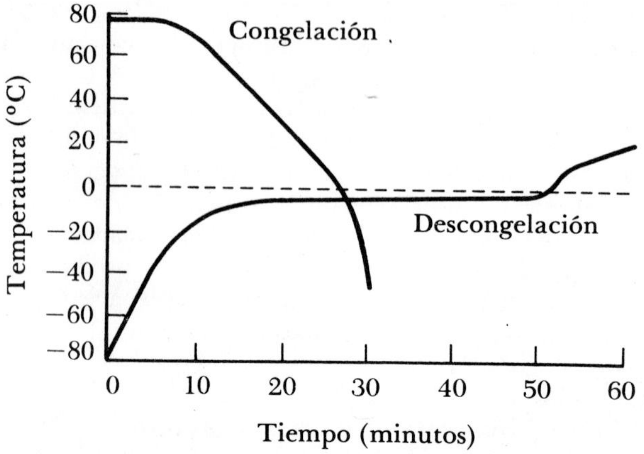

Figura 11-7. Gráficos de temperatura media en el centro geométrico de cilindros de gel de almidón durante la congelación y descongelación a diferencias de temperatura iguales. Tamaño de la lata 303×407 (3-3/16" diámetro por 4-7/16" altura). (De Fennema, D. y W. D. Powrie, *Advances in Food Research*, 13:219, 1964. Academic Press, Inc.).

con la congelación; en consecuencia, la descongelación crea mayores oportunidades de formación de cristales de hielo nuevos y grandes (recristalización), un mayor crecimiento microbiano y más cambios químicos. Por lo tanto, la pauta tiempo/temperatura de descongelación es más perjudicial para la calidad de la carne que la de la congelación. Otro problema adicional, potencialmente grave, es que la mayor parte de las veces la descongelación la realizan en el punto de consumo individuos que poseen muy pocos conocimientos de los problemas asociados a la descongelación de los productos cárnicos.

Los productos cárnicos pueden descongelarse de alguna de las siguentes formas: 1) en aire frío, tal como en el refrigerador de la carne o refrigerador doméstico; 2) en aire caliente; 3) en agua, y 4) durante su cocinado sin descongelación previa. Salvo que los productos cárnicos se cocinen directamente en estado congelado, deben descongelarse sin quitarles el material de envasado para prevenir su deshidratación. Se admite generalmente que los métodos de descongelación afectan la cantidad de goteo en proporción directa a la velocidad de descongelación. El tiempo necesario para descongelar los productos cárnicos congelados depende de una serie de factores, siendo los más importantes: 1) la temperatura del producto cárnico; 2) la capacidad térmica del producto (la carne magra tiene mayor capacidad térmica y, por lo tanto, se descongela más lentamente que los productos cárnicos grasos); 3) el tamaño del producto cárnico; 4) la naturaleza del medio de descongelación (el agua transfiere más rápidamente el calor que el aire); 5) la temperatura del medio de descongelación, y 6) si este medio está circulando o no.

El procedimiento recomendado es descongelar los productos cárnicos a temperaturas de refrigeración; ello constituye un proceso lento que puede necesitar varios días para piezas o productos tan grandes como una canal de pavo completa; por ello, frecuentemente se empeora todavía más este proceso al descongelar los productos cárnicos a temperatura ambiente en muy pocas horas, o lo que es peor en agua caliente. Estos últimos procedimientos, no sólo aceleran el proceso de descongelación, sino que aumentan también las oportunidades de crecimiento microbiano y las pérdidas excesivas por goteo o exudación. Un producto cárnico descongelado no es más susceptible al desarrollo microbiano que la carne fresca, sin embargo, una vez que su superficie alcanza temperaturas mayores de 0 °C puede presentar fácilmente crecimiento microbiano. Por lo tanto, los productos cárnicos congelados no deben descongelarse mucho tiempo antes de ser cocinados. De hecho el cocinarlos congelados o parcialmente descongelados elimina en gran parte la oportunidad de que tenga lugar un crecimiento microbiano apreciable.

La recongelación de aquella carne que ha sido descongelada constituye otra zona problemática, que generalmente ha sido observada con bastante confusión y falta de entendimiento, en especial a nivel doméstico. Básicamente no hay ningún inconveniente en recongelar la carne e indudablemente esto se lleva a cabo en la práctica comercial corriente. Sin embargo existen dos hechos importantes para decidir si los productos cárnicos han de ser o no recongelados; deben analizarse, tanto la temperatura del producto descongelado, como el período de tiempo que ha estado en esta condición; ninguno debe haber alcanzado un punto tal en el que se haya permitido crecimiento microbiano apreciable. *Como medida última para salvar un producto nunca debe recongelarse,* puesto que en esta situación es ya demasiado tarde. Debe recordarse que todos los efectos perjudiciales, tanto físicos y químicos asociados con la congelación de los productos cárnicos reaparecerán nuevamente con la recongelación; por lo tanto, no se recomienda repetir la congelación. El crecimiento microbiano es el factor clave para determinar si la carne debe recongelarse. Si el tiempo y temperatura de descongelación fueron tales que no permitieron contaminación o crecimiento microbiano apreciable, los productos cárnicos pueden recongelarse, incluso más de una vez, y ser todavía aptos para el consumo humano. Sin embargo, hay que reconocer que la carne que ha sido congelada y descongelada varias veces tiene peores propiedades cualitativas, especialmente en lo que se refiere al aroma y a la jugosidad.

Oscurecimiento óseo

El *oscurecimiento óseo* es un estado inducido por la congelación y descongelación de pollos jóvenes, especialmente «pollos para freír». Rara vez se presentan en pollos mayores y no se ha observado en los pavos, ni en los patos y gansos. Después de la congelación y descongelación las áreas musculares adyacentes a los huesos presentan un aspecto sanguinolento antes del cocinado. Durante el cocinado el color rojo cambia a gris o marrón oscuro, y en casos graves a negro. El color rojo se debe a la hemoglobina que ha escurrido de la médula de los huesos relativamente porosos de los pollos jóvenes. Durante el proceso culinario la hemoglobina se oxida y se convierte en metamioglobina, originando así el color oscuro. Generalmente esta alteración se inicia en torno de los huesos de la pierna, del muslo y en las articulaciones de la rodilla y segunda del ala, pero en ocasiones también se observa en el dorso y en la pechuga. El oscurecimiento del hueso no afecta ni al sabor, ni al olor, ni a la textura de la carne cocinada, pero puede constituir un serio problema a causa de su aspecto. El oscurecimiento de los huesos se reduce mucho precocinando la carne antes de la congelación.

Factores que influencian la calidad de la carne congelada

Los distintos factores que influencian la calidad de la carne congelada pueden clasificarse en orden de importancia como sigue: 1) condiciones del almacenamiento en congelación; 2) condiciones de la descongelación; 3) velocidad de congelación, y 4) tratamiento y manipulación antes de la congelación. El almacenamiento en congelación, como se realiza en condiciones comerciales y domésticas, se cree que constituye la fase que más daña a la carne durante su manipulación y procesado en congelación. Incluso el daño debido a la recristalización, que acaece durante la descongelación, generalmente es menos grave y extenso que el que tiene lugar durante el almacenamiento, debido al menor período de tiempo que dura aquél. La diferencia en calidad original del producto, debida al empleo de un proceso de congelación rápida en lugar de uno lento, transcurridos varios meses disminuye gradualmente durante el almacenamiento en congelación. Además el proceso culinario necesario para evaluar la calidad de la carne congelada reduce todavía más aquellas diferencias cualitativas debidas a la velocidad del sistema de congelación seguido.

En resumen el factor específico que más daño ejerce en los productos cárnicos, durante el almacenamiento en congelación, es la temperatura, especialmente si fluctúa. Los efectos perjudiciales debidos a las condiciones de la temperatura son principalmente el resultado de cambios asociados a la recristalización; el daño producido durante el almacenamiento en congelación puede reducirse al mínimo, pero no prevenirse totalmente, manteniendo una temperatura de almacenamiento baja y constante y no conservando demasiado tiempo el producto almacenado en congelación.

TRATAMIENTO TÉRMICO

El tratamiento térmico constituye un método de conservación empleado para *matar* los microorganismos causantes de alteración y potencialmente tóxicos de la carne y de sus productos y para inactivar los enzimas endógenos capaces de llevar a cabo cambios deteriorantes. Ello contrasta con la refrigeración y congelación que *disminuyen* o *cesan* el crecimiento microbiano, pero que generalmente no destruyen los microorganismos. En el tratamiento térmico para la conservación de la carne se utilizan dos niveles térmicos: un proceso de *calentamiento moderado* en el que los productos alcanzan temperaturas de 58-75 °C; es el empleado en el cocinado de la mayoría de los productos cárnicos procesados. Este tratamiento térmico destruye parte, pero no todos los microorganismos presentes e inactiva también otros organismos; se le conoce como *pasteurización*. La vida de almacén de los productos cárnicos aumenta mediante la pasteurización, pero después de sometidos a este tratamiento todavía tienen que almacenarse bajo refrigeración. Un *calentamiento más severo*, generalmente a temperaturas superiores a 100 °C es el empleado para preparar productos cárnicos «comercialmente estériles», que son estables a temperatura ambiente durante uno o más años. Este proceso se denomina *esterilización*. Tal tratamiento, o destruye todos los microorganismos potencialmente alterantes, o determina en las células microbianas un daño suficiente como para hacer imposible su desarrollo. La palatabilidad* de la carne generalmente disminuye a medida que se calienta a temperaturas mayores que las empleadas en la pasteurización. Los productos cárnicos enlatados «autoestables» presentan un fuerte y típico aroma sulfhídrico, debido a la gran desnaturalización proteica que tiene lugar durante el tratamiento térmico. Además se modifica la textura del producto debido a la degradación de los tejidos conectivos.

El estudio que se realiza en las secciones siguientes de este capítulo se refiere fun-

* Anglicismo, generalmente aceptado en Ciencia de la Carne, cuya definición se da en el capítulo 12. N. del T.

damentalmente al tratamiento térmico de la esterilización comercial. (Los efectos del calentamiento a temperaturas moderadas de los productoa cárnicos se estudiaron en el capítulo 9, y en el 12 se incluyen otros detalles sobre el calentamiento de la carne).

Fundamentos del procesado térmico

Transferencia de calor. — Todos los métodos convencionales de procesado térmico implican la transferencia de calor por conducción, convección y/o radiación. El calentamiento por conducción supone la transferencia directa del calor de partícula a partícula sin la intervención de más medio que el propio producto. Por ejemplo, la transferencia de calor desde la superficie de una pieza sólida de carne al centro se lleva a cabo casi exclusivamente por conducción. El calentamiento por convección implica la transferencia de calor por el movimiento de la masa de partículas calentadas en un «fluido» tal como el aire, el vapor o el agua. El calentamiento por radiación consiste en la transferencia de energía calórica por el espacio. En todos los procedimientos empleados para procesar térmicamente los productos cárnicos están implicados uno o más de estos mecanismos de transferencia calórica.

La velocidad de transferencia de calor a un producto y el grado de calentamiento se ven afectados por diversas variables. Por supuesto, la temperatura y el grado de aumento de temperatura son directamente proporcionales a la *temperatura diferencial* entre el producto y la fuente calórica y al *periodo de tiempo* durante el que se aplica el calor. Los productos difieren en *calor específico* y en conductibilidad térmica. El calor específico de una sustancia es la medida de la cantidad de energía calórica necesaria para cambiar la temperatura de un gramo de producto en un grado centígrado. La conductibilidad térmica de una sustancia señala con qué rapidez se mueve el calor a su través por conducción. Un bloque de metal se calentará a una temperatura dada mucho más rápidamente que una pieza de carne del mismo tamaño, debido a que el metal posee una conductibilidad térmica mayor y un calor específico menor. La carne con gran contenido graso posee un menor calor específico que la carne muy magra, por lo que necesita menos energía calórica para alcazar una temperatura dada. Sin embargo, la *velocidad* del aumento de la temperatura puede ser similar en los dos tipos de tejido cárnico, debido a que la grasa tiene una menor conductibilidad térmica. La *consistencia* del producto y la *agitación* del continente afectan (hasta cierto punto) la cantidad de transferencia calórica realizada por conducción *versus* convección. Los productos fluidos o semi-fluidos se calientan más rápidamente que los sólidos, porque en los primeros la transferencia de calor tiene lugar, tanto por conducción, como por convección. La agitación durante el tratamiento térmico aumenta todavía más la transferencia calórica por convección de los fluidos del recipiente. Finalmente aquéllos productos que poseen una gran *área superficial por unidad de peso* se calientan más rápidamente que aquellos que poseen un área superficial menor.

Al planificar los esquemas de procesado térmico de un producto cárnico conviene recordar los factores que influencian la velocidad y grado de calentamiento, así como los principios de calentamiento básicos. Sin embargo, como los productos cárnicos varían mucho en su contenido graso, en humedad, en consistencia y homogeneidad es virtualmente imposible el calcular un programa de procesado exacto. Los programas o esquemas de procesado térmico deben desarrollarse basándose generalmente en un producto individual y a veces, incluso en una planta individual, debido a variaciones en equipamiento específico.

Resistencia al calor de los microorganismos. — Las células y las esporas microbianas varían mucho en su resistencia térmica. Algunas de estas diferencias son el resultado de factores que pueden controlarse y otras, debidas a características del microbio, quedan fuera de nuestro control. Los factores que se sabe que afectan a la termoresistencia de células y esporas deben tenerse presentes al planificar tratamientos térmicos para la destrucción de los microorganismo, tal como cuando se aplican a la elaboración de productos cárnicos.

La concentración de células o esporas presentes en el producto tiene una gran imporancia para establecer el tratamiento térmico necesario: cuanto mayor sea el número de las presentes más duro tendrá que ser el tratamiento térmico necesario para su destrucción. El estado o situación previo de las bacterias y de sus esporas también influencia su termorresistencia. Por ejemplo, cuando las células bacterianas son más resistentes al tratamiento térmico es durante su fase de crecimiento logarítmico. Las esporas inmaduras son menos termorresistentes que las maduras. La composición del medio en el que se calientan las bacterias o sus esporas ejerce una gran influencia en su termorresistencia. El calor húmedo es mucho más eficaz para la destrucción de microorganismos y esporas que el seco, por ello los productos que poseen un nivel de humedad bajo necestan más calor para su esterilización, que los alimentos cuyo contenido en humedad es alto. En general, la máxima termorresistencia de los microorganismos tiene lugar a pH neutro (o casi). El aumento de la acidez o alcalinidad facilita la destrucción microbiana por el calor, pero cualquier cambio de pH que conlleve un aumento de la acidez es más eficaz que un cambio similar hacia la alcalinidad.

La termorresistencia de los microorganismos se expresa generalmente como *tiempo de destrucción térmica* o *tiempo de muerte térmica* (TDT), que se define como el tiempo necesario para destruir un cierto número de células o esporas bajo determinadas condiciones específicas. Las condiciones que deben especificarse para que los valores del TDT tengan algún significado son: temperatura, número y tipo de microorganismos, y características del medio en el que se calienta el microorganismo. El TDT a 121 °C se toma arbitrariamente como punto de referencia y se le denomina F_0.

Para establecer los procesos térmicos que proporcionen un producto cárnico comercialmente estéril, deben conocerse los siguentes datos: la curva de muerte térmica del más termorresistente de los microorganismos, que lógicamente pueden existir en el producto, las curvas de penetración del calor y de enfriamiento de cada producto, y el tamaño y tipo de envase que vaya a utilizarse. Cuando se conocen todos estos factores puede emplearse alguno de los métodos actualmente disponibles para calcular un programa de procesado que, teóricamente, sea el adecuado para el producto. Sin embargo, debe recordarse que los programas calculados para el procesado solamente pueden aplicarse al producto y tipo de envase específico en cuestión y no a ningún otro. En la práctica comercial suele darse un margen de seguridad adicional, además del que ha sido calculado, para asegurar la destrucción de todas las bacterias y esporas potencialmente alterantes y toxigénicas.

Métodos de tratamiento térmico

En el capítulo 9 se ha estudiado el calentamiento de los embutidos y de las carnes ahumadas como una de sus fases de elaboración, por lo tanto esta sección se limitará a analizar los métodos que se emplean para procesar térmicamente la carne, una vez que ha sido envasada en latas o tarros de vidrio. El calentamiento térmico comercial de los productos enlatados (tales como jamones enlatados y carne *«luncheon»)* a temperaturas de pasteurización se realiza generalmente sumergiendo en agua calentada en tanques o calderas abiertas los envases cerrados herméticamente. Bajo estas condiciones la temperatura del agua generalmente es menor de 100 °C, pero pueden alcanzarse temperaturas más altas mediante la adición de sales, tales como cloruro de calcio o de sodio, que aumentan el punto de ebullición. El calentamiento en tanques abiertos no se recomienda para la producción comercial de productos estériles debido a que se necesitan períodos de procesado muy largos, y al daño que en estos productos cárnicos puede ocasionar un tratamiento térmico inadecuado.

El tratamiento térmico para alcanzar la esterilidad generalmente se lleva a cabo en tambores metálicos grandes, conocidos como *autoclaves,* capaces de resistir presiones de 32 kg/cm^2. Los botes, debidamente cerrados, se colocan en el autoclave que a continuación se cierra y se calienta. El calor se aplica mediante el calentamiento de agua bajo presión, por inyección de vapor sobrecalentado o mediante una mezcla de vapor y aire. Normalmente en el autoclave se alcanzan temperaturas de 120 °C o mayores, lo que reduce mucho el tiempo de procesado en comparación con el método de calderas o tanques abiertos. Además, las latas se agitan a menudo con el fin de acortar todavía más el tiempo de procesado.

Se han desarrollado técnicas para procesar térmicamente los productos líquidos fuera de su recipiente, que van seguidas de la transferencia aséptica del producto estéril a envases previamente esterilizados; no obstante, estos procesos no se han adaptado a los productos sólidos.

DESHIDRATACIÓN

La desecación de la carne al sol o sobre fuego data de tiempos prehistóricos; el efecto conservador de la deshidratación se debe a la reducción de la actividad del agua (a_w) a un nivel tan bajo que se inhibe el crecimiento microbinao, por lo que tales productos cárnicos son estables sin necesidad de refrigeración. Durante su proceso madurativo determinados productos, tales como los embutidos secos y semisecos se desecan parcialmente al aire. Puesto que al mismo tiempo son embutidos fermentados, la acidez desarrollada durante la maduración proporciona un efecto conservador adicional.

Métodos de deshidratación

Desecación en aire caliente. — Por desecación con aire caliente pueden obtenerse productos triturados de carne cocida de calidad aceptable. Sin embargo, deben controlarse cuidadosamente factores tales como temperatura, tamaño de partícula y velocidad del aire; los productos cárnicos deshidratados de esta forma, tienen una humedad residual de, aproximadamente, el 5 % y, en consecuencia, durante un almacenamiento prolongado pueden experimentar ciertos cambios deteriorativos. La grasa, especialmente la del cerdo, después de sometida a la desecación por aire caliente, tiene tendencia al enranciamiento, lo que puede retrasarse, bien mediante la adición de antioxidantes, o envasando el producto de forma tal que se elimine el oxígeno. La desecación en aire caliente es un proceso lento que no puede aplicarse a la carne cruda o a piezas grandes de carne cocida (tales como piernas asadas, filetes o chuletas) porque el endurecimiento resultante de su superficie origina un producto de muy poca aceptabilidad para el consumidor. Los productos cárnicos desecados en aire caliente también se encogen considerablemente y sus propiedades de rehidratación son pobres a causa de la desnaturalización proteica que acaece durante el proceso.

Liofilización. — En el método convencional el producto cárnico permanece congelado durante el ciclo de desecación mientras su agua congelada interna (hielo) se elimina aplicando calor suficiente para transformarlo directamente en vapor de agua sin pasar por el estado líquido. Al paso de una sustancia directamente de la forma sólida a la gaseosa sin pasar por el estado líquido intermedio se le denomina *sublimación*. La rápida sublimación del agua del producto cárnico lo enfría suficientemente como para prevenir su descongelación y a medida que el proceso de desecación va teniendo lugar del exterior al interior, el bajo coeficiente de intercambio calórico de la porción deshidratada externa evita que la porción congelada interna alcance una temperatura lo suficientemente alta para determinar su descongelación. El proceso de liofilización se lleva a cabo en una cámara de vacío y si se emplean vacíos cuya presión es de 1,0 a 1,5 mm de mercurio la temperatura de la cámara de desecación puede alcanzar hasta los 43 °C sin que se origine descongelación alguna. La velocidad de la liofilización viene limitada por la velocidad con que el calor puede transferirse en el producto cárnico para que continúe la sublimación. Las velocidades de transferencia de calor y de desecación pueden aumentarse colocando directamente la carne en bandejas calentadas o empleando el calentamiento por microondas o infrarrojos. Actualmente el calentamiento infrarrojo es el método más corrientemente utilizado. La humedad residual de los productos cárnicos liofilizados generalmente es menor del 2 por ciento.

La carne que ha sido cocida antes de liofilizarla, normalmente es más estable que la que no lo ha sido y tiene una vida de almacén de 2 a 4 veces mayor; la de la carne de vacuno precocinada es de aproximadamente 24 a 28 meses. La estabilidad de los productos cárnicos liofilizados depende del método de desecación seguido, de su contenido en humedad residual, del método de envasado, de la temperatura de almacenamiento y de la calidad del producto antes de la desecación. La condición fundamental para conservar la estabilidad del producto es la exclusión del oxígeno y de la humedad, lo que exige el empleo de materiales de envasado impermeables. Entre los factores físicos y químicos que más influencian la estabilidad, rehidratación y palatabilidad de los productos cárnicos liofilizados deben citarse el desarrollo de rancidez, el pardeamiento no enzimático y la desnaturalización proteica. La mayoría de los nutrientes presentes en la carne, con la excepción de la tiamina, son relativamente estables a la liofilización. La desnaturalización proteica que tiene lugar ejerce muy poca influencia en el valor biológico de la proteína.

Los productos cárnicos liofilizados mantienen esencialmente su forma y tamaños originales, en consecuencia son muy porosos y mucho más fácilmente rehidratables que los productos cárnicos desecados por aire caliente. Sin embargo, la textura y el aroma de las carnes, liofilizadas tanto cruda como precocida, son muy afectados por el método de rehidratación. Sus caracteres de palatabilidad mejoran mucho si se adiciona al agua utilizada para rehidratar los productos liofilizados de 1 a 2 % de cloruro sódico y de 0,1 a 0,5 % de pirofosfatos alcalinos. La rehidratación es máxima cuando la solución rehidratante se mantiene a una temperatura justo por debajo de la del punto de ebullición; no obstante, ni siquiera las lonchas más finas de la carne liofilizada se rehidratan hasta un contenido de humedad equivalente al de la carne original; a ello se debe su menor aroma, textura y jugosidad; el aroma «deshidratado», característico de los productos cárnicos liofilizados, puede disimularse mucho por la adición de aromatizantes, tales como los utilizados en el chile liofilizado.

Los productos cárnicos liofilizados más corrientes en la actualidad son mezclas de sopas deshidratadas. A causa del problema de la rancidez, para preparar sopas deshidratadas se prefieren los productos cárnicos con escaso contenido en grasa. Otros productos cárnicos deshidratados son los empleados para alimentación del ejército y cierto número limitado de productos elaborados para quienes practican acampadas.

IRRADIACIÓN

La radiación como método de conservación de la carne implica, generalmente, la aplicación a sus productos de *radiaciones ionizantes.* La *radiación ionizante* se define como aquélla que posee energía suficiente para producir pérdida de electrones de los átomos originando iones; entre ellas deben citarse los electrones de gran velocidad producidos por diversos generadores de electrones, los rayos X originados cuando los electrones chocan sobre una placa de metal pesado y los electrones y radiación gamma emitidos por los isótopos radiactivos, tales como Co^{60}_{27} (cobalto radiactivo) o Cs^{137}_{55} (cesio radiactivo). La radiación ionizante destruye los microorganismos de la carne sin aumentar la temperatura del producto, por ello se denomina *esterilización fría.*

La cantidad de energía de radiación absorbida por un producto cárnico irradiado se expresa en *rads.* Un millón de rads (1 megarad) equivale, aproximadamente, a 2 calorías. Para esterilizar un producto que resulte estable durante el almacenamiento subsiguiente sin refrigeración se necesita una dosis de radiación de aproximadamente de 4,5 megarads. Esta cantidad de irradiación asegura la destrucción de los microorganismos alterantes y potencialmente toxigénicos más resistentes. El empleo de dosis menores que las esterilizantes para extender la vida de almacén de la carne fresca se ha denominado *radiopasteurización* (radiación-pasteurización). Niveles de radiación de, aproximadamente, 100.000 rads eliminan muchos de los microorganismos alterantes y permiten extender significativamente la vida de almacén de la carne en refrigeración; sin embargo, estos productos se alteran eventualmente a consecuencia del desarrollo de aquellos microorganismos que resistieron la radiación.

Las radiaciones ionizantes originan en los productos cárnicos una serie de cambios químicos y físicos perjudiciales, tales como aparición de colores y producción de olores y aromas muy repugnantes. A todas las dosis de radiación se presentan ciertos olores y sabores molestos, sin embargo el problema del aroma solamente alcanza importancia significativa a las dosis de radiación más altas empleadas para la esterilización. Niveles de irradiación de hasta 4 megarads originan un olor característico a compuestos azufrados; a dosis mayores (4-10 megarads) como mejor se describe el olor producido es diciendo que huelen como el «pelo húmedo de los perros». La intensidad del olor repugnante desarrollado, varía con las distintas especies de que procede la carne; la de cerdo y la de las aves desarrollan poco «aroma irradiado» incluso a concentraciones relativamente altas. La carne de vacuno origina un aroma irradiado fuerte y la de ternera, cordero y carnero ocupan una situación intermedia a este respecto.

En la actualidad la utilización de las radiaciones ionizantes en la conservación de la carne no está permitida por la Administración de Alimentos y Medicamentos *(Food and Drug Administration)* de los Estados Unidos. En algunos países se emplean para esterilizar alimentos distintos de la carne.

Las *radiaciones no ionizantes* ejercen también efectos letales en los microorganismos y son útiles para la conservación de la carne. Las microondas (radio-radiaciones de alta frecuencia) y la radiación infrarroja generan calor en el objeto irradiado y se utilizan en algunos tratamientos térmicos y para aplicaciones culinarias. Estas radiaciones no tienen energía suficiente para originar ionización y todo su posible efecto conservador se atribuye totalmente al calor que generan. La radiación ultravioleta origina la muerte de los microorganismos que la absorben, de aquí que posea efecto germicida, sin embargo el valor práctico de la luz ultravioleta es limitado, dado que posee muy poco poder de penetración, por ello se emplea solamente para esterilizar las superficies de las canales y de los productos cárnicos. La irradiación ultravioleta también acelera la decoloración de la carne y el desarrollo de rancidez en la grasa. El único empleo de cierta entidad de la radiación ultravioleta en la industria cárnica ha sido para controlar el crecimiento microbiano superficial de las canales durante su maduración acelerada a temperatura alta.

EFECTOS CONSERVADORES DE ALGUNOS PRODUCTOS QUÍMICOS EMPLEADOS COMO INGREDIENTES DE LA CARNE

Una serie de ingredientes adicionados a los productos cárnicos durante su procesado, incluido el humo, ejercen una acción conservadora variable. La acción conservadora del cloruro sódico en el curado de la carne se conoce desde hace mucho y posiblemente su empleo es el de más larga historia. La acción conservadora de la sal se debe a que disminuye la actividad de agua; sin embargo, el disminuir la actividad de agua hasta un nivel suficiente para una conservación eficaz exige en el producto terminado una concentración de sal de 9-11 %, cantidad considerablemente superior al 2-3 % generalmente encontrado en los productos cárnicos elaborados comercialmente. Aunque algunos microorganismos son inhibidos por las concentraciones salinas últimamente citadas, la actividad de agua todavía es lo suficientemente alta como para soportar el crecimiento de mohos, levaduras y bacterias halofílicas (amantes de la sal). Por lo tanto, en los productos cárnicos procesados comercialmente en la actualidad, la sal solamente ejerce un efecto conservador limitado, por lo que se necesitan otros métodos de conservación para prolongar su vida de almacén.

La adición de nitrito a los productos cárnicos procesados les proporciona propiedades bacteriostáticas. El nitrito inhibe eficazmente el desarrollo de diversas bacterias, incluidas las patógenas entre las que sobresale *Clostridium botulinum.* El nitrito de los productos cárnicos curados y enlatados que se procesan térmicamente contribuye a la destrucción de las esporas de las bacterias anaerobias e inhibe la germinación de las que sobreviven. De hecho la adición de 150-200 ppm de nitrito a los productos cárnicos enlatados o envasados al vacío y procesados, previene la formación de toxina botulínica, cosa que ocurre con niveles de nitrito más bajos o en su ausencia. (En el capítulo 9 se hace un estudio más detallado). El nitrito, incluso a concentraciones bajas, funciona sinérgicamente con la sal para proporcionar a ciertos productos cárnicos curados, tales como jamones cocidos enlatados y carnes «lucheon» enlatadas, propiedades conservadoras y bacteriostáticas eficaces.

El empleo del azúcar como agente conservador exigiría concentraciones muy superiores a las que normalmente se emplean en la carne curada, o en otros productos cárnicos procesados. Sin embargo el azúcar que se adiciona a los embutidos fermentados sirve indirectamente como conservador a causa del ácido láctico que se origina. Durante el proceso de maduración, además de disminuir su pH, estos embutidos se desecan también parcialmente y como resultado aumenta relativamente su concentración de sal. Todos estos factores colaboran a su mayor estabilidad y a una más larga vida de almacén.

Diversos aromatizantes y especias, especialmente los que contienen aceites esenciales (tales como la mostaza y el ajo), proporcionan ciertas acciones conservadoras a los productos cárnicos procesados debido a sus efectos bacteriostáticos. Algunos tienen también propiedades antioxidantes. No obstante, los aromatizantes y especias sólo se adicionan actualmente por sus efectos aromatizantes y no por su acción conservadora potencial.

Determinados aldehidos, cetonas, fenoles y ácidos orgánicos del humo de la madera proporcionan a los productos ahumados efectos bacteriostáticos y bactericidas según se ha estudiado antes en el procesado de la carne. A pesar de que la mayoría de los productos cárnicos ahumados tienen una mayor estabilidad y una vida de almacén más larga que los correspondientes productos frescos, para prevenir su alteración todavía necesitan de otros medios de conservación.

La adición de ácidos a los productos cárnicos, tales como pies de cerdo escabechados y embutidos con vinagre, les proporciona unas propiedades bacteriostáticas limitadas. La disminución de sólo una unidad de pH aumenta los efectos bacteriostáticos aproximadamente diez veces. El ácido acético (vinagre) es el ácido más corrientemente utilizado en la conservación de la carne en escabeche. El pH de los productos cárnicos conservados en escabeche generalmente es ligeramente menor que el último pH postmortal y este ligero exceso de acidez inhibe esencialmente la actividad microbiana.

El dióxido de carbono y el ozono han tenido un empleo limitado en la conservación de la carne. Su utilización en las bodegas de los barcos que permanecen mucho tiempo en alta mar, inhibe selectivamente el crecimiento aeróbico y favorece la proliferación de los microorganismos anaerobios. No obstante, el empleo de tales gases puede tener efectos perjudiciales en la carne. El dióxido de carbono a concentraciones superiores al 25 % origina decoloraciones. El almacenamiento prolongado de los embutidos en atmósferas de dióxido de carbono de concentraciones superiores al 50 % origina amargor debido a que el gas disuelto en el producto da lugar a la formación de ácido carbónico. El ozono favorece el desarrollo de rancidez y a niveles bacteriostáticos da lugar a la pérdida de la «flor» de la carne.

Los antibióticos son, potencialmente, agentes conservadores excelentes al favorecer la vida de almacén, pero su empleo en la carne no está permitido en los Estados Unidos. Esta prohibición de la *Food and Drug Administration* se basa en la posibilidad de originar en los consumidores sensibilidad alérgica, así como en el posible desarrollo de resistencia bacteriana a los antibióticos que los convertiría en ineficaces cuando se pretendiese utilizarlos terapéuticamente.

CONDICIONES Y MATERIALES DE ENVASADO

Las funciones principales de los envases de los productos cárnicos son proporcionarles protección frente a golpes, cambios físicos y químicos y posteriores contaminaciones microbianas, así como presentar atractivamente el producto para el consumidor. Por lo tanto, los envases se elaboran para mantener la calidad del producto que contienen, pero de ninguna manera pueden mejorar su calidad.

Las exigencias de envasado de la carne fresca y curada son fundamentalmente distintas a causa de la naturaleza química de los pigmentos presentes; no obstante, en cierto grado son afectadas por los métodos de procesado y comercialización utilizados y por la naturaleza de los microorganismos que limitan su estabilidad. Uno de los factores más importantes para la venta de la carne es la conservación de un color óptimo; en la carne fresca aparece tal color cuando es la oximioglobina la forma predominante del pigmento; por lo tanto, los materiales de envasado empleados para exhibir carne fresca deben permitir que a su través pase una cantidad suficiente de oxígeno para que el pigmento se mantenga fundamentalmente como oximioglobina. De otra parte, tales materiales deben ser impermeables a la humedad para prevenir la deshidratación del producto y su decoloración superficial. En contraste con el color de la carne fresca, en la curada el mantenimiento de un color estable depende de la ausencia de oxígeno; al exponer los productos cárnicos curados a la luz y al oxígeno se produce un cambio de color muy corriente conocido como decoloración luminosa. Por lo tanto, el empaquetado de los productos cárnicos curados exige el empleo de materiales que sean impermeables al oxígeno. De hecho algunos productos cárnicos curados se envasan al vacío y otros se colocan en paquetes opacos que sólo permiten observar a través de una ventana una pequeña porción del producto con el fin de reducir la decoloración luminosa. Lo mismo que en la carne fresca, los materiales de envasado de los productos cárnicos curados deben ser impermeables a la humedad.

Los materiales de envasado, tanto de la carne fresca como de la curada, deben protegerlas frente a la contaminación microbiana posterior durante el almacenamiento, manipulación y venta. Los materiales de envasado no deben impartir ningún olor ni aroma al producto y deben conservar los sabores y olores naturales que son propios del primero. Deben tener suficiente fuerza tensil y resistencia frente al rasgado y agrietado para permitir una manipulación normal. También han de ser impermeables a la grasa para que no absorban la de la carne y se reduzca su fuerza y propiedades de trasmisión del vapor de agua. Las condiciones para el empaquetado de la carne congelada exigen una baja transmisión del vapor acuoso, capacidad de plegado, fuerza y resistencia a la grasa. Los materiales empleados para el empaquetado de los productos cárnicos mediante retracción térmica adoptarán la forma del producto, manteniendo además sus características de fuerza y de transmisión del vapor de agua. Las películas de empaquetado empleadas para el envasado de la carne expuesta para la venta al detall deben ser fuertes, poseer buenas propiedades de tensión y de cierre térmico, manteniendo intacto el último durante las condiciones de almacenamiento y manipulación normales. Los materiales de envasado empleados para los productos cárnicos de «cocer en la bolsa» deben resistir las condiciones de congelación, las temperaturas de almacenamiento en congelación y los «brutales» cambios de temperatura con que se encuentran durante su proceso culinario.

Se dispone de una gran variedad de materiales para el empaquetado de los productos cárnicos, entre ellos envases de vidrio y de metal, papel de aliminio, papel y cartón, celofana, un gran número de películas elaboradas a partir de polietileno, poliésteres, «nylon», poliestireno, cloruro de polivinilo (PVC), sarán, y goma tratada químicamente (Pliofil). Se preparan combinaciones de estos materiales, llamadas laminados fundiendo conjuntamente dos o más papeles o películas, para originar un material de envasado con una gran variedad de propiedades funcionales que dependen de los materiales empleados en el laminado. Además se dispone de muchos materiales que pueden emplearse como recubrimiento de los materiales de envasado básicos para mejorar sus propiedades funcionales. No se pretende describir todos los materiales de envasado disponibles y su aplicación a los productos cárnicos, sin embargo, las referencias bibliográficas marcadas con asterisco, proporcionan a las personas interesadas información adicional.

BIBLIOGRAFÍA

American Chemical Society, "Radiation Preservation of Foods," 1965 Symposium Advances in Chemistry, Washington, D.C., No. 65 (1967).

Brandly, P. J., G. Migaki and K. E. Taylor, *Meat Hygiene* (Lea Febiger, Philadelphia), 3rd ed., 1966, pp. 740–745.

Burke, R. F. and R. V. Decareau, "Recent Advances in the Freeze-Drying of Food Products," in *Advances in Food Research,* C. O. Chichester, E. M. Mrak and G. F. Stewart, eds. (Academic Press, New York), 1964, Vol. 13, pp. 1–88.

Fennema, D., "General Principles of Cryogenic Processing," Proceedings of the Meat Industry Research Conference, American Meat Institute Foundation, Chicago, pp. 109–118 (1968).

Fennema, D. and W. D. Powrie, "Fundamentals of Low Temperature Food Preservation," in *Advances in Food Research,* C. O. Chichester, E. M. Mrak and G. F. Stewart, eds. (Academic Press, New York), 1964, pp. 219–347.

Goldblith, S. A., M. A. Joslyn and J. T. R. Nickerson, *The Thermal Processing of Foods* (AVI Publishing Company, Westport, Conn.), 1961.

Luyet, B. J., "Physical Changes in Muscle During Freezing and Thawing," Proceedings of the Meat Industry Research Conference, American Meat Institute Foundation, Chicago, pp. 138–156 (1968).

**Modern Packaging Encyclopedia* (McGraw-Hill Book Company, Inc., New York), 1967, Vol. 40, No. 13A.

*Ramsbottom, John M., "Packaging," in *The Science of Meat and Meat Products,* J. F. Price and B. S. Schweigert, eds. (W. H. Freeman and Company, San Francisco), 2nd ed., 1971, pp. 513–537.

*Tressler, D. K., W. B. Van Arsdel, M. J. Copley, eds., *The Freezing Preservation of Foods* (AVI Publishing Company, Westport, Conn.), 4th ed., 1968, 4 Vols.

Urbain, W. M., "Meat Preservation," in *The Science of Meat and Meat Products,* J. F. Price and B. S. Schweigert, eds. (W. H. Freeman and Company, San Francisco), 2nd ed., 1971, pp. 402–451.

CAPÍTULO 12

Palatibilidad y cocinado de la carne

Entre otras razones, las personas comen carne por tradición, valor nutritivo, disponibilidad, integridad, variedad, capacidad de saciar el apetito y costumbre social o religiosa. Razón de mucho más peso es el hecho de que la carne constituye un alimento agradable que se ha convertido en el plato fuerte de la mayoría de las comidas de muchos países.

La última prueba sobre el valor de la carne es su grado de aceptación por el consumidor. La intensidad de la satisfacción que deriva del consumo de la carne depende de respuestas psicológicas y sensoriales que son singulares para cada individuo. El estudio de factores tales como apariencia, precio de coste, aroma durante el cocinado, pérdida durante dicho proceso, facilidad de preparación para la mesa, porción comestible, blandura, jugosidad, aroma y valor nutritivo aceptado, gobiernan la reacción total de un individuo medida mediante una *escala hedónica* (gustar o no gustar). Las personas varían mucho en cuanto a la importancia que atribuyen a los factores citados.

PALATABILIDAD

El término *palatabilidad* es solamente un poco más preciso que el amplio espectro de factores de aceptabilidad citados más arriba. Las características de la carne que contribuyen a su palatabilidad son aquellas que la hacen agradable a la vista, olfato y paladar. En consecuencia, el establecer la presencia o ausencia de palatabilidad comienza con el aspecto o apariencia de la carne.

Aspecto

Los consumidores esperan que la carne cruda tenga un color atractivo. Con la excepción del pescado y de algunas partes de las aves, la carne tiene, normalmente, un tinto rojizo (capítulo 8). El consumidor asocia generalmente el color oscuro de la carne con una falta de frescura, a pesar de que ello indica, generalmente, que la carne procedía de un animal viejo o de uno que se sacrificó bajo stress.

Tal impresión reduce (o previene) la percepción del sabor cuando se consume esta carne. Por lo que respecta a la grasa, el color más deseado es el blanco cremoso. La grasa amarilla, como la encontrada en algunos vacunos alimentados con hierba, es menos llamativa para la mayoría de los consumidores, a pesar de que no influencie la palatabilidad del producto cocinado.

El color el producto cocinado ejerce también cierto impacto en el placer de quien consume la carne. Las superficies marrones de la cocinada con calor seco se asocian a que ha sido bien tostada y a un aroma característico. Los asados marrón-dorado de cerdo, o un filete grueso asado en su jugo, estimulan rápidamente las glándulas salivares y, en consecuencia, se consideran generalmente como buenos, incluso antes de probarlos. El color interior de muchos cortes también influencia las reacciones de palatabilidad, dependiendo de las preferencias del consumidor por un producto poco hecho (rosa), medio, (ligeramente rosa a marrón) o bien hecho (uniformemente marrón-grisáceo).

Las propiedades de textura de la carne cocinada influencian su aspecto e imparten impresiones sensoriales relacionadas con su adhesividad y farinosidad o fragmentación. El sobrecocinado de la carne, que le da una apariencia correosa, se asocia, por experiencias previas, con sequedad y falta de aroma. La textura de la grasa que acompaña a la carne constituye, una vez cocinada, un factor de gran importancia en cuanto a su apariencia y palatabilidad. La mayoría de los consumidores prefieren que la capa grasa externa de la carne se presente con color marrón y suficientemente cocinada como para aparecer seca. Muchos de los consumidores que no ingieren esta capa grasa la rechazan más por su textura que por su aroma.

La proporción de músculo a hueso y grasa tiene un marcado efecto en el aspecto y, consecuentemente, en la palatabilidad de la carne. Se obtiene menos placer al consumir un producto que se considera excesivamente graso, tanto por la disección que exige, como por la reducción o disminución de la porción comestible.

Blandura

No existe factor alguno de palatabilidad al que se haya dedicado más investigación que a la blandura. Para identificar los componentes del músculo responsables del ablandamiento se han llevado a cabo muchos experimentos, a pesar de que no puedan explicarse muchas de las variaciones de este atributo. El problema se complica por el hecho de que la sensación de blandura en sí misma tiene varios componentes de diversa importancia y la percepción de la blandura por el hombre es muy difícil de reproducir o duplicar mediante instrumentación científica. Por lo tanto, es muy difícil describir la experiencia de comer carne tierna con pocas y sencillas palabras.

Percepción del ablandamiento. — La percepción o sensación de ablandamiento se ha descrito basándose en las siguientes condiciones de la carne durante su masticación:

1. *Ablandamiento a la lengua y a los carrillos,* que es la sensación táctil que se aprecia al contactar la carne con la lengua y los carrillos. Existe una gran variación en la blandura de la carne que va de una consistencia mollar a una de madera.
2. *Resistencia a la presión dental,* que se refiere a la fuerza necesaria para clavar los dientes en la carne. Algunas muestras de carne pueden ser tan duras que

sea muy poca la penetración de los dientes, mientras que otras son tan blandas que prácticamente no ofrecen resistencia a la presión.

3. *Facilidad de fragmentación;* es una expresión de la capacidad de los dientes para cortar transversalmente las fibras. Para que tenga lugar la fragmentación es necesario romper los sarcolemas.
4. *Farinosidad.* Es un tipo de fragmentación exagerado en el que partículas pequeñas se pegan a la lengua, encías y carrillos, dando sensación de sequedad. Esta condición surge aparentemente cuando las fibras se fragmentan demasiado fácilmente.
5. *Adhesión.* Designa la fuerza con que las fibras se mantienen unidas. Esta característica depende de la resistencia de los tejidos conectivos que rodean las fibras y los haces musculares.
6. *Residuos o restos de masticación.* Se detectan como el tejido conectivo que permanece después de haberse masticado la mayoría de la muestra. Los responsables de este componente son los filamentos del tejido conectivo del perimisio o epimisio.

Los principales componentes de la carne de los que depende su blandura o dureza, pueden dividirse convenientemente en tres grupos: tejidos conectivos, fibras musculares y lípidos asociados al tejido muscular. No obstante, los lípidos de la carne tienen escasa importancia a este respecto.

Tejido conectivo. — Las variaciones en blandura de unos músculos a otros, en un mismo animal, se deben, en gran parte, a diferencias en la cantidad y naturaleza de sus tejidos conectivos. Las determinaciones de la cantidad de colágeno (proteína del tejido conectivo fibroso blanco) de distintos cortes cárnicos indican que, generalmente, el bajo contenido en tejido conectivo se asocia a la blandura. Aunque la mayoría de las fibras conectivas de los músculos son fibras de colágeno, también existen otras de elastina y de reticulina que contribuyen igualmente a la dureza.

El contenido en tejido conectivo del músculo, probablemente refleja su actividad funcional durante la vida animal. Por ejemplo, los poderosos músculos de las piernas tienen que desarrollar más fuerza que algunos de los que se sitúan en torno a la columna vertebral. En consecuencia los tejidos que soportan al animal y los que conectan las distintas regiones orgánicas han tenido que sufrir un desarrollo grande. La cantidad de fibras conectivas de colágeno es grande en estos músculos y abundantes los enlaces químicos cruzados de aquellas (capítulo 3). El resultado es una estructura dura, a manera de red, que rodea las fibras musculares (endomisio), los haces (perimisio) y el propio músculo (epimisio).

La disminución de la blandura de la carne, que acompaña al envejecimiento de los animales, se cree que se debe en gran parte a los cambios del tejido conectivo. Es lógico suponer que el ejercicio adicional que los animales viejos han experimentado haya causado un reforzamiento de la estructura de las fibras del tejido conectivo. Aunque la cantidad de tejido conectivo cambia aparentemente muy poco después de la madurez, probablemente aumenta el número de enlaces intermoleculares cruzados de las fibrillas de colágeno; ello se traduce en una disminución de la solubilidad del colágeno y en un aumento de la resistencia a la acción de la masticación y al «cizallado».

Aunque los músculos de los animales muy jóvenes son mucho más tiernos que los de los viejos, los cambios que acaecen al envejecer los animales no guardan linearidad con el aumento de la edad. Durante la fase de crecimiento rápido parece que la blandura aumenta con el tiempo en algunos animales. Es posible que el rápido aumento del tamaño de la fibra muscular «diluya» el tejido conectivo existente. Así los bóvidos de aptitud cárnica que alcanzan el peso del mercado (a los 12-18 meses de edad), a menudo tienen una carne más tierna que los terneros en crecimiento (6 meses de edad).

En el ganado vacuno se hace evidente un endurecimiento sustancial de la musculatura hacia los 30 meses de edad. Superado este tiempo continúa un endurecimiento gradual, pero cuya velocidad se hace progresivamente más lenta al avanzar la edad. Modelos de endurecimiento similares tienen lugar en otras especies animales durante su crecimiento y desarrollo, si bien las distintas fases se presentan a edades diferentes.

Aunque en el estudio que antecede sobre los cambios de la edad asociados a la blandura, se ha hecho referencia a la edad cronológica, debe hacerse hincapié en que los cambios que acaecen reflejan el ambiente fisiológico orgánico del animal. Puesto que no todos los animales de una especie, ni incluso todos los músculos de un animal, envejecen a la misma velocidad, se admite generalmente que los indicadores del estado fisiológico del animal predicen mejor la blandura que la edad cronológica. Estos indicadores, localizados fundamentalmente en el esqueleto, se describen en el capítulo 15.

La acción de muchos métodos de ablandamiento de la carne se desarrolla en los tejidos conectivos; el empleo de ácidos débiles, tales como el vinagre o el jugo de limón, constituyen un método tradicional de superar la dureza del tejido conectivo. Estos *escabeches* (o *«marinadas»*) facilitan el hinchamiento del colágeno, lo que exige la disrupción de los puentes de hidrógeno de la fibrilla de colágeno.

Para reducir la dureza del tejido conectivo se emplean también *enzimas ablandadores* de origen vegetal. Se trata de enzimas proteolíticos de los que el más corrientemente utilizado es la *papaína*. En general degradan diversas proteínas tisulares, incluidos el colágeno y la elastina. A veces se hacen llegar a los tejidos mediante inyección en el sistema circulatorio, antes o después de la matanza, o por aplicación directa a la superficie de los cortes cárnicos. A medida que se eleva la temperatura, durante el proceso culinario, se activan dichos enzimas. Sin embargo, cuando se alcanzan temperaturas altas se desnaturalizan y pierden su actividad.

Los efectos ablandadores de tratamientos mecánicos (tales como golpes, picado, triturado, etc.) dependen de su eficacia en la destrucción mecánica de la estructura de los tejidos conectivos y también de las fibras musculares.

CARACTERÍSTICAS DE LA FIBRA MUSCULAR

Otro factor que determina el grado de ablandamiento de un músculo es el estado de contracción que sigue a la rigidez, condición controlada en parte por el grado de tensión del músculo durante la instauración del *rigor*. Esta relación se pone de manifiesto por las diferencias en blandura que existen en ciertos músculos. Por ejemplo, hay marcadas diferencias en el ablandamiento de las distintas partes del músculo *Longissimus*. Hablando en términos generales las porciones distales anterior y posterior de este músculo son más tiernas que la cental y en cortes transversales las porciones medial y lateral son más tiernas que la central. Tales diferencias en blandura están posiblemente relacionadas con el grado de tensión local, pero la importancia relativa del estado de contracción y de la tensión del tejido conectivo se desconoce. En la figura 12-1 se muestra la relación entre longitud del sarcómero y blandura (resistencia a la cizalla) del músculo *Longissimus* de los bóvidos. La relación inversa entre longitud del sarcómero y blandura se mantiene muy próxima a todas las temperaturas de

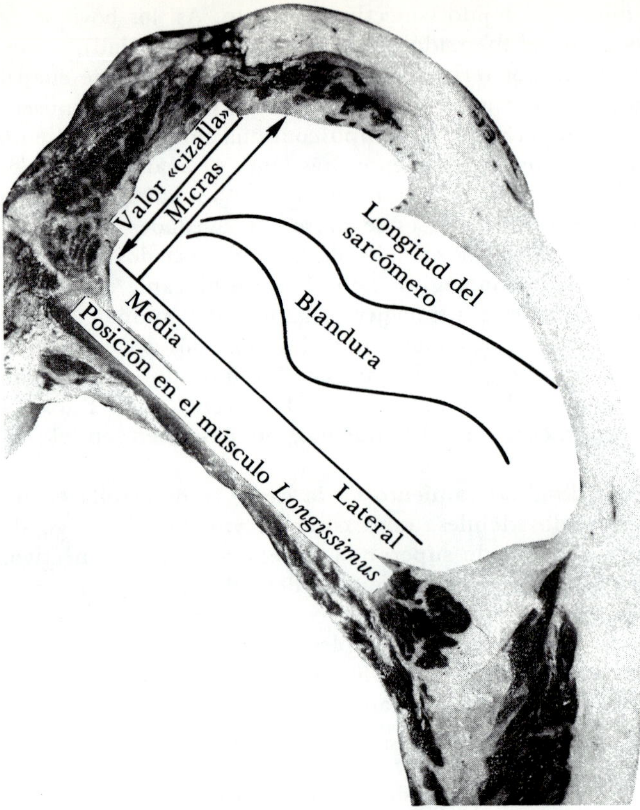

Figura 12—1. Algunas variaciones en la blandura del músculo *Longissimus* se explican por las diferencias de longitud del sarcómero. Los sarcómeros largos corresponden a carne tierna (valores «cizalla» bajos). (Resumido de Howard, R. D. y M. D. Judge, «Comparison of Sarcomere Lenght to Other Predictors of Beef Tenderness» *J. Food Sci., 33, 456 (1968).*

cocinado. Sin embargo, como se señalará más adelante en este capítulo, únicamente a temperaturas internas de la carne altas tiene lugar un endurecimiento ulterior de las proteínas contráctiles. En consecuencia, la íntima asociación entre longitud del sarcómero y blandura, a temperaturas de cocción relativamente bajas, podría indicar que en la relación tensión muscular/blandura también están implicadas otras proteínas.

Ciertos músculos de la canal que pueden acortarse libremente durante la instauración de la rigidez cadavérica son a menudo duros. La tabla 12-1 muestra la blandura de algunos músculos de los bóvidos determinada tanto por su resistencia a la penetración de cizallas mecánicas como por pruebas de palatabilidad. Estos valores son representativos de las diferencias de músculo a músculo que pueden esperarse en canales vacunas manipuladas de manera convencional después del sacrificio. Sin embargo, se pueden cambiar estas relaciones colgando o colocando la canal en una posición distinta durante el proceso de rigidez (capítulo 7). El grado de tensión que aplica el sistema esquelético en los distintos músculos y la temperatura alcanzada antes del *rigor* influencian la longitud final de su sarcómero y su blandura. (No obstante, bajo las condiciones de manipulación postmortem persisten algunas de las diferencias en blandura de los músculos, a causa de sus diferentes cantidades de tejido conectivo). Estas diferencias de músculo a músculo, constituyen la base de las variaciones en ternura observadas a menudo en una sola pieza de carne. Las diferencias normales en el estado de contracción, en la cantidad de tejido conectivo y en el ángulo de corte[1]

[1] Angulo formado por la dirección del cuchillo en su intersección con el eje mayor del músculo. *N. del T.*

TABLA 12-1

Resistencia al «cizallado» y evaluación por su blandura de determinados músculos vacunos cocinados.

Músculo	Cizalla*, kg	Grado de blandura
Rectus femoralis	4,3	Ligeramente duro
Semimembranosus	5,4	Ligeramente duro
Semitendinosus	5,0	Ligeramente duro
Biceps femoralis	4,1	Dureza media
Gluteus medius	3,7	Ligeramente tierno
Psoas major	3,2	Muy tierno
Longissimus	3,8	Ligeramente tierno
Infraspinatus	3,6	Ligeramente tierno
Supraspinatus	4,2	Dureza media
Triceps brachii	3,9	Dureza media
Trapezius	6,4	Muy duro
Sternocephalicus	7,1	Muy duro

FUENTE: Resumen de los daos de Ramsbottom y Standine (1948).

*Cizalla Warner-Bratzler, cilindros de 1,27 cm de diámetro. Los valores bajos indican carne tierna.

de los distintos músculos contenidos en una sola pieza de carne, contribuyen todas a la variabilidad de su calidad al comerlos. En consecuencia, la primera impresión del consumidor acerca de un corte de carne depende, en gran parte, del músculo particular que haya probado originalmente.

A pesar del hecho de que parte de la dureza muscular puede evitarse manteniendo la tensión durante la instauración del *rigor,* la formación de puentes cruzados es un proceso de endurecimiento que acaece incluso en ausencia de acortamiento. La pérdida de blandura que tiene lugar en las primeras pocas horas después de la muerte se conoce como *endurecimiento de la actomiosina.*

La capacidad de retención de agua y la blandura son mínimas una vez que los músculos han sufrido los cambios asociados al *rigor* que acabamos de describir. Por ello la blandura y la capacidad de retención de agua están bien correlacionadas. La dureza característica encontrada inmediatamente después de completado el *rigor mortis* puede deberse parcialmente al hecho de que el agua se encuentra libre para salir de las células durante el proceso culinario. De acuerdo con esta teoría las células que se contraen de esta forma, no se rompen fácilmente al masticarlas, por lo que dan una impresión de dureza.

La integridad de los componentes estructurales de la fibra muscular influencia el ablandamiento, pero se desconoce la importancia relativa que la disrupción celular natural tiene en la blandura de la carne. Los cambios pequeños que acaecen naturalmente en los tejidos pueden ejercer efectos muy manifiestos en la ternura. La liberación de catepsinas, o de otros enzimas proteolíticos, permite la degradación de las proteínas musculares, incluidos los elementos contráctiles de la fibra. Aunque no es fácil que esta degradación enzimática sea profunda, los cambios resultantes, tanto en la permeabilidad de la membrana, como en la integridad estructural general, podrían permitir la redistribución de los iones y ciertos cambios en la actividad de ligar agua. Si ocurrieran estos cambios, gran parte del ablandamiento que acompaña al proceso *madurativo* podrían atribuirse a cambios catiónicos y a la mejoría resultante en la capacidad de retención de agua de las proteínas.

Entre los cambios estructurales que acaecen durante el envejecimiento o maduración, y que probablemente están relacionados directamente con el ablandamiento, se encuentran los que tienen lugar en el interior de la miofibrilla. A medida que transcurre el tiempo, desde el sacrificio, en los músculos tiene lugar una degradación progresiva de la línea Z y cierto grado de disociación del complejo actomiosínico. Estos cambios se acompañan de una fragmentación de la estructura filamentosa y de un alargamiento de los sarcómeros. Sin embargo, es posible que estas alteraciones estructurales se deban a la actividad enzimática a que antes nos hemos referido.

El proceso de ablandamiento que acompaña al envejecimiento puede acelerarse aumentando hasta los 18-20 °C la temperatura de la atmósfera de las salas donde se mantienen las canales. Las canales alcanzan la temperatura de la sala en menos de 24 horas, lo que da por resultado un aumento de la velocidad de hidratación proteica y de las reacciones asociadas.

Lípidos intramusculares. — El personal de la industria cárnica ha creído siempre que los lípidos intramusculares contribuían al ablandamiento de la carne; sin embargo son muy pocos los trabajos de investigación que pueden citarse en favor de una marcada influencia positiva de los componentes lipídicos del tejido (marmorización) en el ablandamiento. Es posible que durante la masticación de la carne menos tierna los lípidos actúen como lubricantes, mejorando así el ablandamiento aparente y facilitando la deglución de aquélla. Sin embargo, los animales que normalmente se sacrifican para la obtención de cortes de carne para la venta al detall, son jóvenes y tiernos *per se* por lo que el posible ablandamiento debido a la marmorización tiene una importancia relativamente escasa.

Jugosidad

Los jugos de la carne juegan un papel importante en la impresión total de palatibilidad que percibe el consumidor; contienen muchos componentes importantes del aroma y durante la masticación intervienen en el proceso de fragmentación y ablandamiento de la carne.

Prescindiendo de otras virtudes de la carne la ausencia de jugosidad limita mucho su aceptabilidad y destruye sus singulares características de palatabilidad.

Las principales fuentes de jugosidad de la carne, tal y como las detecta el consumidor, son sus lípidos intramusculares y su contenido acuoso. Los lípidos fundidos, en combinación con el agua constituyen un caldo que cuando está retenido en la carne se libera al masticarlo. Este caldo estimula también el flujo salivar y, por lo tanto, mejora la jugosidad aparente de la carne.

El veteado de la carne también sirve para aumentar de forma indirecta la jugosidad. Durante el proceso culinario la grasa fundida se *transloca* a lo largo de las bandas del tejido conectivo perimisial. Esta distribución uniforme de los lípidos a lo largo del músculo actúa como una barrera frente a las pérdidas de humedad durante el proceso culinario; consecuentemente la carne con cierta marmorización durante el proceso culinario merma menos y se presenta más jugosa. Durante el asado la grasa subcutánea minimiza la desecación y pérdida de humedad.

Además de las influencias que acabamos de describir, la mayor contribución a la sensación de jugosidad procede del agua que permanece en el producto cocinado. Puesto que el contenido graso libre de agua de la carne es relativamente uniforme, las diferencias en jugosidad pueden relacionarse con la capacidad de los músculos para retener agua durante el proceso culinario.

Sabor y aroma

Muchas de las respuestas psicológicas y fisiológicas experimentadas al comer carne son consecuencia del sabor y aroma del producto. El sabor y aroma a carne estimula la liberación de saliva y de jugo gástrico ayudando así al proceso digestivo. Las sensaciones de sabor y aroma originadas son consecuencia de la combinación de factores difíciles de separar. Fisiológicamente la percepción del sabor implica la de cuatro sensaciones básicas (salina, dulce, ácida y amarga) por las terminaciones nerviosas de la superficie de la lengua. El aroma se detecta cuando numerosos materiales volátiles estimulan las terminaciones nerviosas de la mucosa de los conductos nasales. La sensación total es una combinación de estímulos gustativos (gusto) y olfatorios (olor). Los componentes de la carne responsables del sabor y del aroma no han sido totalmente identificados. Es posible que muchos componentes del tejido una vez calentados se conviertan en agentes del sabor. Existen ciertas pruebas que demuestran que el inosinmonofosfato (INP) y la hipoxantina aumentan el sabor y el aroma. Puesto que el INP y la hipoxantina son productos de degración del ATP es obvio que los músculos con grandes reservas energéticas serán los que tengan un sabor más pronunciado. Esta puede ser, en parte, la razón del intenso sabor encontrado en los músculos de la canal utilizados más frecuentemente y el fuerte sabor de la carne de algunos animales de caza.

El punto de vista, generalmente más aceptado es que la mayoría de los componentes de la carne responsables del sabor «a carne» son componentes hidrosolubles del tejido muscular. El sabor y el aroma específicos se cree que se deben o se originan en ciertos materiales cuya grasa se volatiliza durante el calentamiento. Hace falta investigar más para determinar la validez de estos conceptos.

El sabor y aroma de la carne pueden cambiar como consecuencia de ciertos factores. La duración y las condiciones de almacenamiento tienen una importancia especial; tras largos períodos de almacenamiento se presentan cambios en el sabor debidos a la degradación química de ciertos componentes, a la pérdida de sustancias volátiles, a la oxidación de ciertos compuestos y al crecimiento microbiano.

Algunos de los cambios de sabor que acaecen durante el almacenamiento se consideran como deseables y otros como perjudiciales. El envejecimiento (maduración) de la carne determina una serie de cambios que son muy apreciados por muchos consumidores; tales cambios incluyen, probablemente, la destrucción de los mononucleótidos del adenosinmonofosfato (AMP) e IMP y la producción de algunos componentes del aroma por los microbios y muy especialmente por las levaduras y (en casos de maduración muy prolongada) por los mohos.

Durante el almacenamiento pueden desarrollarse sabores desagradables debidos a cambios oxidativos de la grasa. La *rancidez* de la grasa tiene lugar cuando se rompen las cadenas de los ácidos grasos en los puntos de insaturación (dobles enlaces) por adición química de oxígeno. La formación de carbonilos, especialmente aldehídos volátiles de bajo peso molecular, es la responsable directa del gusto a rancio y del aroma pungente.

Los productos finales del crecimiento microbiano, si se encuentran en grandes cantidades, pueden ocasionar sabores repugnantes. Uno de tales sabores se origina generalmente al desarrollarse los microbios aeróbicos confinados en las superficies libres de la carne. En las porciones profundas donde pueden desarrollarse los microorganismos anaerobios pueden surgir olores putrefactos. La alteración conocida como *hueso hediondo* tiene lugar cuando una refrigeración incompleta, o unas velocidades de cocción inadecuadas, permiten que estos microorganismos se desarrollen y degraden las proteínas musculares.

En la carne de cerdo se aprecia a veces un olor repugnante que recuerde al de la cebolla o al del sudor y que se ha denominado *olor sexual.* Este olor se hace más intenso al calentar la carne y aunque se aprecia con especial frecuencia en la carne de los verracos, en ocasiones algunos consumidores lo han identificado en carne de cerdo de cualquier condición sexual. Otros consumidores son relativamente insensibles al mismo. Los intentos de identificación del producto responsable indican que se trata del 5-α-androst-16-ene-3-ona, un metabolito de la hormona testosterona.

Se han señalado otros tipos de sabores repugnantes; como ejemplos pueden citarse los originados al consumir los animales antes de su sacrificio hierbas tales como ajo silvestre, el sabor antes descrito de carnes irradiadas, el sabor intenso a suarda de las ovejas viejas y los sabores absorbidos por los productos cárnicos que se han almacenado con otros productos volátiles. Sin embargo, es importante reconocer que los sabores molestos para un consumidor pueden ser agradables y apreciados por otro. La variación en preferencias individuales de los consumidores de carne desaconseja la formulación de normas universales de sabor para la carne.

Interrelaciones de palatabilidad

La sensación que se aprecia al comer carne no es consecuencia de las impresiones por separado que los factores individuales de palatabilidad, ablandamiento, jugosidad y sabor producen, sino que el consumidor siente una impresión general de satisfacción o desagrado, salvo que exista una característica singularmente destacable. Consecuentemente, un producto que sea jugoso y sápido puede parecer más tierno de lo que las pruebas de penetración y trituración puedan indicar. Los tests de palatabilidad de la carne, mediante pruebas de laboratorio o por paneles de degustadores generalmente muestran grandes correlaciones entre los distintos factores que se evalúan. Estas íntimas relaciones se deben en parte a los factores psicológicos previamente mencionados. No obstante, ciertas propiedades tisulares, tales como la capacidad de ligar agua o la concentración de metabolitos energéticos pueden influir en más de un atributo de palatabilidad y, por lo tanto, proporcionar así una base para las interrelaciones de palatabilidad.

COCINADO

El arte de guisar la carne se mantiene debido a que las experiencias culinarias se transmiten de generación en generación. Los pinches de cocina aprenden que en la preparación de la carne deben observarse ciertos principios para aumentar la posibilidad de una gran palatabilidad en el producto terminado. Entre estos principios se incluye el conocimiento de las combinaciones de tiempo y temperatura que asegurarán la preparación de la carne que produzca al comerla la satisfacción máxima. Para guisar con éxito la carne también es fundamental el conocer las distintas características de una pieza o corte y su probable respuesta al calor.

Efectos del calor en los componentes de la carne

Cuando las proteínas musculares se exponen al calor pierden su estructura nativa y sufren diversos cambios de configuración. En general y aunque cada proteína sufra cambios específicos particulares, tiene lugar su *desnaturalización* (alteración de la estructura por cambios no proteolíticos). Esto puede ir acompañado o seguido de una agregación o agrupamiento de las moléculas proteicas (coagulación), cuya presencia indica una pérdida de solubilidad proteica.

La coagulación de las proteínas miofibrilares se asocia a cambios fácilmente observables en el carácter físico grosero de los tejidos. Aún cuando el aspecto microscópico estriado de las fibras musculares persista después del calentamiento, en las carnes bien cocinadas, se presenta una rigidez típicamente aumentada. A este fenómeno se le denomina a veces *endurecimiento proteico*. Las temperaturas asociadas a las distintas fases de endurecimiento proteico no se han identificado suficientemente, pero algunas investigaciones indican que ello no ocurre por debajo de, aproximadamente, los 64 °C. El calentamiento de las proteínas miofibrilares por encima de esta temperatura las hace menos tiernas.

La proporción de solubilidad proteica que se pierde depende del tiempo y temperatura de calentamiento. Estos cambios pueden medirse en términos de capacidad de retención de agua. La figura 12-2 indica que las temperaturas culinarias altas reducen

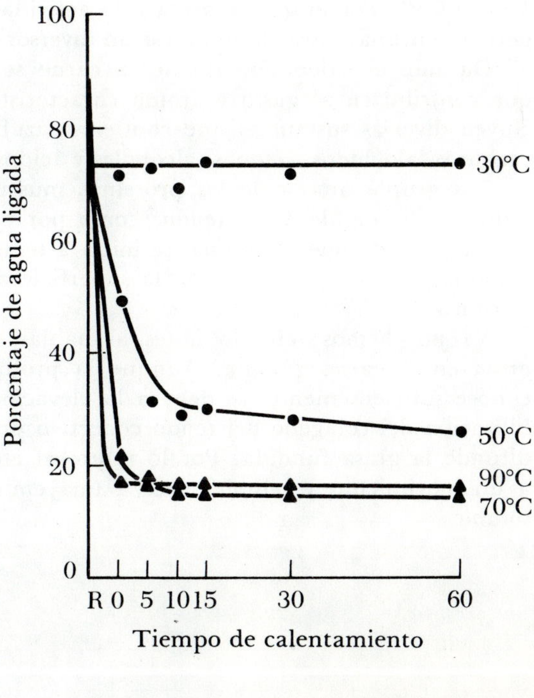

Figura 12-2. Efecto de la temperatura y tiempo de calentamiento en la capacidad de retención de agua del músculo vacuno. R-0 representa la disminución de la capacidad de retención de agua durante el calentamiento desde 20 °C hasta una temperatura dada. (De Hamm, R. *Z. Lebens. Untersuch. Forsch.*, 116, pág. 120 (1962).

la capacidad de retención de agua y que la duración del tiempo de calentamiento es importante a las temperaturas comprendidas entre los 30 y los 70 °C.

Estos cambios acaecen en la mayoría de las proteínas de la fibra muscular tras someterlas a calentamiento. De otra parte cuando el colágeno del tejido conectivo que las rodea se calienta sufre algunos cambios físicos que originan un aumento de solubilidad.

El primer cambio que tiene lugar es un acortamiento físico de la fibrilla de colágeno a una tercera parte de su longitud original; esto ocurre en algunas fibrillas a temperaturas tan bajas como 56 °C y generalmente se completa en la mitad de las fibrillas de colágeno del músculo a los 61-62 °C. Este cambio denominado *encogimiento o merma del colágeno* se acompaña de un aumento de su solubilidad. Si el colágeno se calienta posteriormente durante bastante tiempo, en presencia de humedad, se hidrata e hidroliza más y forma *gelatina.* Por lo tanto, el colágeno se hace más blando al calentarlo y su capacidad de ligar agua aumenta.

La elastina, proteína del tejido conectivo, no es afectada por el calor; parte de la carne incluso después de cocinada convenientemente tiene una dureza persistente a causa de su alto contenido en elastina. El único método posible de ablandar este tipo de carne es utilizando los enzimas proteolíticos vegetales a que nos hemos referido más atrás.

Cuando las proteínas musculares se someten a la acción del calor tienen lugar otras muchas alteraciones. Entre ellas, cambios de pH, de su actividad reductora, cambios en las propiedades ligantes de iones y en la actividad enzimática. Se cree que el ligero aumento del pH (aproximadamente 0,3 unidades) se debe a la exposición de un grupo reactivo del aminoácido histidina. El aumento de la actividad reductora surge como consecuencia del despliegue de las cadenas proteicas y de quedar libres los grupos sulfhidrilo. Del mismo modo, los cambios de conformación de las proteínas alteran y corrientemente reducen su capacidad de ligar diversos iones, tales como Mg^{2+} y Ca^{2+}. Por lo que respecta a la actividad enzimática el calor es un inactivador, pero los enzimas musculares muestran diversos grados de termorresistencia.

Durante el calentamiento de la carne se liberan algunos componentes volátiles que contribuyen al gusto y aroma característicos de carne cocida; entre ellos se incluyen diversas sustancias que contienen azufre y nitrógeno, así como ciertos hidrocarburos, aldehidos, cetonas, alcoholes y ácidos.

Los grupos amina de las proteínas musculares reaccionan con cualquier azúcar reductor disponible en el tejido, como por ejemplo, glucosa libre. El pardeamiento azúcar-aminado que se origina, se inicia a temperaturas altas (aproximadamente 90 °C) como las que se encuentran en la superficie de una pieza de carne durante su asado o fritura.

Ya nos hemos referido antes al hablar de la palatabilidad a la *translocación grasa* en la carne guisada. Aunque la profundidad de esta migración grasa no se conoce suficientemente, se debe a la elevación de la temperatura muscular; la solubilización del colágeno del tejido conectivo proporciona canales a través de los cuales difunde la grasa fundida. Por lo tanto, el efecto del tratamiento culinario da lugar a un movimiento y posiblemente a una emulsificación de la grasa con la proteína soluble.

Efectos del calor asociados a la palatabilidad.

El calor ocasiona tanto el ablandamiento *como* el endurecimiento de la carne. En general los cambios inducidos en las proteínas por el calor, que se traducen en coagulación y endurecimiento, reducen su ablandamiento. Por el contrario, los que dan lugar a una mayor solubilización aumentan la blandura. Específicamente las proteínas miofibrilares reaccionan frente al calor con endurecimiento y las proteínas del colágeno del tejido conectivo se degradan al calentarse.

En la figura 12-3 se muestra el grado de ablandamiento que puede observarse tras calentar la carne vacuna a tres temperaturas culinarias durante diversos períodos de tiempo. A las tres temperaturas tiene lugar una reducción inicial en la resistencia de la carne a la penetración y trituración a consecuencia del *encogimiento del colágeno*. A una temperatura de cocinado tan baja como 56-58 °C el ablandamiento es relativamente lento. Al aumentar ligeramente la temperatura, a 62-64 °C, el encogimiento tiene lugar más rápidamente y al prolongar el calentamiento mejora algo la blandura. A temperaturas más altas (72-74 °C) el rápido encogimiento del colágeno va seguido de *endurecimiento proteico* y de mayor dureza en la carne. Sin embargo, si se continúa el calentamiento a esta temperatura se produce un cantidad sustancial de *gelatina* que determina eventualmente ablandamiento de la carne.

Pueden deducirse guías prácticas para el cocinado de la carne basándose en la influencia del tiempo y temperatura en la blandura. Por ejemplo, puede prevenirse el endurecimiento innecesario de la mayoría de los cortes de carne evitando que la temperatura interna alcance un nivel que origine endurecimiento proteico. Sin embargo, para que se desarrollen las otras características de palatabilidad deseables, se necesita cocinar algunos cortes de carne a esta temperatura. Para obtener el máximo desarrollo del sabor y la conversión completa del pigmento en su correspondiente forma desnaturalizada (grisáceo marrón), la temperatura final recomendada para la mayoría de la carne fresca de cerdo es de 75 °C y para las aves de 75 a 82 °C. Otras carnes, especialmente la de bóvidos, se cocinan hasta un grado tal que esté de acuerdo con las preferencias del consumidor. La carne calentada hasta una

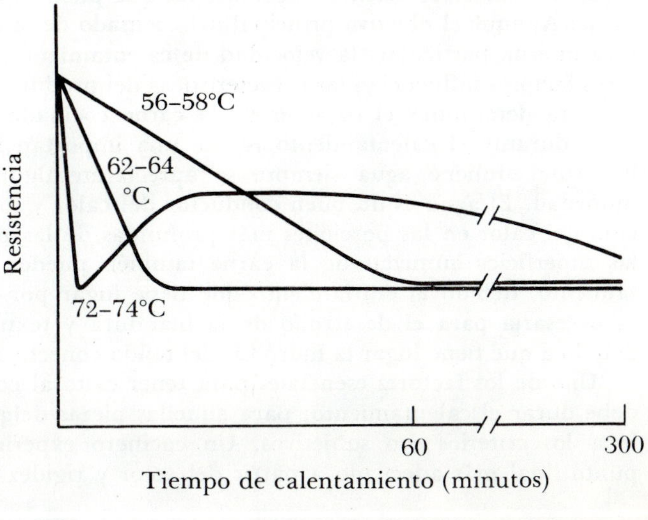

Figura 12-3. Efecto de la temperatura y tiempo de calentamiento en la blandura de cilindros de carne de vacuno del músculo *Semitendinosus* de 1,27 cm. de diámetro. (Resumido de Machlik, S. M. y H. N. Draudt, «The Effect of Heating Time and Temperature on the Shear of Beef *Semitendinosus* Muscle», *J. Food Sci.*, 28, 711 (1963).

temperatura interna de 58-60 °C se considera poco hecha; a 66-68 °C ligeramente hecha, a 73-75 °C normal y 80-82 °C muy hecha.

El color final de la carne guisada es función de la combinación de tiempos y temperaturas de cocinado. El pardeamiento azúcar-aminado, antes estudiado, se limita a la superficie de los cortes secos calentados; sin embargo, el interior del corte puede variar en coloración de rojo a gris; ello se debe al hecho de que las temperaturas internas en el rango de cocinado «poco hecho» no son suficientes para desnaturalizar la mioglobina, mientras que las coincidentes con el cocinado «normal» y «muy hecho» determinan un aumento progresivo en la desnaturalización del pigmento. Consecuentemente, el grado de calentamiento ejerce una influencia importante en la aceptabilidad del consumidor a través de sus efectos en el estado químico de los pigmentos muculares.

Obviamente los procedimientos drásticos de cocinado que causan una gran deshidratación de la carne también la convierten en poco jugosa para el consumidor. La carne que en estado crudo contiene un porcentaje de humedad de 68 a 75 % contendrá aproximadamente 70, 65 y 60 % de humedad después de haber sido asada con calor seco a 60, 70 y 80 °C respectivamente. Las pérdidas se deben a evaporación y a goteo. Ni que decir tiene que la intensidad de estas pérdidas dependen también de la capacidad de retención de agua de los tejidos y del grado de protección ejercido por la traslocación de grasa, como antes se ha mencionado en este capítulo, y de la grasa subcutánea. El desarrollo del sabor es una consecuencia importante del cocinado de la carne. Los cambios en cantidad y tipo de sustancias volátiles presentes son muy amplios pero no suficientemente entendidos. Sin embargo, los efectos del calor son tan particulares que el tipo y condiciones de cocinado pueden identificarse a menudo basándose en el sabor y aroma del producto. El cocinado con calor seco imparte ciertos sabores, especialmente en las superficies expuestas al mismo en donde las temperaturas son muy altas. De otra parte el cocinado húmedo bajo presión, determina el desarrollo de pronunciados y singulares cambios de sabor en la profundidad de los tejidos del corte de carne.

Métodos de cocinado

Existen diversos sistemas mediante los que puede aumentarse la temperatura de la carne. Aunque el objetivo principal del cocinado de la carne es alcanzar una temperatura interna particular, la velocidad de calentamiento, el equipo empleado y muchos otros factores influencian las características del producto final.

Para determinar el carácter de la carne cocinada la cantidad de humedad presente durante el calentamiento reviste una importancia particular. Puesto que toda la carne contiene agua siempre se apreciarán algunos efectos producidos por la humedad. El agua es un buen conductor del calor y su presencia ayuda a la penetración del calor en las porciones más profundas de las piezas de carne. De otra parte, las superficies húmedas de la carne también pueden retrasar el proceso de calentamiento, debido al enfriamiento que tiene lugar por evaporación. El agua también es necesaria para el desarrollo de la blandura y textura final de la carne guisada, debido a que tiene lugar la hidrólisis del tejido conectivo.

Uno de los factores esenciales para tener éxito al cocinar la carne es saber cuánto debe durar el calentamiento; para aquellas piezas delgadas, tales como filetes o chuletas los criterios son subjetivos. Un cocinero experimentado puede determinar el punto final más adecuado a partir del color y rigidez que presente el corte; sin embargo, el cocinar adecuadamente las piezas de carne gruesas, tales como la pierna, exige el empleo de un termómetro para carne. El termómetro se inserta en la porción más gruesa del corte, evitando las bolsas de grasa y los huesos, de forma tal que pueda detectarse la temperatura de la región más fría. En los cortes gruesos este es el único método que asegurará totalmente que en la carne se ha obtenido el grado deseado de «hechura».

Cocinado con calor seco. — El cocinado con calor seco puede llevarse a cabo mediante cualquier método que rodee a la pieza de carne con aire seco caliente. El asado y el «planchado» son los mejores ejemplos de cocinado por calor seco. El planchado sólo es adecuado para piezas, tales como filetes o chuletas, debido a que el período de calentamiento generalmente es de corta duración y, por lo tanto, inadecuado para alcanzar la degradación del tejido conectivo. La gran temperatura superficial alcanzada determina el desarrollo de un sabor singular en el corte y de un extenso pardeamiento. La duración del calentamiento es extremadamente crítica, puesto que los cortes son relativamente delgados y las temperaturas empleadas muy altas.

El asado en rescoldo es un método de cocinado muy popular que también imparte un sabor singular. Muchos productos, tales como chuletas, filetes, pollo, costillas, embutidos, etc., se cocinan mediante este método. Las temperaturas empleadas son generalmente más bajas que las de los hornos de asar. El producto adquiere un sabor ahumado producido por la combustión del carbón y de la grasa fundida que cae sobre él.

El asado con calor seco es apropiado para asados tiernos; generalmente se lleva a cabo en un horno a temperaturas de 150-175 °C; imparte un sabor peculiar por la acción del pardeamiento azúcar-aminado, antes citado, sin embargo, para prevenir pérdidas excesivas de humedad el corte debe protegerse durante el asado con una capa externa de grasa. Si la pieza de carne es grande, como las piernas enteras que en ocasiones se guisan en restaurantes, se pueden emplear temperaturas de horno relativamente bajas (120 °C) durante un largo período de tiempo. En estas piezas grandes lo limitado del área superficial por unidad de carne previene las pérdidas intensas de humedad.

Cocinado mediante calor húmedo. — Si un corte de carne contiene una cantidad relativamente grande de tejido conectivo es aconsejable proporcionarle durante su cocinado una cantidad extra de agua para la hidrólisis completa del colágeno a gelatina. Para que tenga lugar esta conversión sin que se endurezcan las proteínas miofibrilares se recomiendan temperaturas bajas durante tiempos de cocinado largos. Debe insistirse en que esta acción acaece en el colágeno, pero no en la elastina; por lo tanto, una pieza que no se ablanda a pesar de un cocinado prolongado, posiblemente es muy rica en fibras conectivas de elastina.

Estofados, guisos en agua o fritura en sartén son ejemplos de cocinado por calor húmedo. El calentamiento tiene lugar en un recipiente cerrado al que se adicionó agua. Para aumentar el desarrollo del sabor y textura buscados en el producto final también pueden adicionarse aromatizantes, salsas o harina.

La acción ablandadora de los guisos en calor húmedo puede obtenerse envolviendo los cortes de carne en materiales impermeables a la humedad y calentándolos así en un horno seco. De esta forma se retienen los jugos naturales y se reducen al mínimo las pérdidas de humedad; además el calentamiento puede prolongarse durante largos períodos de tiempo para permitir que el colágeno se transforme en gelatina. Las temperaturas de calentamiento por este método suelen oscilar entre los 95 y los 100 °C.

Cocinado con microondas. – El empleo de microondas para calentar la carne constituye un método moderno de cocinado muy rápido. El calentamiento es consecuencia de la conversión de la energía de las microondas en calor por la fricción de las rotaciones moleculares internas causadas por las interacciones de las moléculas con un campo electromagnético que fluctúa rápidamente. Con este fin en los Estados Unidos se permiten frecuencias de 915 y 2.450 megahertzios (millones de ciclos por segundo). Este método permite un cocinado de la carne muchísimo más rápido que por los métodos convencionales, si bien la carne presenta ciertas variaciones en «hechura» y propiedades de textura. Algunas de ellas se mitigan cuando se utilizan resistencias externas para pardear la superficie externa de la carne, mientras que su interior se cocina a continuación por microondas. Donde más aplicación ha tenido este sistema es en la industria de bares y restaurantes. No obstante, está ganando cada vez más popularidad como método de cocinado doméstico.

BIBLIOGRAFIA

Cover, S. and R. L. Hostetler, "Beef Tenderness by New Methods," Texas Agr. Expt. Sta. Bull. 947 (1960).

Hamm, R., "Heating of Muscle Systems," in *The Physiology and Biochemistry of Muscle as a Food*, E. J. Briskey et al., eds. (University of Wisconsin Press, Madison), 1966, p. 363.

Hornstein, I., P. F. Crowe and W. L. Sulzbacher, "Constituents of Meat Flavor: Beef," J. Agric. Food Chem., 8, 65 (1960).

Howard, R. D. and M. D. Judge, "Comparison of Sarcomere Length to Other Predictors of Beef Tenderness," J. Food Sci., 33, 456 (1968).

Jones, N. R., "Meat and Fish Flavors. Significance of Ribomononucleotides and Their Metabolites," Agr. Food Chem., 17, 712 (1969).

Machlik, S. M. and H. N. Draudt, "The Effect of Heating Time and Temperature on the Shear of Beef Semitendinosus Muscle," J. Food Sci., 28, 711 (1963).

Martin, A. H., "The Problem of Sex Taint in Pork in Relation to the Growth and Carcass Characteristics of Boars and Barrows: A Review," Can. J. Animal Sci., 49, 1 (1969).

Paul, P. C. and H. H. Palmer, *Food Theory and Applications* (John Wiley & Sons, Inc., New York), 1972.

Ramsbottom, J. M. and E. J. Strandine, "Comparative Tenderness and Identification of Muscles in Wholesale Beef Cuts," Food Res., 13, 315 (1948).

Sanderson, M. and G. E. Vail, "Fluid Content and Tenderness of Three Muscles of Beef Cooked to Three Internal Temperatures," J. Food Sci., 28, 590 (1963).

Wang, H., E. Rasch, V. Bates, F. J. Beard, J. C. Pierce and O. G. Hankins, "Histological Observations on Fat Loci and Distribution in Cooked Beef." Food Res., 19, 314 (1954).

CAPÍTULO 13

Valor nutritivo

El valor nutritivo de la carne se debe a sus proteínas, grasas, carbohidratos, vitaminas y minerales. Aunque la carne proporciona calorías a partir de las proteínas, de las grasas y de las limitadas cantidades de carbohidratos que posee, su contribución principal a la dieta deriva de la gran cantidad y calidad de sus proteínas, del aporte disponible de vitaminas B y de ciertos minerales, y de la presencia de ácidos grasos esenciales.

PROTEÍNAS

Las proteínas de la carne son en gran parte las de los tejidos muscular y conectivo; la mayor proporción de proteínas musculares totales la constituyen las de las miofibrillas; les siguen en importancia cuantitativa las proteínas sarcoplásmicas, formadas por los enzimas musculares y la mioglobina, siendo menos abundantes las proteínas del tejido conectivo, constituidas fundamentalmente por colágeno y algo de elastina. Aunque el músculo contiene aproximadamente del 18 al 22 % de proteínas, tal cantidad varía bastante en muchos productos cárnicos y lo hace inversamente con la cantidad de grasa presente. No obstante, los productos cárnicos proporcionan generalmente la mayor parte del aporte proteico recomendado con la dieta (RDA). Como indica el *Food and Nutrition Board of the National Research Council,* el RDA, por ejemplo, para un hombre adulto, es de 56 g por día. Puesto que no pueden almacenarse en el organismo cantidades mayores de proteína, es indispensable que la proteína se ingiera cada día. Dado que el tamaño normal de una ración de carne guisada es, aproximadamente, de 100 g y su contenido proteico del 25 al 30 %, esta ración proporciona 25-30 g de proteína o, aproximadamente, el 45-55 % del RDA. Los americanos consumen *per cápita,* aproximadamente 115 g de carne de mamíferos, de aves o de pescado cada día.

Además de su contenido proteico la carne muscular proporciona una proteína de alta calidad con un gran valor biológico. *La proteína de alta calidad* es la que contiene todos los aminoácidos esenciales en cantidades equivalentes a las necesidades del cuerpo humano, es altamente digestible y fácilmente absorbible. Los aminoácidos son los ladrillos básicos de que se componen todas las proteínas y los *aminoácidos esenciales* son los que no pueden sintetizarse en el organismo en cantidades suficientes para cubrir sus necesidades. El hombre adulto necesita 8 aminoácidos: fenilanalina, valina, triptófano, treonina, metionina, leucina, isoleucina y lisina. La mayoría de los alimentos de origen animal, tales como carne, leche y huevos tienen alto valor biológico. De otra parte la mayoría de las proteínas vegetales y los tejidos conectivos de los animales tienen un valor biológico algo bajo. La alta proporción de aminoácidos no esenciales del colágeno, glicina, prolina e hidroxiprolina, es la responsable del menor valor biológico de algunas carnes procesadas que contienen tejido conectivo como principal fuente de proteínas.

Además de proteínas la carne contiene también algunos compuestos nitrogenados no proteicos, tales como aminoácidos libres, péptidos sencillos, aminas, amidas y creatina. Aunque estos compuestos no contribuyen significativamente al valor nutritivo, constituyen una fuente potencial de nitrógeno que puede emplearse en la síntesis de aminoácidos y proteínas.

LÍPIDOS

El contenido lipídico de la carne es su componente más variable. La cantidad de lípidos depende del corte de carne y de la cantidad de grasa que se dejó en el mismo durante el despiece y el recortado. Los componentes lipídicos de mayor interés, desde el punto de vista nutritivo, son los triglicéridos, fosfolípidos, colesterol y vitaminas liposolubles. El valor calórico de los lípidos de la carne procede de los ácidos grasos de los triglicéridos y fosfolípidos de los que aquéllos constituyen la mayor parte.

Los ácidos grasos que forman parte de los triglicéridos de la carne están relativamente saturados, especialmente si se comparan con las grasas vegetales; muchas de éstas son aceites, ya que contienen una gran proporción de ácidos grasos no saturados. En la grasa de la carne el ácido graso insaturado más abundante es el oleico, que posee un doble enlace; sin embargo, los otros ácidos grasos, presentes en grandes cantidades, son saturados y se trata de los ácidos palmítico y esteárico (tabla 3-3). Por lo tanto, las grasas de la carne (o las grasas de origen animal) se describen generalmente como grasas saturadas, mientras que a las vegetales se les ha denominado o grasas insaturadas o poliinsaturadas (más de un doble enlace por molécula de ácido graso).

La Asociación Médica Americana y la Asociación Cardiológica Americana han señalado que el consumo abundante de grasas saturadas y de colesterol conjuntamente son factores que contribuyen a las enfermedades cardíacas. Los fabricantes de grasas insaturadas y poliinsaturadas (tales como margarinas y aceites culinarios) han promocionado estas afirmaciones, con lo que las ventas de grasas vegetales han aumentado a expensas de las animales. La publicidad ha influido adversamente en el consumo de productos animales, especialmente de aquéllos ricos en grasas saturadas. Entre tales productos se incluye la carne de cerdo que los médicos casi siempre la eliminan de la dieta cuando un paciente presenta síntomas que pueden llevar eventualmente a una enfermedad cardiovascular. Estudios nutritivos recientes han demostrado que, salvo en el bacon, la carne de cerdo cocinada no proporciona más calorías de procedencia grasa por menú que las correspondientes carnes de vacuno o de ovino.

Los resultados de diversas investigaciones indican también que la dieta *per se* no está, en general, *directamente* relacionada con la incidencia de enfermedades cardiovasculares; sin embargo, hay que concluir, lógicamente, que el ingreso calórico alto está relacionado con la obesidad; a su vez, la obesidad, el «stress» y los factores sedentarios o inactivos que suelen acompañarle, se ha visto que guardan una relación directa con la presentación de enfermedades cardiovasculares. Por lo tanto, hay que ser precavidos en la cantidad de grasa que se consume, sea de origen animal o vegetal, para evitar un ingreso calórico excesivo. Si una persona que come carne separa de ella los depósitos grasos y no los ingiere, el número de calorías procedentes de esta carne se reducirá drásticamente.

Las grasas de la carne contienen cantidades variables de colesterol, y aunque su concentración sanguínea aumenta tras la ingestión de colesterol con los alimentos, hay que hacer constar que el organismo puede sintetizar más colesterol que el que normalmente se ingiere. En el momento de escribir este libro la controversia sobre el colesterol, lo mismo que sobre las grasas saturadas *versus* las insaturadas constituyen todavía problemas sin resolver.

La grasa de la carne contiene cantidades notables de ácidos grasos esenciales para la dieta del hombre. Puesto que la necesidad diaria de tales ácidos grasos indispensables es relativamente pequeña, los RDA se cubren fácilmente con la grasa intramuscular, incluso cuando se desecha la mayor parte de la grasa externa. Los ácidos grasos cuya indispensabilidad se conoce, son el lionoleico y el araquinódico; todavía no está definitivamente aclarado si el ácido linoleico es también indispensable.

CARBOHIDRATOS

Los carbohidratos suponen menos del 1 % del peso de la carne, la mayoría de los cuales la componen el glucógeno y el ácido láctico. Dado que el hígado constituye el lugar principal de almacenamiento de glucógeno, la mayoría de los carbohidratos del organismo animal se presentan en dicho órgano. De aquí que la mayor parte de los cortes de carne constituyan fuentes pobres de carbohidratos, salvo en aquellos productos (tales como las carnes curadas) a los que se adicionan azúcares o carbohidratos.

MINERALES

La carne generalmente es una buena fuente de minerales, con excepción del calcio. La mayoría del calcio del organismo está presente en huesos y dientes, y la pequeña proporción existente en el músculo y en otros tejidos comestibles es muy inferior al RDA. Los minerales de la carne se asocian a la porción magra. En la tabla 3-4 se muestra la composición mineral aproximada del músculo.

La carne es una buena fuente de hierro, nutriente indispensable para el mantenimiento de una buena salud; se necesita hierro para la síntesis de hemoglobina, y ciertos enzimas. Puesto que el hierro que se almacena en el organismo es escaso, el aporte dietético regular o continuo de este mineral es importante y la carne lo proporciona en un forma fácilmente absorbible.

VITAMINAS

La carne es una excelente fuente de vitaminas hidroslubles del complejo B, pero es pobre en vitamina C, también hidrosoluble, mientras que las vitaminas liposolubles A, D, E y K están principalmente en la grasa del organismo. En la carne se encuentran todas las vitaminas del complejo B, siendo las más abundantes la tiamina, la riboflavina y la niacina. La carne de cerdo contiene mayores concentraciones de vitamina B que la de vacuno, ovinos, pescado y aves. De hecho la porción magra de la carne de cerdo tiene de 8 a 10 veces más tiamina que las otras carnes, siendo también ligeramente mayor su contenido en rivoflabina, piridoxina, ácido pantoténico y biotina. La carne de cerdo contiene aproximadamente la misma cantidad de niacina y algo menos de vitamina B_{12} que las otras carnes.

La carne es una fuente muy pobre de vitamina C, salvo cuando se adiciona ascorbato a los productos cárnicos procesados.

CARNE EN LA DIETA

Del estudio anterior se deduce que la carne es un alimento muy nutritivo, que proporciona gran parte de las necesidades diarias humanas de muchos nutrientes. En la tabla 13-1 se indica la composición aproximada y el contenido calórico de la porción magra de los cortes de venta de carne de vacuno mayor, cerdo, ovinos, ternera, pollos y halibut o hipogloso. En la composición se incluyen la proteína, humedad,

TABLA 13-1.
Composición aproximada y valor calórico de cortes comerciales de carne magra, crudos y cocinados, de vacuno, pollo, halibut, oveja, cerdo y ternera.

Procedencia de la carne* y estado físico	Porcentajes				Calorías por 100 gramos
	Proteína	Humedad	Grasa	Cenizas	
Vacuno					
Cruda	21,5	69,5	8,0	1,0	160
Cocinada	30,0	58,0	10,0	1,4	230
Pollo, carne roja					
Cruda	20,6	73,7	4,7	1,0	130
Cocinada	28,0	64,4	6,3	1,2	176
Pollo, carne blanca					
Cruda	23,4	73,7	1,9	1,0	117
Cocinada	31,6	63,8	3,4	1,2	166
Halibut					
Cruda	20,9	76,5	1,2	1,4	100
Cocinada	25,2	66,6	7,0	1,7	171
Ovino					
Cruda	19,5	71,5	7,0	1,5	145
Cocinada	27,0	61,5	8,5	2,0	200
Cerdo					
Cruda	19,5	69,5	9,5	1,0	170
Cocinada	29,0	57,0	12,0	1,3	230
Ternera					
Cruda	20,0	75,0	3,5	1,0	130
Cocinada	29,0	63,0	5,5	1,6	175

*Los valores de la tabla corresponden a pesos para representar la canal de cada especie como un todo.

TABLA 13-2.

Composición aproximada en porcentaje de proteína y grasa de diversos despojos cocidos.

	Vacuno		Cerdo		Ternera		Ovino	
	Prot.	Grasa	Prot.	Grasa	Prot.	Grasa	Prot.	Grasa
Sesos	11,5	9,0	12,2	8,7	10,5	7,4	12,7	9,2
Corazón	28,9	6,0	23,6	4,8	26,3	4,5	21,7	5,2
Riñones	24,7	3,6	25,4	4,7	26,3	5,9	23,1	3,4
Hígado	22,9	4,3	21,6	4,7	21,5	7,6	23,7	10,9
Pulmones	20,3	3,7	16,6	3,1	18,8	2,6	20,9	3,0
Páncreas	27,1	17,2	28,5	10,8	29,1	14,6	23,3	9,6
Bazo	25,1	4,2	28,2	3,2	23,9	2,6	27,3	3,8
Timo (Mollejas)	20,5	24,9	—	—	18,4	2,9	—	—
Lengua	22,2	21,5	24,1	18,6	26,2	8,3	21,5	20,5

FUENTE: National Live Stock and Meat Board (1966).

TABLA 13-3.

Composición aproximada en tantos por ciento de proteína, humedad y grasa de algunos embutidos y carnes ahumadas.

	Porcentaje		
	Proteína	Humedad	Grasa
Embutido			
Mortadela	12	56	29
Braunschweigert	15	53	27
Bloque holandés	15	51	26
Salchicha Frankfurt	12	56	29
Queso de cabeza	15	59	22
Salami, cocido	17	51	26
Salami, seco	24	30	38
Embutido de cerdo, cocido	18	35	44
Embutido de cerdo, fresco	10	38	50
Embutido de cerdo, ahumado	15	50	31
Salchicha Turingia	18	49	25
Carnes ahumadas			
Jamón, curado y ahumado, porción magra	28	63	5
Bacon, en lonchas corrientes, cocinado	33	3	60

grasa y cenizas, (minerales). Los carbohidratos, vitaminas y compuestos nitrogenados no proteicos constituyen, colectivamente, menos del 1 % de la composición total, por lo que no se incluyen en la tabla mencionada.

El valor calórico de la carne depende de la cantidad de grasa del corte que se consuma. El número de calorías de la carne magra frecuentemente es menor que

TABLA 13-4

Costo de un trozo de carne magra de 84 gramos lista para su consumo, procedente de cortes comerciales distintos a los precios al detall (por libra *) que se indican

Precio de los cortes comerciales al detall (en centavos USA/libra)														
Tipo y corte de carne	50	55	60	65	70	75	80	85	90	95	100	105	110	115
VACUNA														
Asados														
Punta de pecho, con hueso	26	29	31	34	36	39	42	44	47	49	52	55	57	60
Espalda, con hueso	22	25	27	29	31	33	36	38	40	42	45	47	49	51
Espalda, deshuesada	17	19	21	23	24	26	28	30	31	33	35	36	38	40
Costillas, 7.ª, con hueso	22	25	27	29	31	33	36	38	40	42	45	47	49	51
Pierna, con hueso	17	18	20	22	23	25	27	28	30	32	33	35	37	38
Pierna, deshuesada	16	17	19	20	22	23	25	27	28	30	31	33	34	36
Redondo, con hueso	22	24	26	28	31	33	35	37	39	41	44	46	48	50
Redondo, deshuesado	17	19	20	22	24	26	27	29	31	32	34	36	38	39
Bistecs														
Espalda, con hueso	22	25	27	29	31	33	36	38	40	42	45	47	49	51
Espalda, deshuesada	17	19	21	23	24	26	28	30	31	33	35	36	38	40
Chuleta lomo alto	28	31	34	37	40	43	45	48	51	54	57	60	62	65
Chuleta lomo bajo	26	29	31	34	36	39	42	44	47	49	52	55	57	60
Tapa, con hueso	17	18	20	22	23	25	27	28	30	32	33	35	37	38
Tapa, sin hueso	16	17	19	20	22	23	25	27	28	30	31	33	34	36
Bistec de lomo, con hueso	21	23	26	28	30	32	34	36	38	40	43	45	47	49
Bistec de lomo, sin hueso	20	21	23	25	27	29	31	33	35	37	39	41	43	45
Chuleta lomo bajo c/hueso	28	30	33	36	39	41	44	47	50	52	55	58	61	64
Carne vacuna magra, picada	13	14	16	17	18	20	21	22	23	25	26	27	29	30
Costillas pecho bajo	29	32	35	38	41	44	47	50	53	56	58	61	64	67
CERDO FRESCO														
Asados														
Lomo, con hueso	25	28	30	33	36	38	41	43	46	48	51	53	56	58
Lomo, sin hueso	17	19	21	23	24	26	28	30	31	33	35	36	38	40
Espaldar, con hueso	27	29	32	35	37	40	43	45	48	51	53	56	59	62
Filetes														
Lomo	22	25	27	29	31	33	36	38	40	42	45	47	49	51
Agujas	25	28	30	33	36	38	41	43	46	48	51	53	56	58
CERDO CURADO														
Asados														
Espalda, con hueso	18	20	22	23	25	27	29	31	32	34	36	38	40	42
Pernil, con hueso	17	19	21	23	24	26	28	30	31	33	35	36	38	40
Pernil, deshuesado	13	14	16	17	18	20	21	22	23	25	26	27	29	30
Espaldar, con hueso	23	25	27	30	32	34	37	39	41	43	46	48	50	53
Espaldar, sin hueso	18	19	21	23	25	27	28	30	32	34	35	37	39	41
Jamón en lonchas	16	17	19	20	22	23	25	27	28	30	31	33	34	36
OVINA														
Asados														
Pierna, con hueso	21	23	25	27	29	31	33	35	38	40	42	44	46	48
Espalda, con hueso	23	25	27	30	32	34	37	39	41	43	46	48	50	53
Filetes														
Lomo	23	25	27	30	32	34	37	39	41	43	46	48	50	53
Costilla	28	30	33	36	39	41	44	47	50	52	55	58	61	64

*De U. S. Department of Agriculture Bulletin N. 183.

TABLA 13-4. (Continuación).

Costo de un trozo de carne magra de 84 gramos lista para su consumo, procedente de cortes comerciales distintos, a los precios al detall (por libra)* que se indican.

Precio de los cortes comerciales al detall (en centavos USA/libra)																
120	125	130	135	140	145	150	155	160	165	170	175	180	185	190	195	200
62	65	68	70	73	76	78	81	83	86	89	91	94	97	99	102	105
54	56	58	60	62	65	67	69	71	74	76	78	80	83	85	87	89
42	43	45	47	49	50	52	54	56	57	59	61	62	64	66	68	69
54	56	58	60	62	65	67	69	71	74	76	78	80	83	85	87	89
40	42	43	45	47	48	50	52	54	55	57	59	60	62	64	66	67
38	39	41	42	44	45	47	48	50	52	53	55	56	58	59	61	63
52	55	57	59	61	63	66	68	70	72	74	76	79	81	83	85	87
41	43	44	46	48	49	51	53	55	56	58	60	61	63	65	67	68
54	56	58	60	62	65	67	69	71	74	76	78	80	83	85	87	89
42	43	45	47	49	50	52	54	56	57	59	61	62	64	66	68	69
68	71	74	77	80	82	85	88	91	94	97	99	102	105	107	110	113
62	65	68	70	73	76	78	81	83	86	89	91	94	96	99	102	104
40	42	43	45	47	48	50	52	54	55	57	59	60	62	64	66	67
38	39	41	42	44	45	47	48	50	52	53	55	56	58	59	61	63
51	53	55	57	60	62	64	66	68	70	72	74	77	79	81	83	85
47	49	51	53	55	57	59	61	62	64	66	68	70	71	73	75	77
66	69	72	75	77	80	83	86	88	91	94	97	99	102	105	108	110
31	33	34	35	36	38	39	40	42	43	44	46	47	48	50	51	52
70	73	76	79	82	85	88	91	94	96	99	102	105	108	111	113	116
61	63	66	69	71	74	76	79	81	84	86	89	91	94	96	99	101
42	43	45	47	49	50	52	54	56	57	59	61	62	64	66	68	69
64	67	70	72	75	78	80	83	86	88	91	94	96	99	102	104	107
54	56	58	60	62	65	67	69	71	74	76	78	80	83	85	87	89
61	63	66	69	71	74	76	79	81	84	86	89	91	94	96	99	101
43	45	47	49	51	52	54	56	58	60	61	63	65	67	69	71	73
42	43	45	47	49	50	52	54	56	57	59	61	62	64	66	68	69
31	33	34	35	36	38	39	40	42	43	44	46	47	48	50	51	52
55	57	59	62	64	66	68	71	73	75	78	80	82	85	87	89	92
42	44	46	48	49	51	53	55	57	58	60	62	64	66	68	69	71
38	39	41	42	44	45	47	48	50	52	53	55	56	58	59	61	63
50	52	54	56	58	60	62	65	67	69	71	73	75	77	79	81	83
55	57	59	62	64	66	68	71	73	75	78	80	82	84	87	89	91
55	57	59	62	64	66	68	71	73	75	78	80	82	85	87	89	91
66	69	72	75	77	80	83	86	88	91	94	97	99	102	105	108	110

TABLA 13-5.
Precio de la carne de aves, completas y despiezadas*.

Cuando el precio/libra (en centavos USA) de todo el broiler listo para cocinar es:	Las porciones constituyen también una buena compra si el precio/libra (en centavos USA) es:				
	Pechuga media	Muslo y pierna	Pierna	Muslo	Alas
29	41	37	36	39	23
31	44	40	38	41	25
33	47	42	41	44	26
35	49	45	43	47	28
37	52	47	46	49	29
39	55	50	48	52	31
41	58	53	50	55	33
43	61	55	53	57	34
45	63	58	55	60	36
47	66	60	58	63	37
49	69	63	60	65	39
51	72	65	63	68	41
53	75	68	65	71	42
55	78	71	68	73	44
57	81	73	70	76	46
59	84	76	73	79	48

* Del U. S. Department of Agriculture Bulletin no 183.

TABLA 13-6.
Composición aproximada en tanto por ciento y contenido calórico de distintos cortes no esqueléticos de vacunos de diversas categorías USDA*.

Categoría de la canal	Porcentajes				
	Proteína	Humedad	Grasa	Cenizas	Calorías/ 100 gramos
Extra («Prime»)	13,6	44,8	41,0	0,6	428
Primera («Choice»)	14,9	49,4	35,0	0,7	379
Segunda («Good»)	16,5	54,7	28,0	0,8	323
Tercera («Standard»)	18,0	60,1	21,0	0,9	266
Comercial («Commercial»)	15,8	52,4	31,0	0,8	347
Económica («Utility»)	18,6	62,5	18,0	0,9	242

* De U. S. Department of Agriculture, Home Economics Research Report No. 31.

el de iguales pesos de muchos otros alimentos. La cantidad de grasa visible, presente en la carne como veteado o jaspeado, constituye una indicación excelente de su valor calórico.

Mientras que la carne de vacuno, el pescado, la de óvidos, la de cerdo, la de aves y la de ternera difieren en las proporciones relativas de cada uno de los nutrientes, una ración de 100 g (pieza de tamaño normal de los menús planificados en instituciones) de carne cocinada, procedente de alguna de las especies antes citadas, proporciona, al hombre adulto como media, aproximadamente los siguientes nutrientes:

Un 10 % del aporte calórico recomendado diariamente;
Un 50 % del proteico;
Un 35 % del hierro (100 % si lo que se suministra es hígado);
Del 25-60 % del complejo vitamínico B (mayor porcentaje si lo que se sirve es carne de cerdo o hígado).

Diversos preparados cárnicos tienen cantidades de proteína y grasa ligeramente menores que las de la carne esquelética (tabla 13-2). De todos modos estos preparados son corrientemente fuentes de proteína y vitaminas más económicas que las piezas convencionales de carne. De otra parte, el hígado es de todos los alimentos corrientes la fuente más rica de hierro, vitamina A, niacina y riboflavina. Los nutrólogos recomiendan que el hígado se incluya regularmente en la dieta.

La carne procesada contiene, menos proteína y agua, y más grasa y minerales que las porciones de carne consumidas frescas; el porcentaje de minerales se incrementa por la adición de sal y condimentos (tabla 13-3). La carne procesada contiene también más calorías que la fresca a causa de la adición de cereales, harinas o leche descremada (carbohidratos y proteínas), y frecuentemente también tiene un mayor contenido graso.

Para utilizar adecuadamente los atributos nutritivos de la carne generalmente es necesario que el dietólogo, o quien planifique una comida, tenga en cuenta el costo de los cortes o piezas de carne y de los productos derivados disponibles. Puesto que los cortes de carne varían en su contenido en hueso y grasa, el número de comidas que con ellos se pueden preparar por kilogramo es también variable; en consecuencia, el precio del kilogramo no es una buena guía para establecer el costo del menú.

La tabla 13-4 señala el precio de los diversos cortes al detal de carne para proporcionar en el menú 84 g de carne magra cocinada, que cuestan precio distinto por kilogramo. Estos datos resaltan el hecho de que los cortes de carne de menor precio no constituyen siempre la fuente más barata de preparación de menús de un tamaño estandard. Comparaciones similares deben realizarse al comprar carne de pollo; pero en este caso debe considerarse la opción a comprar, o el animal completo, o sólo porciones de la canal.

La tabla 13-5 muestra los precios de las distintas partes de la canal de pollo en relación con los diversos precios de los animales completos.

El conocimiento de la composición de la canal completa es útil al consumidor que la compra para su congelación doméstica. La tabla 13-6, muestra la composición de las porciones no esqueléticas de canales bovinas de diversos grados. En estas cifras se incluye toda la musculatura y grasa de la canal.

BIBLIOGRAFÍA

Leverton, R. M. and G. V. Odell, "The Nutritive Value of Cooked Meat," Oklahoma Agr. Exp. Sta., Misc. Publ. MP-49 (Oklahoma State University, Stillwater), 1959.

Mann, G. V., "Saturated *vs* Unsaturated Fat Controversy," Proc. Meat Industry Research Conf., American Meat Institute Foundation, Chicago, Illinois, p. 73 (1972).

National Live Stock and Meat Board, *Lessons on Meat* (Chicago), 1966.

U.S. Department of Agriculture, *Composition of Foods*, Handbook 8, 1963.

U.S. Department of Agriculture, "Nutritive Value of Foods," Home and Garden Bulletin No. 72 (1960).

U.S. Department of Agriculture, "Proximate Composition of Beef from Carcass to Cooked Meat," Home Economics Research Report No. 31 (1965).

U.S. Department of Agriculture, "Your Money's Worth in Foods," Home and Garden Bulletin No. 183 (1970).

CAPÍTULO 14

Inspección de la carne

HISTORIA

Desde la época histórica más remota el hombre ha reconocido la importancia de una procedencia y tratamiento adecuados de su aporte cárnico; en interés de la Salud Pública las más remotas civilizaciones del área mediterránea regularon y supervisaron el sacrificio y manipulación de los animales de abasto. Por ejemplo, las leyes mosaicas señalaban qué animales eran aptos o perjudiciales para el consumo humano. Estas leyes (Levítico, 11, y Deuteronomio, 14) prohibían el consumo de cerdo y de muchos otros tipos de carne y todavía son cuidadosamente observadas por los judíos ortodoxos.

Escritores griegos y romanos, bien conocidos, incluidos Aristóteles, Hipócrates y Virgilio, observaron la similitud entre las enfermedades del hombre y de los animales. No obstante, la Iglesia Católica Romana medieval mostraba su disgusto frente a cualquier especulación sobre toda posible relación entre hombres y animales. En consecuencia, la inspección cárnica en la Europa medieval se realizó a menudo en oposición a la Iglesia y de una manera esporádica y superficial. Sin embargo, la inspección de la carne se practicó en Francia ya en 1162, en Inglaterra en 1319 y en Alemania en 1385.

La inspección de la carne en los Estados Unidos de Norteamérica se realizaba de una forma rutinaria antes de aprobarse el Acta de Inspección de la Carne en 1906 *(Meat Inspection Acta)*. En los primeros tiempos coloniales la producción y sacrificio del ganado en dicho país constituían una empresa meramente local. Los animales eran sacrificados por carniceros locales que los vendían a sus clientes, quienes generalmente identificaban el producto relacionándolo con el carnicero de quien procediera e incluso, en muchos casos, con el granjero que había criado el animal.

El carnicero local era, como regla general, un miembro prominente de su comumidad quien, en un intento de eliminar animales enfermos observaba generalmente con gran atención cada animal que debía sacrificarse; sin embargo, debido a sus desconocimiento para diagnosticar estados patológicos se procesó inevitablemente mucha carne no apta para el consumo. Más tarde, a medida que aumentaba la población y se desarrollaban sistemas de transporte, la industria ganadera y cárnica se expandieron, pasando de ser una empresa local a constituir empresas nacionales. Cada vez se sacrificaba mayor número de animales por un pequeño número de grandes mataderos y cada vez eran menos los animales sacrificados por el carnicero local. Con la concentración de los mercados ganaderos y de los mataderos en localidades centrales surgió la necesidad de mejorar los procedimientos de Sanidad e Inspección para salvaguardar al consumidor de la carne y de los productos cárnicos no aptos. En los primeros años de la década que se inició en 1880 la prensa atrajo la atención pública hacia el problema de la calidad y pureza de los productos que se vendían. La carne fue uno de los productos más sospechosos y consecuentemente se prestó una gran atención a la creciente industria elaboradora de carne. Los periódicos de Chicago acusaron de falta de condiciones sanitarias a la industria elaboradora de carne, y de que se sacrificaban animales enfermos para el consumo humano. Estos artículos afectaron adversamente a las exportaciones de este alimento y crearon en el público sospechas crecientes frente a elaboradores y frente a los productos que fabricaban. Los fabricantes y empaquetadores de productos cárnicos de Chicago se vieron obligados a actuar y en un esfuerzo para corregir la deplorable situación existente se dispusieron a colaborar con las autoridades sanitarias para crear un mejor sistema de inspección que permitiera detectar los animales enfermos; no obstante, este sistema mejorado no corrigió enteramente la situación existente.

En 1890, como respuesta a la creciente demanda de acción legal, el Congreso estadounidense aprobó una ley que exigía la inspección de la carne «en la pieza», pero solamente cuando se pretendiese exportarla. Ni que decir tiene que este paso del Congreso se dio más para ayudar al comercio de exportación que para proteger al pueblo americano. Las normas de esta ley permitieron una inspección que había de terminar señalando el carácter y forma en que debían prepararse productos, como el bacon y la carne de cerdo salada, y en qué estado deberían encontrarse en el momento del embarque. Puesto que la ley no obligaba a la inspección de los animales, en el momento de su sacrificio no se detectaban los animales enfermos; en consecuencia, los gobiernos extranjeros rehusaron levantar la prohibición que tenían frente a la carne de cerdo americana, debido a que creyeron insuficiente la inspección exigida por la ley citada.

En 1891 el Congreso aprobó otra ley que ampliaba el sistema de inspección. Esta ley establecía que el Secretario de Agricultura debía establecer un sistema de inspección, previo al sacrificio de todos los bóvidos, cerdos y ovejas que hubieran de destinarse al comercio interestatal. El éxito de esta ley llevó a la ampliación ulterior del sistema de inspección al aprobarse una enmienda de la ley en 1895. De acuerdo con ella el Secretario de Agricultura tenía poder para establecer las normas y previsiones que creyese necesarias para evitar el transporte de un Estado o territorio a otro, o a cualquier país, extranjero, de las canales decomisadas de vacunos, cerdos y ovejas. Sin embargo, estas leyes y su aplicación no satisficieron las demandas del pueblo americano que pedía un buen sistema de inspección nacional. No se había contemplado el control sanitario del entorno, en el que los animales se sacrificaban y sus carnes se procesaban. La prensa llamaba continuamente la atención pública sobre las condiciones antihigiénicas en que operaban las plantas cárnicas. El libro «The *Jungle*» («La jungla»), de Upton Sinclair, mostró las condiciones que se daban en esta industria e hizo surgir un malestar público frente a la misma. Estos artículos llevaron al secretario de Agricultura y al presidente a nombrar unos comités que investigasen las condiciones de la industria cárnica del área de Chicago. Un mensaje del presidente Teodoro Roosevelt al Congreso, titulado «Condiciones de los establos de Chicago» determinó la propuesta de aprobación del Acta de Inspección de Carne del 30 de junio de 1906, que se aplicó no solamente a la inspección antes del sacrificio del ganado vacuno, de cerda, lanar y cabrío, y a sus canales tras la carnización, sino también a la carne y a los productos cárnicos durante todas sus fases; también se aplicó al entorno y dependencias en que se sacrificaba el ganado y se procesaba la carne. El Acta de la Carne de Caballo de 1919 amplió las normas del Acta de Inspección de Carne al sacrificio de caballos y al procesado de los productos de esta carne.

La inspección de las aves no la cubría el Acta de Inspección de Carne de 1906. Hasta bastante recientemente la mayoría de las aves compradas por el consumidor, o lo eran vivas, o «procesadas» al estilo de Nueva York (solamente desangradas y desplumadas). El ama de casa evisceraba y preparaba las aves, determinando si su carne podía consumirse. En los años 1920, al desarrollarse la industria de procesado de las aves, la necesidad de una legislación que cubriese la inspección de esta carne se hizo muy manifiesta. En 1926 se estableció un programa voluntario de inspección de la carne de aves, basado en un acuerdo entre el Departamento de Agricultura de Estados Unidos, la Comisión de la Asociación de Aves Vivas de Nueva York y la Cámara de Comercio de Aves Vivas del Gran Nueva York. La inspección voluntaria fue subvencionada por los mataderos y plantas elaboradoras de las aves. Posteriormente otras ciudades aprobaron ordenanzas que exigían la inspección de las aves y de sus productos que llegaban a las mismas.

El presidente Eisenhower firmó en 1957 el Acta de Inspección de Productos de las Aves; las normas de esta ley eran similares a las contenidas en el Acta de Inspección de Carne de 1906. En 1968 este Acta fue enmendada por el Acta de Productos de las Aves Aptas para el Consumo. Esta enmienda exige la inspección de las aves y de sus productos por el Departamento de Agricultura de los Estados Unidos.

El Acta de Sacrificio Humanitario de 1958 exigía que todos los establecimientos que deseasen vender productos cárnicos a las agencias federales deberían sacrificar los animales de forma humanitaria, como describía la Secretaría de Agricultura. Sin embargo, un matadero sometido a inspección puede continuar sacrificando los animales de una forma no descrita como humanitaria por la Secretaría de Agricultura. La única sanción por no cumplir los métodos de sacrificio humanitarios recomendados es la eliminación del matadero de una lista de aquellos que pueden ser elegidos para vender sus productos a agencias gubernamentales tales como el Ejército, la Marina y la Administración de veteranos, entre otros. Los sistemas aprobados de inmovilización animal, previos al degüello, incluyen los métodos químicos, mecánicos y eléctrico. El someter los animales al dióxido de carbono, de forma tal que se consiga su anestesia con un mínimo de excitación y malestar, constituye el método químico aprobado. El empleo de pistolas de bala cautiva, de aire comprimido y armas de fuego, son ejemplo de métodos mecánicos. Como método eléctrico aprobado debe citarse la aplicación de corriente eléctrica para producir anestesia quirúrgica. Se exceptúa de las exigencias de este Acta los animales sacrificados mediante el rito «Kosher».

El Acta de Inspección de Carne de 1906 y la de Inspección de Productos de las Aves de 1907 solamente se aplicaban a los animales sacrificados y a los productos de los mismos que se procesaban para el comercio interestatal y extranjero, pero no para el comercio intraestatal. Los mataderos y fabricantes pequeños, que solamente realizaban un comercio local, no estaban obligados a cumplir las exigencias de las actas citadas; únicamente debían cumplir las leyes municipales o estatales, a menudo faltas de uniformidad y poco efectivas. Para mejorar esta situación el Acta de Carne Apta fue aprobada por el Congreso y convertida en ley por la firma del presidente Johnson, el 15 de diciembre de 1967. Esta ley proporcionaba un programa cooperativo estatal-federal, según el cual todos los mataderos y plantas elaboradoras intraestatales deberían estar bajo la supervisión estatal. El Acta da normas para conseguir asistencia federal en materia financiera, técnica y laboratorial para establecer programas de inspección de carne estatales equivalentes a los exigidos por las normas federales. A los distintos estados se les concedieron dos años para que sus programas de inspección de carne se ajustasen a estas normas. Algunos estados no lo llevaron a cabo y el Gobierno Federal controla todos sus servicios de inspección de carne.

Cuando se aprobó el Acta de la Carne de 1906, sus normas y las del Acta de Inspección Federal de Carne de 1906, junto con sus enmiendas, se fundieron en el Acta Federal de Inspección de Carne. De acuerdo con las normas actuales la inspección *ante mortem* es actualmente obligatoria para todo el ganado vacuno, lanar, de cerda, cabrío, caballar, mular y demás equinos. De acuerdo con las normas del Acta de 1906 la inspección *ante mortem* no era obligatoria, sino que se dejaba a la discreción de la Secretaría de Agricultura el exigir una inspección previa al sacrificio de todo el ganado vacuno, lanar, de cerda y cabrío.

Aplicación y cumplimiento de las leyes de inspección

La secretaría del Departamento de Agricultura de los EE.UU. es la responsable del cumplimiento de las leyes federales de inspección de carne y también está autorizada para promulgar normas, para hacer cumplir estas leyes y para comprobar la efectividad de su aplicación. El programa de inspección federal, tal y como lo practica el Servicio Sanitario de Inspección Animal y de Fábricas consiste en: (1) el examen de los animales y de sus canales en el matadero; (2) la inspección de todas las fases de preparación de la carne y de todos los productos cárnicos, para asegurar la higiene durante su manipulación y la del equipo, edificios y suelos; (3) la destrucción de los productos decomisados para evitar su consumo por el hombre; (4) el examen de todos los ingredientes empleados en la preparación de productos alimenticios cárnicos para asegurar su aptitud como alimento; (5) la prescripción y aplicación de normas de identificación de los productos cárnicos inspeccionados; (6) el cumplimiento de las medidas que aseguren un etiquetado informativo; (7) la prohibición del empleo de etiquetas falsas o confusas; (8) la inspección de la carne y de los productos cárnicos extranjeros que se vayan a importar y (9) la administración de un sistema de certificaciones que asegure la aceptación de la carne y productos cárnicos domésticos en el comercio extranjero.

Los gobiernos federal y estatal contratan, pagan y asignan a los inspectores de carne. El costo del programa de inspección de carne le supone al Gobierno Federal aproximadamente unos 50 centavos de dólar por persona y día. Al fabricante solamente se le exige que compense al Gobierno por el costo de la inspección.

Inspectores de carne. — El personal de la inspección federal se clasifica en tres grupos: inspectores de alimentos, inspectores de laboratorio y oficiales veterinarios. Los inspectores de alimentos son personas experimentadas, sin título académico, que asisten en las inspecciones *ante mortem* y *post mortem* y que informan a los veterinarios oficiales que son titulados superiores. Estos están a cargo de la inspección, cualquiera que sea el matadero en que se lleve a cabo. Los inspectores de laboratorio son

Figura 14-1. Sello de la inspección Federal, similar a los empleados en las piezas grandes de carne fresca inspeccionadas.

Figura 14-2. Sello de la inspección Federal similar a los utilizados en los productos cárnicos inspeccionados.

personas preparadas técnicamente en el examen bacteriológico y químico de la carne y de los productos cárnicos. Todos los empleados fijos que trabajan en la inspección federal de la carne son funcionarios del Estado.

Identificación de los productos inspeccionados. — La presencia en las piezas grandes de carne (figura 14-1) o en los productos cárnicos (figura 14-2) de sellos de la inspección cárnica federal o estatal asegura a los consumidores que el producto era completamente apto para el consumo cuando se despachó en la planta en que fue inspeccionado. Existen normas legales completas que controlan el empleo de las estampillas o sellos de inspección. El sello circular que lleva inscrita la leyenda «U.S. INSP'D P'S'd», debe llevar también un número para la identificación del establecimiento oficial. Por ejemplo, el número 38 está reservado por motivos aclaratorios, para el propio Departamento de Agricultura de los EE.UU. Cada planta sometida a inspección federal tiene un número distinto. En algunos casos aparecen letras, además del número, que indican un establecimiento determinado dentro de una planta multioperacional. La Administración de Alimentos y Medicamentos (*F. D. A.*) ha aprobado las tintas especiales que deben emplearse al aplicar los sellos a la carne fresca.

La carne importada a los EE.UU. de países extranjeros está sometida a los mismos controles que la carne inspeccionada federalmente. Al país que desee exportar carne a los EE.UU. se le exige que disponga de un sistema de inspección aceptado como equivalente al establecido en los EE.UU. y se le pide que sus certificados sean admitidos por el servicio de Inspección Sanitaria de Animales y Mataderos. A continuación se investigan los mataderos y fábricas extranjeros aprobados, para determinar si el programa de inspección del país extranjero es comparable al establecido en los EE.UU. Si la inspección extranjera es satisfactoria se establecen acuerdos para proporcionar un sistema de certificación mediante el que los envíos de carne a su llegada al puerto de entrada de los EE.UU. puedan identificarse en cuanto a su inspección en origen se refiere. Si una vez inspeccionada por el Servicio de Inspección Sanitaria de Animales y Mataderos se encuentra que la carne es apta para el consumo, libre de adulteración y ade-

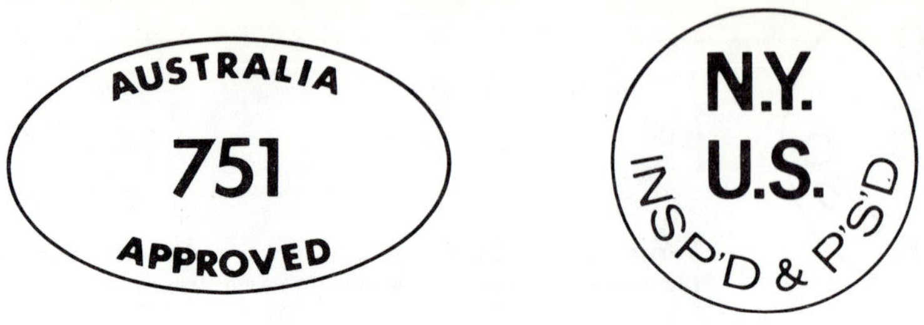

Figura 14-3. Las carnes importadas llevan el sello de la inspección del país que exporta el producto y el de los EE.UU. El último incluye también el nombre del puerto de entrada.

cuadamente etiquetada, se estampilla (figura 14-3), se permite su entrada en territorio de los EE.UU. y puede circular líbremente para el comercio interestatal.

La carne que exporta los EE.UU. lleva un certificado de inspección reconocido en los países extranjeros. Ningún embarque de carne para país extranjero alguno se permite que deje los EE.UU. salvo que la carne pueda identificarse por los sellos de exportación o por un certificado de exportación que indiquen que se preparó bajo la supervisión del Servicio de Inspección Sanitaria de Animales y Mataderos.

Exigencias para otorgar un servicio de inspección

El propietario o gerente de cualquier planta de procesado cárnico que intente dedicarse al comercio interestatal o extranjero de la carne o proporcionarla a las agencias federales debe enviar al Departamento de Agricultura de los EE.UU. información detallada relativa a la naturaleza y al volumen de la operación comercial propuesta. Después, a la vista de ello, se le informará si el plan propuesto necesita o puede disponer de inspección federal; si así ocurre se le proporciona un impreso oficial de solicitud. Junto con su solicitud el propietario o administrador debe proporcionar planos detallados de la planta o matadero propuesto. La solicitud puede acompañarse de dibujos que muestren el tipo de construcción de la planta, la disposición de todo el equipo esencial y la localización del establecimiento. Entre las exigencias federales para conceder la inspección se incluyen un aporte abundante de agua potable, un sistema de eliminación de residuos legalmente aprobado, luz natural o artificial adecuada, ventilación conveniente, refrigeración suficiente y abundante aporte de agua caliente a presión con fines de limpieza. Si se cumplen todas estas condiciones se le asignan inspectores al matadero y se aplica el sistema de inspección de acuerdo con las normas legales. La inspección cárnica federal solamente se realiza en establecimientos que cumplen las normas sanitarias y que están equipados de forma tal que aseguren la higiene durante la manipulación y almacenamiento de la carne y de los productos cárnicos. Si un matadero o planta no cumple estas normas, se retira la inspección y no se le permite vender carne.

Todo cambio de estructura o equipo, o la ampliación de cualquier planta o matadero sometido a inspección federal, debe estar de acuerdo con las normas federales y haber sido aprobado por el Departamento fr Agricultura de los EE.UU. Los estados que han establecido un programa cooperativo de inspección de carne de

Figura 14-4. Un sello de la inspección Federal semejante a los usados en la carne de caballo fresca ya inspeccionada y una etiqueta similar a las empleadas en los productos cárnicos de caballo inspeccionados.

acuerdo con el Acta de Carne Sana de 1967 para que se les adjudique el servicio de inspección deben cumplir unas exigencias y procedimientos similares a los del sistema federal.

Las normas del Departamento de Agricultura de los EE.UU. exigen que el sacrificio de caballos y el procesado de los productos de su carne se lleve a cabo en una planta separada de aquéllas en las que se procesa la carne de otros animales. La carne o cualquier producto alimenticio elaborado a base de la misma debe etiquetarse, marcarse, o sellarse, simple y claramente con la palabra «carne de caballo» *(Horse Meat Products).* Para estampillar la carne de caballo se utiliza un sello hexagonal impregnado en tinta verde (fig. 14-4); las etiquetas para la carne de caballo deben imprimirse con tinta negra en papel verde suave.

Las normas del Departamento de Agricultura de los EE.UU. exigen también que las aves se sacrifiquen y elaboren en establecimientos separados de los empleados para otros animales.

Elementos de inspección

Las distintas partes de la inspección son en esencia las siguientes: locales sanitarios, inspección *antemortem* y *postmortem,* control y almacenamiento del material decomisado, inspección del producto terminado, laboratorio de inspección e identificación y etiquetado. Aunque el estudio que sigue de estas partes, tan esenciales para la inspección cárnica se refiere al examen del ganado vacuno, lanar, de cerda y cabrío, las mismas exigencias se requieren para las aves y equinos.

Sanidad. — La inspección se lleva a cabo únicamente en establecimientos que cumplen las exigencias legales de sanidad y que poseen las facilidades que necesitan los inspectores y el proceso de inspección. La obligatoriedad y exigencias de las normas sanitarias comienzan en los establos de reposo animal y se extienden a todas las operaciones subsiguientes. Se presta atención a todo detalle del entorno en el que se sacrifican los animales y se manipulan sus carnes, incluidos los aspectos estructurales de las naves, el aporte de agua, todo el utillaje empleado para procesar y manipular el producto comestible, los servicios higiénicos personales, la eliminación de efluentes y las zonas de descanso y roperos del personal.

Figura 14-5. Antes de la matanza todos los animales son observados por los inspectores.

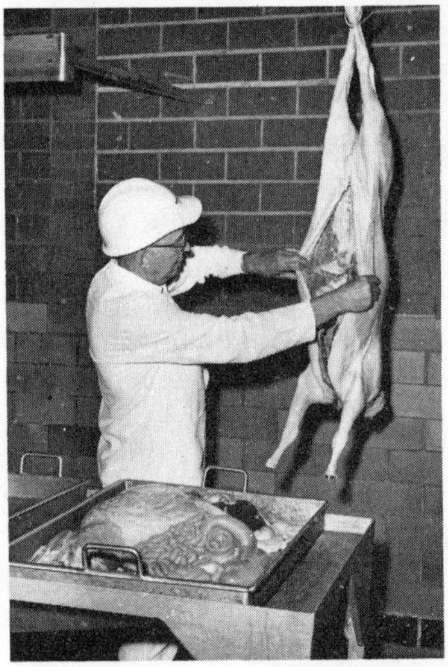

Figura 14-6. Todas las partes de la canal son cuidadosamente inspeccionadas por un inspector.

A ningún establecimiento ni departamento, en el que se manipulen o preparen productos cárnicos, se le permite contratar personal alguno que padezca una enfermedad zoonósica tal como la tuberculosis.

Cuando el inspector llegue a la conclusión de que alguna parte del equipo, utillaje, habitación o compartimento de algún establecimiento está sucio, o no cumple las condiciones sanitarias exigidas, se le aplica una etiqueta con la leyenda *«U. S. Rejected»* («Rechazado, EE.UU.»). Ningún equipo, utillaje, habitación o compartimento, marcado como queda dicho, podrá utilizarse de nuevo hasta que no se hayan subsanado las deficiencias encontradas. El no mantener las condiciones higiénicas exigidas legalmente, lleva anejo el cese inmediato de las actividades de sacrificio y procesado que desarrolle el establecimiento en cuestión.

Inspección ante-mortem. — Todos los vacunos, ovinos, cerdos, cabras, aves y équidos se examinan e inspeccionan antes de su sacrificio, para eliminar los que no son aptos para la preparación de productos alimenticios. Esta inspección se realiza el mismo día del sacrificio (fig. 14-5).

Los animales en los que se aprecian claramente síntomas de una enfermedad que acarrea en la inspección post-mortal el decomiso total de su carne, se marcan con la leyenda *«Decomisado EE.UU.»* y se sacrifican en el «matadero sanitario», destinándose a la elaboración de productos industriales no comestibles, de acuerdo con las normas establecidas para las canales decomisadas. Entre estos animales se incluyen los que están en período pre-agónico y los que presentan síntomas de alguna de las enfermedades siguientes: rabia, tétanos, peste porcina, anaplasmosis, paresia puerperal y fiebre carbuncosa. Estos animales no pueden llevarse a ningún otro establecimiento para ser sacrificados y preparados para el consumo, ni a zonas o secciones del establecimiento en las que se manipulen productos comestibles. Los animales en los que no se aprecien claramente síntomas de las enfermedades citadas, pero en los que se observe o sospeche de la existencia de una enfermedad o condición que en el examen post-mortal determine el decomiso total o parcial de la canal se marcan como *«U. S. Suspect»* (Sospechoso EE.UU.»). Durante todo su proceso de carnización se mantiene su identidad hasta que se realiza la inspección post-mortal final.

Inspección Post-mortal. — Simultáneamente con las operaciones de desuello y evisceración se lleva a cabo un examen e inspección cuidadosos (fig. 14-6). La inspección postmortal se practica bajo la supervisión de un veterinario estatal. Los inspectores se sitúan en lugares clave, a lo largo de la línea de trabajo, de forma tal que puedan inspeccionarse a la vez la canal, la cabeza y las vísceras de cada animal. Reciben una atención preferente los pulmones, hígado, ganglios linfáticos, bazo y corazón, debido a que en estos órganos se localizan fácilmente las lesiones patológicas. Durante todas las fases de carnización se mantiene cuidadosamente la identidad de todas las partes del mismo animal, bien mediante el empleo de etiquetas numeradas por duplicado, bien sincronizando el movimiento de las cadenas y cintas transportadoras de las canales y vísceras correspondientes.

Cuando un inspector observa una lesión (u otra condición) en alguna canal, víscera o porción separada de aquélla que la convierten en no apta para fines alimenticios y que exigirá, por lo tanto, una inspección ulterior, retiene tanto la canal como sus distintas partes y vísceras, y las marcas con etiquetas que dicen *«U. S. Retained»* (Retenida EE.UU.»), separándolas de la línea de carnización. Se aislan del resto de las canales hasta que un veterinario lleva a cabo una cuidadosa inspección final. A veces, antes de llegar a una decisión final, se necesita un examen de laboratorio. Si se encuentra con que la canal o parte de la misma no es apta para el consumo humano, el veterinario sella abundantemente la superficie con la leyenda *«U.S. Inspected and Condemned»* («Inspeccionada y decomisada EE.UU.»). Si se llega a la conclusión de que es apta para el consumo humano, el inspector la introduce de nuevo en la línea de producción y la marca con *«U.S. Inspected and Passed»* («Inspeccionada y Apta EE.UU.»). En aquellos casos en que la lesión o condición es localizada el inspector sólo decomisa o condena la porción afectada y el resto de la canal se declara apto para el consumo. Las partes traumatizadas se separan («espurgan») de la canal cuyo consumo se permite, siempre que la zona traumatizada no sea muy grande.

Control y restricción del material decomisado. — Cuando una canal, parte de la misma, o un órgano se decomisan deben marcarse claramente con la leyenda *«U.S.*

Figura 14-7. La inspección se lleva a cabo en todas las fases del procesado para asegurar al consumidor que el producto ha sido elaborado de acuerdo con las normas aprobadas por el Departamento de Agricultura de los EE.UU.

Inspected and Condemned». Todo el material decomisado permanece bajo la custodia de un inspector hasta que finalmente se elimina mediante un método legalmente aprobado. El más corrientemente utilizado es la fusión a temperaturas y tiempos de esterilización. El material decomisado se somete a la acción del calor a temperaturas lo suficientemente altas para destruir cualquier microorganismo productor de enfermedad y a la vez para hacer la carne no apta para el consumo humano. Los productos obtenidos mediante este tratamiento sólo se utilizan con fines no alimenticios. Los tanques y demás utillaje usado en la fusión, preparación o almacenamiento de los productos no comestibles deben estar en salas o secciones separadas de las empleadas para la elaboración, preparación o almacenamiento de productos comestibles.

Inspección de Productos. — Todas las fases de preparación de productos cárnicos están sometidas a una continua y cuidadosa observación por parte de los inspectores (fig. 14-7). Entre tales productos citaremos embutidos, productos cárnicos enlatados carnes curadas y ahumadas y grasas comestibles. Se inspeccionan cuidadosamente todos los detalles de los procesos de elaboración para tener la seguridad de que la fabricación se realiza de acuerdo con las normas legalmente aprobadas.

Todas las fórmulas que van a utilizarse para la elaboración de productos cárnicos deben someterse a la consideración y aprobación del *U.S. Department of Agriculture* (Departamento de Agricultura de los EE.UU.). En los productos cárnicos sólo se permite el empleo de ingredientes legalmente aprobados. Las disposiciones legales también regulan las cantidades permitidas de ciertos ingredientes y los procedimientos de elaboración empleados en su fabricación. El fabricante, lo mismo que el inspector, debe estar totalmente familiarizado y ajustarse a las normas legales que regulan la elaboración, almacenamiento y procesado de los productos cárnicos. Esta supervisión evitará la adulteración, contaminación y falsificación de los productos cárnicos antes de que lleguen a los canales de distribución al consumidor.

También se llevan a cabo reinspecciones en operaciones tales como cortado, deshuesado, triturado, curado, ahumado, fusión, enlatado, fabricación de embutidos, envasado, manipulación y almacenamiento de la carne. Todos los productos, tanto frescos como curados o preparados de otro modo, incluso cuando han sido previamente inspeccionados y declarados aptos para el consumo, se reinspeccionarán tantas veces como sea necesario para determinar si todavía siguen siendo comestibles e inocuos en el momento en que dejan el lugar en el que se realiza la inspección (conocido en las normas como *establecimiento oficial).* Si el producto en cuestión se ve al reinspeccionarlo que no es apto para el consumo, se elimina la marca de inspección original o se destruye y el producto se decomisa.

Todo producto cárnico llevado a un establecimiento oficial ha tenido que ser previamente inspeccionado por un inspector de carnes y debe llevar la obligada marca o etiqueta de inspección. Al entrar en un establecimiento oficial los productos cárnicos se identifican y reinspeccionan. Si en esta reinspección se aprecia que el producto es insalubre o no apto para el consumo humano, se elimina o destruye la estampilla o etiqueta de la inspección en origen y el producto se decomisa.

Si los inspectores del Departamento de Agricultura de los EE.UU. encuentran productos no aptos para el consumo humano que llevan marcas de inspección fuera de un establecimiento oficial, tienen autoridad para decomisarlos basados en la *Wholesome Meat Act* de 1967 (Acta de la Carne Sana de 1967). De acuerdo con el Acta de alimentos puros, medicamentos y cosméticos de 1906 *(Pure Food, Drug and Cosmetic Act of 1906),* los funcionarios de la Administración de alimentos y medicamentos *(F.D.A.)* también tienen autoridad para decomisar alimentos que sean insalubres y no aptos para el consumo humano en carnicerías y establecimientos de venta al detal.

Inspección de Laboratorio. — El Departamento de Agricultura de los EE.UU. dispone de diversos laboratorios de inspección regionales que están equipados para llevar a cabo determinaciones químicas, microbiológicas y otros análisis técnicos. En estos laboratorios se analizan muestras de los ingredientes empleados en la elaboración o procesado de productos cárnicos. Del mismo modo los inspectores someten al análisis de estos laboratorios la muestra de los productos terminados para establecer si se ajustan a las normas legales específicas que regulan su fabricación. También se analizan en estos laboratorios los productos o tejidos sospechosos de contener ingredientes no autorizados o residuos de medicamentos. Los laboratorios de patología del Departamento de Agricultura de los EE.UU., también ayudan al diagnóstico de los tejidos enfermos o anormales que les envían los inspectores.

Marcado y etiquetado de productos. — Las marcas y etiquetas que se aplican a las canales, piezas de carne, carnes procesadas, subproductos cárnicos comestibles y envases de los productos cárnicos, las controla el Departamento de Agricultura de

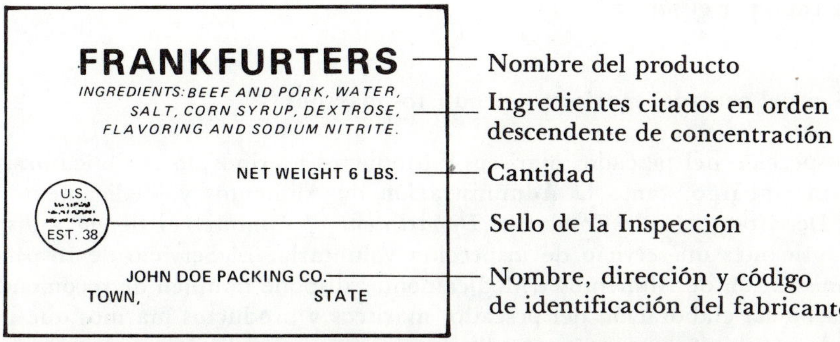

Figura 14-8. Ejemplo de etiqueta aprobada por el Departamento de Agricultura de los EE.UU.

los EE.UU. La leyenda de la inspección se les aplica bajo la supervisión de un inspector de carnes. Ningún producto comestible puede sacarse legalmente de un establecimiento oficial sin haber sido marcado o etiquetado de acuerdo con las normas legales.

En la etiqueta de los productos cárnicos preparados debe aparecer la leyenda de la inspección. Además de esta leyenda debe contener el nombre corriente o usual del producto, el nombre y dirección del fabricante o distribuidor y una relación correcta de los ingredientes empleados, citados en orden decreciente de su cantidad en el producto (fig. 14-8). Solamente las fábricas sometidas a inspección pueden utilizar las etiquetas y marcas previamente aprobadas por el Departamento de Agricultura de los EE.UU. Todo dibujo que forme parte de la etiqueta debe representar correctamente al producto y no dar ninguna falsa impresión acerca de su origen o calidad. La etiqueta de los productos debe indicar a los consumidores exactamente lo que están comprando. Todos los productos cárnicos procedentes de establecimientos inspeccionados estatalmente deben llevar también las etiquetas que legalmente les corresponda. Las exigencias de etiquetado son esencialmente las mismas que las de los establecimientos de inspección federal, con la salvedad de que la leyenda de las etiquetas de inspección estatal se substituye por la de las de inspección federal.

INSPECCIÓN KOSHER

Además de la inspección estatal o federal existe otra forma de inspección religiosa. El vocablo *kosher,* de raíz hebrea, significa «debidamente preparado» y aplicado a la carne quiere decir que este producto cumple las normas de las leyes Mosáica y Talmúdica.

El sacrificio *«kosher»* se realiza de acuerdo con las normas rabínicas, bajo supervisión de representantes autorizados de la religión judaica. El degüello, la inspección y la eliminación de ciertos órganos la realiza corrientemente el *«shohet»,* un estudioso de las leyes dietéticas, especialmente preparado, que hace también de matarife. Si la canal y sus partes superan la inspección se marcan en hebreo con la fecha del sacrificio y el nombre del *shohet* o rabino que lo realizó.

La inspeción *kosher* no cumple completamente las exigencias de las normas federales de inspección de carnes; en aquellos establecimientos sujetos a inspección estatal o federal, los inspectores federales o estatales realizan otra inspección, además de la llevada a cabo por el *shoset.*

Inspección del pescado, mariscos y productos marinos

La inspección del pescado, mariscos y productos marinos no es obligatoria actualmente; sin embargo, tanto la Administración de Alimentos y Medicamentos (FDA) como el Departamento de Comercio *(Department of Commerce)* tienen a disposición de los fabricantes un servicio de inspección voluntaria. El Servicio de Inspección de la Administración de Alimentos y Medicamentos dispone también de recomendaciones para una buena elaboración del pescado, mariscos y productos marinos que la industria puede emplear como guías de procesado para cumplir las exigencias sanitarias del Acta Federal de Alimentos, Medicamentos y Cosméticos *(FFDCA).*

El Departamento de Comercio puede proporcionar un servicio de inspección a las plantas elaboradoras de productos del mar, a petición de éstas y a cargo de las mismas. Tal servicio se proporciona voluntariamente a las fábricas que disponen de utillaje y condiciones adecuadas para realizarlo. Existen varias normas que regulan las clasificaciones y categorizaciones del pescado, mariscos y productos marinos. El Departamento de Comercio proporciona una inspección que asegure que se cumplen las normas de calidad y las categorizaciones aprobadas. Los productos de este tipo, elaborados en fábricas que trabajan bajo un programa de inspección continuo, se etiquetan con marcas de inspección oficiales del Departamento de Comercio.

En general en los EE.UU. existe una creciente preocupación por mejorar la legislación aplicable al pescado y a los productos derivados de la pesca. La idea más generalizada es que debiera exigirse la inspección obligatoria de estos productos, mediante una ley de naturaleza similar a la que se aplica actualmente a la carne y a sus productos tanto nacionales como procedentes del extranjero.

BIBLIOGRAFÍA

Brandly, P. J., G. Migaki and K. E. Taylor, *Meat Hygiene* (Lea and Febiger, Philadelphia), 1966.

Collions, F. V., *Meat Inspection* (Rigby Limited, Adelaide), 1966.

"Meat Inspection Regulations," Federal Register, Washington, D.C., Vol. 35, No. 193 (1970).

Levi, S. B. and S. R. Kaplan, *Guide for the Jewish Homemaker* Schocken Books, New York (1964).

Thornton, Horace, *Textbook of Meat Inspection* (Bailliere, Tindall and Cassel, London), 1968.

"U.S. Inspected Meat Packing Plants. A Guide to Construction, Equipment and Layout," U.S. Government Printing Office, Washington, D.C., Agriculture Handbook, No. 191 (1969).

CAPITULO 15

Categorización y normalización de la carne

DEFINICIÓN Y FINES DE LA CATEGORIZACIÓN*

La categorización y normalización de las carnes constituye un procedimiento mediante el que las canales, la carne y los productos cárnicos se seleccionan basándose en su rendimiento, en lo apetitosos que se espera que resulten y en otros detalles económicamente importantes. La categorización permite reunir los productos en grupos normalizados de características comunes, tales como aspecto, propiedades físicas y partes comestibles; por ejemplo la categorización de las canales sirve para distribuir las de una misma especie animal en grupos, cada uno de los cuales posee características singulares que determinarán, en gran parte, su procesado posterior y la forma del producto cárnico terminado. Cada categoría presenta un nivel mínimo de las características que sirven de base para la clasificación. Cada categoría permite también un cierto grado de variabilidad por encima de las características mínimas. Los fines perseguidos con la categorización son facilitar la venta y el mercado mediante la normalización de sus productos y la identificación de aquellas características que busca el consumidor en los productos.

Tipos de categorías

CATEGORIAS (O GRADOS) FEDERALES. — El Servicio Federal de Categorización de Carnes *(The Federal Meat Grading Service)* se creó mediante un acta del Congreso (estadounidense) el 10 de febrero de 1925. Como responsable de este servicio se designó al Negociado de Economía Agraria *(The Bureau of Agricultural Economics)*. Muy pronto se publicaron normas para la categorización de las canales vacunas, comenzándose en mayo de 1927 la categorización oficial de dichas canales. Sin embargo, ya en 1916 se habían hecho propuestas de posibles normas estadounidense para la categorización de canales de vacuno que constituyeron la base de la información nacional de los mercados de vacuno. Estos intentos de normalización de canales de vacuno también constituyeron la base de la primera categorización oficial que comenzó en 1927. En 1931 se publicaron por primera vez normas provisionales para la categorización de canales de cerdo que en 1933 se convirtieron en oficiales.

---

* A lo largo de este capítulo se utilizan continuamente las unidades USA, libra, pulgada y dólar. Rcordemos que 1 libra *(«pound»)* equivale a 454 g y 1 pulgada *(«inch»)* a 2,54 cm.

La categorización de ovejas y corderos se inició en 1931. Las normas y categorías de las aves se desarrollaron independientemente de las correspondientes a vacunos, cerdos y lanares y su administración se realizó en negociados distintos dentro del Departamento de Agricultura. Sin embargo el desarrollo histórico de la categorización de las aves va paralelo al de los sistemas de categorización de vacunos, cerdos y lanares. En 1927 se propusieron por primera vez categorías para la carne y canales de aves. Desde su establecimiento inicial las normas oficiales para la categorización de la carne de vacuno, cerdo, lanar y aves se han modificado periódicamente, tanto para mejorar los sistemas de categorización, como para cumplir sus objetivos más eficazmente. En 1946 el Acta de Marketing Agrario *(Agricultural Marketing Act)*, aprobada por el Congreso, nuevamente hacía hincapié y ampliaba las responsabilidades y medidas del Acta Federal de Categorización de Carnes de 1925 *(Federal Meat Grading Act)*.

Estas categorías federales para la carne se desarrollaron en respuesta a las demandas de los ganaderos de reformas de mercados. Hasta la última mitad del siglo diecinueve, tanto la producción ganadera como la industria cárnica estaban muy descentralizadas; los ganaderos criaban su ganado principalmente para atender a sus propias necesidades, pero también vendían parte del mismo a carniceros locales quienes a su vez, vendían la carne directamente a los consumidores. A continuación de su guerra civil, en los EE.UU. tuvo lugar una amplia reorganización económica que dio lugar a un complejo proceso de comercialización de todos los productos agrarios. Entre los factores que contribuyeron a esta reorganización económica se incluyen la transición de una agricultura de subsistencia a otra comercial, el traspaso de los procesos de elaboración de las granjas a las fábricas, el crecimiento de los mercados urbanos, el aumento y mejora de los transportes y la expansión del comercio, tanto nacional como internacional. Los ganaderos no comprendieron el papel de los distribuidores y fabricantes en el nuevo sistema comercial. La mayoría creían que estos grupos de intermediarios explotaban tanto a los productores como a los consumidores. Su primer esfuerzo para comprender el mercado y comercialización de los productos cárnicos fue la obtención de información sobre los precios del mercado cárnico para poder interpretar las condiciones del mercado. Por lo tanto, antes de que pudiera hacerse una información correcta del mercado se hizo necesaria una clasificación y terminología cárnicas. De ahí que las categorías normalizadas iniciales se elaborasen específicamente para establecer un servicio de información nacional de precios para los ganaderos.

Actualmente la categorización de la carne de vacuno, cerdos, lanares, aves y conejos cae bajo la jurisdicción del Servicio de Compra y Venta del Departamento de Agricultura de los EE.UU. *(Consumer and Marketing Service of the USDA)*. Los productos o canales que se categorizan deben prepararse bajo la supervisión de la inspección federal de carnes o de la correspondiente inspección estatal, es decir, su equivalente en normalizaciones. La categorización federal es un servicio completamente voluntario del que puede disponer, previa solicitud, cualquier compañía, fábrica o individuo con interés financiero en el producto. Contrariamente a la inspección federal de la carne, el coste de la categorización federal corre a cargo de la compañía o persona que la solicita. El precio por este servicio se basa en una serie de tarifas establecidas por el Servicio de Compra y Venta. Generalmente se dispone de dos tipos de servicios: (1) la categorización de la carne que se venderá en canales comerciales de acuerdo con su categoría y (2) el examen de la carne enviada a instituciones federales, estatales, provinciales o municipales que la compran mediante concurso, con el fin de asegurarse de que responde a las condiciones de categorización del concurso.

Existen dos tipos de categorías federales para la carne. *Categorías de calidad* que clasifican la carne basándose en la aceptabilidad de sus cortes y entre cuyos factores de categorización se incluyen la palatabilidad y la aceptabilidad de los productos cárnicos por parte de los consumidores y (2) *categorías de cantidad* (grados de rendimiento) con las que se pretende clasificar las canales atendiendo al rendimiento esperado de cortes para la venta al detal y que se establecieron inicialmente para canales de vacuno cerdos y lanares.

MARCAS. — Las marcas son graduaciones ideadas y aplicadas a la carne o productos cárnicos por la industria elaboradora, en la que incluimos las salas de despiece, fabricantes, distribuidores y vendedores.

Dado que la aparición de las normas de categorización federales no fue apoyada con demasiado entusiasmo por las industrias elaboradoras de productos cárnicos, los fabricantes instituyeron inmediatamente su propio sistema de marcado para las canales vacunas a continuación de iniciarse la categorización federal en 1927, especialmente los grandes fabricantes. Muchas compañías mantienen todavía su propio sistema de clasificación o marcado conservando sus únicas y singulares normas. No existía, ni todavía existe, uniformidad en las normas de clasificación de un producto dado empleadas por diversas compañías, como tampoco hay uniformidad en lo que concierne a nombres aplicados a las distintas categorías. Durante unos pocos años después de establecida la clasificación federal, el volumen de la carne categorizada federalmente era mucho menor que el de la que se marcaba en las propias fábricas. Desde entonces la situación ha cambiado de modo que la proporción de carne fresca marcada actualmente en las fábricas es mucho menor que la categorizada federalmente; son varios los factores que han determinado este cambio. La distribución al detal de la carne ha sido copada por grandes cadenas detallistas nacionales; en estas condiciones la uniformidad de las categorías federales son mucho más convenientes tanto para la adquisición de la carne como para la promoción de sus ventas. Durante la segunda Guerra Mundial así como durante la de Corea se instituyó una categorización federal temporal obligatoria.

Los mataderos pequeños y regionales prefieren utilizar la clasificación federal en vez de las marcas porque así compiten mejor con los nacionales.

En contraste con lo que sucede con las canales y carnes frescas, las marcas se emplean muchísimo en todo tipo de productos cárnicos procesados. En la figura 15-1 se aprecia el empleo de marcas en dos productos cárnicos: «bacón» y mortadela. Tales marcas o denominaciones se utilizan para señalar diferencias en ingredientes, costos de formulación, prestigio conferido al producto por el consumidor y precio de venta. Las marcas en general juegan un importante papel en la venta y promoción de los productos cárnicos procesados. Para los productos cárnicos procesados se han establecido muy pocas categorías que, por otra parte, raramente se utilizan.

VENTAJAS DE LAS MARCAS PARA LA INDUSTRIA CÁRNICA. — El fin perseguido con la aplicación de marcas y categorías a la carne es facilitar la venta y el comercio de los productos cárnicos. Todas las demás ventajas o fines que puedan citarse están relacionadas de una u otra forma con alguna fase de la comercialización de la carne, desde su iniciación en la granja hasta su final último con el consumidor.

Para el ganadero las categorías constituyen la base de la producción, alimentación, compra y venta de sus animales. Se han establecido clasificaciones para el ganado vivo

(A)

(B)

Figura 15-1. Marcas o nombres utilizados por un fabricante de productos cárnicos; (A) «Pionneer», «Chief» y «Mild Cure» para el bacon. (B) «Chief» y «All-Star» para lonchas de mortadela. (Cortesía de Emge Packing Co., Inc., Fort Branch, Indiana).

que pretenden corresponderse con las categorías federales de las canales. Los ganaderos pueden estimar, con bastante aproximación, la categoría de los animales que piensan producir, los precios que esperan pagar o recibir por tales animales y qué mercado (porción del público consumidor) comprará su producción. Las categorías proporcionan a mataderos, fabricantes y detallistas un medio de seleccionar animales, canales y carne en grupos mucho más uniformes en cuanto a clase, calidad y condición. La utilización de las categorías permite y facilita la fijación del precio durante la compra y venta de animales, canales y productos cárnicos. Para los consumidores la presencia de un sello o una marca de clasificación en un producto significa la seguridad de que el producto responde a una serie de normas aprobadas. De esta forma los consumidores pueden estar seguros de que el producto cumple ciertas normas que coinciden con algunas de las establecidas por ellos mismos. Esto permite una más fácil selección de aquellos productos que más satisfacen sus deseos.

Grados o categorías de calidad del Departamento de Agricultura de los EE.UU.

En la mayoría de los casos las categorías o grados de calidad de las distintas especies animales pretenden clasificar la carne atendiendo a sus condiciones de palatabilidad. Sin embargo otros factores que tienen ninguna o muy poca relación con la palatabilidad de la carne también se incluyen en mayor o menor extensión en todas las normas de clasificación de carnes. Estos factores adicionales se tienen en cuenta porque ejercen cierto efecto en la aceptabilidad del producto por los consumidores. Entre los mismos deben citarse la forma de las canales y cortes, la cantidad de carne magra y grasa de cubierta, su aspecto de conjunto y la presencia de defectos físicos. Las

Figura 15-2. Marcas de identificación empleadas para los distintos grados de carne del Departamento de Agricultura de los EE.UU. (A) Grados de rendimiento para vacuno, corderos y carneros; (B) grados de calidad para vacunos, corderos y carneros; (C) grados para las aves y (D) grados para canales de cerdo.

marcas de identificación que se colocan en las canales o envases para indicar los grados o categorías cualitativas del Departamento de Agricultura de los EE.UU., se muestran en la figura 15-2.

Factores utilizados para establecer los grados de calidad

GENERO Y CLASE. — Para la clasificación de la carne a cada especie animal se le denomina *género*. Cada género de carne se divide en *clases* que son muy similares en características físicas. El primer factor para establecer la clase de las canales es el sexo. Además para establecer la clase de las aves, la edad es muy importante y también se tiene en cuenta para señalar las clases en el ganado vacuno, en el de cerda y en el lanar.

MADUREZ. — En el sentido en que se utiliza en las normas de clasificación de la carne, el término *madurez* viene definido por la *edad fisiológica* del animal que produjo la canal. *Edad fisiológica* es un término que corresponde al grado de vejez observado en los tejidos animales. La madurez es uno de los indicadores más útiles de la palatabilidad de la carne. De todos los factores de categorización empleados la madurez es el que más íntimamente se relaciona con la blandura de la carne. En general la carne de un animal fisiológicamente maduro es menos tierna que la de un animal inmaduro. Tal diferencia refleja principalmente los cambios cualitativos que ocurren en el tejido conectivo (colágeno) de la musculatura del animal a medida que madura. Tales cambios se estudian en los capítulos 3 y 4.

En todas las especies las guías más valiosas para indicar el grado de madurez de la canal las constituyen el aspecto de huesos y cartílagos (fig. 15-3). En los animales jóvenes abunda el cartílago en la canal, especialmente los cartílagos epifisarios. A medida que el animal madura se *osifican* (se infiltran con sales óseas) estos cartílagos. Por lo tanto, durante el envejecimiento hay un cambio progresivo evidente de un cartílago blando a otro duro y a hueso. En las aves se evalúa la flexibilidad del cartílago del esternón. En las canales vacunas que se han seccionado en dos medias canales siguiendo la columna vertebral, se pueden evaluar los cartílagos situados en la porción distal de las apófisis espinosas de las vértebras dorsales y lumbares. La forma y color de las costillas varían durante la maduración de todas las especies animales y pueden evaluarse fácilmente en la canal. La presencia de «línea o surco articular» se utiliza para diferenciar las canales de cordero de las de oveja. La línea articular es el cartílago epifisario de la porción distal del metacarpiano, siendo en este punto en el que se separa la extremidad anterior (mano) de la canal, en el proceso de carnización. A medida que el animal envejece este cartílago se convierte en hueso y la mano no puede separarse en este punto. Puesto que en las ovejas y carneros la mano no puede separarse, según se ha dicho, a nivel de la línea o surco articular, hay que hacerlo en la porción articular movible o *canilla*. La presencia precisamente de articulación con canilla sirve de criterio para la clasificación como oveja o carnero.

La carne de los animales jóvenes (ternera por ejemplo) es de un color rojo muy ligero. A medida que el animal madura se acumulan en sus tejidos concentraciones mayores de mioglobina y adquieren un color rojo más oscuro. Por lo tanto, los cambios de coloración de la carne magra se utilizan, hasta cierto grado, para establecer la madurez de la canal. Los cambios en coloración de la musculatura son más pronunciados en aquellas especies que, como el vacuno, los tienen normalmente muy

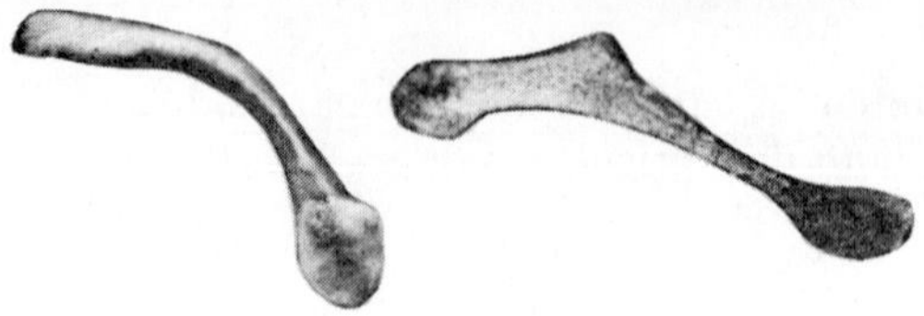

Coxal *(os coxae)*
Joven *(izquierda)* curvado y cubierto de cartílago
Maduro *(derecha)* recto y osificado

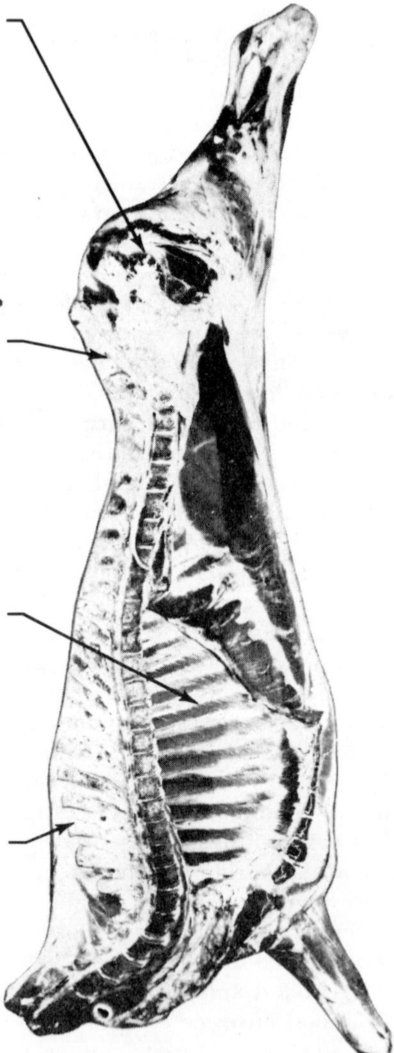

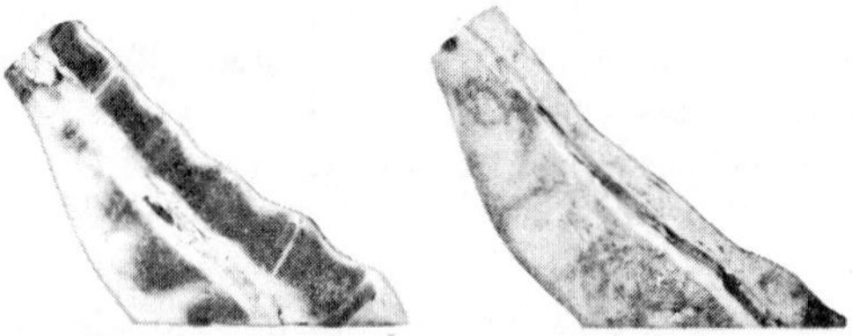

Vértebras sacras *(sacrum)*
Joven (izquierda) bien definidas, rojas, porosas, separadas por cartílago
Maduro (derecha): Fusionadas, blancas, sin cartílagos

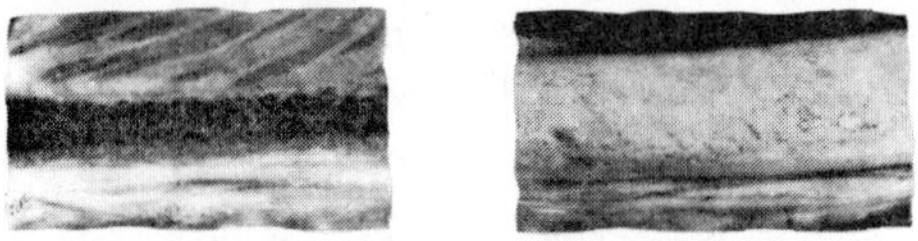

Costillas
Joven (izquierda): estrechas, tubulares, rojas, porosas.
Maduro (derecha): anchas, planas, blancas

Apófisis espinosas de las vértebras torácicas
Joven (izquierda): rojas, porosas, terminando en cartílagos manifiestamente blandos y blancos.
Maduro (derecha): blancas, duras, terminando en un núcleo total o parcialmente osificado indistinguible del resto.

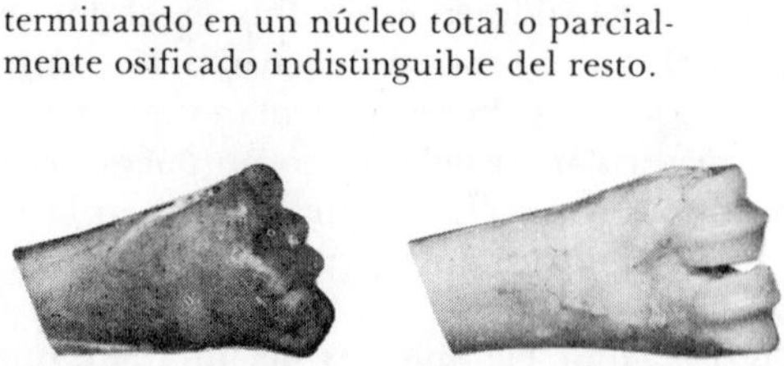

Articulación carpo-metacarpiana (parte visible).
Jovén (izquierda): roja, porosa, sin cóndilos (canillas).
Maduro (derecha): blanca, osificada, con cóndilos.

rojos debido a su alto contenido de hemoglobina. Por el contrario, el cambio de color que tiene lugar en la carne blanca de la pechuga de pollos y pavos es menos aparente.

El término *textura,* aplicado a la carne magra se refiere al tamaño de los haces de fibras musculares y al grosor de los tejidos conectivos perimisiales situados entre los haces de las fibras musculares. La carne de textura fina presenta un aspecto muy liso y brillante en aquellas superficies originadas al cortar los músculos en sentido transversal al de las fibras. Ello es una consecuencia directa del pequeño tamaño de los haces musculares, por lo que no es fácilmente visible. En la carne de textura basta los grandes haces de fibras musculares son más fácilmente distinguibles y la superficie de los cortes transversales se presenta apagada y ligeramente rugosa. A medida que un animal madura la textura de su carne magra pasa de fina a basta. Generalmente una carne magra de textura fina es ligeramente más tierna que otra de textura muy basta.

JASPEADO. — A la grasa visible intramuscular, localizada en el tejido conectivo perimisial situado entre los haces de fibras musculares se le dan los nombres de jaspeado, marmorización o veteado. La cantidad de marmorización de la carne se ha considerado desde hace muchos años como una importante característica de calidad. Como se ha indicado en el capítulo 12, a la marmorización se ha atribuido en parte la blandura de la carne, a pesar de que existen muy pocas pruebas experimentales que demuestren que su presencia ejerce una influencia manifiesta en este atributo. La marmorización tal vez actué como lubricante durante la masticación y deglución, mejorando de esta forma la blandura aparente de la carne naturalmente dura. Probablemente su influencia es mayor en la jugosidad y sabor que en la blandura; ello es consecuencia de la fusión de la grasa intramuscular durante el proceso culinario y de su liberación durante la masticación (junto con una parte del agua libre de la carne), lo que da sensación de jugosidad. Una cantidad pequeña de veteado uniformemente repartido por la carne (figura 15-4a) proporciona un sabor y jugosidad óptimos. la carne que carece de jaspeado puede aparecer seca (figura 15-4b) y carente de sabor, sin embargo, el exceso de marmorización (figura 15-4c) no aumenta proporcionalmente su palatabilidad.

Por lo que se refiere al establecimiento de grados de calidad, se admiten diez graduaciones de marmorización. El Departamento de Agricultura de los EE.UU. mantiene un catálogo de fotografías normalizadas que cubre cada uno de los grados para asegurar una interpretación normal de la profundidad o grado de marmorización. La cantidad de jaspeado se establece subjetivamente basándose en estas fotografías tomadas del corte transversal del músculo *Longissimus dorsi* a nivel de la 12.ª costilla en el vacuno y lanares y de la 10.ª en los cerdos. La marmorización es uno de los principales factores usados en la categorización de las canales de vacuno. En las ovejas y cerdos, que normalmente no se descuartizan (por lo tanto el músculo *Longissimus* no está accesible), se acostumbra a evaluar la cantidad de *flor («feathering»* en inglés) y de veteado muscular abdominal *(«flank streaking»).* El término

---

Figura 15-3. Indices de madurez en canales animales. Comparación de las características de madurez e inmadurez. (De Briskey, E. J. y R. G. Kauffman, «Quality Characteristics of Muscle as a Food», en *The Science of Meat and Meat Products* 2nd ed. J. F. Price y B. S. Schweigert, eds. W. H. Freeman y Co., San Francisco, Copyrigth, 1971).

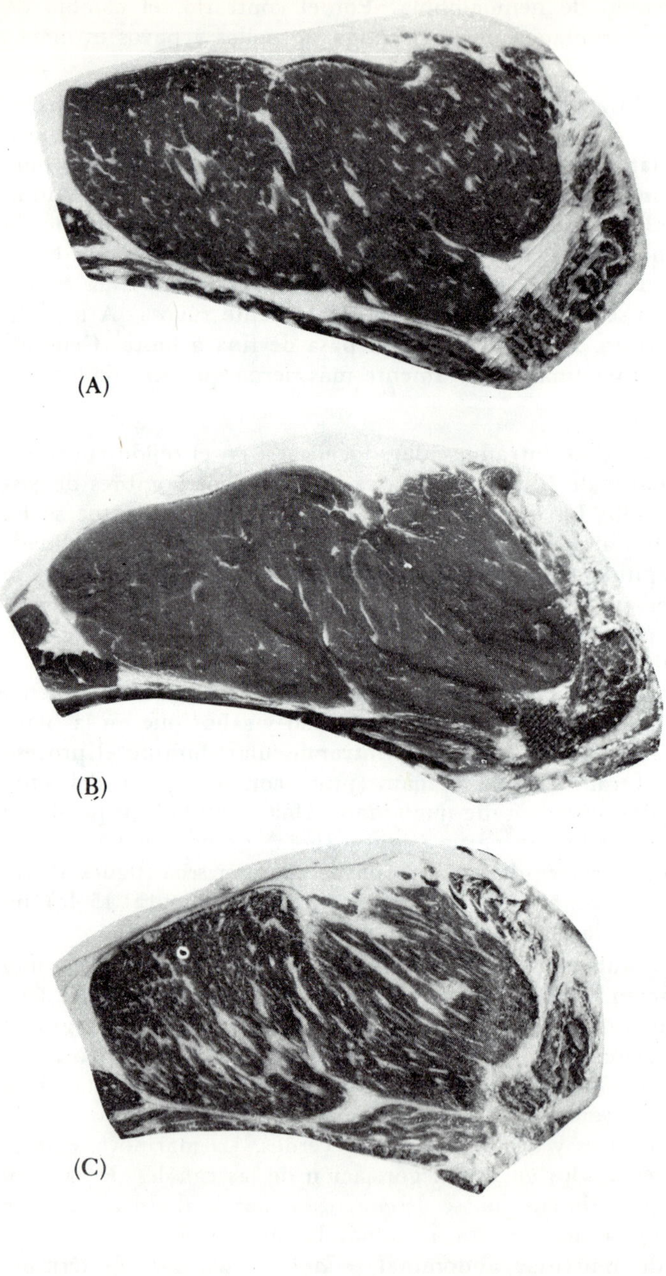

Figura 15-4. Marmorización en músculo *Longissimus* de vacuno. (A) Marmorización ideal: una cantidad discreta de grasa distribuida uniforme y finamente por todo el músculo. (B) Músculo con una deficiente marmorización. (C) Músculo excesivamente marmorizado.

«*feathering*», o flor, se refiere a las finas estrías de grasa visible en los músculos intercostales, al observarlos por la superficie torácica interna de la canal. El «*flank streaking*», o veteado abdominal, lo constituyen las estrías de grasa localizadas debajo del epimisio de los músculos parietales abdominales, observados, como antes, desde el interior de la cavidad. Ambos se emplean como indicadores del grado de marmorización, sin embargo su relación con esta propiedad no es muy estrecha. Por ello en vista de la escasa relación de la marmorización con la palatabilidad de la carne se concede muy poco valor a la «*feathering*» y al «*flank streaking*».

Firmeza. — En el sentido utilizado en la categorización de la carne este término se refiere a la firmeza de la canal determinada en la musculatura parietal abdominal o a la firmeza de la superficie del corte cárnico. La consistencia de la carne depende mucho de la cantidad de grasa que posea. A medida que la canal se enfría la grasa subcutánea se hace más firme que la carne magra, de ahí que una canal grasa sea más consistente que otra magra o delgada. Del mismo modo la carne que contenga un grado de marmorización alto será más firme que la pobremente marmorizada. La consistencia no ejerce influencia alguna directa en la palatabilidad de la carne, pero constituye una propiedad deseable ya que contribuye a dar a los cortes para la venta mejor aspecto; por lo tanto influye en el comercio cárnico.

Color y estructura de la carne magra. — Existe una gran variación en el color y estructura de la carne magra (dentro de la misma especie animal) como consecuencia de los cambios físicos y químicos que acaecen durante la conversión del músculo en carne. Dichos cambios y sus resultados en el color y estructura de la carne se estudian en el capítulo 6. Tanto el color como la estructura «extremos» son perjudiciales para establecer categorías con la carne. En uno de los extremos del espectro del color y estructura cárnicos se sitúa la carne muy pálida, blanda y exudativa que se observa bastante frecuentemente en el cerdo, pero que a veces también se aprecia en carne de otras especies; en el otro extremo está la carne muy oscura, dura y de superficie seca. Ejemplo de este último tipo de carne es la llamada en el vacuno carne de corte oscuro o carne oscura al corte (capítulos 6 y 7).

El color y estructura de la carne se tienen en cuenta para establecer la categorización federal de la carne, ya que influencian el aspecto general de los cortes que, a su vez, influyen en la aceptabilidad de los consumidores. En general los consumidores se oponen a la carne de tono oscuro (como la carne de vacuno de corte oscuro) porque frecuentemente asocian este color con la carne de animales viejos o con la alterada. Evidencias experimentales demuestran que la carne vacuna de corte oscuro, o la de cerdo de aspecto oscuro, firme y seco son equivalentes a las normales en cuanto a blandura, aroma y jugosidad. Generalmente los consumidores hacen menos objeciones a la carne de aspecto pálido que a la de corte oscuro. Debido a su escasa capacidad de retención de agua y a su tendencia a perder mayor cantidad de jugo durante el proceso culinario, la carne pálida, blanda y exudativa puede resultar menos jugosa que la que posee una estructura y color normales. La última puede incluso resultar ligeramente más tierna, lo que depende del método culinario utilizado. De todos modos el color de la carne es mucho más importante desde el punto de vista de aceptación por los consumidores que en términos de palatabilidad.

La carne de vacuno puede penalizarse hasta con una graduación, dependiendo de la gravedad del corte oscuro; la pálida, blanda y exudativa se penaliza menos.

Conformidad, corpulencia y terminado. — En el sentido empleado en la categorización de las carnes *conformación* significa desarrollo armonioso o proporcionado de las distintas partes de la canal y proporción de carne a hueso. Por lo tanto, la conformación es función primordial del desarrollo muscular y óseo, pero también se ve afectada por la cantidad de grasa. *Corpulencia* o *musculosidad* (*«muscling»*) se refiere, específicamente, al desarrollo de la musculatura esquelética. Ni la conformación, ni la corpulencia ejercen influencia alguna en la palatabilidad de la carne de una canal. Estos factores se incluyen entre los determinantes de la categorización cualitativa de la carne debido, en gran parte, a que de las canales que tienen una conformación aceptable se obtienen piezas o tajos cuya forma resulta muy agradable. Por ejemplo, las aves que tienen musculatura de haces estrechos en el muslo y contrapierna y pechugas estrechas, agudas, dobladas o cóncavas no resultan atractivas a los consumidores que seleccionan la carne. Un músculo *Longissimus* redondo y lleno da una chuleta de lomo más atractiva que otro estrecho y delgado.

La expresión *terminado* se refiere a la cantidad, carácter y distribución de la grasa externa, interna e intramuscular, tanto en la canal como en los cortes que se obtienen de la canal. No obstante, la producción de carne de óptima calidad requiere una mínima cantidad de terminado. La presencia de grasa debajo de la piel de las aves sirve para que durante el proceso culinario, especialmente en asados, la carne se cubra de grasa; de esta forma la grasa evita la desecación de la carne durante el cocinado. Las mismas ventajas pueden señalarse para otros cortes y otros tipos de carne. En las canales vacunas y ovinas cierto grado determinado evita la desecación y retracción de los músculos durante el oreo, maduración, venta y cocinado. Para la categorización de la carne es perjudicial la presencia de grasa blanda y aceitosa.

Defectos de la canal. — En la categorización de la carne de aves son muy importantes y se tienen muy en cuenta diversos defectos potenciales de la canal. Antes de evaluar una canal de ave, lista para cocinar, debe carecer de cañones salientes; los músculos al descubierto como consecuencia de cortes, desgarros, falta de piel y la presencia de huesos fracturados o descoyuntados disminuyen mucho el aspecto general de la canal. En la categorización de las canales también se tienen presentes la coloración anormal de la piel y su extensión, la presencia de quemaduras y otros defectos consecutivos a la congelación. La cantidad y gravedad de todos los defectos permitidos de este tipo dependen de su localización. Los que aparecen en la pechuga son mucho más objecionables que los localizados en otras regiones.

Como establecer grados o categorías

La terminología utilizada para designar las distintas categorías o grados de calidad varían mucho de unas carnes a otras. Existe así mismo una gran variación en la terminología aplicada a las distintas clases, dentro del mismo tipo de carne. En la tabla 15-1 se muestran los distintos términos utilizados por el Departamento de Agricultura de los EE.UU., para designar los distintos grados de calidad dentro de cada tipo de carne y las diversas clases dentro también de cada tipo. Debe insistirse en que no todos los factores para el establecimiento de grados de calidad, antes estudiados, se emplean para el establecimiento de categorías para todos y cada uno de los distintos tipos y clases de carne. Con el fin de comprender mejor lo que se acaba de indicar en la tabla 15-2 se señalan los factores específicos empleados para establecer los grados de calidad de los distintos tipos de carne.

Los grados de calidad de las canales vacunas pueden emplearse para explicarnos cómo se combinan los distintos grados. En la figura 15-5 se muestran las relaciones

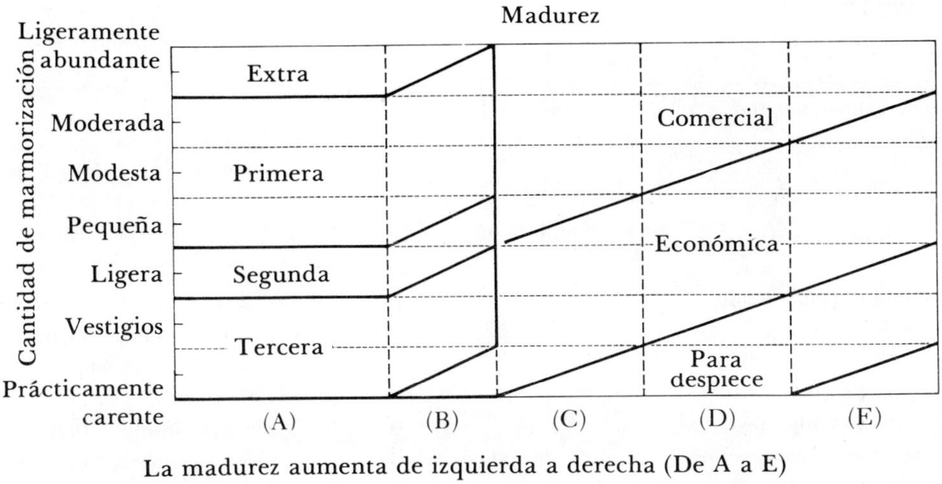

Figura 15-5. La relación entre marmorización, madurez y calidad se utiliza para establecer los grados o categorías de calidad de las canales de vacuno. La madurez aumenta de A a E (Normas Oficiales Estadounidenses para establecer los grados de calidad de las canales vacunas; adaptada a partir del *Federal Register* de marzo 12, 1975).

entre grado de marmorización, madurez de la canal y calidad que pueden emplearse para establecer un grado o categoría. Obsérvese que en cada grado o categoría la cantidad mínima necesaria de marmorización aumenta al hacer la madurez. En la figura 15-6 se muestran algunas canales vacunas que difieren en grado o categoría de calidad.

GRADOS EMPLEADOS POR EL DEPARTAMENTO DE AGRICULTURA DE LOS EE.UU. PARA ESTABLECER EL RENDIMIENTO AL CORTE («Cuttability»)

En su más amplio sentido por *rendimiento al corte («cuttability»)* se entiende la cantidad de cortes o tajos para la venta que se obtienen de una canal. En la comercialización de las canales de vacuno, ganado de cerda y lanares, se incluyen los «recortes» grasos, ciertos huesos que se separan de la carne y los productos de la subdivisión de la canal en cortes o piezas para la venta (tales como filetes, costillas, piezas para asar y carne picada), todos los cuales se preparan antes de su venta a los consumidores. Los porcentajes de rendimiento de tales cortes varían mucho de unas canales a otras. Así, canales que se han incluido en el mismo grado de calidad pueden tener un valor potencial completamente distinto, debido a sus diferencias en porcentajes de cortes para la venta. Se han establecido sistemas de categorización para clasificar las canales basándose en los rendimientos que de las mismas esperan obtener al corte. Estas categorías se denominan, en las canales de bovinos y ovinos, *grados de rendimiento* y son completamente distintos de los del sistema de categorización de grados de calidad antes estudiados. Las canales de vacuno se clasifican por grados de rendimiento, basándose en las diferencias en rendimiento de cortes cuidadosamente preparados y deshuesados procedentes de la pierna, lomo, costillar y espalda. Las canales de ovinos se agrupan por grados de rendimiento, atendiendo a los ren-

TABLA 15-1.

Grados o categorías cárnicos del Departamento de Agricultura de los Estados Unidos.

Tipo	Clase o calidad	Nombres de los grados o categorías
Grados de calidad vacuno	Novillo castrado («steer»), novilla («heifer»), vaca («cow»)	Extra, primera, segunda, tercera, comercial, económica, para despiece, para conservas
	Buey («bullock»)	Extra, primera, segunda, tercera, económica
Grados rendimiento vacuno	Todas clases	1, 2, 3, 4, 5
Grados calidad terneras		Extra, primera, segunda, tercera, económica, desecho
Grados calidad añojos («veal»)		Los mismos que ternera
Grados calidad cordero y carnero («lamb y mutton»)	Cordero, primal («yearling»)	Extra, primera, segunda, económica, desecho
	Carnero	Primera, segunda, económica, desecho
Grados rendimiento ovino	Todas clases	1, 2, 3, 4, 5
Canales de cerdo	Cerdo castrado («barrow») Cerda primal vacía («gilt»)	U.S. n.° 1, U.S. n.° 2, U.S. n.° 3, U.S. n.° 4, económica
	Cerda criadera	U.S. n.° 1, U.S. n.° 2, U.S. n.° 3, medio, desecho
Gallinas	Gallinas («rock cornish»)	A, B, C
	Broiler, o «para freír»	A, B, C
	Para asar («roaster»)	A, B, C
	Capón («capon»)	A, B, C
	Capón de 1 año («stag»)	
	Gallo («cock o rooster»)	A, B, C
	Gallina, para hervir («hen, stewing chicken»)	A, B, C
Pavos	Para freír o asar («fryer or roaster»)	A, B, C
	Pava joven («young hen»)	A, B, C
	Pavo joven («young tom»)	A, B, C
	Pava de un año («yearling hen»)	A, B, C
	Pavo de un año («yearling tom»)	A, B, C
	Maduro o pavo viejo («mature» u «old turkey»)	A, B, C
Patos	Broiler, o «para freír»	A, B, C
	Maduro o pato viejo	A, B, C
Gansos (ocas)	Joven	A, B, C
	Maduro o viejo	A, B, C
Palomas	Pichón («squab»)	A, B, C
	Paloma («pigeon»)	A, B, C

TABLA 15-2.

Factores empleados para establecer los grados del Departamento de Agricultura de los Estados Unidos para la carne.

Grados calidad vacuno	Grados rendimiento vacuno
Clase	Espesor de la grasa
Madurez	Area muscular de la chuleta
Cartílagos apófisis espinosas	Porcentaje grasa renal, mediastínica y pelviana
Vértebras sacras	Peso de la canal
Color de la carne magra	
Textura carne magra	
Jaspeado o veteado	
Grados calidad lanares	**Grados rendimiento lanares**
Clase	Espesor de la grasa
Conformación	Porcentaje grasa renal y pelviana
Madurez	Conformación pierna
Forma y color costillas	
Color carne magra	**Grados aves**
Flor	
Veteado abdominal	Clase
Firmeza	Condición
	Conformación y musculosidad
Grados canales de cerdo	Terminado
	Defectos
Clase	Cañones (de plumas)
Grosor tocino dorsal	Carne sin piel
Musculosidad	Colores anormales
Longitud o peso de la canal	Traumatismos, quemaduras frío
Color y estructura de la carne magra	
Firmeza de la canal (de la grasa)	
Grosor de la panceta	

dimientos esperables de cortes cuidadosamente preparados y deshuesados procedentes de la pierna, lomo, costillas y paletilla. para las canales de cerdo sólo se ha establecido un sistema de categorización; se trata fundamentalmente de un sistema de grados de rendimiento basado en el rendimiento esperable de cuatro cortes magros (pernil, lomo, paleta baja y paleta alta). En la categorización de las canales porcinas el concepto de calidad sólo se tiene en cuenta en lo que se refiere a canales cualitativamente aceptables o inaceptables. Las canales de calidad aceptable deben cumplir unas normas mínimas en lo que concierne a color muscular y estructura, firmeza o compacidad de la canal y caracteres de la grasa. El sistema de categorización de las canales porcinas no se pone a disposición de los consumidores para que seleccionen cortes de porcino de diferentes categorías, contrariamente a lo que ocurre con los sistemas de vacunos y lanares, debido a que en comparación con el rendimiento al corte, la calidad juega un papel relativamente pequeño en el establecimiento de las categorías de las canales.

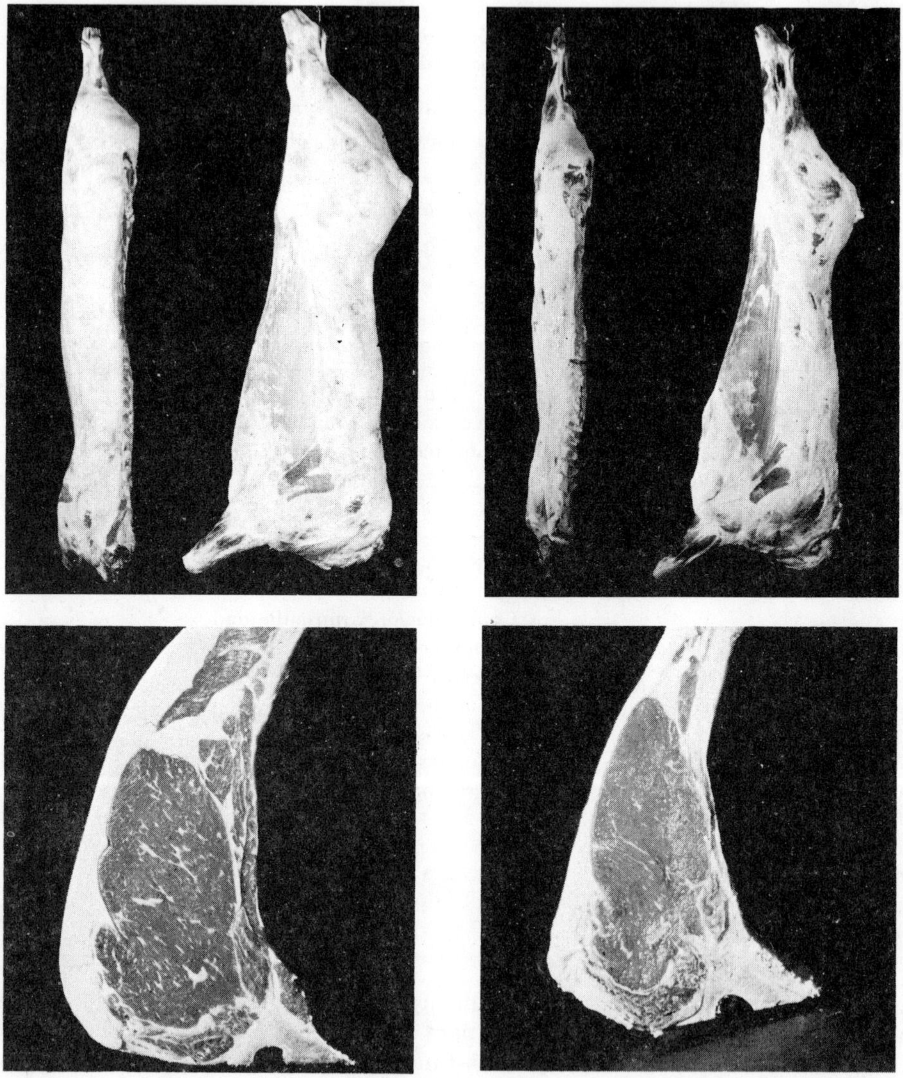

(A)

Marmorización	Modesta
Madurez	A
Conformación	Primera
Grado de calidad	Primera

(B)

Marmorización	Vestigios
Madurez	A
Conformación	Tercera
Grado de calidad	Tercera

Figura 15-6. Canal vacuna de primera categoría U.S.D.A. (B) Canal vacuna de tercera categoría U.S.D.A. (Cortesía de National Live Stock and Meat Board, Chicago, Illinois).

El rendimiento de los cortes para la venta, tal y como lo definen las normas de grados de rendimiento de canales de vacuno y ovino se conoce corrientemente como porcentaje de rendimiento al corte. En la tabla 15-3 se indican estos porcentajes. Conviene recordar que el porcentaje de rendimiento al corte, como se define en las normas, sólo predice el rendimiento al corte de cuatro de las mayores piezas de la canal (pierna, lomo, costillares y espalda en vacuno y pierna, lomo, costillas y paletilla en lanares). El rendimiento total de los cortes para la venta que pueden obtenerse de la canal llega a ser de hasta un 20 por ciento o más de las cifras indicadas por las normas de grados de rendimiento. Del mismo modo, el porcentaje de cortes magros solamente cubre parte del rendimiento de la canal porcina. La panceta, que constituye una parte muy valiosa de la canal porcina, no se incluye en los valores de la tabla 15-3.

Factores utilizados para establecer los grados de rendimiento al corte

Generalizando, puede decirse que los grados o categorías de calidad se definen como grados subjetivos y los de rendimiento al corte como de naturaleza objetiva. En la canal se determinan una serie de medidas objetivas que combinándolas mediante una ecuación llevan a la obtención de un grado de rendimiento que es o cons-

TABLA 15-3.
Porcentaje esperado de grados de rendimiento al corte de canales vacunas y ovinas y porcentajes de cortes magros de canales de cerdos castrados y cerdas primales.

Vacuno o lanar grados rendimiento	Porcentajes de rendimiento al corte de canales vacunas*	Porcentajes de rendimiento al corte de canales ovinas**
1	52,4-54,6	47,3-49,0
2	50,1-52,3	45,5-47,2
3	47,8-50,0	43,7-45,4
4	45,5-47,7	41,9-43,6
5	43,1-45,4	40,1-41,8

Canales de cerdo grados o categorías	Porcentajes de cortes magros***
U. S. n.º 1	53,0 y más
U. S. n.º 2	50,0-52,9
U. S. n.º 3	47,0-49,9
U. S. n.º 4	Menos de 47,0
U. S. Económico	Calidad inaceptable

*Porcentajes de cortes para la venta de pierna, lomo, costillares y espalda debidamente «recortados» y deshuesados.

**Porcentajes de cortes para la venta de pierna, lomo, costillas, y paletilla convenientemente «recortados» y deshuesados.

***Porcentaje de cortes del pernil, lomo, delantero (paleta) fresco y delantero estilo Boston.

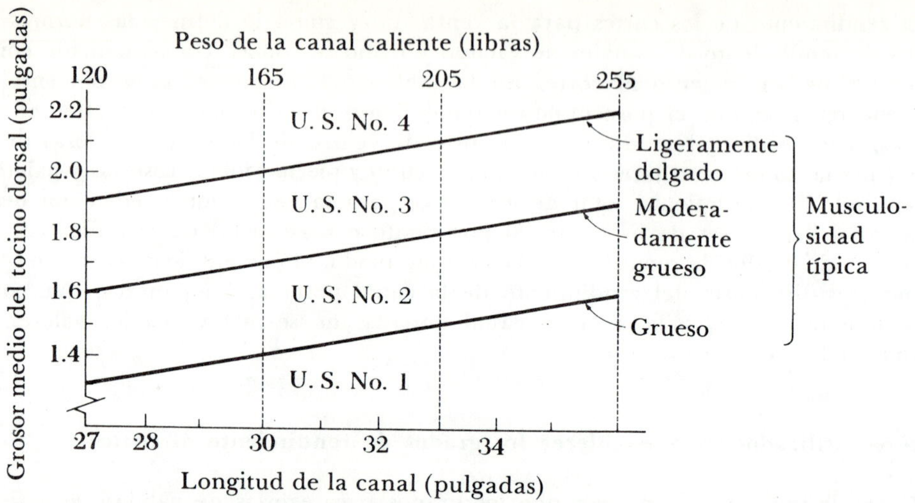

Figura 15-7. Relación entre grosor del tocino dorsal, peso o longitud de la canal y categoría en canales de cerdo con una musculosidad que es la típica de su grado de engrasamiento.

tituye una predicción del rendimiento al corte esperable de la canal. La importancia o peso dado a cada factor en la ecuación se fundamenta enteramente en su valor como pronóstico del rendimiento al corte. A los factores más íntimamente relacionados con el rendimiento al corte se les da más importancia en la ecuación que a los que guardan menos relación con dicho rendimiento al corte.

Cantidad de grasa. — La cantidad de grasa externa, interna e intramuscular de la canal tiene más efecto en el porcentaje de rendimiento al corte que ningún otro factor independientemente. El exceso de «terminado»[1] debe eliminarse para preparar cortes para la venta atractivos, y fácilmente vendibles. Se necesita bastante tiempo y esfuerzo para medir directamente la cantidad de exceso de «terminado» de una canal. Sin embargo, pueden realizarse una serie de mediciones fáciles para estimar con bastante seguridad la cantidad de «terminado» de la canal. Estas mismas determinaciones pueden emplearse para predecir el rendimiento al corte.

Durante la carnización las canales porcinas se dividen en dos semicanales (derecha e izquierda) cortándolas siguiendo la línea media ventral y dorsal. En consecuencia, esta sección deja al descubierto una superficie de corte en cada vértebra. El grosor de la capa de tocino dorsal (grasa subcutánea o externa del dorso del cerdo) observable al dividir la canal en semicanales constituye una medida muy aproximada de la cantidad total de grasa de la canal. La medida del grosor del tocino dorsal se lleva a cabo a nivel de la 1.ª y última costillas y de la última vértebra lumbar. La media de estas tres estimaciones se toma como *grosor del tocino dorsal.*

En las canales vacunas y lanares el grosor de la grasa externa que recubre al músculo *Longissimus* se toma como indicador del grado de engrasamiento externo total de la canal. Industrialmente se acostumbra a dividir las semicanales vacunas en

---

[1] Véase en página 297 el significado de «terminado». *N. del T.*

cuartos anteriores y posteriores, seccionándolas entre la 12.ª y la 13.ª costillas. Al dar este corte se aprecia una sección transversal del *Longissimus dorsi* («ojo» del lomo o de la chuleta) cuyo espesor graso se determina en un punto situado a unos 3/4 de la anchura del ojo del lomo a partir del centro. En las ovejas, la grasa dorsal se determina en el punto medio del *Longissimus* entre la 12.ª y la 13.ª costillas. Otras determinaciones adicionales en otras regiones de la canal contribuirán a mejorar la estimación de la grasa externa, sin embargo no suelen realizarse ya que la mayor exactitud alcanzada no compensa el esfuerzo y tiempo necesarios.

La grasa que rodea a los riñones, la que recubre la cavidad pelviana y la que está en torno al corazón y pulmones permanece en la canal tanto de vacunos como de óvidos y se refrigera junto con aquélla. Esta grasa se separa cuando las canales se despiezan para obtener cortes para su venta. De ahí que la cantidad de estos depósitos grasos internos deba tenerse presente al establecer una categoría o grado de rendimiento. La cantidad de grasa renal, pelviana y cardíaca se determinan como porcentaje del peso de la canal. Un clasificador experto puede calcular estas cantidades con un gran margen de exactitud.

Desarrollo muscular. — El grado de desarrollo muscular tiene una gran influencia en el porcentaje de rendimiento al corte. En general las canales con un desarrollo muscular menor que el normal tienen una menor proporción de músculo respecto hueso, y un menor rendimiento al corte que las canales más musculosas. Para establecer los grados de rendimiento al corte se han ideado algunas estimaciones musculares. El área del *ojo del lomo* o de la costilla, se define en las canales de vacuno como el área de la sección transversal del músculo *Longissimus* entre las costillas 12.ª y 13.ª, en donde se determina fácilmente al hacer los cuartos. Esta estimación no se utiliza en las canales porcinas y ovinas, a pesar de que contribuiría a predecir el rendimiento al corte. En gran parte, ello es consecuencia de la costumbre comercial de no dividir dichas canales en cuartos. En su lugar, para la categorización de las canales del cerdo se establecen seis grados de desarrollo muscular, de «muy grueso» a «muy delgado». Basándose en una apreciación subjetiva de la conformación de la canal se le aplica un grado específico de desarrollo muscular. Para la categorización de las canales ovinas se utiliza una graduación subjetiva de su conformación basada en la forma y desarrollo de los músculos de la región de la pierna. Las estimaciones del desarrollo muscular, sobre todo las graduaciones subjetivas de la conformación, no son predicciones tan exactas del rendimiento al corte como las determinaciones del grosor de la grasa dorsal. Por lo tanto, tienen menor influencia en el grado de rendimiento.

Tamaño de la canal. — Las canales también difieren en el porcentaje de rendimiento al corte a causa de sus distintos grados de «terminado» y desarrollo muscular en relación con el tamaño de su esqueleto. Por ejemplo, es de esperar que una canal grande tenga un área del ojo de la costilla mayor que el de una de menor tamaño de la canal. Similarmente una canal grande podrá tener una mayor cantidad de grasa dorsal que otra más pequeña y, sin embargo, dan el mismo rendimiento al corte. El indicador más corrientemente empleado para establecer el tamaño de la canal es su peso. A medida que aumenta el peso de la canal, para mantener el mismo rendimiento al corte, las canales deberán tener unos ojos de costilla con áreas mayores. Si el área no aumenta al hacerlo el peso de la canal bajará el rendimiento al corte calculado. En las canales de cerdo el grosor del tocino dorsal puede ser mayor en las canales más pesadas sin que cambie el grado de la canal. Sin embargo, en las canales de esta especie, para calcular el tamaño de su esqueleto, se acostumbra a medir la longitud de la canal en lugar del peso. Se define como longitud de una canal porcina la distancia entre la porción anterior del isquión (pelvis) y el borde anterior de la primera costilla. El coeficiente de compensación entre grosor del tocino dorsal y longitud de la canal que se aplica es de O,1 pulgada (0,25 cm) de tocino por cada 3 pulgadas (7,6 cm) de aumento en la longitud de la canal. Las estimaciones del tamaño del esqueleto no se incluyen en las normas para establecer grados de rendimiento en las canales ovinas.

Cómo se establecen los grados de rendimiento

Según se deduce del estudio anterior, son varios los factores que se tienen en cuenta para predecir el rendimiento al corte. En la tabla 15-2 se resumen los factores

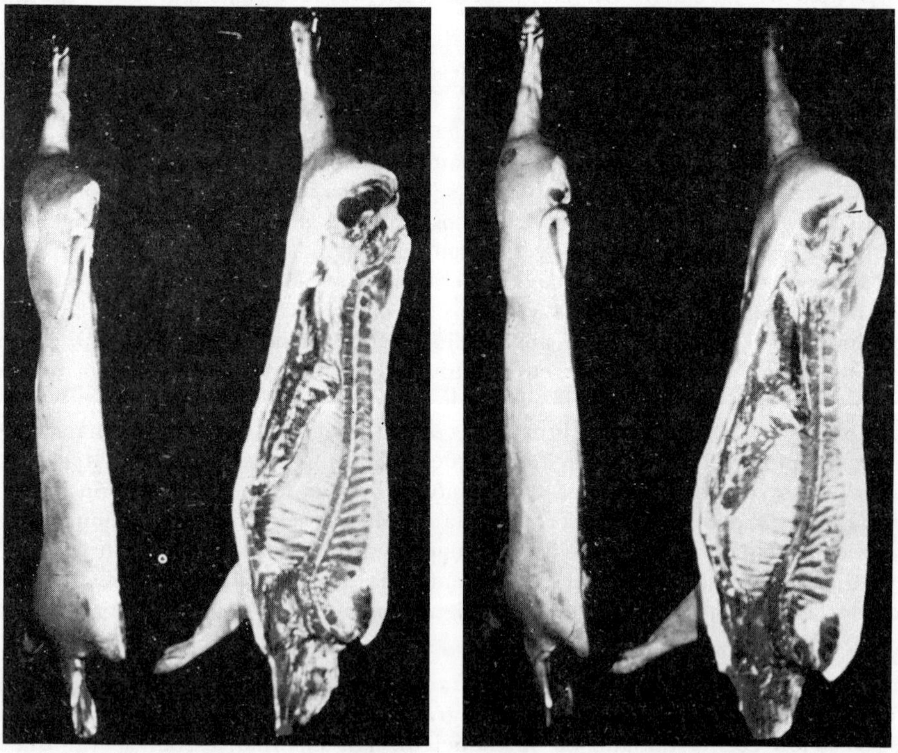

(A)

Grosor tocino dorsal	1,3 pulgadas
Longitud	30,5 pulgadas
Musculosidad	Gruesa
Categoría canal	U. S. No. 1

(B)

Grosor tocino dorsal	1,9 pulgadas*
Longitud	31,0 pulgadas
Musculosidad	Algo delgada
Categoría canal	U. S. No. 3

* 1 pulgada equivale a 2.54 cm.

Figura 15-8. Canales porcinas de grado U.S. No. 1 (A) y No. 3 (B).

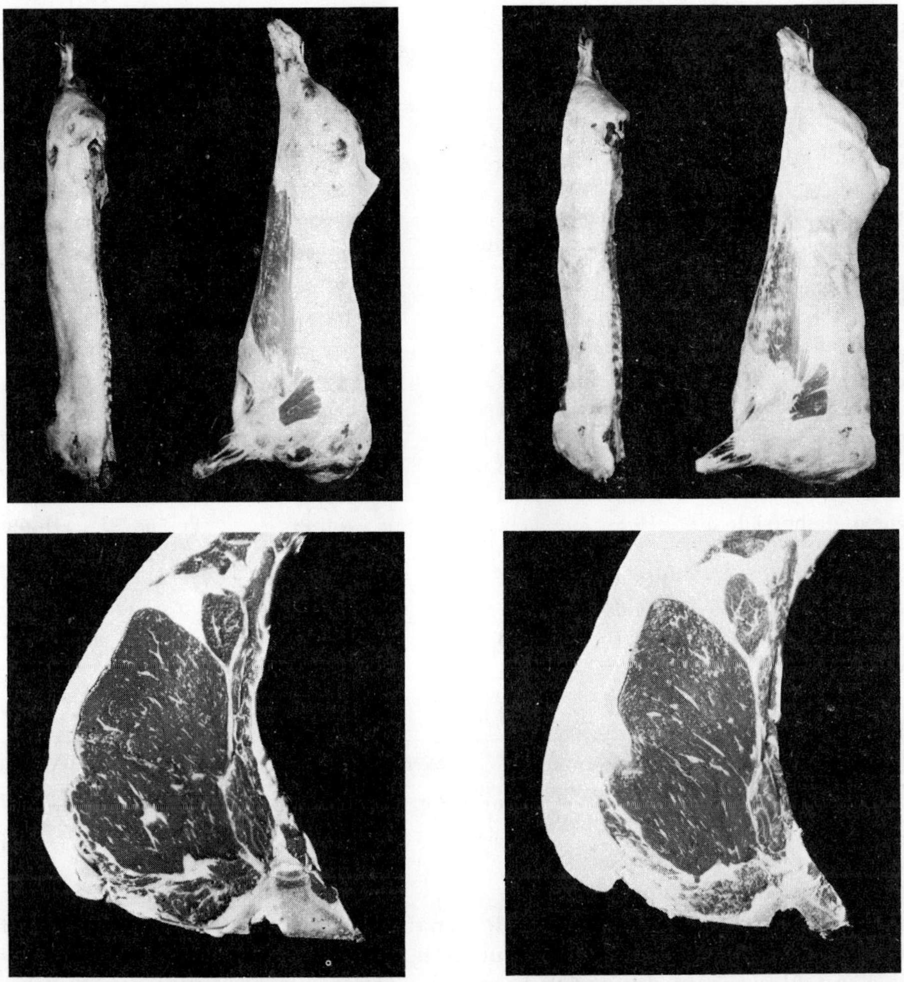

(A)

Grado de rendimiento	2
Grosor de la grasa	0,4 Pulgadas
Area del «ojo»	12,3 pulgadas cuadradas
Grasa renal, cardíaca y pélvica	3,0 por ciento
Peso de la canal	605 libras

(B)

Grado de rendimiento	4
Grosor de la grasa	0,9 pulgadas
Area del «ojo»	10,5 pulgadas cuadradas
Grasa renal, cardíaca y pélvica	3,5 por ciento
Peso de la canal	665 libras

Figura 15-9. Ejemplos de grados de rendimiento de canales de vacuno. Ambas son de primera calidad U.S.D.A. (A) Grado de rendimiento 2 y (B) Grado de rendimiento 4. (Cortesía de The National Live Stock and Meat Board, Chicago, Illinois).

TABLA 15-4.
Comparación de los rendimientos al corte de piezas para el detall y del precio a la venta de dos canales de vacuno, de grado 2 y 4 respectivamente (Departamento de Agricultura de los Estados Unidos), cada una de las cuales pesó 600 libras***.

Cortes para la venta muy limpios	Peso de los cortes al detall de una canal de 600 libras*		Precio por libra**	Precio a la venta	
	Grado 2	Grado 4		Grado 2	Grado 4
Redondo, deshuesado	21,0 lbs.	18,6 lbs.	$ 1,65	$ 34,65	$ 30,69
Pierna	27,0	22,2	1,99	53,73	44,18
Tapa	27,6	25,2	1,89	52,16	47,63
Contra	15,6	14,4	1,79	27,92	25,78
Lomo bajo	52,2	47,4	1,89	98,66	89,59
Lomo alto	31,2	30,0	2,04	63,65	61,20
Costillas, tajo corto (30 cm)	37,2	36,0	1,59	59,15	57,24
Espalda	56,4	50,4	1,09	61,48	54,94
Brazuelo, deshuesado	13,8	11,4	1,49	20,56	16,99
Falda	3,0	3,0	1,89	5,67	5,67
Carne picada	141,0	115,8	1,24	174,84	143,59
Grasa (sebo)	76,0	137,4	0,10	7,62	13,74
Hueso	59,4	53,4	0,05	2,97	2,67
Riñones	1,8	1,8	0,69	1,24	1,24
TOTALES	600,0	600,0		$716,64	$642,34

*Basado en los rendimientos señalados en el Marketing Bulletin n.º 45, Grados de rendimiento para Vacuno del USDA. Department of Agriculture, 1968.

**Los precios corresponden a los de venta para vacuno en enero de 1974.

***1 lb. = 454 g.

específicos utilizados para cada tipo de canal, relacionándose en orden descendente de importancia en cuanto a su influencia en el porcentaje de rendimiento al corte. Para el establecimiento de grados en canales vacunas puede emplearse la siguiente ecuación: Grado de rendimiento al corte de la canal vacuna = 2,50 + (2,50 × grosor graso en pulgadas) — (0,32 × ojo de la costilla en pulgadas cuadradas) + (0,20 × × porcentaje de grasa renal, pericárdica y pelviana) + (0,0038 × peso de la canal en libras). Para establecer el grado de rendimiento al corte de las canales de ovinos puede emplearse la siguiente ecuación: Grado de rendimiento al corte de la canal ovina = = 1,66 + (6,66 × espesor de la grasa en pulgadas) + (0,25 × porcentaje de grasa renal y pelviana) — (0,05 × graduación alcanzada en la escala de conformación de la pierna). Los puntos en la citada escala son los siguientes: primera alta = 15, primera media = 14, primera baja = 13, etc. Tanto a las canales vacunas como a las ovinas, cuyos grados estimados están comprendidos entre 1,0 y 1,9 se denominan de grado de rendimiento 1; las que obtuvieron una graduación calculada entre 2,0 y 2,9 se denominan de grado de rendimiento 2 y lo mismo ocurre para los grados de rendimiento 3, 4 y 5. En la figura 15-7 se muestra la relación entre grosor de la grasa dorsal, peso o longitud de la canal y grado de las canales porcinas. En la figura 15-8 se aprecian los grados U. S. núms. 1 y 3.

Con el fin de poner de manifiesto la importancia del rendimiento al corte, en la tabla 15-4 se muestran los pesos de los distintos cortes, que pueden obtenerse de una canal bovina de grado de rendimiento 2 y los de otra de grado 4; ambas tenían un peso de 600 libras, y las dos se clasificaron, de acuerdo con la categorización del Departamento de Agricultura de los Estados Unidos, como de calidad primera *(«choice»)*. Excluidos los huesos y la grasa de recortes, de la canal de grado de rendimiento 2 se obtuvieron 55,2 libras más de cortes para la venta y su valor fue superior en 72,30 $. Los precios de venta dados incluyen el coste total de la canal más el margen de ganancia del detallista por los gastos de la operación y beneficio. La figura 15-9 muestra unos ejemplos típicos de canales vacunas de grados de rendimiento 2 y 4.

BIBLIOGRAFÍA

Kiehl, E. R. and V. J. Rhodes, "Historical Development of Beef Quality and Grading Standards," University of Missouri Agricultural Experiment Station, Columbia, Missouri, Research Bulletin 728 (1960).

National Live Stock and Meat Board, Meat Evaluation Handbook. 36 South Wabash Avenue, Chicago, Illinois, 1969.

United States Department of Agriculture, "Official United States Standards for Grades of Carcass Beef," Agriculture Marketing Service (1973).

United States Department of Agriculture, "Official United States Standards for Grades of Lamb, Yearling Mutton and Mutton Carcasses," Agricultural Marketing Service, Service and Regulatory Announcements No. 123 (1960).

United States Department of Agriculture, "USDA Yield Grades for Beef," Agricultural Marketing Service, Marketing Bulletin No. 45 (1968).

United States Department of Agriculture, "USDA Yield Grades for Lamb," Consumer and Marketing Service, Marketing Bulletin No. 49 (1970).

United States Department of Agriculture, "USDA Grades for Pork Carcasses," Consumer and Marketing Service, Marketing Bulletin No. 52 (1970).

United States Department of Agriculture, Poultry Grading Manual. Consumer and Marketing Service, Poultry Division, Washington, D.C. Agriculture Handbook No. 31, 1971.

CAPÍTULO 16

Subproductos de la Industria Cárnica

En los subproductos animales se incluye todo aquello con valor económico que, aparte de la canal, puede obtenerse de un animal durante su sacrificio y carnización. Estos productos se dividen en comestibles y no comestibles, según que se destinen o no a la alimentación del hombre.

Desde siempre las industrias cárnicas se han caracterizado por su eficacia en el procesado y utilización de los subproductos. El ingenio de estas industrias para idear nuevos productos y descubrir usos nuevos ha dado lugar a la conocida expresión de que «en el matadero se aprovecha todo menos los gritos animales». Aunque el valor de los subproductos supone sólo una pequeña fracción del precio corriente de los animales vivos, tienen una importancia económica considerable si se considera en su totalidad la industria animal y la cárnica. Su valor influencia la cantidad de dinero que el productor recibe por su ganado y el beneficio que el fabricante obtiene por su inversión en el ganado vivo. Desde hace algunos años el valor de los subproductos ha descendido respecto del de los animales vivos. Tal descenso ha sido consecuencia del progreso tecnológico que ha permitido la obtención de productos competitivos a partir de fuentes distintas de las animales. Por ejemplo, se emplean diversos materiales para la fabricación de artículos que en un principio sólo se elaboraban con cuero; para la fabricación de tejidos en vez de lana se emplean también fibras sintéticas; en muchos productos alimenticios las grasas y aceites vegetales han sustituido a las animales; los detergentes sintéticos han desplazado al jabón que al principio se fabricaba exclusivamente a partir de las grasas animales. Podríamos citar otros muchos ejemplos que demuestran la competencia ejercida por productos distintos de los de origen animal.

Como se observa en la tabla 16-1, en cada fase del proceso de carnización y durante la distribución de la carne se originan enormes cantidades de subproductos. La cantidad producida varía mucho dependiendo del método de procesado empleado y del peso, clase, sexo y especie animal (figura 16-2). Por ejemplo, la elaboración del sebo con fines comestibles o no influencia mucho su precio. El valor de los subproductos es mayor cuando se procesan inmediatamente de carnizados los animales. Cuanto mayor es la distancia del matadero al lugar de elaboración de subproductos, o cuanto mayor es el tiempo transcurrido desde que se sacrificaron los animales hasta que se elaboran sus subproductos mayor es la probabilidad de que los productos comestibles se conviertan en incomibles. Incluso si se trata de subproductos no comes-

TABLA 16-1.
Cantidad anual de subproductos sin transformar disponibles en Estados Unidos en 1967.

	Vacuno mayor	Terneras	Corderos y ovejas	Cerdos
Número de cabezas sacrificadas, millones	34	6	13	85
Peso vivo, millones de kg × 1.000	16	0,6	0,7	9,4
Despojos y recortes comestibles en matadero, porcentaje del peso vivo	4	4	4	7
Total de productos no comestibles en matadero, porcentaje del peso vivo	39	40	37	40
Huesos y grasa en carnicerías, porcentaje del peso vivo	12	5	16	1
Total de subproductos en todos los establecimientos, porcentaje del peso vivo	55	49	57	48

FUENTE: Little, Arthur D. Inc., «Opportunities for Use of Meat By-Products in Human and Animal Foods». Report to Iowa Development Commission (1969).

tibles (ciertas grasas) su valor puede disminuir debido al acúmulo de ácidos grasos libres y al desarrollo de rancidez.

Además del valor monetario que supone el procesado de los subproductos, la conversión de porciones animales no comestibles en otras útiles constituye una importante función desde el punto de vista sanitario. Todas las partes no comestibles, salvo que se procesen o destruyan de una forma adecuada, se acumulan y descomponen originando olores y pestilencias en la zona que las circunda.

TABLA 16-2.
Rendimiento de diversos productos obtenidos de los animales de abasto.

Producto	Vacuno	Lanar	Cerdo
Categoría	Primera	Primera	U. S. n.° 1
Peso vivo, kg	455	45	100
Canal, kg	273	23	70
Cortes para detall, kg	190	16	56
Subproductos, kg			
Cuero o piel	36	7	—
Grasa comestible	50	4	16
Despojos	17	1	4
Sangre	18	2	4
Grasa no comestible, huesos y recortes	80	10	8
Otros productos (contenido estomacal, etc.)	64	5	12

TABLA 16-3.
Utilización comestible de los subproductos de los animales de abasto.

Subproducto	Aprovechamiento principal
Sesos	Como despojo
Corazón	Como despojo
Riñones	Como despojo
Hígado	Como despojo
Bazo (melsa)	Como despojo
Páncreas	Como despojo
Lengua	Como despojo
Rabo de buey	Para sopa
Carrillos y recortes de cabeza	Como ingrediente de embutidos
Extracto de carne	Para sopas y caldos
Sangre	Como ingrediente de embutidos
Estómago	
(a) de terneras lactantes	Para obtener cuajo de quesería
(b) de cerdo	Como tripa de embutido y como ingrediente.
(c) de vacuno (1.° y 2.°)	Como ingrediente de embutidos y para despojo (callos)
Huesos	Gelatina para confitería, helados, y productos gelificados
Grasas	
(a) vacunas y lanares	Como grasas culinarias, para dulces y goma de mascar
(b) de cerdo	Como grasas culinarias (tocino)
Intestino delgado	Tripas para embutidos
Intestino grueso (cerdo)	Como despojo (madejas)
Intestino grueso	Tripas para embutidos
Esófago	Ingrediente de embutidos
Piel de cerdo	Gelatina para confitería, helados, productos alimenticios gelificados, cortezas para aperitivos
Recortes de piel de ternera	Gelatina para confitería, helados y productos gelificados

SUBPRODUCTOS CARNICOS COMESTIBLES

Durante el sacrificio y carnización de los animales se obtienen muchos productos cárnicos comestibles; algunos de los más corrientes se señalan en la tabla 16-3. Algunos como lengua, sesos, páncreas, corazón, hígado y riñones se denominan despojos o menudencias. Muchos constituyen fuentes excelentes de nutrientes esenciales para la dieta humana y permiten al consumidor disponer de platos variados y apetitosos. Por ejemplo, el hígado es la porción cárnica que más se conoce y más diversamente se presenta. Es una de las mejores fuentes de vitamina A y hierro.

El número de subproductos comestibles y la proporción manufacturada de los mismos con fines alimenticios varía de unos fabricantes a otros. Salvo que exista un mercado potencial para un artículo dado, su elaboración con fines alimenticios puede resultar económicamente inviable. Sin mercado potencial, es más aprovechable elaborar el producto con finalidad no alimenticia.

En los últimos años ha bajado la demanda de despojos y de sus productos; ello es consecuencia de las ideas de ciertas personas que creen que este tipo de alimento es propio de quienes por su pobreza no pueden comprar filetes. Sin embargo, tales productos han sido tradicionalmente consumidos en gran cantidad por ciertos grupos étnicos. Además las menudencias forman también parte de los menús de muchos restaurantes elegantes. Podrían convertirse en una fuente agradable de alimentos para un gran sector de la población que actualmente no los consume.

Casi todos los subproductos comestibles, sobre todo ciertos tipos de despojos, se alteran antes que la canal. El hígado es, a este respecto, uno de los que antes se deterioran. Por lo tanto, estos productos deben refrigerarse inmediatamente de separados de la canal, procesarse también pronto y enviarse inmediatamente a los comercios de venta, en donde pueden comercializarse refrigerados, congelados o formando parte de otros productos alimenticios.

En los párrafos siguientes haremos un breve estudio de las fuentes y empleos de muchos subproductos comestibles. (Para un conocimiento detallado de los métodos empleados en el procesado de estos alimentos recomendamos la lectura de alguna de las publicaciones citadas al final del capítulo, bajo el encabezamiento de bibliografía).

Los extractos de carne son subproductos muy útiles que se obtienen concentrando por el calor las aguas de cocción de la carne que se conserva por enlatado. Generalmente dichas aguas se concentran por evaporación a vacío hasta un 20 por ciento de humedad y una vez enfriado el concentrado se presenta como un sólido pastoso. Es uno de los componentes más importantes de los «cubos» para consomés y de los caldos, empleándose también como saborizantes en las salsas. Apenas sí se elaboran en este país, contrariamente a lo que ocurre en América del Sur durante la fabricación de productos cárnicos enlatados.

Los testículos de corderos y terneros suelen venderse frescos o congelados. En Estados Unidos, una vez cocinados, se denominan corrientemente *fires* o *mountain oysters* («Criadillas» en castellano).

La sangre se utiliza en los embutidos de sangre; su empleo con fines alimenticios exige que se obtenga con la máxima higiene posible. Recientemente se ha utilizado la ultrafiltración para obtener proteínas, tanto del plasma como de los componentes celulares de la sangre. Estas proteínas sanguíneas tienen muchos posibles empleos como material ligante y de relleno en los embutidos y en la fabricación de otros productos cárnicos.

A partir del primero y segundo compartimentos estomacales del ganado vacuno (rúmen y retículo respectivamente) se elaboran los callos que se utilizan en ciertos productos charcuteros y también se venden como despojos. Los estómagos de los cerdos se emplean igualmente en determinados productos charcuteros. El *Pennsylvania Dutch* utiliza los estómagos del cerdo, como envoltura de un delicado plato de carne llamado *filled pig stomach* («estómago de cerdo relleno») u *hog maw* («cuajar de cerdo»).

Los *chitterlings* se elaboran a partir de intestino de cerdo abundantemente lavado y cocido; se venden como aperitivo.

La cabecina y otros recortes cefálicos forman corrientemente parte de determinados embutidos.

Los sesos, que constituyen para ciertas personas una auténtica delicia, se venden refrigerados, congelados o enlatados.

Las lenguas de bóvido se utilizan frescas, curadas y ahumadas, enlatadas o como ingrediente de ciertos embutidos. Las lenguas de óvidos y cerdos pueden emplearse en fresco, pero lo corriente es su consumo formando parte de otros productos cárnicos.

También los riñones pueden consumirse en fresco o someterse a congelación para el comercio cárnico, sin embargo, lo más corriente es que se empleen como ingrediente de los alimentos de los animales de compañía.

Las mollejas son los timos de los animales jóvenes (bóvidos y óvidos) y se consumen frescos o después de haber sido congelados.

Los corazones se consumen en fresco, congelados o como ingredientes de las *luncheon meats.*

El hígado se utiliza en fresco, congelado o como ingrediente de embutidos de hígado o de otros tipos de carne procesada; la cantidad de hígado de bóvido consumida en fresco es comparativamente mayor que la de cerdo, sin embargo, la de esta especie se emplea más en la elaboración de embutidos. Una excepción son los embutidos de hígado al estilo *kosher* que solamente se componen de hígado de lanares y vacunos.

Los rabos de buey se emplean fundamentalmente para elaborar sopas.

Los bazos se utilizan para su venta al detall como *melt* o para la elaboración de alimentos para animales de compañía o para visones.

La gelatina se elabora cociendo los tejidos ricos en colágeno en agua caliente; con este fin se emplean la corteza o piel del cerdo y los huesos. A su vez la gelatina se utiliza para la elaboración de otros productos cárnicos, empleándose también mucho en postres de gelatina, consomés, mermeladas, dulces, productos de repostería, diversos productos lácticos y helados. La industria farmacéutica emplea la gelatina en la elaboración de cápsulas, ungüentos, cosméticos y emulsiones. También se usa en la manufacturas de películas y papel fotográfico y en las industrias papelera y textil.

Tradicionalmente los intestinos animales se han utilizado como tripas comestibles para embutidos. Sin embargo, como se ha indicado en el capítulo 9, la mayoría se fabrican actualmente con tripas artificiales elaboradas a partir de la celulosa. Comercialmente se fabrican tripas comestibles de colágeno regenerado que reúnen características de las naturales y las artificiales. Las pieles animales constituyen la fuente del colágeno empleada para la elaboración de estas tripas.

Los tejidos grasos (tejido adiposo) procedentes de diversas partes de los animales de abasto se transforman en *grasas culinarias* comestibles. Estas grasas se *funden* (se separan de los tejidos que les sirven de soporte) a partir de los tejidos grasos mediante diversos tratamientos térmicos. Del tejido adiposo del cerdo se obtiene tocino y manteca fundidos que se emplean como grasas culinarias. Sirven para freír y ablandar ciertos alimentos, especialmente los de panadería, ya que la grasa se intercala en el alimento, de manera tal, que las proteínas y carbohidratos, al cocinarse, no originan una masa dura y continua. Si los tejidos grasos se funden a temperaturas bajas y la grasa fundida se separa por centrifugación, el residuo proteico restante se puede emplear como componente de la carne *lucheon.* Si la grasa funde a temperaturas elevadas, el residuo proteico restante, que se conoce como «chicharrones», se emplea en la elaboración de piensos animales.

Cualquier estudio acerca de los posibles usos de los subproductos comestibles tiene que ser necesariamente incompleto debido a que la creatividad e ingenio de los elaboradores de carne está generando continuamente más empleos prácticos de estos artículos. Las singulares propiedades y el valor nutritivo de estos subproductos cárnicos deben constituir un estímulo suficiente para que la industria cárnica continúe haciendo esfuerzos concertados para desarrollar productos nuevos y útiles.

TABLA 16-4.
Subproductos no comestibles obtenidos de los animales de abasto y principales aprovechamientos.

Subproducto en bruto	Subproducto procesado	Principal aprovechamiento
Piel (vacas y terneras)	Cuero	Muchos productos de cuero
	Gelatina	Cajas de papel, papel de lija, cartón piedra, aprestos
	Pelo	Fieltro, plaste, tapicería
Pieles de cerdo	Piel curtida	Productos de piel de cerdo
Piel de oveja	Lana	Textiles
	Piel	Productos de piel
	Lanolina	Cremas y pomadas
Grasas (vacuno mayor, terneras, corderos y oveja)	Sebo no comestible	Aceites industriales, lubrificantes, jabón, glicerina
(vacuno mayor, terneras, corderos, ovejas y cerdos)	«Tankage» *	Piensos para mamíferos y aves
	Chicharrones	
	Posos	
(cerdo)	Grasa fundida	Aceites industriales, piensos animales, jabón
Huesos	Hueso desecado	Gelatina Endurecimiento acero Refinado del azúcar (carbón animal)
	Harina de huesos	Piensos animales, fertilizantes
	Albúmina de sangre	Preparados de piel, apresto de tejidos
Pezuñas de vacuno	Aceite de pie de buey	Lubrificantes finos, preparados de piel
Glándulas	Preparados farmacéuticos	Medicamentos
	Preparados enzimáticos	Empleos industriales
Pulmones (de todas las especies)		Alimentos para animales de compañía

***N. del T.** — Es la mezcla de materiales, predominantemente grasos, que se procesan para obtener diversos productos (grasa, restos conectivos y óseos, etc.), empleados industrialmente.

SUBPRODUCTOS CARNICOS NO COMESTIBLES

En la tabla 16-4 se muestra una lista de algunos de los más importantes subproductos que pueden obtenerse de los animales de abasto. Los empleos de algunos de estos subproductos procesados son múltiples y en número casi ilimitado. Continuamente se están encontrando nuevos empleos para estos productos a la vez que otros productos no cárnicos van sustituyendo a los productos cárnicos existentes.

Cueros, pieles y pellejos

Clasificación. — Las pieles y cueros del ganado vacuno se clasifican basándose en su peso, sexo, madurez, presencia y localización de las marcas y método de curado.

TABLA 16-5.
Clasificación de las pieles de vacuno.

Origen	Peso* (kg)	Denominación
Feto		Piel de feto
Ternera	Menos de 4	Piel ligera de ternera
	4-7	Piel pesada de ternera
	7-11	Piel de novillo
	11-14	Cuero pesado de novilla
Vaca	14-16	Cuero ligero de vaca
	Más de 24	Cuero pesado de vaca
Novillo castrado	Menos de 22	Cuero extraligero de novillo
	22-26	Cuero ligero de novillo
	Más de 26	Cuero pesado de novillo
Toro	27-54 +	Cuero de toro
Añojo castrado		Se admite como cuero de novillo o de toro, dependiendo de sus características

FUENTE: Americam Meat Institute Foundation, *The Science of Meat and Meat Products* (W. H. Freeman, San Francisco. Traducida al español bajo el título *Ciencia de la Carne y de los productos cárnicos*. Editorial Acribia, Zaragoza (España).
*Directamente del animal.

Los cueros y pieles se clasifican técnicamente en *cueros, cuero de becerro* y *pieles;* tal clasificación tiene en cuenta el peso de la piel limpia (tabla 16-5). Los cueros proceden de animales maduros; los cueros de novillo de animales que no han alcanzado la madurez y las pieles de animales jóvenes como terneros. La presencia en la piel de marcas a fuego afecta negativamente su valor; por ello a los cueros así marcados se les conoce como «cueros de Colorado o de Texas», y a las que no presentan marcas como «cueros nativos». Cuando los cueros se obtienen en el matadero por desolladores expertos reciben el nombre de cueros de matadero normalizados. Los que proceden de desolladores inexpertos se denominan cueros camperos o rurales.

TABLA 16-6.
Clasificación de las pieles de oveja.

Clasificación	Categoría	Longitud de la lana (cm)
Piel de oveja esquilada	1	1,25-2,5
Piel de oveja esquilada	2	0,63-1,25
Piel de oveja esquilada	3	0,31-0,63
Piel de oveja esquilada	4	0,31
Piel de oveja esquilada en otoño	—	2,5-3,75
Piel de oveja con lana	—	3,75

FUENTE: La misma de la tabla anterior.

Las pieles de los lanares de las que no se ha separado aún la cubierta pilosa se conocen como pieles cargadas y se clasifican de acuerdo con la longitud de su lana, como indica la tabla 16-6. Una vez esquiladas se denominan simplemente pieles.

Constituye una práctica corriente el dejar la piel del cerdo en la canal hasta después de su refrigeración. La mayoría de las pieles del cerdo proceden de la separada de las regiones abdominal inferior y dorsal tras la refrigeración de la canal y obtención de los cortes comerciales.

Procesado. — Una vez que los cueros y pieles se han separado de la canal se procede corrientemente a cortar la que corresponde a las orejas, labios (hocico) y cola. La mayoría, una vez sufridas estas ablaciones, se conservan con ayuda de la sal común sólida o en forma de salmuera. Este tratamiento sólo busca el conservar las pieles evitando el deterioro bacteriano hasta que pueden tratarse adecuadamente en la tenería. El curado con sal consiste en espolvorear sal sobre la superficie interna de la piel, manteniendo los cueros en pilas o paquetes durante unos 30 días o más.

El procedimiento de la salmuerización se ha popularizado en los últimos años; en primer lugar se procede al lavado de la superficie interna del cuero para eliminar posibles suciedades, estiércol, etc., limpiando también el exceso de grasa y aun carne adheridos a la piel que se sumerge a continuación en un tanque o depósito que contiene salmuera a saturación. Con el fin de facilitar el curado los tanques van provistos de paletas giratorias que mantienen la salmuera en continuo movimiento. El curado exige unas 24 horas. Después las pieles se sacan del tanque, se dejan escurrir y se empaquetan para su envío a la tenería.

La eliminación del pelo de los cueros y de la lana de las pieles se efectúa en la fábrica de curtidos por inmersión en una solución de lejía. El proceso de curtido es muy variado y la forma específica de realizarlo depende del empleo que pretenda darse al producto terminado. Básicamente la fabricación de cuero se lleva a cabo mediante *curtido vegetal* o por *curtido al cromo*. La curtición vegetal o al tanino consiste en someter los cueros y pieles a la acción de una solución preparada a partir de cortezas y madera de árboles que contienen tanino. En la curtición al cromo se utiliza una solución de sulfato de cromo. El tanino o el cromo infiltra cada fibra de colágeno de la piel convirtiéndola en cuero. Después del curtido, el cuero se somete a otras operaciones adicionales para la obtención de características finales distintas. Entre tales operaciones se incluyen la tinción, lubricación, relleno, impregnación, doblado, revestimiento superficial, repujado y enlustrado.

Las pieles cargadas de los óvidos deben enfriarse una vez separadas de la canal; a continuación se pueden tratar con sal, dependiendo del tiempo que haya de transcurrir hasta su curtido. Después las pieles frescas o conservadas con sal, se lavan abundantemente con agua fría y a continuación se elimina el exceso por centrifugación. La lana se separa de la piel impregnándola con una mezcla o pasta que contiene sulfuro sódico y cal, dejándolas colgadas durante unas 24 horas. Este tratamiento ablanda la raíz de la lana que de esta manera se desprende fácilmente de la piel. La lana se selecciona y clasifica a medida que va siendo desprendida. A continuación, las pieles se tratan con una solución de un sulfuro alcalino que disuelve la lana residual. Después de este tratamiento los residuos químicos se eliminan mediante un intenso lavado. Más tarde las pieles se tratan con sales amónicas y enzimas pancreáticos para eliminar el material proteico extraño; se lavan una vez más y, a continuación, se les da un tratamiento conservador sumergiéndolas en una solución de sal y ácido sulfúrico. Después de escurridas se clasifican y se encuentran en condiciones de envío a la fábrica de curtidos.

Las pieles de terneras y cerdos generalmente se separan de la canal después de la refrigeración. A continuación se curan con sal sólida o con salmuera para conservarlas hasta su envío a la curtición.

Lana y pelo. — Aunque la mayoría de la lana producida en este país procede del «esquileo» de las ovejas, la procedente de las pieles de matadero constituye un importante subproducto de estos establecimientos. A medida que la lana se separa manualmente de la piel va siendo clasificada. Si bien existen diversos sistemas de clasificación, la lana se categoriza generalmente atendiendo a su limpieza y a la longitud y finura de la fibra. Después de obtenida y clasificada, la lana se lava, escurre y seca y se envía a las fábricas textiles. La lana procedente de mataderos puede emplearse en la fabricación de mantas, fieltros, alfombras y telas; en otras palabras, en todos aquellos artículos que se elaboran con la lana de «esquileo». Las telas pueden elaborarse exclusivamente con lana o ésta puede emplearse mezclada al algodón o a las fibras sintéticas.

El procesado de la lana origina a su vez otros subproductos de interés comercial. Uno de los más conocidos es la lanolina, grasa refinada de la lana que se obtiene durante el lavado de la última. La lanolina constituye la base de muchos ungüentos y productos de cosmética.

El pelo del vacuno y de los cerdos se ha utilizado mucho para el acolchado de ciertos muebles, para rellenar alfombras, como aislante y para cepillos. Sin embargo, estos usos del pelo están disminuyendo mucho a causa de la fuerte competencia de los productos sintéticos. Debido a ello, la eliminación del agua de arrastre del pelo resulta cada vez un problema más grave.

Sebos y mantecas

Las grasas no comestibles se clasifican como sebo o manteca, basándose fundamentalmente en su *título*, que es el punto de congelación o solidificación de los ácidos grasos de la grasa. Cualquier grasa cuyo título sea superior a 40 °C se clasifica como sebo; la manteca es la grasa cuyo título es menor de 40 °C. La mayoría de las grasas de bóvido y óvido son sebos; la de cerdo se clasifica como manteca.

La materia prima de los sebos y mantecas no comestibles la constituyen los animales muertos durante el transporte al matadero, los decomisos animales totales o parciales y los recortes y desperdicios de los establecimientos de venta (mercados, carnicerías, etc.), hoteles y restaurantes. Sin embargo, una gran porción de la grasa no comestible producida por la industria cárnica procede de la grasa comestible que, como tal, podría tener un buen mercado potencial.

La mayoría de las grasas no comestibles se elaboran mediante el *proceso de fusión en seco.* Los tejidos grasos se trituran y se llevan a un tambor cilíndrico de doble pared calentado por vapor de agua y que está dotado de un sistema de agitación de paletas. La fusión puede tener lugar a presión atmosférica, a gran presión o bajo vacío parcial. Se rompen las células grasas y la grasa fundida se separa de los tejidos que le sirven de soporte. Cuando se ha liberado suficiente humedad, la mezcla se filtra o tamiza para eliminar los chicharrones del sebo o manteca fundidos.

Los productos obtenidos de los sebos y mantecas fundidos han encontrado muchas aplicaciones. Bajo la acción de ácidos o bases estas grasas se escinden originando glicerina y ácidos grasos. La glicerina se emplea en la fabricación de productos farmacéuticos, explosivos, cosméticos, materiales de envoltura transparente, pinturas y muchos otros artículos. Del mismo modo, los ácidos grasos tienen muchas aplicaciones industriales, tales como fabricación de jabones y detergentes, agentes humectantes, insecticidas y herbicidas, aceites, pinturas, lubricantes e incluso como aditivos del asfalto.

La industria de piensos compuestos utiliza grandes cantidades de sebos y mantecas estabilizados no comestibles. Las grasas en los piensos disminuyen su tendencia a originar polvo, los hacen más apetitosos y facilitan el proceso de «pelletización». También añaden energía al pienso. Las grasas empleadas en alimentación animal se estabilizan frente al enranciamiento mediante la adición de antioxidantes tales como butilhidroxianisol (hidroxianisol-butilado) o BHA y butilhidroxitolueno (hidroxitolueno butilado) o BTH, durante la refrigeración que sigue al proceso de fusión.

Piensos animales y fertilizantes

La mayoría de las grandes industrias cárnicas disponen de una sección de aprovechamiento de los materiales no comestibles producidos durante las operaciones de carnización; independientemente las secciones de fusión de grasas recogen y procesan los materiales procedentes de aquellos mataderos e industrias que no disponen de tales secciones. Los productos finales de estas plantas son grasas y sustancias proteicas. Después de separadas de las grasas las sustancias proteicas se desecan y muelen. Estos productos proteicos concentrados son muy valiosos y se utilizan como suplementos proteicos en piensos para cerdos, aves y animales de compañía.

La industria de alimentos para animales de compañía se ha desarrollado muy rápidamente y emplea grandes cantidades de subproductos cárnicos selectos; artículos tales como hígado, bazo, pulmón, harina de carne, carne de caballo y productos cereales se emplean para la fabricación de alimentos desecados, de humedad intermedia y enlatados para gatos y perros.

Se elabora sangre en polvo (harina de sangre) coagulando la sangre fesca con vapor de agua, escurriendo la porción líquida y desecando el coágulo. Esta harina de sangre es una buena fuente proteica y se utiliza como ingrediente de los piensos. La harina de sangre se emplea muchísimo en la formulación de piensos para la piscicultura comercial. La harina de carne (materiales proteicos obtenidos en la fusión de grasas no comestibles) y ciertos despojos, como el hígado, se utilizan también en los piensos para peces.

La harina de huesos al vapor se elabora cociéndolos con vapor de agua bajo gran presión para eliminar la grasa y carne que puedan llevar. Después de este tratamiento, los huesos desecados se muelen y se aprovechan como fuente de calcio y fósforo en la suplementación de los piensos.

La utilización de los subproductos animales como fertilizantes, se limita casi completamente a la fabricación de fertilizantes especiales para empleo en jardinería, lo que representa una proporción muy pequeña de la industria de abonos.

Cola

Química y fisiológicamente, la gelatina y la cola son muy parecidas. La materia prima a partir de la que se elabora la gelatina la componen las pieles y cueros, tejido conectivo, cartílagos y huesos de los animales de abasto. A partir de estos materiales puede obtenerse cola mediante calentamientos sucesivos en agua, bajo condiciones específicas de temperatura. La cocción en agua de estos materiales convierte su colágeno en gelatina. Los extractos se concentran, desecan y trituran. La cola tiene múltiples aplicaciones en las industrias maderera, del papel y textil, y su elaboración se remonta a hace 3.000 años, fecha en que ya la utilizaban los ebanistas egipcios. La albúmina sanguínea (obtenida del plasma sanguíneo después de separados los eritrocitos) se emplea ahora para la obtención de un adhesivo, la mayor parte del cual se utiliza en la fabricación de chapa y placas de madera.

Medicamentos

Las glándulas endocrinas de los animales segregan hormonas que ejercen efectos específicos en las funciones fisiológicas. Tales sustancias, una vez extraídas de las glándulas endocrinas son de gran valor para tratar ciertos desórdenes y enfermedades, tanto del hombre como de los animales.

Algunas de las glándulas endocrinas se separan de la canal durante la carnización y se refrigeran y congelan inmediatamente. Una vez congeladas se envían a las fábricas de productos farmacéuticos donde se someten a procesos de extracción, concentración y purificación para preparar productos terminados que emplea la profesión médica.

En los apartados siguientes se señalan algunos ejemplos de tejidos y órganos animales que proporcionan productos farmacéuticos útiles. La situación de las distintas glándulas endocrinas se muestra en la figura 4-13.

GLÁNDULAS

Adrenales. — La *epinefrina* se extrae a partir de la médula adrenal, mientras que los extractos adrenocorticales proceden de la corteza adrenal de las glándulas anterrenales (adrenales) del vacuno, cerdos y lanares. La epinefrina se emplea para estimular el corazón y en el tratamiento del asma bronquial. Los extractos corticales son una fuente de hormonas esteroides empleadas para el tratamiento de las deficiencias en hormona adrenal.

Ovarios. — Los ovarios bovinos proporcionan *estrógenos* utilizados en el tratamiento de los síndromes menopáusicos, y progesterona que se emplea para prevenir el aborto.

Páncreas. — Esta glándula produce *insulina* que se utiliza como paliativo en el tratamiento de la diabetes. A partir del páncreas también se obtiene *tripsina*, que se emplea para «licuar» y eliminar los tejidos necrosados, con accesos o infectados. La *quimotripsina* pancreática se usa también para la eliminación del tejido muerto de heridas y lesiones favoreciendo así su cicatrización.

Paratiroides. — El extracto de *hormona paratiroidea,* del paratiroides bovino, se utiliza para prevenir la gran rigidez muscular, y los temblores de aquellas personas que carecen de esta glándula o cuyo funcionamiento es anormal.

Hipófisis (pituitaria). — El lóbulo anterior de la hipófisis de vacunos, lanares y cerdos, produce y sirve de fuente de obtención de diversas hormonas, entre las que se encuentra la *hormona adrenocorticotrópica* (ACTH). Esta hormona estimula las adrenales y se utiliza para tratar diversos desórdenes asociados a una deficiencia en tal hormona, así como otras muchas enfermedades tales como artritis, fiebre reumática aguda y numerosas inflamaciones.

Testículos. — A partir de los testículos de los toros se obtiene *hialurodinasa,* que se emplea como «factor de difusión» combinada con otros medicamentos. Este enzima tiene la capacidad de penetrar fácilmente en el cuerpo celular y aumenta así el índice de distribución del medicamento con el que se haya suministrado intensificando su efecto.

Tiroides. — El tiroides desecado y su extracto, procedentes de vacunos y cerdos, se emplean para tratar aquellas personas que son deficitarias en las hormonas producidas por esta glándula. Las dos hormonas más importantes del tiroides son la *tiroxina* y la *calcitonina.*

TEJIDOS Y ORGANOS

Sangre. — Además de sus empleos industriales, la sangre proporciona muchos productos farmacéuticos. La *albúmina* bovina purificada se usa como reactivo para comprobar la presencia del factor Rh en la sangre humana, como estabilizador en vacunas y otros productos biológicos sensibles, en pruebas de sensibilidad a los antibióticos y en los medios de cultivo microbianos. La sangre es también una buena fuente de aminoácidos utilizados en la alimentación intravenosa de los pacientes de hospitales.

Hueso. — La harina de huesos purificada se emplea como fuente de calcio y fósforo en alimentación pediátrica.

Intestinos. — El intestino delgado de los óvidos se emplea en la elaboración de material de sutura quirúrgica de cortes y heridas. Dichas suturas se componen casi exclusivamente de colágeno que será digerido posteriormente por los enzimas corporales.

Hígado. — Los *extractos hepáticos* se utilizan en el tratamiento de la anemia perniciosa. Sin embargo, tal empleo ha decaído mucho como consecuencia del aislamiento, a partir del hígado, de la vitamina B_{12} y de su síntesis posterior. El *extracto biliar,* se obtiene de la bilis de los bóvidos y se emplea para aumentar la actividad secretora del hígado. Los extractos biliares también pueden emplearse para fabricar *cortisona,* una hormona esteroide adrenocortical con propiedades antiinflamatorias similares a las de la ACTH.

Pulmones. — A partir de los pulmones y del hígado puede obtenerse *heparina,* anticoagulante utilizado para prevenir la formación de trombos.

Médula espinal. — La médula espinal de los bóvidos constituye una fuente de *colesterol,* cuya principal utilización es la preparación de vitamina D.

Estómago. — La *renina* procedente del estómago de los terneros lactantes se emplea para cuajar la leche en la fabricación del queso. También puede adicionarse a la dieta infantil para ayudar a la digestión de la leche. De los estómagos del ganado de cerda se obtiene *mucina,* que se emplea para el tratamiento de las úlceras. A partir del estómago de los cerdos también se obtiene *pepsina* que se empleó en tiempos para ayudar a la digestión.

Esta relación de preparados, obtenidos a partir de tejidos animales, aùnque incompleta servirá para comprender la importancia de los animales y de la industria cárnica en la conservación de nuestra salud y bienestar.

BIBLIOGRAFÍA

American Meat Institute Committee on Textbooks, *Beef, Veal and Lamb Operations* (Institute of Meat Packing, University of Chicago), 4th Rev. ed., 1945.

American Meat Institute Committee on Textbooks, *By-Products of the Meat Packing Industry* (Institute of Meat Packing, University of Chicago), Rev. ed., 1953.

American Meat Institute Committee on Textbooks, *Pork Operations* (Institute of Meat Packing, University of Chicago), 6th Rev. ed., 1957.

Clemen, Rudolf A., *By-Products in the Packing Industry* (The University of Chicago Press), 1927.

Little, Arthur D., Inc., "Opportunities for Use of Meat By-Products in Human and Animal Foods," Report to Iowa Development Corporation, 1969.

Price, J. F. and B. S. Schweigert, *The Science of Meat and Meat Products* (W. H. Freeman and Company, San Francisco), 1971.

CAPÍTULO 17

Identificación de la carne

Este capítulo final está dedicado a la identificación de las grandes piezas y de los cortes para la venta de la carne de vacuno mayor, novillos, cerdos, lanares y aves. Los diagramas esqueléticos, los esquemas y las fotos de los cortes para la venta que se muestran en este capítulo permitirán al estudiante que los identifique de acuerdo con su localización anatómica. En la identificación de estos cortes, los principales factores a tener en cuenta son las estructuras esqueléticas y musculares, el tamaño del corte y el color de la carne magra.

El despiezado y la nomenclatura normalizados de los cortes, tanto grandes como para la venta, son prerrequisitos indispensables para un buen mercado y utilización de la carne. Puesto que los distintos cortes varían en composición y blandura, los cortes magros se separan de los grasos, los más tiernos de los duros y los gruesos de los delgados. Los cortes más blandos proceden del lomo y costillar que contienen los músculos empleados para sostener a los animales. En comparación, los músculos de las extremidades, que contienen la musculatura utilizada en la locomoción, son más duros. La porción abdominal de una canal de cerdo constituye un corte graso por lo que debe separarse de los magros: pernil, lomo, espaldar.

Un hecho característico de las canales de vacuno mayor, novillo, cerdo y oveja es el color de su carne magra. Generalmente, la de vacuno es rojo cereza brillante, la de cerdo ligeramente rosa-grisácea, la de novillo rosa marrón y la de oveja de rojo pálido a rojo ladrillo. La carne de aves presenta un color generalmente rojo-gris suave a rojo pálido, pero en este caso el color rara vez se emplea como criterio de identificación.

En la figura 17-1 se muestran unos diagramas del esqueleto de bóvidos, cerdos y ovejas; mientras que en la tabla 17-1 presentamos los nombres anatómicos y vulgares de los huesos principales. Los nombres de los huesos son los mismos para las canales de las tres especies, pero la forma de preparación determina que en las canales de bóvidos sea mayor el número de huesos separados de las extremidades anteriores y posteriores que en el caso de canales de cerdo u óvidos. De otro lado, durante la carnización

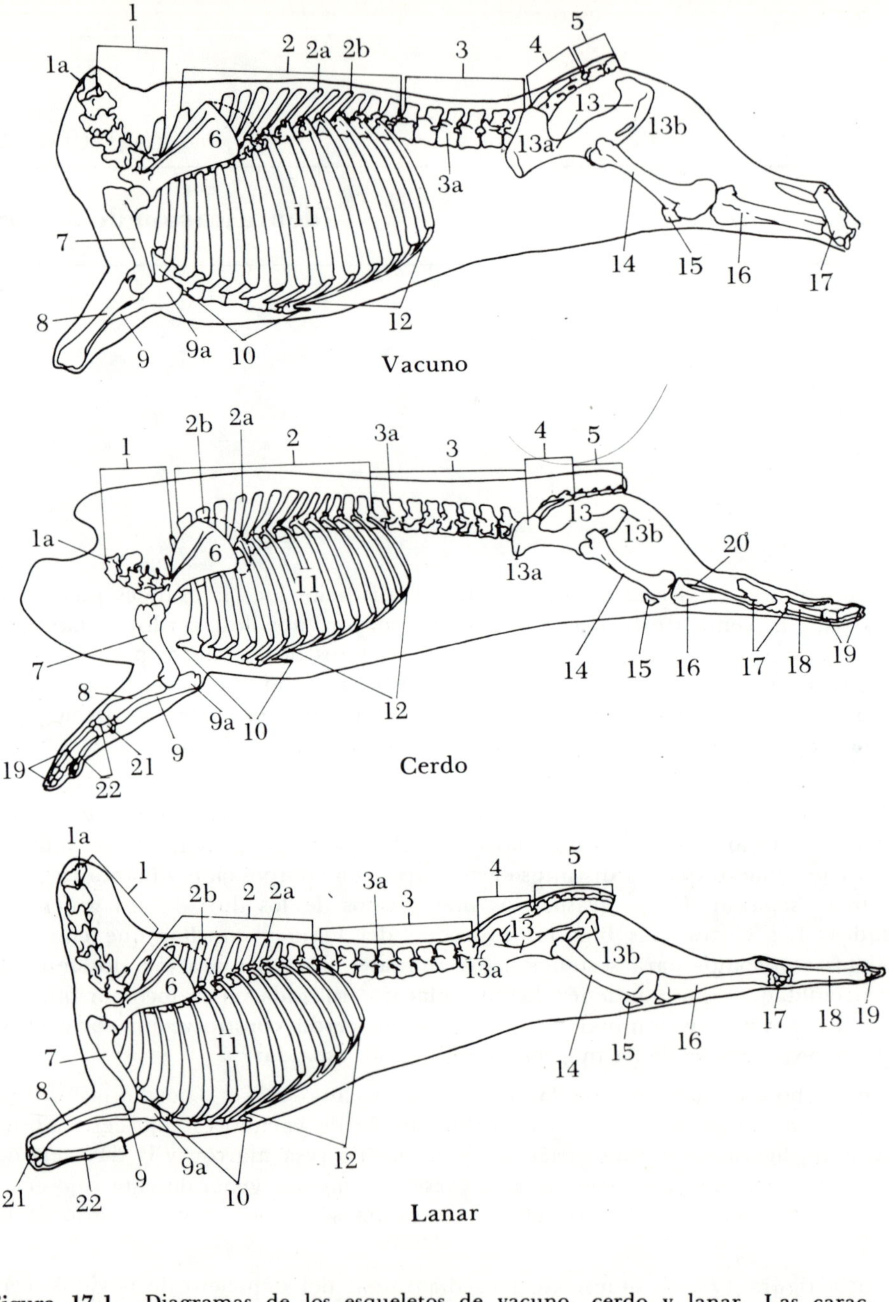

Figura 17-1. Diagramas de los esqueletos de vacuno, cerdo y lanar. Las características anatómicas de los esqueletos de terneras y corderos son las mismas que las de la vaca y oveja, respectivamente. En la tabla 17-1 se señalan los nombres comunes y anatómicos de los huesos. (Adaptado de *«Lessons on Meat»*, por cortesía del «National Stock and Meat Board»).

TABLA 17-1.

Términos anatómicos y vulgares empleados para designar los huesos de las canales de vacunos, cerdos y lanares*.

Huesos número (ver fig. 17-1	Nombre anatómico	Nombre vulgar**
1	Vértebras cervicales	Huesos del cuello
1a	Primera vértebra cervical	Hueso de la nuca
2	Vértebras torácicas	Espinazo anterior
2a	Apófisis espinosas	Espinas anteriores
2b	Cartílago de las apófisis espinosas	Cartílago de la espina
3	Vértebras lumbares	Espinazo trasero
3a	Apófisis espinosas	Espinas posteriores
4	Vértebras sacras	Huesos sacro
5	Vértebras coxígenas	Huesos del rabo
6	Escápula	Paleta o escápula
7	Húmero	Hueso del brazo
8	Radio	Radio (Huesos del brazuelo)
9	Cúbito	Cúbito (Huesos del brazuelo)
9a	Apófisis olécranon	Hueso del codo
10	Esternón	Esternón
11	Costillas	Costillas
12	Cartílagos costales	Costillas blandas
13	Pubis	Hueso de la nalga
13a	Ilion	Hueso de cadera
13b	Isquion	Hueso del anca
14	Fémur	Fémur (hueso del muslo)
15	Rótula	Rótula
16	Tibia	Tibia
17	Huesos del tarso	Huesos del jarrete
18	Metatarsiano	Caña
19	Huesos falangianos	Huesos del pie
20	Peroné	Peroné
21	Huesos carpianos	Huesos de la rodilla
22	Huesos metacarpianos	Huesos de la mano (pie anterior)

*Los huesos de terneras y corderos son los mismos señalados para vacas y ovejas.

**Estos nombres varían de unas naciones a otras e incluso en un mismo país, de unas a otras regiones. (N. del T.)

se eliminan las porciones distales de las extremidades anteriores (manos) y posteriores (pies) de los óvidos pero no de los cerdos. Existen algunas diferencias en cuanto al número de huesos de estas tres especies; por ejemplo bóvidos y óvidos tienen 13 vértebras torácicas mientras que el número de las del cerdo oscilan entre 13 y 15. Los óvidos y cerdos tienen 7 vértebras lumbares y los bóvidos 6. Los cerdos tienen tibia y peroné, mientras que los rumiantes sólo presentan tibia.

Los nombres de los cortes del comercio frecuentemente guardan relación y derivan su nombre de los huesos que les sirven de soporte, así: costillas de asar, chuletas de costilla, filete de costilla, espalda para asar, pierna para asar, chuleta de pierna, costillas bajas, huesos del cuello, costillas de lomo, entrecot de costilla, costilla media (o central), medalla de lomo, bistec de lomo y chuleta de lomo.

En la figura 17-2 se muestra un diagrama del esqueleto de gallina. Muchos de sus huesos reciben los mismos nombres que los del vacuno, cerdo y lanar. Sin embargo, al compararlo con los esqueletos de los mamíferos se observa que en las gallinas y otras aves se han fusionado algunas de las vértebras del tronco: las cuatro últimas vértebras torácicas, las tres lumbares, las dos sacras y las cinco coxígeas se han fusionado entre sí para constituir un hueso rígido que se denomina *lumbosacro*. Dicho hueso proporciona rigidez al cuerpo durante el vuelo y permite a las aves caminar so-

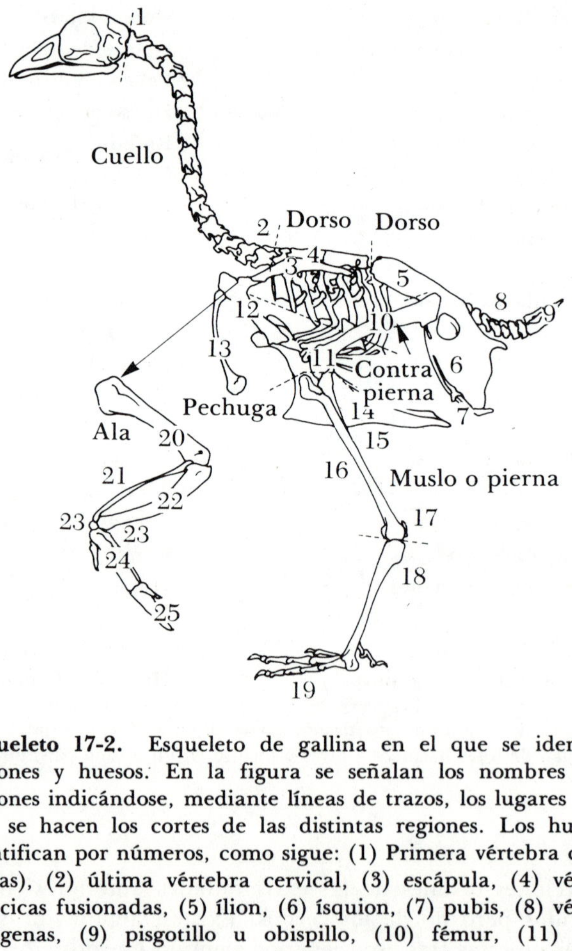

Esqueleto 17-2. Esqueleto de gallina en el que se identifican regiones y huesos. En la figura se señalan los nombres de las regiones indicándose, mediante líneas de trazos, los lugares por los que se hacen los cortes de las distintas regiones. Los huesos se identifican por números, como sigue: (1) Primera vértebra cervical (Atlas), (2) última vértebra cervical, (3) escápula, (4) vértebras torácicas fusionadas, (5) ílion, (6) ísquion, (7) pubis, (8) vértebras coxígenas, (9) pisgotillo u obispillo, (10) fémur, (11) rótula, (12) coracoides, (13) clavícula, (14) esternón, (15) peroné, (16) tibia, (17) sesamoides, (18) metatarso, (19) huesos de las patas (falanges), (20) húmero, (21) radio, (22) cúbito, (23) huesos carpianos, (24) huesos metacarpianos y (25) huesos de los dedos (falanges).

bre dos pies mientras el tronco se mantiene horizontal. La resistencia del dorso de los mamíferos, que es flexible, se debe a la combinación de una columna dorsal articulada con un complejo sistema de músculos que en ella se insertan. En las aves dicha columna es rígida y el sistema muscular que se inserta en la misma tiene un tamaño extraordinariamente reducido en comparación con el de los cerdos, vacunos y lanares. El esternón de las aves es el hueso más grande que poseen y no está segmentado como en los mamíferos. Las dos clavículas están fusionadas entre sí para dar lugar a la llamada clavícula ahorquillada, conocida vulgarmente como «horquilla» y como «quilla». Los mamíferos poseen siempre siete vértebras cervicales mientras que las aves tienen trece. Las gallinas poseen siete vértebras torácicas de las que cuatro están fusionadas formando un hueso único. Los rumiantes (bóvidos y óvidos) tienen trece vértebras torácicas y los cerdos un número variable.

Determinados puntos del esqueleto, como muestra la figura 17-3, sirven de guía para preparar el despiece de la canal. Por ejemplo, la espalda del vacuno y la espaldilla o paletilla de los óvidos se preparan separándolas del costillar completo mediante un corte entre la quinta y la sexta costilla. El delantero o espalda al estilo de Boston o *picnic* se prepara en el cerdo separándolo del lomo alto y del vientre a nivel de la segunda y tercera costilla.

Dado que la canal del cerdo es tan larga, no resulta práctico transportarla en una sola pieza desde el matadero hasta la sala de despiece u obrador del detallista; de ahí que se divida en medias canales y éstas en cuartos anteriores y posteriores (delanteros y traseros). Corrientemente, alrededor de la mitad de la carne de vacuno destinada a la venta al detall y a su consumo en hoteles, restaurantes y otras instituciones (HRI) la presentan o distribuyen los mataderos como *cortes primarios* o *subprimarios (primal* o *subprimal cuts).* Un corte primario o básico sería una pieza grande de carne, tal como el costillar completo de un vacuno, y uno subprimario serían las costillas para asar que se preparan a partir del primero. Normalmente estos cortes suelen envasarse al vacío, colocarse en cajas y expedirse como «carne en caja». Las canales de lanares y terneras son lo suficientemente manejables como para manipularse sin dividirlas en medias canales. En ocasiones estas canales se dividen en cuartos delanteros y traseros e incluso en cortes para la venta con el fin de facilitar su comercialización. Las canales de los cerdos se dividen en medias canales que, como tales, pueden transportarse fácilmente pero otras veces esto no ocurre; ello se debe a que muchos productos del cerdo, tales como jamones curados y ahumados, bacon, embutidos y tocino se elaboran en el propio matadero. Por ello, generalmente, los vendedores o expendedores al detall frecuentemente reciben estas canales troceadas en forma de cortes primarios o, incluso, de cortes para detallar. En la tabla 17-2 se muestran los rendimientos de cortes grandes (primarios) de vacas, terneras, ovejas y cerdos.

En ocasiones, los cortes primarios se despiezan de forma distinta a como se muestra en la figura 17-3. Esto se realiza con fines específicos. Por ejemplo, la espalda del vacuno puede cortarse de forma tal que contenga el brazo y el morcillo anterior. Muchos de estos cortes especiales están parcial o totalmente deshuesados. Estos grandes cortes deshuesados se preparan en forma de filetes, chuletas o cortes especiales para asar para el comercio HRI. Prescindiremos del estudio detallado, de la nomenclatura y especificaciones de estos cortes. Sin embargo, el estudio de la estructura muscular y (hasta cierto grado) ósea que se señala más adelante en este capítulo servirá de guía para la identificación de los cortes HRI y para su localización o situación ana-

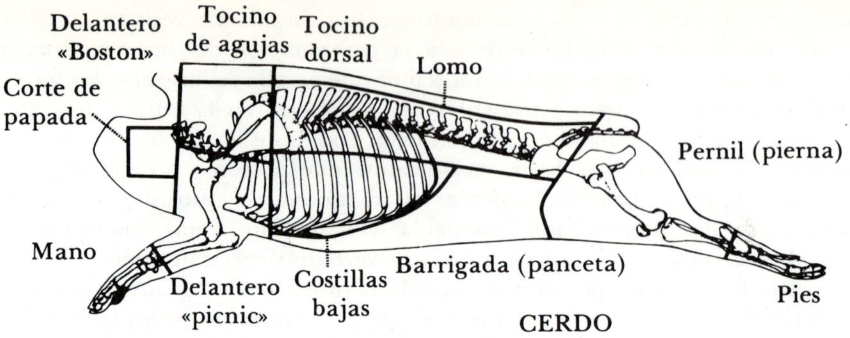
Delantero «Boston»
Tocino de agujas
Tocino dorsal
Lomo
Corte de papada
Pernil (pierna)
Mano
Delantero «picnic»
Costillas bajas
Barrigada (panceta)
Pies
CERDO

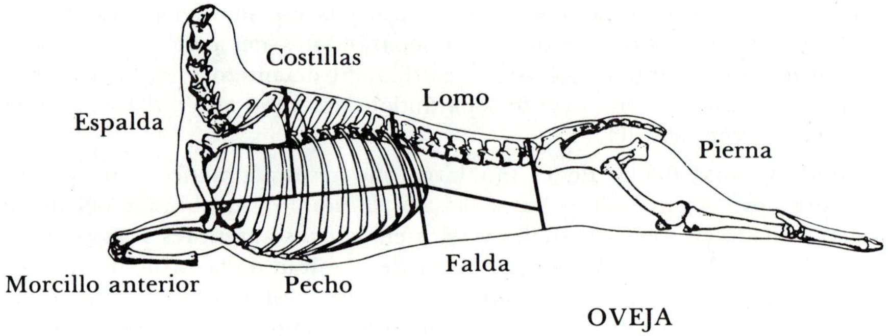
Costillas
Lomo
Espalda
Pierna
Morcillo anterior
Pecho
Falda
OVEJA

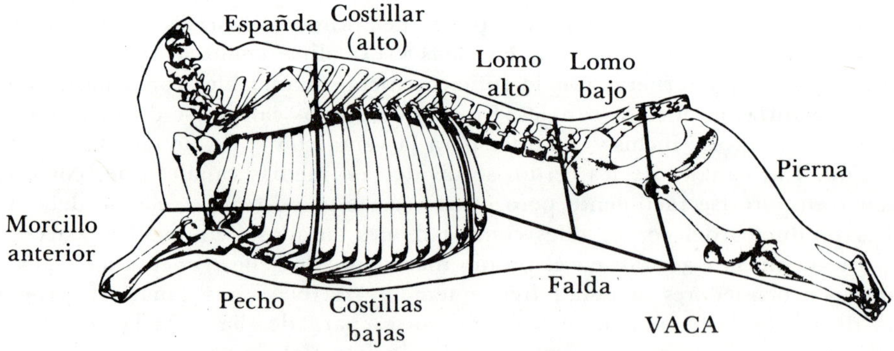
Espaňda
Costillar (alto)
Lomo alto
Lomo bajo
Pierna
Morcillo anterior
Pecho
Costillas bajas
Falda
VACA

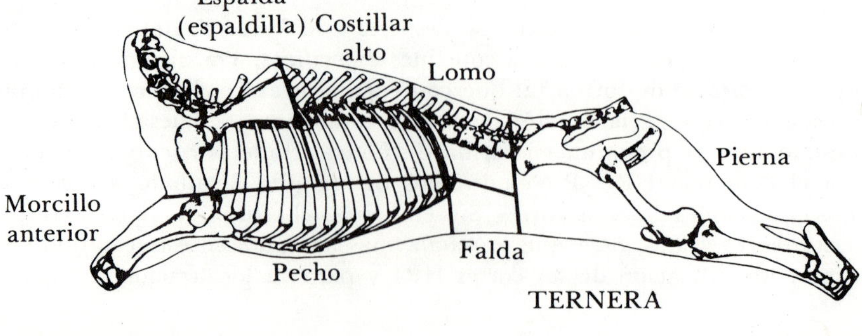
Espalda (espaldilla)
Costillar alto
Lomo
Pierna
Morcillo anterior
Pecho
Falda
TERNERA

TABLA 17-2.

Rendimientos aproximados de cortes primarios de canales de vacuno mayor, tenera, ovinos y cerdos*.

Corte primario	Porcentaje	Corte primario	Porcentaje
	VACUNO MAYOR		
Cuarto posterior (48 %)		Cuarto anterior (52 %)	
Pierna	23	Espalda	26
Lomo	17	Costillar	9
Falda	5	Brazo	4
Riñón y grasa de riñonada	3	Pecho	5
		Costillas bajas	8
	TERNERA		
Espalda	28,0		
Costillar	7,3		
Lomo	7,7		
Pierna	34,0		
Morcillo anterior	3,8		
Pecho y costillas bajas	13,4		
Riñón y grasa de riñonada	5,8		
	OVINO		
Cuartos traseros (50 %)		Cuartos delanteros (50 %)	
Pierna	39	Espalda	26
Lomo	7	Costillar	9
Falda	2	Morcillo anterior	5
Riñón y grasa de riñonada	2	Pecho	10
	CERDO**		
Pernil	21		
Lomo	18		
Delantero «Boston»	6,6		
Delantero «Picnic»	8,8		
Barrigada (panceta)	17,3		
Costillas altas	3,8		
Papada	3,0		
Manos, cola y huesos cervicales	6,0		
Tocino dorsal, de agujas y otros recortes grasos	11,2		
Recortes magros	4,3		

*Sin descuento por mermas de despiece.

**Preparado al estilo de «planta empaquetadora», sin «tela» grasa.

Figura 17-3. Esquemas de canales de cerdo, oveja, vaca y ternera en los que se muestran los cortes primarios en relación con el esqueleto (Cortesía de «National Live Stock and Meat Board»).

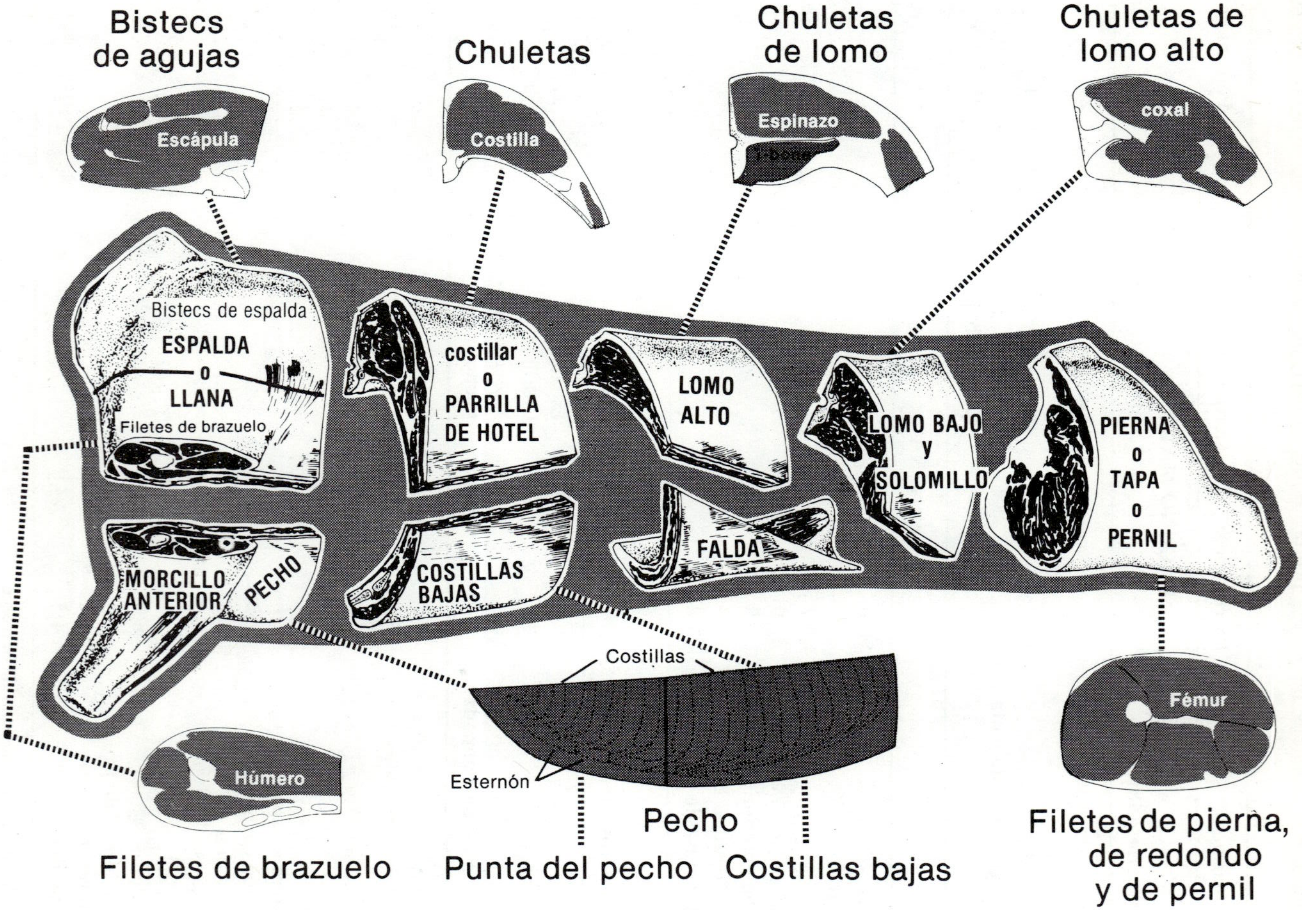

Figura 17-4. Los siete cortes primarios básicos obtenidos de las canales de vaca, ternera, cerdo y oveja. Como ejemplo se utiliza una semicanal vacuna. (Cortesía de «National Live Stock and Meat Board», Chicago, Illinois).

tómica. Las referencias que se señalan al final de este capítulo contienen detalles y direcciones para llevar a cabo estos cortes.

Las aves se venden al consumidor como canales completas, en mitades, en cuartos o en forma de cortes variados. Para la preparación de cuartos debe hacerse un corte en la separación entre la porción anterior (delantera) y posterior (trasera) (figura 17-2). El cuarto trasero (cuarto de carne roja) comprende el muslo, la contrapierna y la porción posterior dorsal. El cuarto delantero (cuarto de carne blanca) comprende la pechuga, el ala y la porción dorsal anterior.

Muchos cortes para la venta al detall reciben los mismos nombres que los primarios de los que proceden. Entre ellos se incluyen la mayoría de los cortes al detall que se muestran en las figuras 17-5 a 17-15. Puesto que el nombre del corte al detall es el mismo que el del primario, éste constituye una clave tanto para el nombre de aquél como para su localización anatómica.

El que un corte para la venta se llame asado (para asar) o filete, depende fundamentalmente de su grosor y del método culinario que se recomiende. Los asados son, generalmente, más gruesos que los filetes y especialmente más que las chuletas. Los filetes y asados proceden generalmente del vacuno. Los cerdos y terneras proporcionan asados, filetes y chuletas; los óvidos asados y chuletas.

Durante su preparación para satisfacer los gustos del consumidor, los distintos cortes pierden cantidades considerables de hueso y grasa. Si los cortes contienen al menos parte de los huesos señalados en la figura 17-4 se identifican fácilmente. Esencialmente son siete los cortes básicos de la canal: la espalda, el brazo o brazuelo, las costillas, el lomo alto, el lomo bajo, la pierna y el pecho. Los cortes al detall procedentes de estas áreas básicas son comunes a vacas, terneras, cerdos y óvidos. Los cortes más variables de estas canales son probablemente los del pecho a causa de los métodos de despiece para la venta al detall. Así, en ovejas y terneras el pecho se presenta como pieza única o se divide en diversos cortes para el menudeo. En el vacuno mayor el pecho se divide en dos piezas, el pecho y las costillas bajas; éstas a su vez pueden dividirse en cortes todavía menores. Las faldas de vacuno, ternera y oveja corrientemente se venden como carne picada. El pecho y la panceta del cerdo se presentan como una pieza que dará el bacon una vez separadas las costillas bajas.

Cuando los cortes para la venta se presentan deshuesados el reconocimiento de la estructura muscular constituye un medio de identificación importante. En las figuras 17-5 a 17-11 se muestran fotografías de los cortes deshuesados para venta al detall más corrientes, junto con los cortes primarios sin deshuesar de las siete regiones fundamentales.

En la figura 17-5 se muestran los cortes al detall procedentes del pecho. En el diagrama pequeño se muestran el esternón, las costillas y los cartílagos costales y también en las áreas sombreadas de los diagramas de las canales. Los principales detalles a observar en los diagramas y fotografías son: (1) la similitud de contorno del pecho deshuesado de vacuno mayor, pecho de ternera, pecho de oveja y costillas bajas de cerdo, 2) la semejanza de los huesos del costillar bajo del cerdo y del pecho de ternera y oveja, 3) las capas alternantes de tocino (grasa) y magra en las lonchas de bacon, costillas bajeras de vacuno y pecho bajo de ovinos y 4) la presencia de músculo diafragmático en pecho de lanares y costillas bajeras de cerdo y su ausencia en el pecho de ternera, prueba que se ha eliminado en el corte de la última especie.

El despiece del brazuelo se muestra en la figura 17-6. Estos cortes contienen el húmero y cortes transversales de las costillas. Los principales detalles que se deducen de las fotografías y diagramas de estos cortes son: 1) la semejanza en la estructura ósea y muscular del brazuelo para asar de vacuno mayor, ternera y cerdo y del filete de brazuelo de ovino, 2) la forma de los huesos en los cortes, la estructura muscular y las diferencias de tamaño de los distintos cortes y 3) la ausencia de costillas en los filetes de brazuelo de bóvidos y cerdo y la presencia de las mismas en las chuletas de costilla para asar y en las costillas bajas del vacuno.

La mayoría de los cortes de la espalda o plana se identifican por la presencia de la escápula o «paletilla» (figura 17-7). La escápula puede presentarse plana o presentar un saliente o borde cuya figura recuerda la del número 7, dependiendo de la procedencia del corte (del centro o de la región posterior del hueso). Los cortes de espalda de bóvidos y óvidos también pueden presentar costillas. Los del cerdo nunca tienen costillas ya que se eliminaron al separarse los huesos cervicales. Al deshuesar la espalda de los bóvidos se obtienen diversos tipos de cortes. Se muestran los tres más corrientes. Cada uno tiene una estructura muscular característica que ayuda a su identificación. El *mock tender* de los estadounidenses (musculatura súpero-central de la espalda) tiene una forma que recuerda la del solomillo.

Las características óseas para la identificación de los cortes para venta al detall de la zona del costillar, son las costillas y las vértebras torácicas (figura 17-8). Cuando se han separado todos los huesos, los cortes de los costillares se reconocen fácilmente por el aspecto del músculo del «ojo» de la costilla que se extiende a todo lo largo de la columna vertebral por costillas y lomo.

Los cortes sin deshuesar del lomo sólo contienen las vértebras lumbares con la excepción del vacuno, cuyo lomo, en su porción anterior, comprende una costilla (figura 17-9). La vértebra lumbar que se divide en dos porciones iguales al seccionar la canal a semicanales, como consecuencia de la forma de sus apófisis (espinosa y laterales) adopta aspecto de T, de ahí el nombre de *«hueso en T»* que le dan los estadounidenses.

Para la identificación de cortes del lomo, tanto con hueso como deshuesados, son muy importantes dos músculos: el *Longissimus* (músculo del «ojo» y el *Psoas* (solomillo). El tamaño del psoas del filete de vaca llamado *«porterhouse»* («chuletón de lomo») en Estados Unidos, es la característica fundamental que lo distingue del filete con hueso en T de la misma especie. Para poder clasificarse como «porterhouse» el diámetro central del psoas debe alcanzar los 3,2 cm como mínimo, mientras que si está comprendido entre 1,5 y 3,2 cm se denomina filete de T. El psoas es un músculo largo y delgado que se extiende a lo largo de la región lumbar (lomo bajo y solomillo). El diámetro de este músculo es mayor en la zona correspondiente al solomillo. Los filetes deshuesados del lomo alto se conocen corrientemente como filetes Kansas City, corte New York o filete de loncha.

Las formas de los huesos en los cortes de la región lumbar varían bastante como se aprecia en la figura 17-10. Un examen cuidadoso de los diagramas esqueléticos muestra que el corte en cuestión puede presentar vértebras lumbares o sacras y una parte del ílion. La forma de este último hueso en el corte determina el nombre que recibirá el filete: *wedge* (cuña); *round* (tapa); *flat* (plano) y *pinbone* (chuleta). Los filetes de ternera y las chuletas de ovinos y cerdos de la región lumbar se identifican únicamente como filetes o chuletas de lomo. El bistec de lomo de vacuno se prepara cortando y separando el tejido conectivo que une el ílion y las vértebras sacras que se separan del corte.

El lomo de vacuno, cuando se prepara sin huesos, da lugar al lomo bajo y solomillo deshuesados; tales cortes pueden identificarse de acuerdo con la estructura muscular, como se observa en las fotografías de la parte inferior de la figura 17-10.

En los cortes procedentes del centro de la pierna, tapa o pernil, sólo existe una porción o corte transversal de fémur (figura 17-11). Se trata de un hueso que, como aparece en los cortes, es cilíndrico y sólo podría confundirse con el húmero de los cortes de la espalda. Sin embargo, la estructura muscular de la pierna es completamente diferente de la de la espalda.

La pierna se divide, a menudo, en filetes de pierna alta, de pierna baja y de tapa. Sus estructuras musculares particulares constituyen características de identificación. La contrapierna en el vacuno mayor constituye un corte independiente (el *sirloin tip* de Estados Unidos), pero en terneros, ovinos y cerdos forma parte de los filetes de la pierna.

En las figuras 17-12 a 17-15 se muestran los cortes al detall de vacuno mayor, terneros ovinos y cerdos. Para ciertos cortes se señalan también los métodos culinarios recomendados. Si cada corte o pieza se cocinara y sirviera convenientemente, entonces el sacrificio animal estaría mucho más racionalmente justificado.

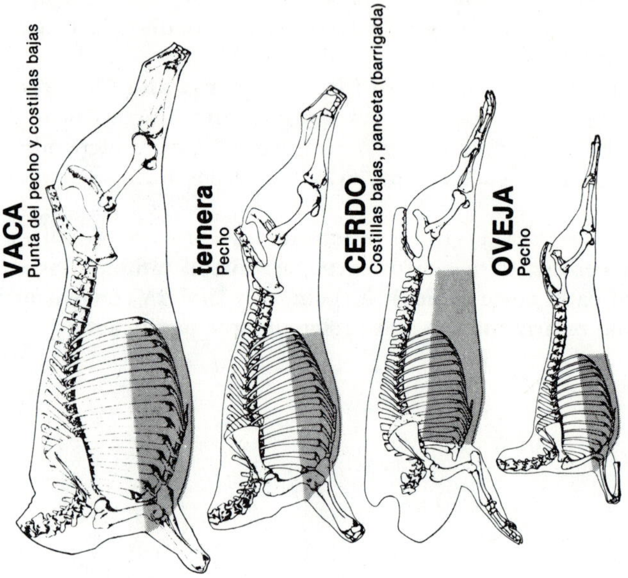

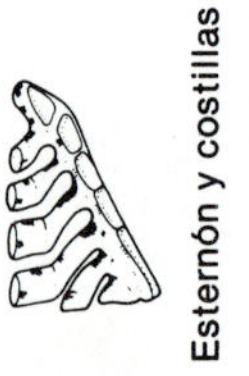

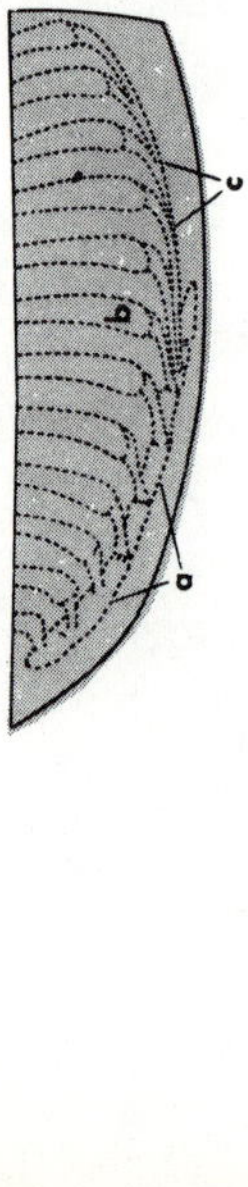

(a) Esternón
(b) Costilla
(c) Cartílagos costales

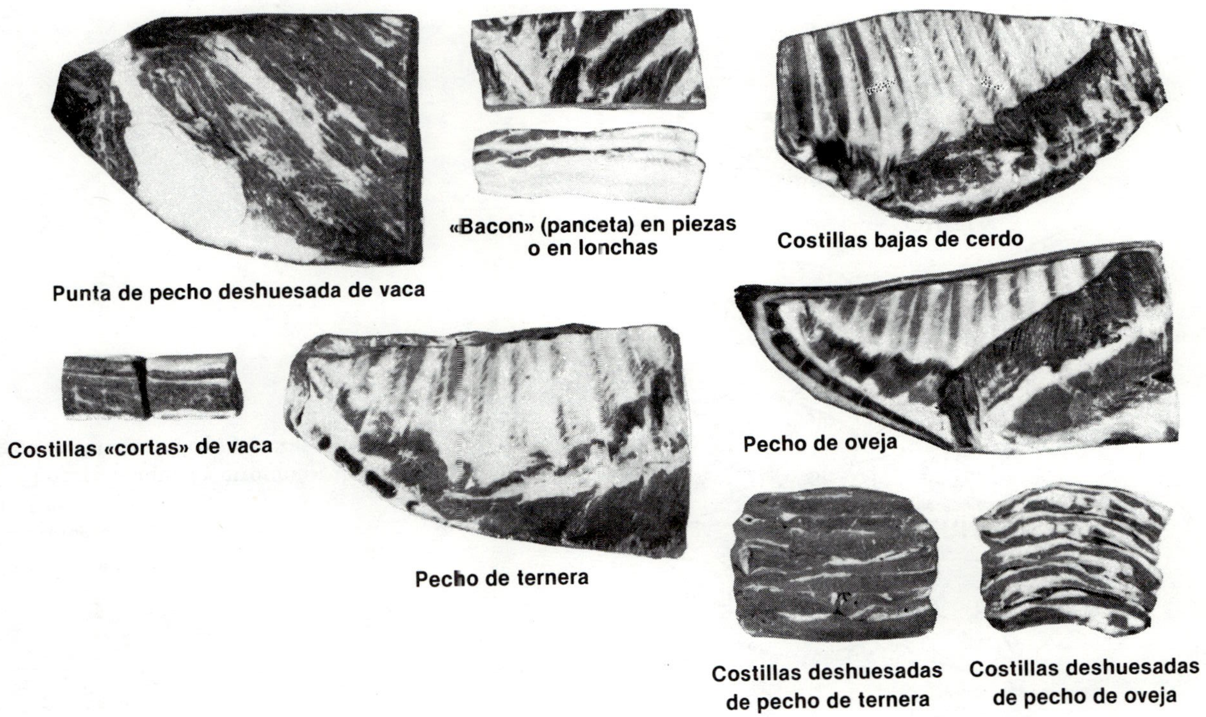

Figura 17-5. Cortes para la venta del pecho, punta del pecho y costillas bajas. (Cortesía del «National Live Stock and Meat Board», Chicago, Illinois).

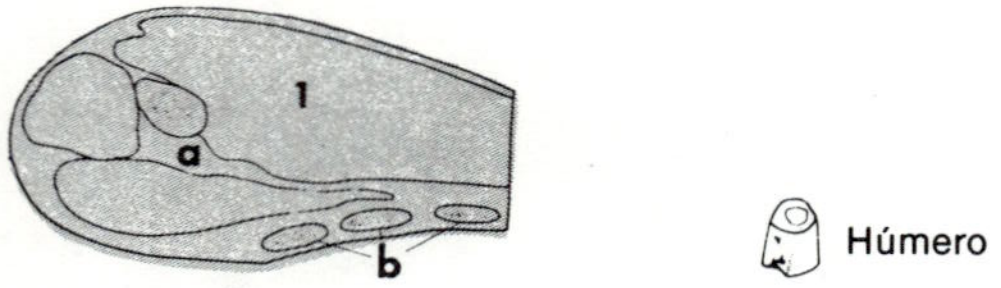

(a) Húmero
(b) Costilas
(1) Triceps braquial y otros músculos (A partir de esta región se obtienen filetes y piezas para asar).

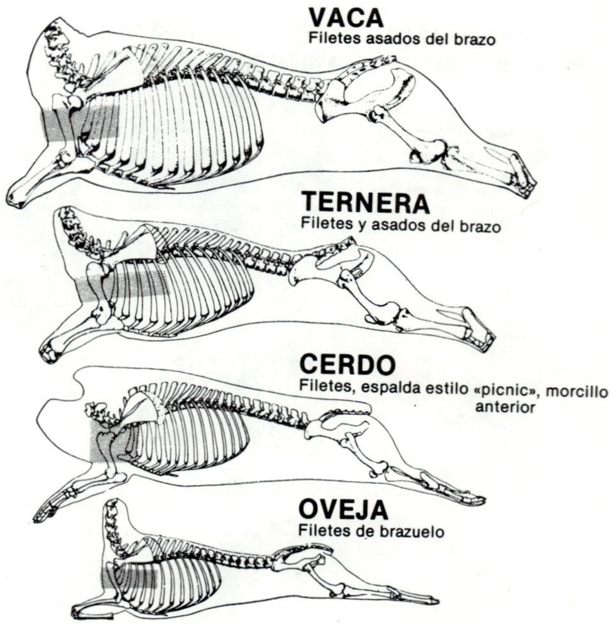

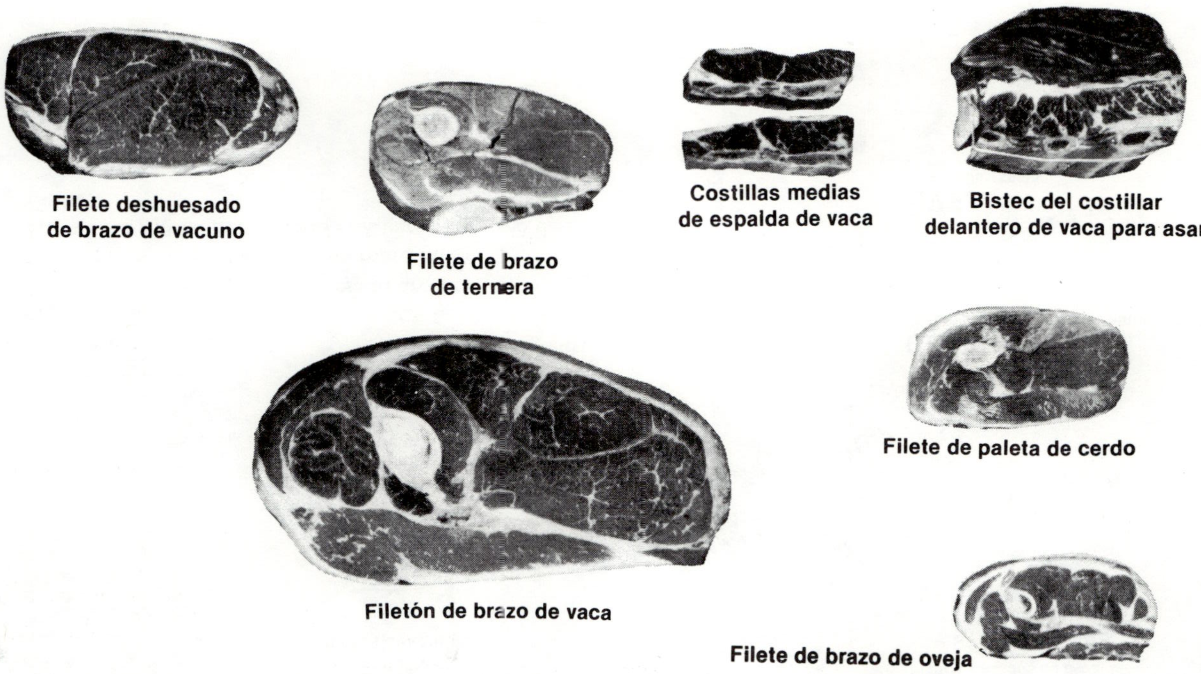

Figura 17-6. Cortes para la venta al detall del brazo (o brazuelo). (Cortesía del «National Live Stock and Meat Board», Chicago, Illinois).

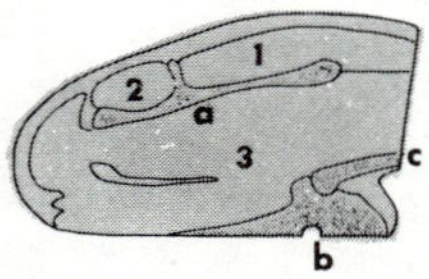

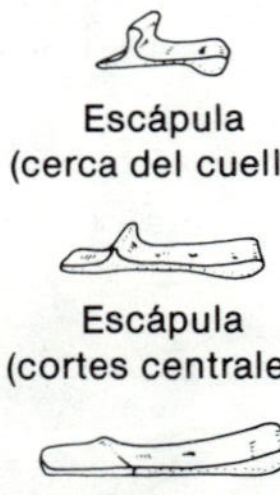

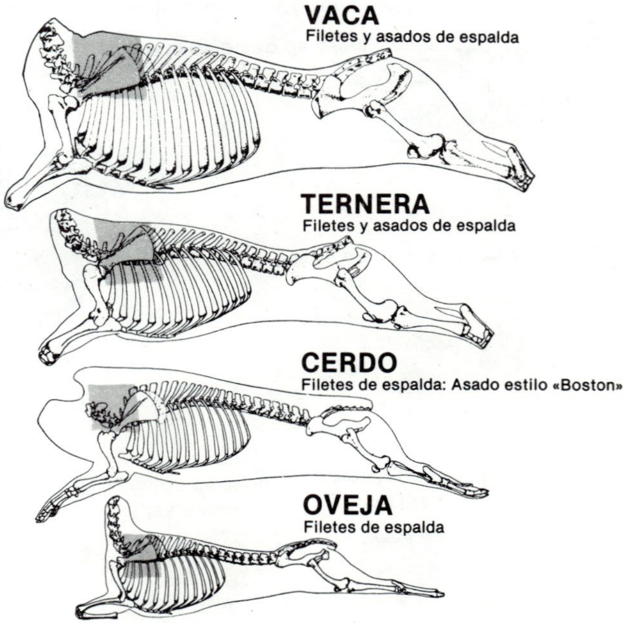

(a) Escápula ·
(b) Vértebra torácica
(c) Costilla
(1) Infraespinoso (filete deshuesado de llana)
(2) Supraespinoso (lomo delantero de vaca)
(3) Varios músculos, incluido el *Longissimus* (ojo de la costilla).

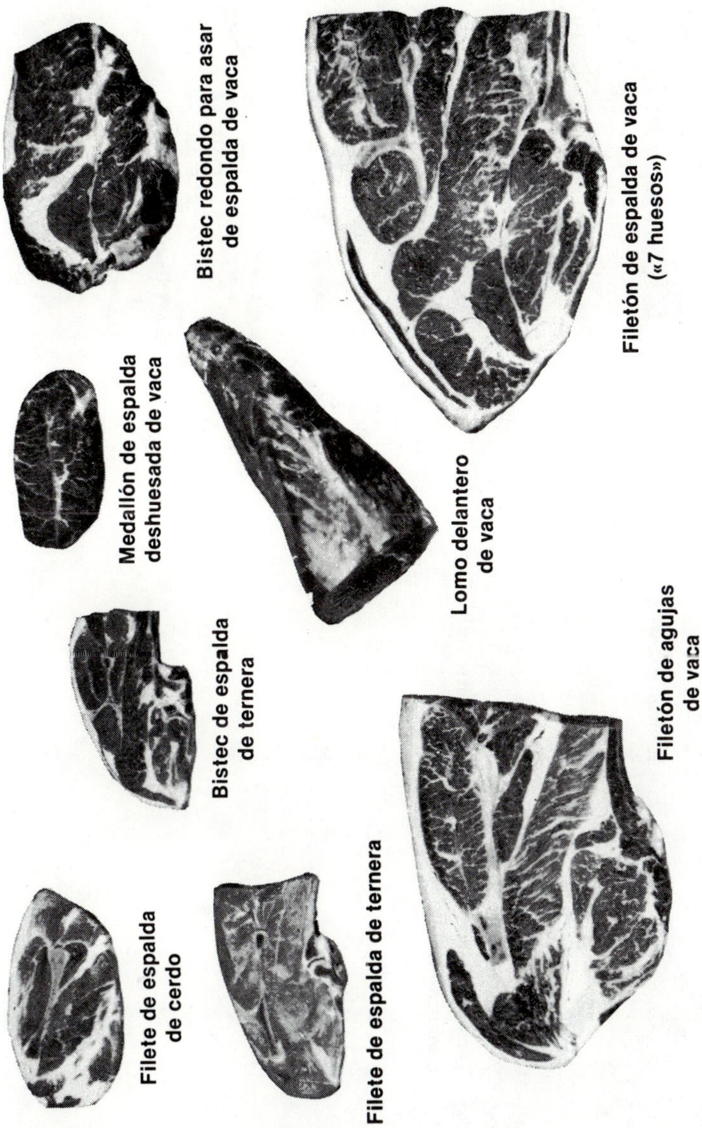

Figura 17-7. Cortes para la venta al detal de las agujas. (Cortesía del «National Live Stock and Meat Board», Chicago, Illinois).

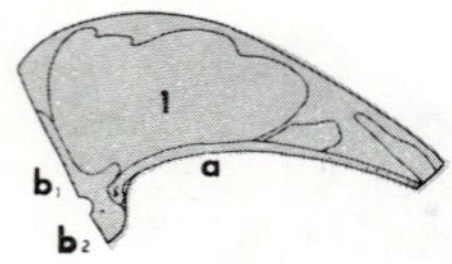

(a) Costilla
(b_1) Vértebra torácica (apófisis espinosa)
(b_2) Vértebra torácica (hueso del cuerpo vertebral)
(1) *Longissimus* (Ojo de la costilla)

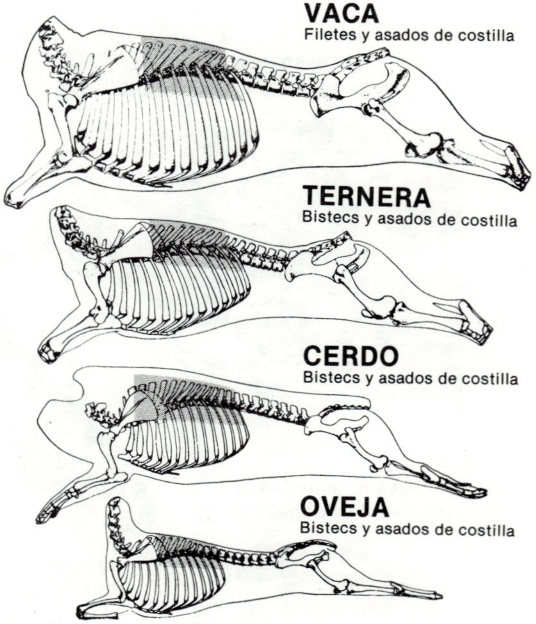

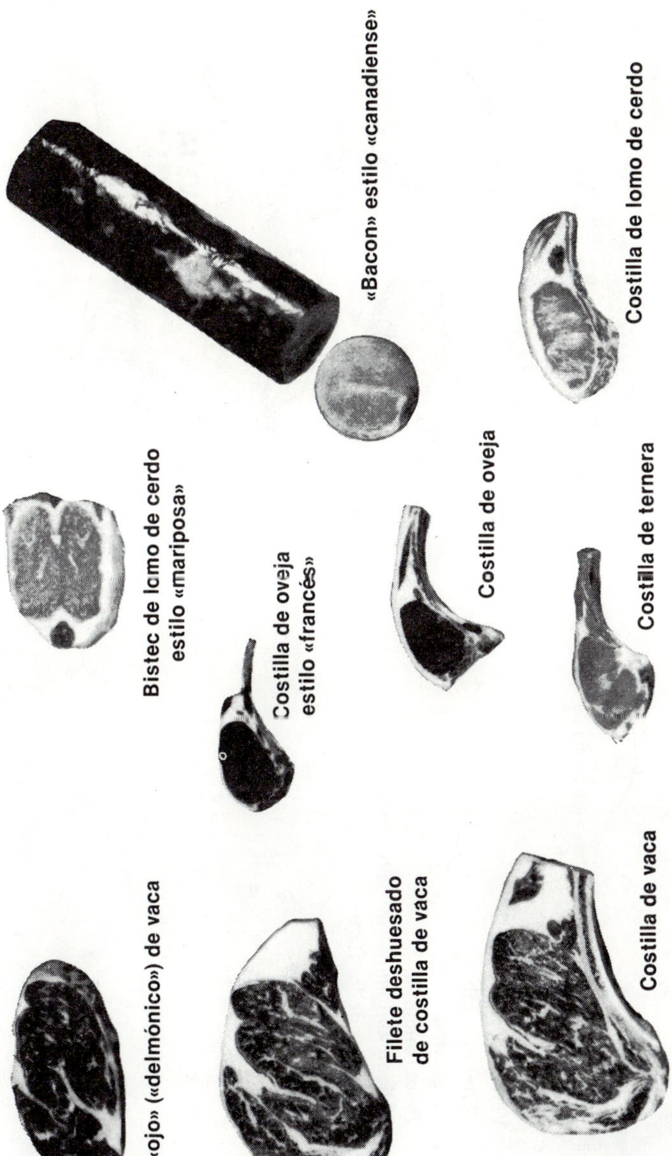

Figura 17-8. Cortes para la venta al detal del costillar alto. (Cortesía del «Live Stock and Meat Board», Chicago, Illinois).

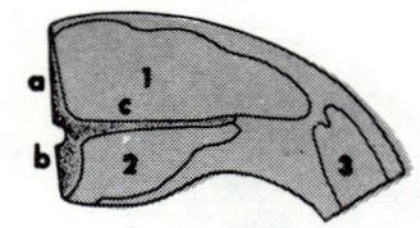

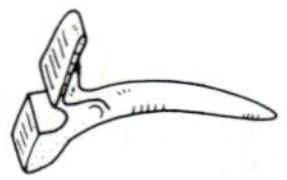

Vértebra (en forma de T), hueso en T

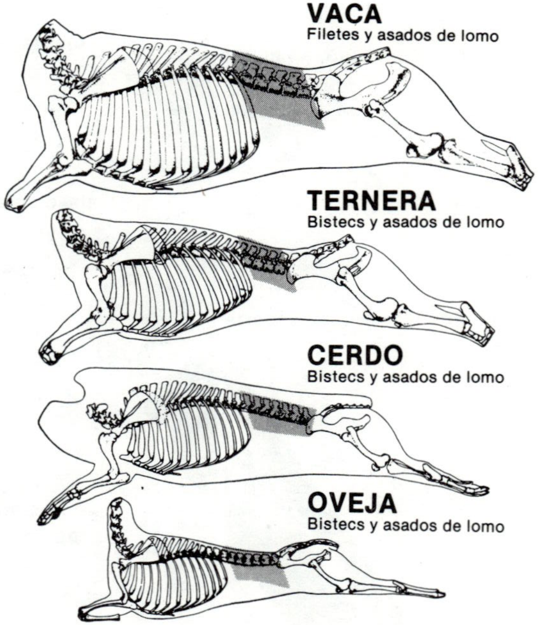

(a, b) Vértebras lumbares
(c) Vértebra lumbar
(1) *Longissimus*
(2) *Psoas* (solomillo)
(3) Oblicuo abdominal interno y externo (músculos de los flancos)

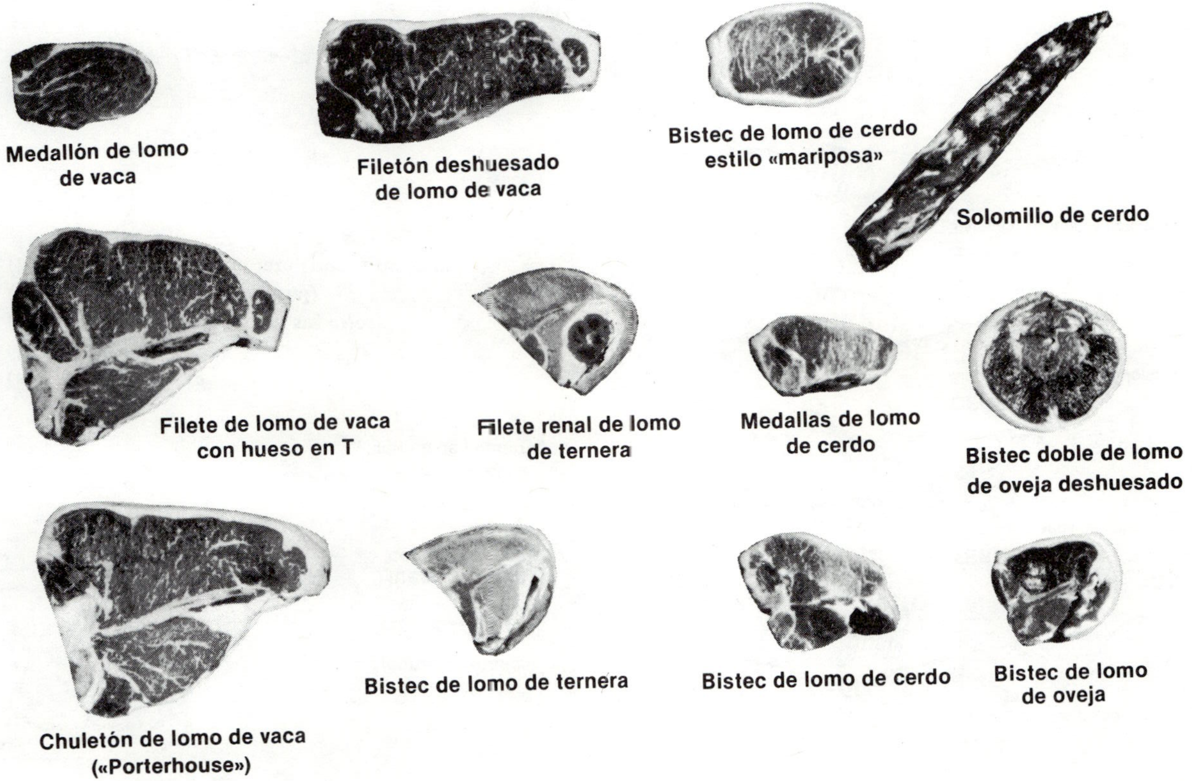

Figura 17-9. Cortes para la venta al detal del lomo. (Cortesía del «National Live Stock and Meat Board», Chicago, Illinois).

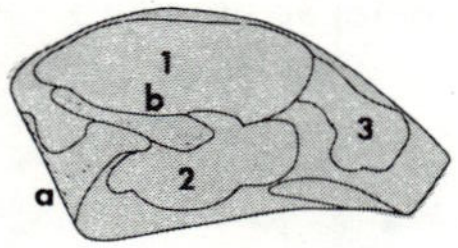

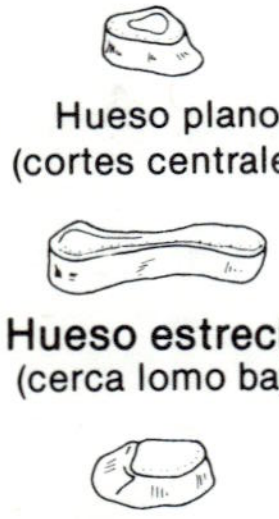

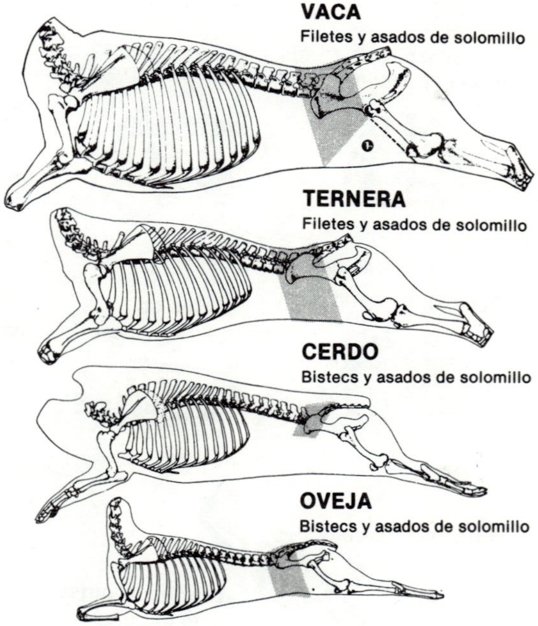

(a) Vértebra sacra
(b) Ilion
(1) Glúteo medio (porción superior)
(2) Psoas (solomillo terminal)
(3) Tensor de la fascia lata (punta de lomo)

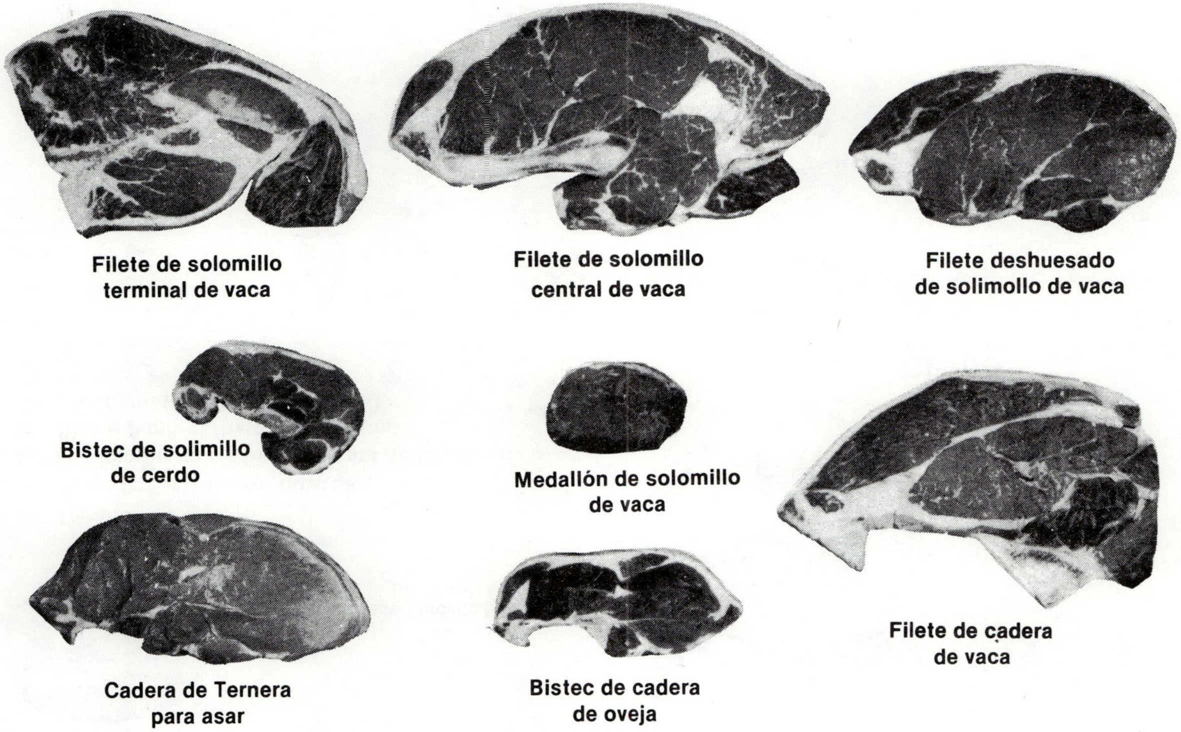

Figura 17-10. Cortes para la venta al detall de la región del solomillo (lumbar). (Cortesía del «National Live Stock and Meat Board», Chicago, Illinois).

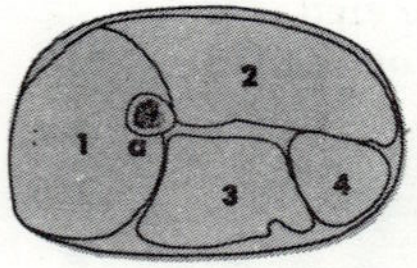

Hueso redondo o de la pierna

(a) Fémur
(1) Recto femoral y otros músculos
(2) Semitendinoso y aductor (punta de la pierna)
(3) Biceps femoral (base de la pierna)
(4) Semitendinoso (ojo de la pierna)

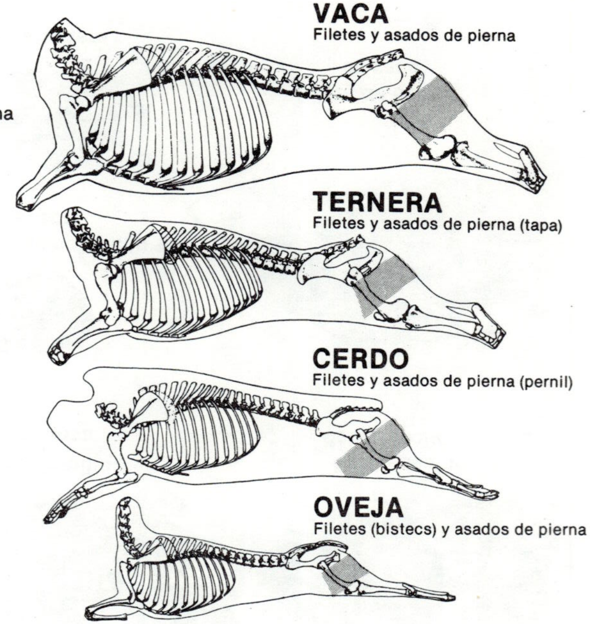

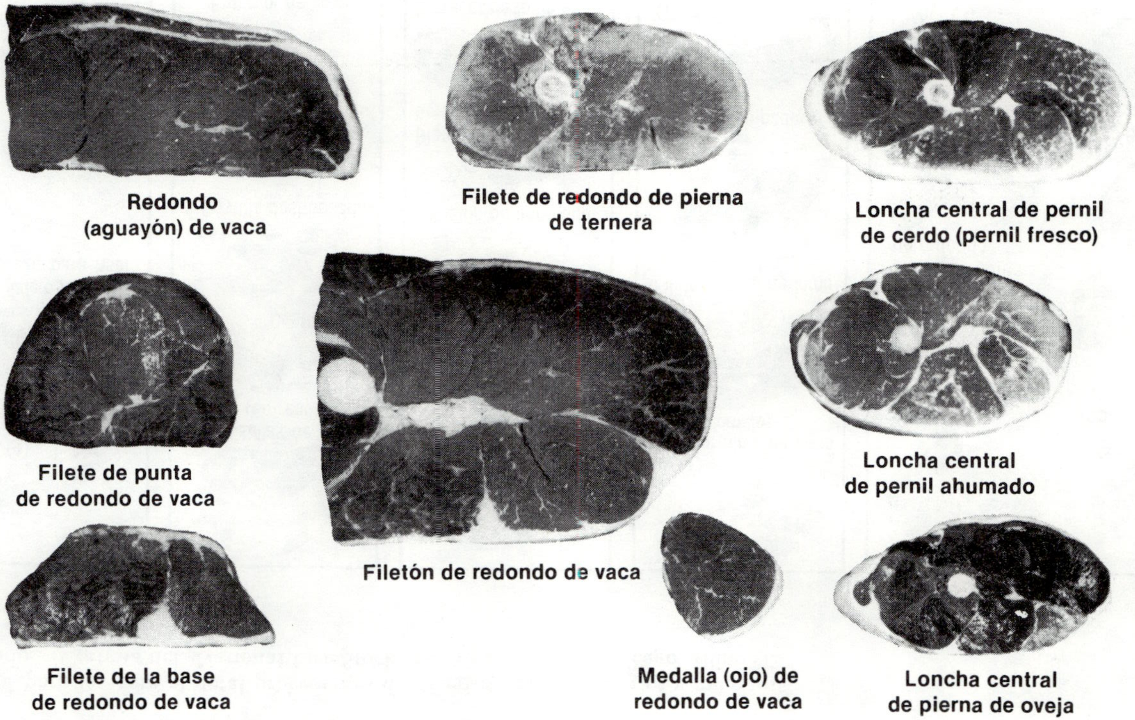

Figura 17-11. Cortes para la venta al detal de la pierna, tapa o pernil. (Cortesía del «National Live Stock and Meat Board», Chicago, Illinois).

Figura 17-12. Piezas para la venta al detal procedentes de diversos cortes primarios y métodos culinarios recomendados. (Cortesía del «National Live Stock and Meat Board», Chicago, Illinois).

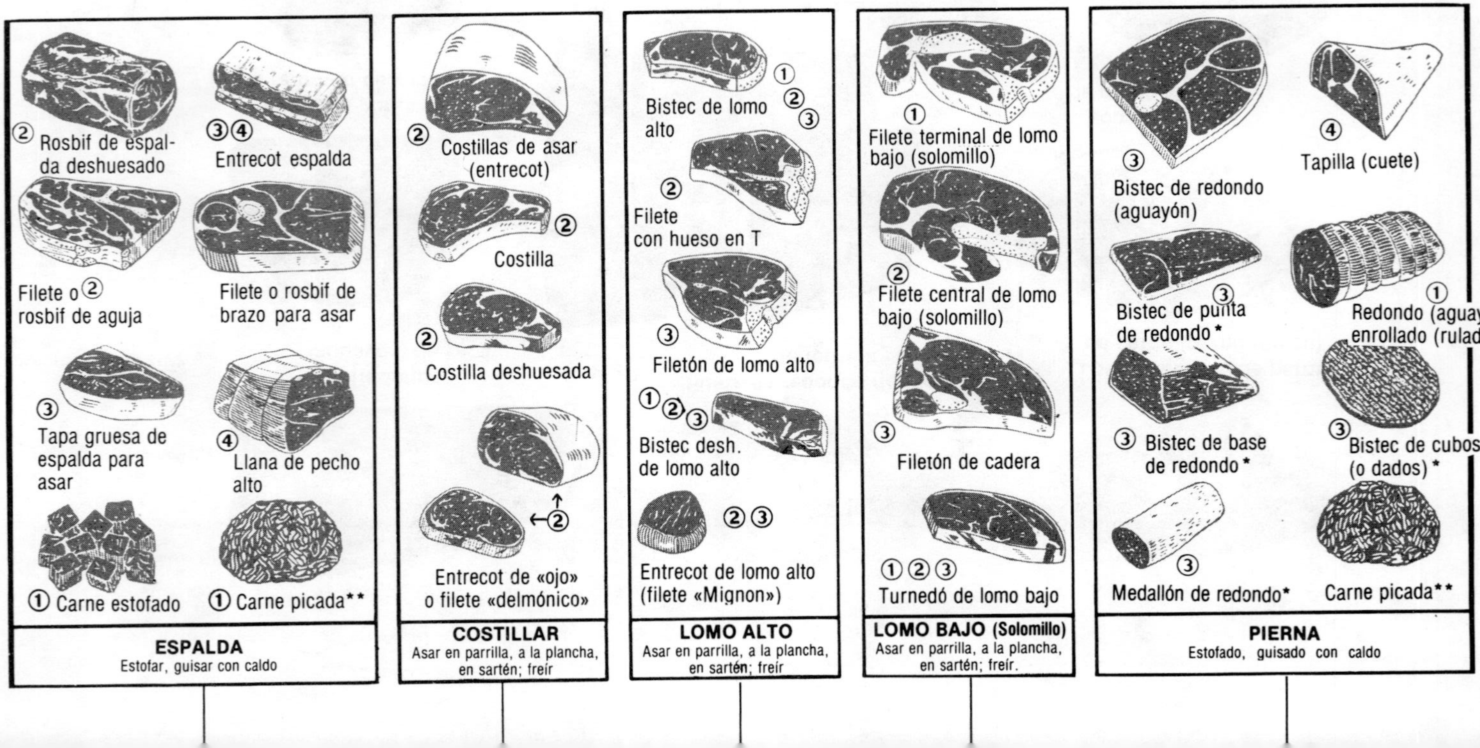

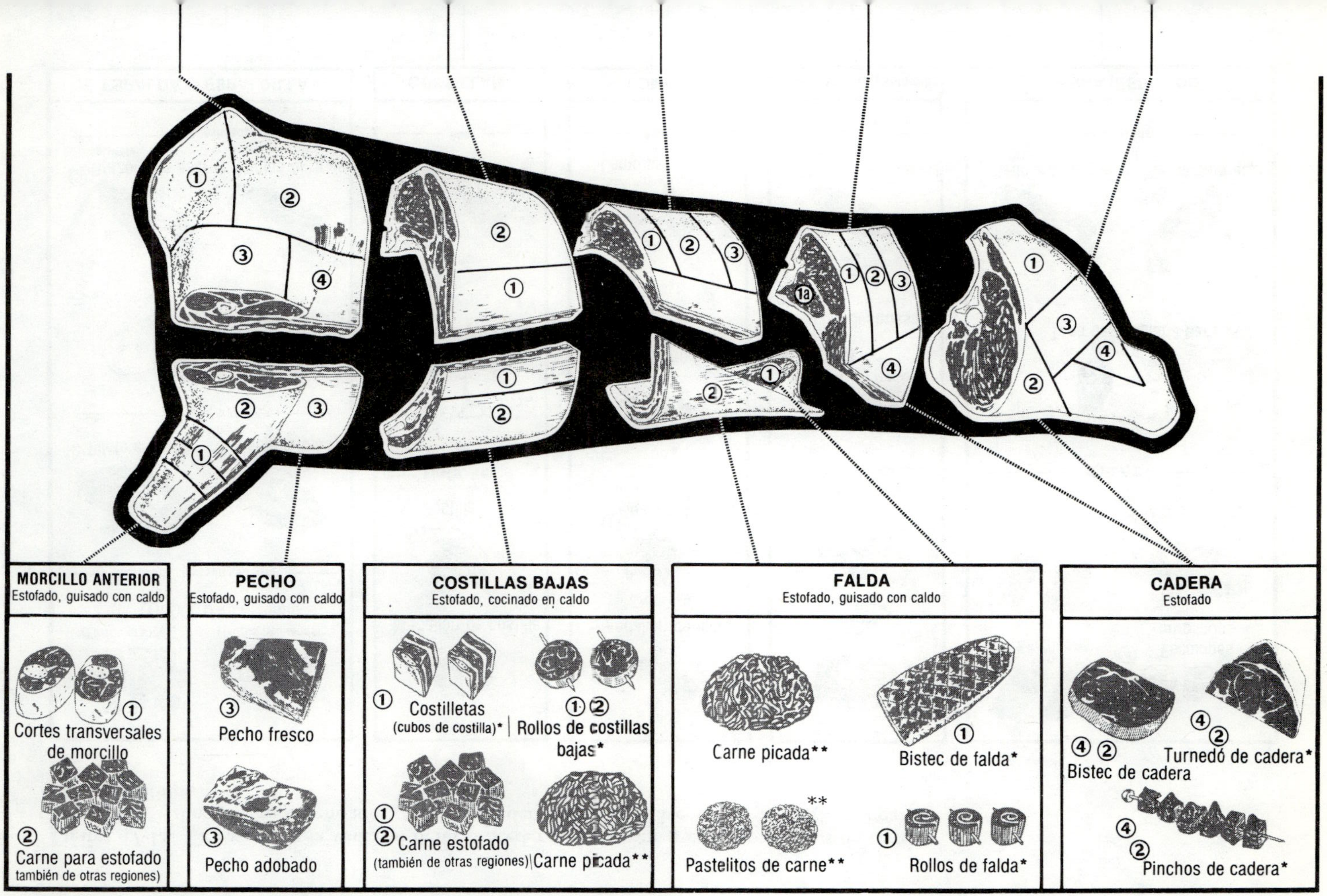

*Si procede de carne de alta calidad puede asarse a la parrilla, a la plancha, en sartén o freírse.

**Puede asarse a la parrilla, al horno, a la plancha, en sartén o freírse.

Figura 17-13. Piezas para la venta al detal procedentes de diversos cortes primarios de ternera y métodos culinarios recomendados. (COrtesía del «National Live Stock and Meat board», Chicago, Illinois).

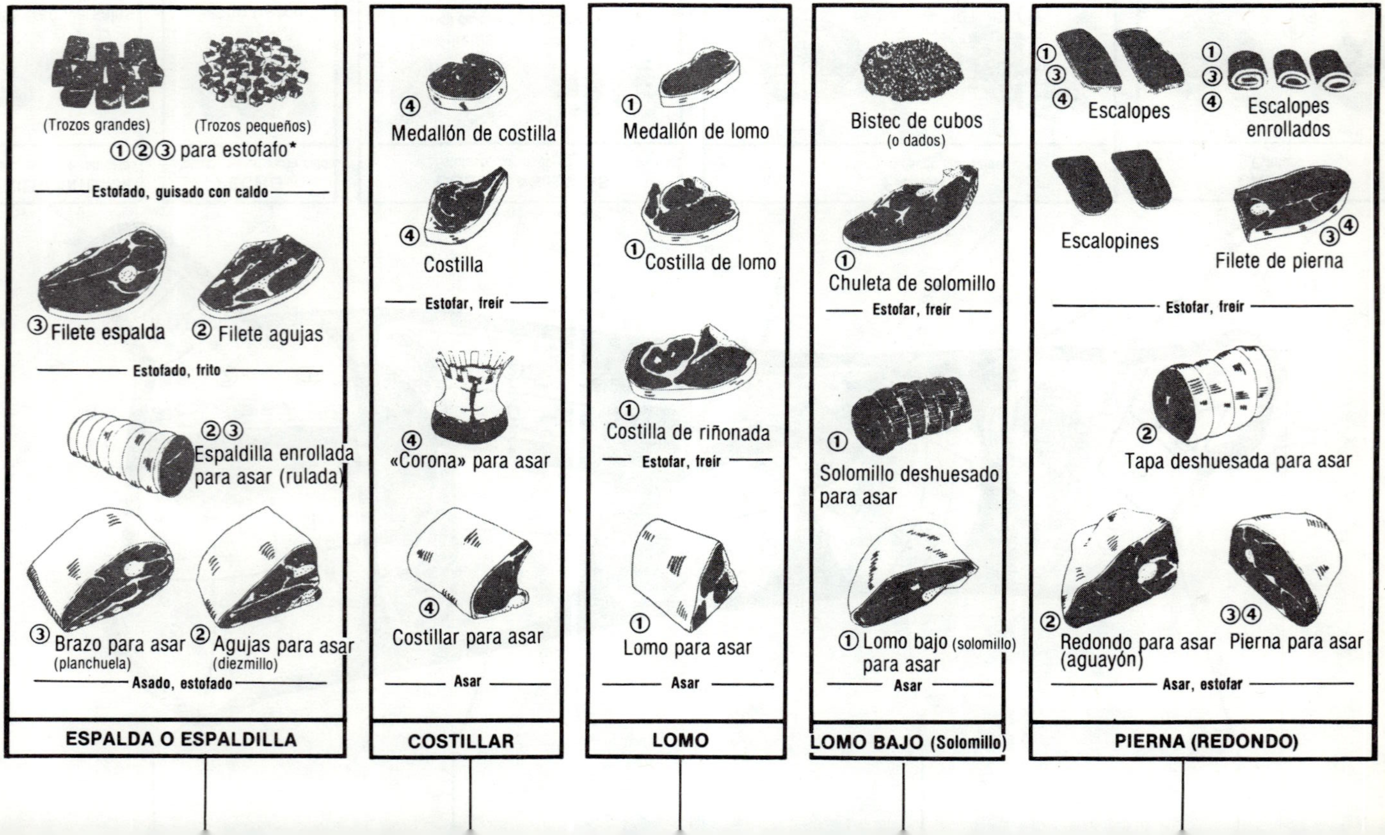

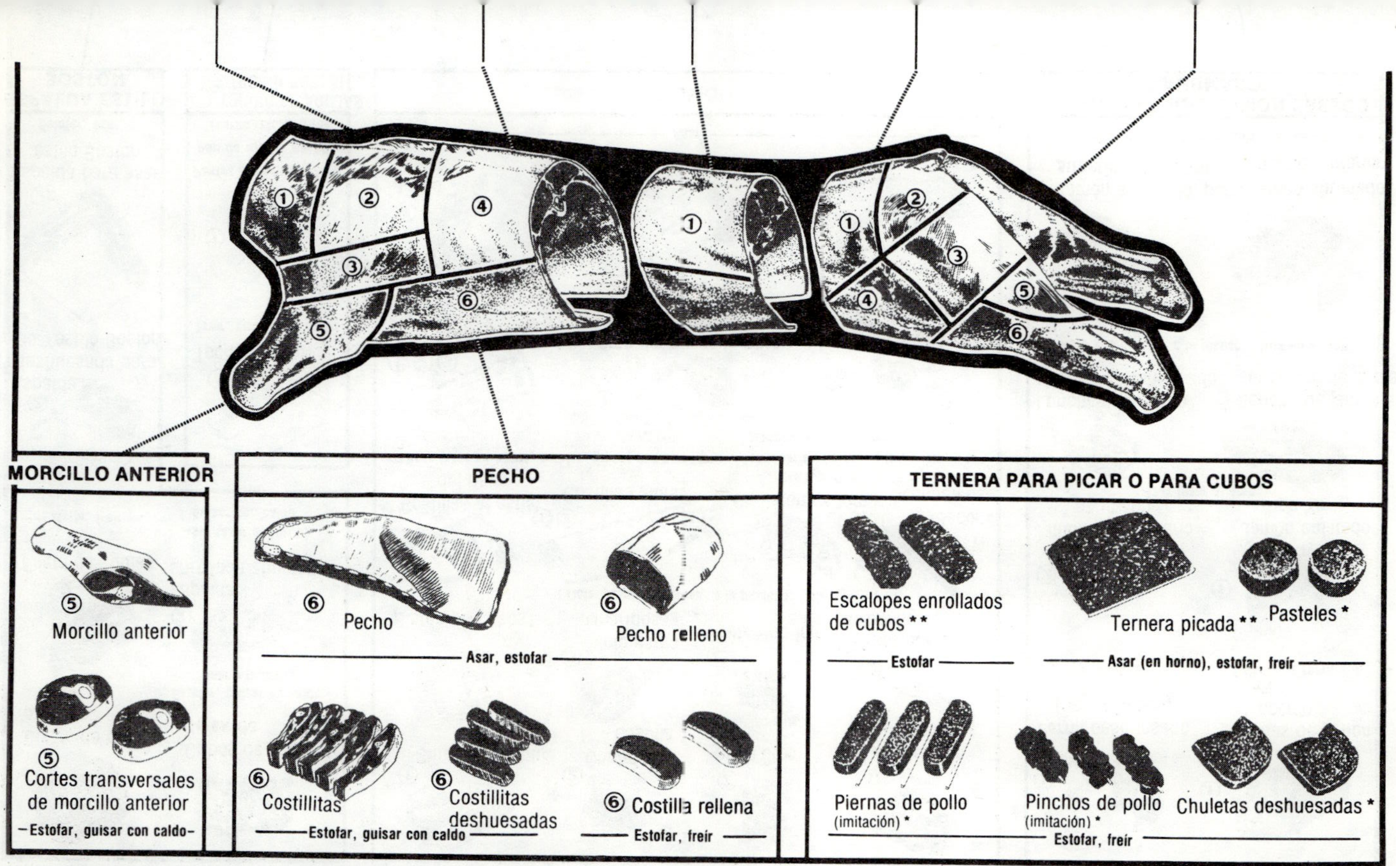

*La ternera picada o para estofar se prepara a partir de cualquier corte.

**Los bistecs o escalopes de cubos pueden elaborarse a partir de cualquier trozo de carne deshuesada.

Figura 17-14. Piezas para la venta al detal, procedentes de diversos cortes primarios del cerdo y métodos culinarios recomendados. (Cortesía del «National Live Stock and Meat Board», Chicago, Illinois).

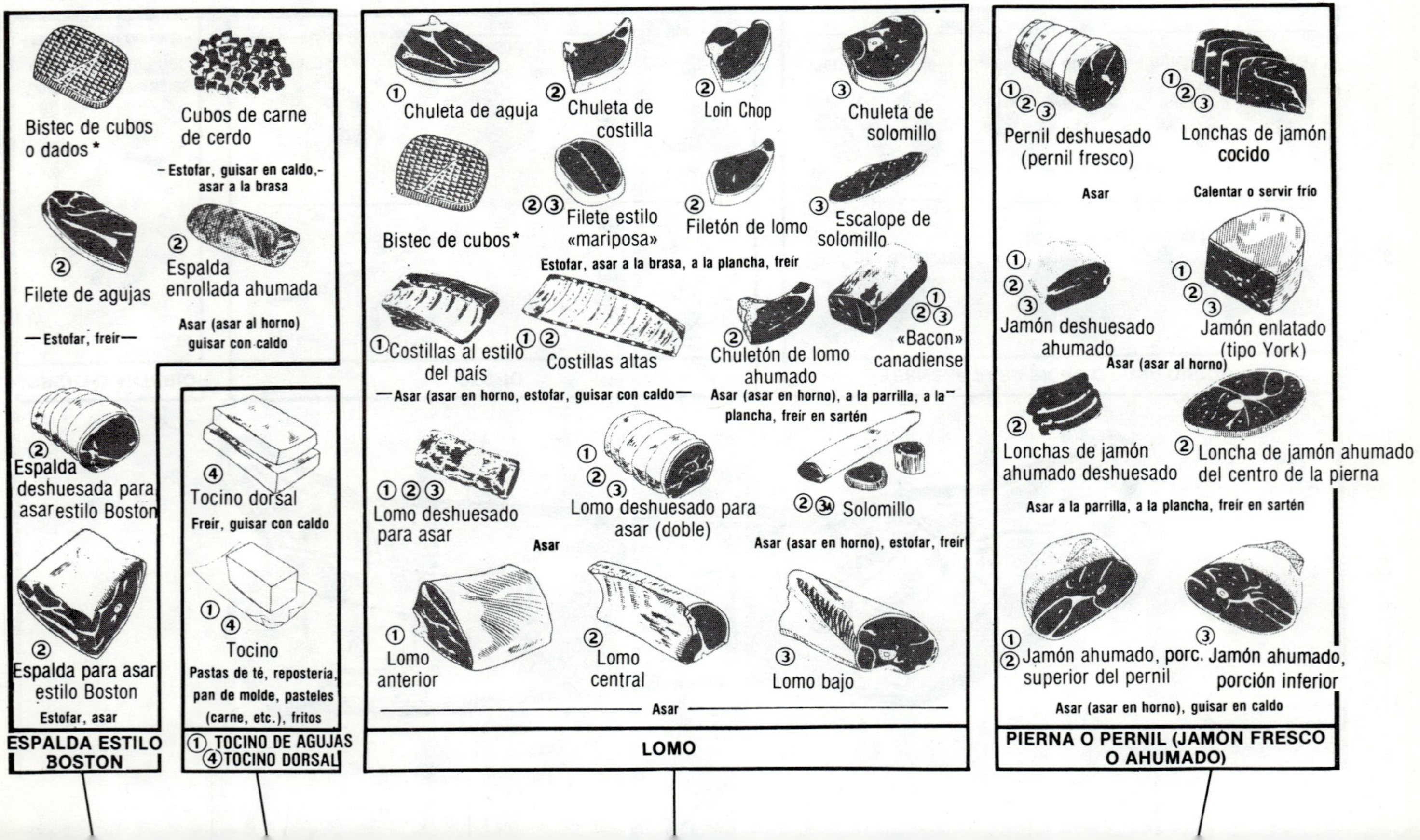

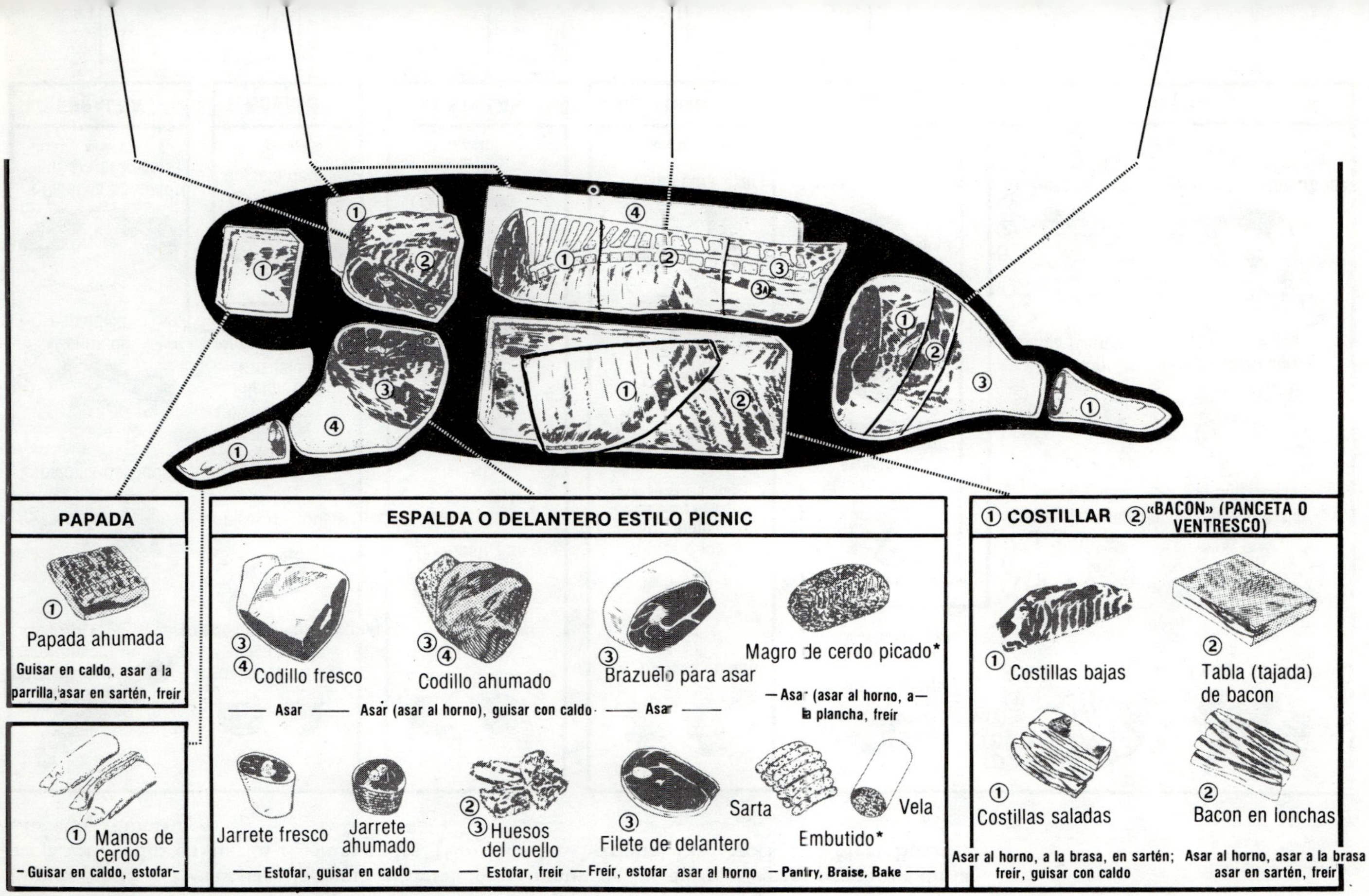

*Puede elaborarse a partir de la espalda, del lomo o de la pierna

Figura 17-15. Piezas para la venta al detal, procedentes de los diversos cortes primarios de la oveja y métodos culinarios recomendados. (Cortesía del «National Live Stock and Meat Board», Chicago, Illinois).

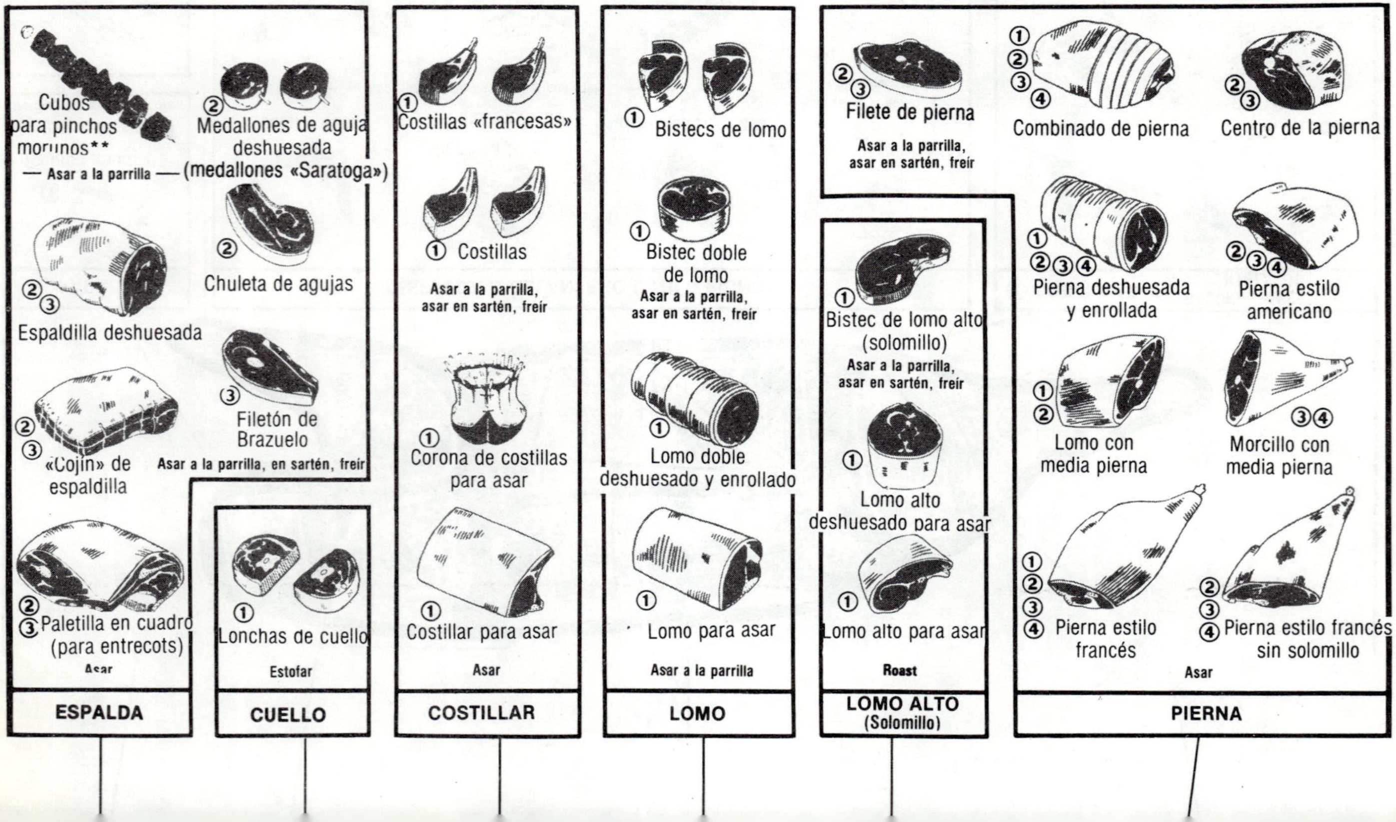

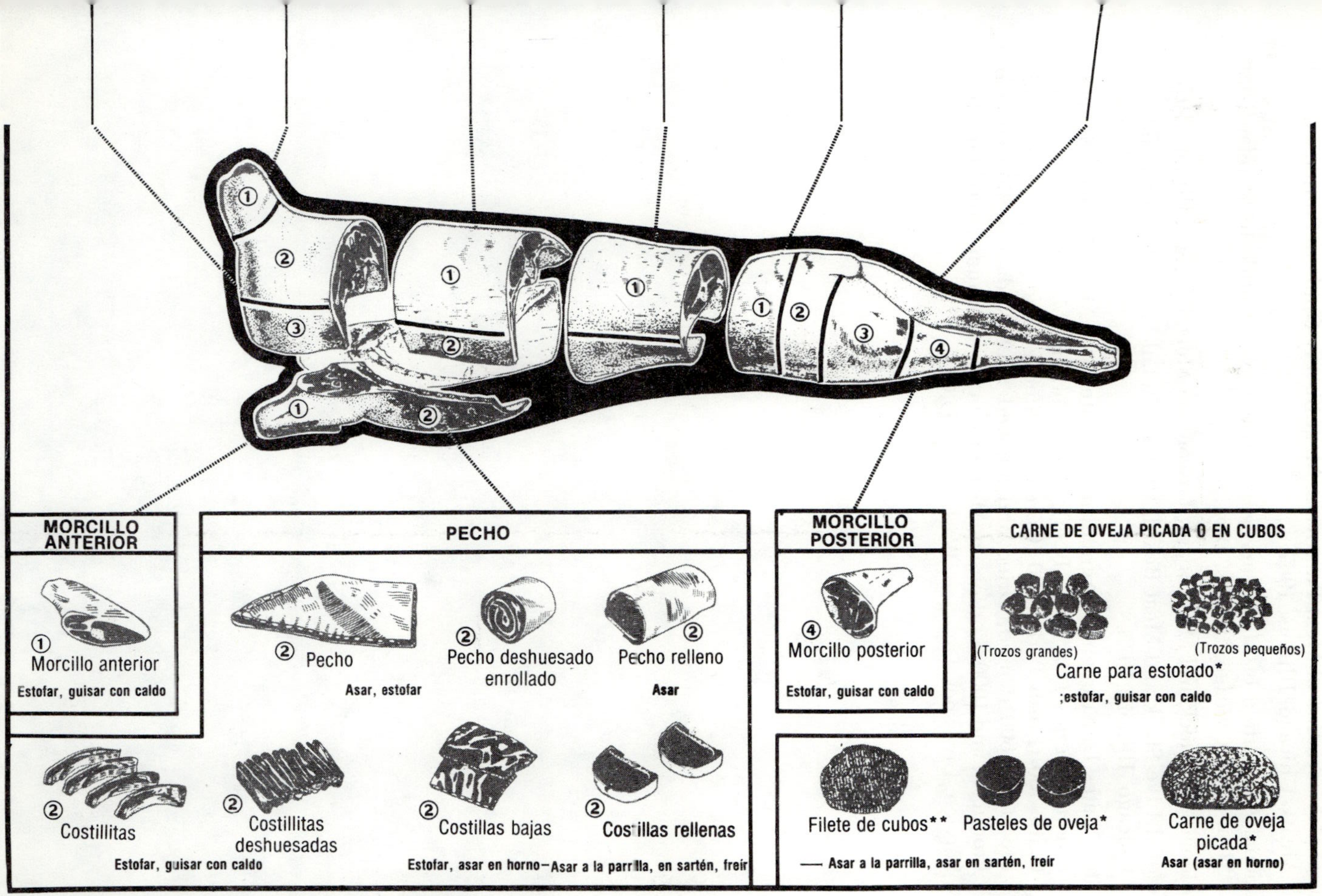

*La carne para estofar o picar puede obtenerse de cualquier corte.

**Los pinchos y cubos pueden elaborarse a partir de cualquier corte de carne deshuesada suficientemente gruesa.

BIBLIOGRAFÍA

National Association of Meat Purveyors, Meat Buyers Guide to Portion Control Meats. Chicago, Illinois, 1967.

National Association of Meat Purveyors, Meat Buyers Guide to Standardized Meat Cuts. Chicago, Illinois, 1961.

National Live Stock and Meat Board, Lessons on Meat. Chicago, Illinois, 1973.

National Live Stock and Meat Board, Uniform Retail Meat Identity Standards. Chicago, Illinois, 1973.

United States Department of Agriculture, Institutional Meat Purchase Specifications, "Series 100 (Fresh Beef); 200 (Lamb and Mutton); 300 (Veal and Calf); 400 (Fresh Pork); 500 (Cured and Smoked and Fully Cooked Pork Products); 600 (Cured, Dried and Smoked Beef Products); 800 (Sausage Products); and 1000 (Portion-cut Meat Products)," Consumer and Marketing Service, Livestock Division, Washington, D.C.

ÍNDICE ALFABÉTICO